高职高专"十二五"规划教材

仪器分析实用技术

谷雪贤　黎春怡　柳滢春　主编

化学工业出版社

·北京·

本书根据高职教育对仪器分析实用技术的基本要求和课程标准编写，共分为七个项目，具体内容包括电化学法，紫外-可见分光光度法，原子吸收分光光度法，红外吸收光谱法，气相色谱法，高效液相色谱法，其他仪器分析方法；附录部分包括国际相对原子质量表，标准电极电位法，用于原子吸收分光光度分析的标准溶液，常用分析仪器中英文名称及英文缩写和色谱术语。

　　本书可供高职高专"仪器分析实用技术"课程使用，也可供相关技术人员参考。

图书在版编目（CIP）数据

仪器分析实用技术/谷雪贤，黎春怡，柳滢春主编 . —北京：化学工业出版社，2011.8（2020.1 重印）

高职高专"十二五"规划教材

ISBN 978-7-122-11855-4

Ⅰ．仪… Ⅱ．①谷…②黎…③柳… Ⅲ．仪器分析-高等职业教育-教材 Ⅳ．O657

中国版本图书馆 CIP 数据核字（2011）第 139705 号

责任编辑：旷英姿	文字编辑：颜克俭
责任校对：周梦华	装帧设计：史利平

出版发行　化学工业出版社（北京市东城区青年湖南街 13 号　邮政编码 100011）
印　　装　三河市延风印装有限公司
787mm×1092mm　1/16　印张 20　字数 505 千字　2020 年 1 月北京第 1 版第 6 次印刷

购书咨询：010-64518888　　　　售后服务：010-64518899
网　　址：http://www.cip.com.cn
凡购买本书，如有缺损质量问题，本社销售中心负责调换。

定　　价：46.00 元

前　言

本教材根据高等职业教育对"仪器分析实用技术"的基本要求和课程标准编写。全书共分七个项目，内容包括电位分析法、库仑分析法、紫外-可见分光光度法、红外光谱分析法、原子吸收分光光度法、气相色谱分析法、高效液相色谱分析法、其他仪器分析法简介（发射光谱法、质谱法、核磁共振波谱法、毛细管电泳法）以及仪器联用方法等。其内容涵盖了仪器选型、操作规程、操作技巧、维护保养、常见故障处理及应用案例等，书中涉及的仪器既有生产实际中的常用仪器，也有具有较大应用潜力的新型仪器，内容新颖、实用。书末附录和仪器中英文名称为学习提供了相关的资料。本书可作为高职精细化学、工业分析与检验专业及相关专业的教材，也可作为分析化验人员业务培训用书及参考资料。

本教材针对目前高职教育的特色和企业需求编写，与企业深度合作，邀请企业专家指导。注重学生操作技能培养。本教材适合"教学做一体化"和"目标教学法"教学模式，这正是目前高职教材一个重大突破，也可引导部分尚未具备上述教学模式的院校进行相应的改革，还可让自学人员易学易用。其主要特色如下。

（1）与企业深度合作、基于工作过程，以项目为载体：注重理论与实际相结合，以具体产品或项目分析、检测为载体，力求贴近实际工作，更符合高职培养目标。

（2）制定任务卡，教学做一体化：每个教学单元都设计了教学任务卡，该任务卡包含了操作规程、操作技巧及故障处理，可大大提高学生的学习主动性和目的性。

（3）拓展训练和课后习题有机结合：在完成每一个项目的学习后设计了拓展项目，配备了课后习题，以巩固和检验所学知识和技能，增强学生的应用能力、提高技能的迁移能力。

（4）操作能力、分析能力和解决问题的能力统一：将具有代表性的仪器操作规程、技巧、安全注意事项和常见故障处理融入教材，以培养学生的自主学习能力，提高学生分析问题和解决问题的能力。

（5）相关实验内容依据国家和行业的最新标准编写。

项目设计讲求内在逻辑性，前一个任务的完成是后一个任务进行的前提；在项目完成过程中注重学生自主学习能力、团队合作意识以及表达能力的培养。教学过程中一组相互之间有内在逻辑关系的问题和任务的提出是项目化教学中实现实践与理论对接的有效方式。本教材在每个项目的实施过程中都提出了适当的问题和相关任务，对课堂活动进行了精心的组织，有助于教师的备课和授课。为方便教学，本书配有电子课件。

本教材由谷雪贤、黎春怡、柳滢春主编。中山火炬职业技术学院谷雪贤编写了绪论、项目一和项目六；项目二和项目四由宁波职业技术学院叶海亚编写；项目三由广东食品药品职业技术学院张培丽编写；项目五由茂名职业技术学院黎春怡编写；项目七由中山火炬职业技术学院柳滢春编写。

由于编者水平有限，书中难免有疏漏和不妥之处，欢迎专家和读者批评指正！

编者
2011 年 6 月

目　录

绪　　论

【学习目标】
 (1) 熟悉仪器分析的基本内容和分类；
 (2) 掌握仪器分析和化学分析法的区别和联系；
 (3) 了解仪器分析的特点和发展趋势；
 (4) 熟悉本课程的主要内容，了解学习本课程的意义及对今后工作的帮助；
 (5) 激发学生学习兴趣。

子任务1　认识仪器分析

课堂活动

1. 老师通过展示相关新闻、图片，提出问题，学生讨论回答。
 (1) 对于化妆品中的违禁成分、蔬果农药残留量的测定可选择哪些方法？
 (2) 测定汽油中各组分的含量可以用化学分析法完成吗？
 (3) 对于量非常少且珍贵的样品的分析可选择哪些方法？

2. 结合学生讨论情况，重点介绍仪器分析法的特点、应用领域等。

子任务2　归纳仪器分析和化学分析的联系和区别

课堂活动

1. 学生以小组为单位讨论，学生代表回答。

2. 结合学生讨论情况，重点介绍仪器分析与化学分析的联系和区别等内容。

✦ 相关知识

1. 仪器分析法概述

 仪器分析是通过测定物质的物理性质和物理化学性质建立起来的方法，如吸光度、波长、折射率和结晶形状等与组分间的关系，如电位、电量、电导和热量等变化与组成间的关系进行鉴定或测定物质的分析方法。由于物理和物理化学分析法一般都需要较精密、特殊的仪器设备，因此人们统称其为仪器分析。它包括定性、定量、结构和形貌分析等。

 分析化学是研究物质的化学组成（定性分析）、测定有关成分的含量（定量分析）以及鉴定物质化学结构的科学，分为化学分析和仪器分析。其中化学分析是以化学反应为基础的分析方法。

 随着电子技术、计算机技术、激光和等离子体等新技术的发展，分析化学在方法和实验技术等方面都发生了深刻的变化，一些新的仪器分析方法不断出现，一些老的仪器分析方法不断更新，甚至经典的化学分析方法也正在不断仪器化。仪器分析在与化学有关的一切领域里的应用日益广泛，从而使它在分析化学中的比重不断增长，并成为现代分析化学的重要支柱，因此仪器分析的基本原理和实验技术已成为化学及物理工作者所必须掌握的基础知识和基本技能。

2. 仪器分析的特点

（1）简单快速、可实现在线分析　仪器分析法的样品处理一般都比化学分析法简单，从而大大地提高了分析速度。例如冶金部门采用直读光谱法进行炉前分析时，在数分钟内可同时得出钢样中二三十个元素的分析结果。另外由于在仪器分析法中普遍采用了先进的电子技术和计算机技术，从而大大地提高了仪器操作的自动化程度和数据处理的速度。

（2）灵敏度高　化学分析法通常适于常量分析，而仪器分析法适于微量、痕量分析。例如试样中含有 10^{-4} ％（质量）铁，用 $0.01mol/L$ 的 $K_2Cr_2O_7$ 标准溶液滴定时，所消耗的标准液体积只有 $0.02mL$（半滴），已知滴定管的滴定误差为 $0.02mL$，这就无法用于容量分析测定此液中微量铁。但是用邻菲啰啉为显色剂可以很方便地对微量铁进行比色测定。

（3）可同时测定多个元素　一些仪器分析可同时进行多元素分析，例如原子发射光谱分析可同时对一个试样中几十个元素进行分析。又如色谱分析可同时对一个样品中的数十个甚至更多组分同时进行分析。

（4）样品量少、不破坏样品　一些仪器分析法的样品用量很少，例如红外光谱法的试样需数毫克，而质谱法的试样只需 $10^{-12}g$，尤其是激光光谱法、电子探针法、离子探针法和电子显微镜法等可以进行表面、微区、无损分析。

（5）准确度不高、相对误差较大　化学分析法的相对误差一般都可以控制在 0.2％ 以内，有些仪器分析法，如示差光度法、电重量法、库仑滴定法等也可以达到化学分析的准确度，但多数仪器分析的相对误差较大，一般在 ±（1％～5％），有时甚至大于 ±10％，但对微量、痕量分析来说，还是基本符合要求的。多数仪器分析方法由于其相对误差较大而不适于常量分析。

（6）仪器设备大型复杂不易普及　目前多数分析仪器及其附属设备都比较精密贵重，尤其是一些联用机，例如色质谱仪是由色谱仪和质谱仪两种大型分析仪器连接使用。这些大型复杂精密仪器，每台需几十万元。各种分析仪器通常都需配备专业人员进行操作维护和管理等。因此有些大型分析仪器目前尚不能普及应用。

（7）仪器分析法必须与化学分析法配合使用　多数仪器分析法需用化学纯品作标样，而化学纯品的成分多半要用化学分析法来确定。多数仪器分析方法中的样品处理（溶样、干扰分离、试液配制等）需用化学分析法中常用的基本操作技术。在建立新的仪器分析方法时，往往需用化学分析法来验证。尤其对一些复杂物质分析时，常常需用仪器分析法和化学分析法进行综合分析，例如主含量用化学分析法、微量杂质用仪器分析法测定。因此，化学分析法和仪器分析法是相辅相成的，在使用时可根据具体情况，取长补短，互相配合。

3. 仪器分析的内容和分类

仪器分析法内容丰富，种类繁多，我们将部分常用的仪器分析法按其最后测量过程中所观测的性质进行分类并列于表 0-1。

4. 仪器分析的发展趋势

随着科学技术的发展，对分析化学的水平提出了更高的要求，而仪器分析是现代工业生产中不可缺少的一部分，并且起着"指导者"和"把关者"的作用。为了适应科学发展，仪器分析也将随之发展，其发展趋势主要有以下几点。

（1）分析仪器的微型化和智能化　随着计算机技术、微制造技术、纳米技术和新功能材料等高新技术的发展，分析仪器不但会具有越来越强大的"智能"，而且正沿着大型落地式→台式→移动式→便携式→手持式→芯片实验室的方向发展，越来越小型化、微型化、智能化，以至出现可穿戴式或甚至不需外界供电的植入式或埋入式智能仪器。

表 0-1　仪器分析法的分类

方法的分类	被测物性质	相应的分析方法（部分）
电化学分析法	电导 电流 电位 电量 电流 电压特性	电导法 电流滴定法 电位分析法 库仑分析法 极谱分析法，伏安法
光学分析法	辐射的发射 辐射的吸收 辐射的散射 辐射的衍射	原子发射光谱法（AES） 原子吸收光谱法（AAS），红外吸收光谱法（IR），紫外-可见吸收光谱法（UVVIS），核磁共振波谱法（NMR），荧光光谱法（AFS） 浊度法，拉曼光谱法 X射线衍射法，电子衍射法
色谱分析法	两相间的分配	气相色谱法（GC），高效液相色谱法（HPLC），离子色谱法
其他分析法	质荷比	质谱法

（2）分析仪器的数字化和仿生化　随着计算机技术的迅速发展，带动了分析仪器的数字化和化学计量学的发展，通过化学计量学方法在解决光谱信息提取和背景干扰方面取得的良好效果，加之近红外光谱在测样技术上所独有的特点，使人们重新认识了近红外光谱的价值，近红外光谱在各领域中的应用研究陆续展开。

此外，分析仪器的核心是信号传感。例如：化学传感器逐渐向小型化、仿生化方向发展，诸如生物芯片，化学和物理芯片，嗅觉（电子鼻）、味觉（电子舌）、鲜度和食品检测传感器等。生物传感器正在各学科领域，如医学、临床、生物、化学、环境、农业、工业甚至机器人制造等方面得到广泛应用。生物传感器大体有5种：酶传感器、组织传感器、微生物传感器、免疫传感器、场效应（FET）生物传感器等。

（3）分析仪器的专用化和自动化　随着环境科学的发展，为控制和治理环境污染，防止环境恶化，维护生态平衡，环境监测已成为掌握环境质量状况的重要手段，发展对化学毒物、噪声、电磁波、仿生性、热源污染进行监测的专用型分析仪器，已受到愈来愈多的关注，它可用于对污染现场进行实时监测，对人类居住环境进行定点、定时监测，对污染源头进行遥控监测。

常规分析仪器体积庞大，结构复杂，能源消耗大，维持仪器正常运转费用高。现在随着新材料、新器件、微电子技术的发展，已使仪器向制造小型化、性能价格比优异、自动化程度高的分析仪器方向发展。

项目一   电化学法

工作项目   分析测定几个牙膏产品的 pH、氟离子含量，判断是否符合相关标准要求。并利用电位滴定法测定竹盐牙膏中氯化钠的含量。

拓展项目   水样的 pH、亚铁离子含量、钙离子的测定。

任务 1   认识电位分析法

【知识目标】

(1) 熟悉电位分析的基本原理、基本装置；

(2) 熟悉酸度计、电位滴定仪的基本构造；

(3) 掌握常用的指示电极和参比电极的种类、用途，使用方法。

【能力目标】

(1) 能够正确选择电极、使用电极；

(2) 能够对电位分析实验室进行规范的管理。

子任务 1   认识电位分析实验室

课堂活动

学生参观相关实验室或观看相关视频。

注意引导学生观察实验台的布局、实验仪器、装置以及实验室的相关管理制度（5S 管理），让学生在实验中严格按照相关要求操作，培养严谨的工作态度。

子任务 2   认识电位分析相关的仪器

课堂活动

结合实物或仪器的图片进行讲解。

重点介绍实验室现有的仪器：酸度计、离子计、电位滴定仪等，并拓展实验室目前没有的其他型号仪器：如 PHSJ-3F 型 pH 计、PHS-2C 型 pH 计，要求学生按照仪器说明书，熟悉仪器的各部件并进行简单的操作。

子任务 3   认识电极

课堂活动

1. 将实验室的电极摆放在学生实验台上或课桌上，请学生阅读其说明书，并分组讨论其用途、构造、使用方法等。

2. 提出问题

(1) 参比电极和指示电极在电化学分析中发挥什么作用？

(2) 常用的参比电极有哪些？对参比电极有何要求？

（3）常用的指示电极有哪些？

（4）指示电极的选择原则是什么？

3．结合学生回答情况，重点讲解指示电极和参比电极的种类、用途、构造和使用方法等内容。要求学生能够辨认不同的电极，熟悉常用的电极的构造，能够熟练地对电极进行预处理、选择、安装、使用。

【任务卡】

任　　　务		方案(答案)或相关数据、现象记录	点评	相应技能	相应知识点	自我评价
子任务1　认识电位分析实验室	实验室的布局					
	实验室的仪器装置					
	实验室的管理					
子任务2　认识电位分析相关的仪器	酸度计的基本构造					
	电位滴定仪的基本构造					
子任务3　认识电极	电极的种类					
	对离子选择性电极进行评价					
	选择合适的仪器和电极测定可口可乐等有颜色液体的pH					
	对所选的电极进行预处理					
学会的技能						

相关知识

一、电化学分析概述

电化学分析是仪器分析的重要组成部分之一。它是根据溶液中物质的电化学性质及其变化规律，建立在以电极电位、电流、电导、电量等电学量与被测物质的某些量（如电解质溶液的化学组成、浓度、氧化态与还原态的比率等）之间的计量关系的基础之上，对组分进行定性和定量分析的仪器分析方法。

根据测量参数的不同，电化学分析法主要可分为电位分析法、库仑分析法、极谱分析法、电导分析法及电解分析法等。本教材重点介绍电位分析法。

这些电化学分析方法尽管在测量原理、测量对象及方式上都有很大差别，但它们都是在电化学电池中进行的。

1．电化学电池

电化学分析法的基础是在电化学池中所发生的电化学反应。电化学电池是化学能和电能进行互相转化的电化学反应器，分为原电池和电解池两类。

原电池能自发地将本身的化学能转化为电能，而**电解池**则需要外部电源供给电能，然后将电能转变为化学能。**电位分析法是在原电池中进行的，库仑分析、极谱分析和电解分析法是在电解池中完成的。**

　　化学电池的基本构造：两个电极，分别浸入适当的电解质溶液中，用金属导线从外部将两个电极连接起来，同时使两个电解质溶液接触，构成电流通路。电子通过外电路导线从一个电极流到另一个电极，在溶液中带正负电荷的离子从一个区域移动到另一个区域以输送电荷，最后在金属-溶液界面处发生电极反应，即离子从电极上取得电子或将电子交给电极，发生氧化-还原反应。图 1-1(a) 是电解池示意图，图 1-1(b) 是原电池示意图。

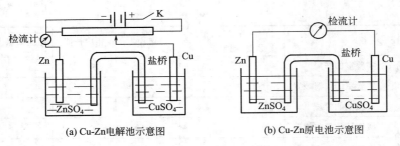

| (a) Cu-Zn电解池示意图 | (b) Cu-Zn原电池示意图 |

图 1-1　电化学装置示意图

　　2. 电位分析法的定义及分类

　　将一支电极电位与被测物质的活（浓）度有关的电极（称**指示电极**）和另一支电位已知且保持恒定的电极（称**参比电极**）插入待测溶液中组成一个化学电池，在零电流的条件下，通过测定电池电动势进而示得溶液中待测组分含量的方法。

　　目前电位分析法主要分为直接电位法和电位滴定法。

　　(1) **直接电位法**　直接电位法是通过测量电池电动势（图 1-2）来确定指示电极的电位，然后根据 Nernst 方程由所测得的电极电位值计算出被测物质的含量。常用于溶液 pH 和一些离子浓度的测定。可用于许多阴离子、阳离子、有机物离子的测定，尤其是一些其他方法较难测定的碱金属、碱土金属离子、一价阴离子及气体的测定。因为测定的是离子的活度，所以可以用于化学平衡、动力学、电化学理论的研究及热力学常数的测定。

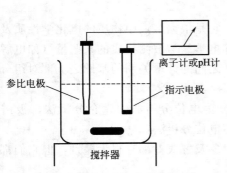

图 1-2　直接电位法测定装置示意

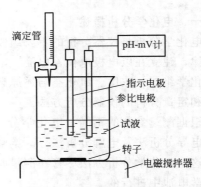

图 1-3　电位滴定法装置示意

　　(2) **电位滴定法**　电位滴定法的装置如图 1-3 所示。电位滴定法与直接电位法的不同在于：它是以测量滴定过程中指示电极的电极电位（或电池电动势）的变化为基础的一类滴定分析方法。滴定过程中，随着滴定剂的加入和化学反应的发生，待测离子或与之有关的离子活度（浓度）发生变化，则指示电极的电极电位（或电池电动势）也随着发生变化，在化学计量点附近，电位（或电动势）发生突跃，由此确定滴定的终点，不是由观察指示剂颜色的变化确定。因此准确度比指示剂滴定法高，更适合于对较稀浓度的溶液的滴定。还可用于指示剂法难以进行的滴定，如对极弱酸、碱的滴定，配合物稳定常数较小的滴定，混浊、有色溶液的滴定等，并且可较好地应用于非水滴定。

二、电位分析法的理论依据

如果我们把金属片 M，例如锌片，浸入合适的电解质溶液（如 $ZnSO_4$）中，锌就不断溶解进入溶液中，电子被留在金属片上，其结果是在金属与溶液的界面上金属片 M 带负电、溶液带正电，两相间形成了双电层，建立了电位差。这种双电层将排斥锌继续进入溶液，金属表面的负电荷对溶液中的正电荷又有吸引，形成了相间平衡电极电位。该电极的电位与其相应离子活度的关系可以用能斯特（Nernst）方程表示。

对于氧化还原体系：

$$Ox + ne^- \rightleftharpoons Red$$

$$\varphi = \varphi_{Ox/Red}^{\ominus} + \frac{RT}{nF}\ln\frac{\alpha_{Ox}}{\alpha_{Red}} \tag{1-1}$$

对于金属电极，还原态是纯金属，其活度是常数，定为 1，则式(1-1) 可写作：

$$\varphi_{M^{n+}/M} = \varphi_{M^{n+}/M}^{\ominus} + \frac{RT}{nF}\ln\alpha_{M^{n+}} \tag{1-2}$$

式(1-1) 和式(1-2) 中，$\varphi^{\ominus}$ 为标准电极电位，V；R 为摩尔气体常数，8.314J/(mol·K)；F 为法拉第常数，96500C/mol；T 为热力学温度，K；n 为电极反应时转移电子数；α_{Ox} 为电极反应平衡时氧化态 Ox 的活度，mol/L；α_{Red} 为电极反应平衡时还原态 Red 的活度，mol/L。

在具体应用能斯特方程时常用浓度代替活度（当离子浓度很小时，活度系数接近 1，浓度与活度相近，可将活度近似看作为浓度）；用常用对数代替自然对数，因此 25℃时，能斯特方程可近似地简化成式(1-3)：

$$\varphi_{M^{n+}/M} = \varphi_{M^{n+}/M}^{\ominus} + \frac{0.0592}{n}\lg\alpha_{M^{n+}} \tag{1-3}$$

由式(1-3) 可知，只要测出 $\varphi_{M^{n+}/M}$，那么就可以确定 M^{n+} 的活度。但实际上单只电极的电极电位是无法测得的，测定时**必须用一支电极电位随待测离子活度变化而变化的指示电极和一支电位已知且恒定的参比电极与待测液组成工作电池**，通过测量工作电池的电池电动势来获得 $\varphi_{M^{n+}/M}$，设电池为：

$$(-)M|M^{n+} \parallel 参比电极(+)$$

则电池的电动势可以表示为：

$$E = \varphi(+) - \varphi(-) + \varphi(L)$$

式中 $\varphi(+)$ 为电位较高的正极的电极电位；$\varphi(-)$ 为电位较低的负极的电极电位；$\varphi(L)$ 为液体接界电位，其值很小，可忽略不计。

所以 $$E = \varphi_{参比} - \varphi_{M^{n+}/M} = \varphi_{参比} - \varphi_{M^{n+}/M}^{\ominus} - \frac{0.0592}{n}\lg\alpha_{M^{n+}} \tag{1-4}$$

式(1-4) 中 $\varphi_{参比}$ 在一定温度下为常数，所以只要测出电池电动势，就可以求出待测离子 M^{n+} 的活度，这就是直接电位法定量的依据。

三、指示电极

所谓指示电极就是电极的电极电位与溶液中某种离子的活度（浓度）的关系符合能斯特方程式。由它所显示的电极电位值可以推算出溶液中某种离子的活度（浓度），通常把这种电极看作是待测离子的指示电极。

1. 金属基电极

以金属为基体的电极，其特征是电极上有电子交换，存在氧化还原反应。可分成以下四种。

（1）第一类电极（金属-金属离子电极） 这类电极是由能发生可逆氧化还原反应的金属插入该金属的离子溶液中组成。如将洁净光亮的银丝插入含有银离子的溶液（如 $AgNO_3$）中，其电极反应为：

$$Ag^+ + e^- \longrightarrow Ag$$

在 25℃时，电极电位为：

$$\varphi^{Ag^+/Ag} = \varphi_{Ag^+/Ag}^{\ominus} + 0.0592 \lg \alpha_{Ag^+} \tag{1-5}$$

可见，电极反应与银离子的活度有关，因此该电极不但可用于测定银离子的活度，而且可用于滴定过程中，由于沉淀或配位等反应而引起的银离子的活度变化的电位滴定。

常用的金属电极主要有 Zn、Cd、In、Ti、Sn。

（2）第二类电极（金属-难溶盐电极） 这类电极由金属、该金属的难溶盐和该难溶盐的阴离子溶液组成，如银-氯化银电极。银-氯化银电极的电极反应为：

$$AgCl + e^- \longrightarrow Ag + Cl^-$$

在 25℃时，Ag/Ag^+ 电极的电位为：

$$\varphi_{Ag^+/Ag} = \varphi_{AgCl/Ag}^{\ominus} + 0.0592 \lg \alpha_{Cl^-} \tag{1-6}$$

由式（1-6）可知，当氯离子活度一定时，电极电位是稳定的，电极反应是可逆的。在测量电极的相对电位时，常用它代替标准氢电极（SHE）作参比电极用。它克服了氢电极使用氢气的不便，且比较容易制备。电化学分析中将它作为二级标准电极。类似的电极还有：甘汞电极（Hg/Hg_2Cl_2）；硫酸亚汞电极（Hg/Hg_2SO_4）。

（3）第三类电极（金属/两种难溶盐-难溶盐阳离子） 这类电极由金属、两种具有相同阴离子的难溶盐（或难离解的配合物）、含有第二种难溶盐（或难离解的配合物）的阳离子组成。如汞电极，金属汞（或汞齐丝）浸入含有少量 Hg^{2+}-EDTA 配合物及被测金属离子的溶液中所组成。

电极体系可表示为： $Hg | HgY^{2-}, MY^{n-4}, M^{n+}$

（4）零类电极（惰性金属电极） 这类电极由一种惰性金属（铂或金）与含有可溶性金属离子的氧化态和还原态的氧化还原电对的溶液组成。如：$Pt | Fe^{3+}, Fe^{2+}$

电极反应为： $Fe^{3+} + e^- \Longleftrightarrow Fe^{2+}$

25℃时的电极电位为： $\varphi_{Fe^{3+}/Fe^{2+}} = \varphi_{Fe^{3+}/Fe^{2+}}^{\ominus} + 0.0592 \lg \dfrac{\alpha_{Fe^{3+}}}{\alpha_{Fe^{2+}}}$ $\tag{1-7}$

由式（1-7）可见，这类电极的电极电位指示出溶液中氧化态和还原态的离子活度之比。惰性金属不参与电极反应，仅仅提供交换电子的场所。

铂电极在使用前要先在 10％的硝酸溶液中浸泡数分钟，清洗干净后使用。

2. 离子选择性电极

（1）概述

① 分类 离子选择性电极，也称膜电极，这类电极有一层特殊的电极膜，电极膜对特定的离子具有选择性响应，电极膜的电位与待测离子含量之间的关系符合能斯特公式。这类电极由于具有选择性好、平衡时间短的特点，是电位分析法用得最多的指示电极。

离子选择性电极可分为以下类型：

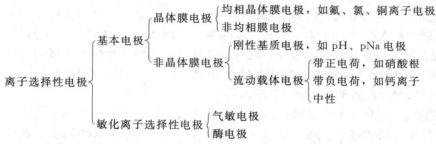

② 离子选择性电极的基本构造和膜电位 离子选择性电极的基本构造：由电极管、内参比电极、内参比溶液和敏感膜构成（图 1-4）。

图 1-4 离子选择性电极构造示意

其特点是仅对溶液中特定离子有选择性响应。离子选择性电极的膜电位与溶液中待测离子活度的关系符合能斯特方程，即 25℃时，膜电位：

$$\varphi_{膜} = K \pm \frac{0.0592}{n_i} \lg a_i \tag{1-8}$$

当离子选择性电极作正极时，对阳离子有响应时，取"＋"，否则取"－"。

③ 离子选择性电极的性能参数

a. 选择性系数 离子选择性电极（ISE）并没有绝对的专一性，有些离子仍可能有干扰。即离子选择性电极除对特定待测离子有响应外，共存（干扰）离子亦会响应，此时电极电位为：

$$\varphi = K \pm \frac{0.0592}{n_i} \lg(a_i + \sum_j K_{ij} a_j^{n_i/n_j}) \tag{1-9}$$

式中，K_{ij} 为离子选择性系数，其值越小，表示 ISE 测定 i 离子抗 j 离子的干扰能力越强；n_i 为电极反应时待测离子 i 转移的电子数；n_j 为极反应时干扰离子 j 转移的电子数；a_i 为待测离子 i 的活度，mol/L；a_j 为干扰离子 j 的活度，mol/L。

可通过式(1-19)求得干扰离子所带来的相对误差：

$$相对误差 = \frac{K_{ij} a_j^{n_i/n_j}}{a_i} \tag{1-10}$$

【例 1-1】 设溶液中 pBr＝3，pCl＝1。如用溴离子选择性电极测定 Br^- 活度，将产生多大误差？已知电极的选择性系数 $K_{Br^-,Cl^-}＝6 \times 10^{-3}$。

解 已知

$$相对误差 = \frac{K_{ij} a_j^{n_i/n_j}}{a_i}$$

将有关已知条件代入上式得：

$$E\% = 60\%$$

b. 测量范围　电极有很宽的测量范围，一般有几个数量级。根据膜电位的公式，以电位对离子活度的对数作图，可得一直线：其斜率为 $RT/(n_iF)$，这就是校正曲线。实际上，当活度 α_i 很低时，校正曲线明显弯曲。电极的线性响应范围是指校正曲线的直线部分，它是定量分析的基础，大多数电极的响应范围为 $10^{-5}\sim10^{-1}\,mol/L$，个别电极达 $10^{-7}\,mol/L$，所以测定的灵敏度往往满足不了痕量分析的要求。

c. 响应速度　电极的响应时间有不同的表示方法，浸入法测定的响应时间是指从电极接触溶液开始至达到稳定电位值（$\pm1mV$）的时间；电极的响应时间随电极种类、溶液的浓度、温度、电极处理方法而异。一般，固态电极响应较快，有的只有几毫秒（如硫化银电极）；液膜电极响应较慢，通常从几秒到几分钟。电极的响应速度是判断电极能否用于连续自动分析的重要参数。

d. 准确度　通过测量电位直接计算离子的活度或浓度，其准确度不高，且受到离子价态的限制。理论计算表明，对于一价离子，1mV 的测量误差会导致产生 $\pm4\%$ 的浓度相对误差。离子价态增加，误差也成倍增加。

（2）各类离子选择性电极的结构和应用

① 晶体膜电极　晶体膜电极分为均相、非均相晶膜电极。均相晶膜由一种化合物的单晶或几种化合物混合均匀的多晶压片而成。非均相膜由多晶中掺惰性物质经热压制成。晶体膜电极结构如图 1-5 所示，（b）为全固态型电极。

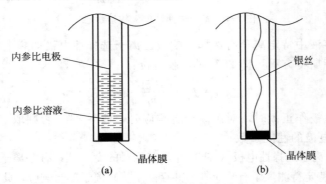

图 1-5　晶体膜电极的构造示意

该类电极由于晶体结构上的缺陷而形成空穴，空穴的大小、形状和电荷分布决定了只允许某种特定的离子在其中移动而导电，从而显示了电极的选择性。晶体膜又可分为均相膜和非均相膜两类。均相膜电极的敏感膜由一种或几种化合物的均匀混合物的晶体构成，包括单晶膜和多晶膜。

a. 单晶膜电极——氟离子选择性电极　典型的单晶膜电极是氟离子选择性电极。其结构如图 1-6 所示。

敏感膜：掺有 EuF_2 的 LaF_3 单晶切片；封在硬塑料管的一端。

内参比电极：Ag-AgCl 电极（管内）。

内参比溶液：0.1mol/L 的 NaCl 和 0.1mol/L 的 NaF 混合溶液。

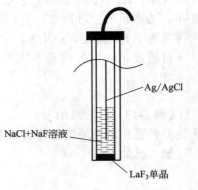

图 1-6　氟离子选择
性电极的构造

电极工作原理：将氟离子选择性电极插入含氟离子的溶液中时，F^- 在膜表面交换，溶液中 F^- 活度较高时，F^- 可以进入单晶的空穴，单晶表面的 F^- 也可进入溶液，由此产生膜电位。该膜电位与溶液中 F^- 的活度关系遵守能斯特方程：

$$\varphi_{膜} = K - \frac{2.303RT}{F} \lg \alpha_{F^-} \tag{1-11}$$

25℃时式(1-11)可简化为式(1-12)：

$$\varphi_{膜} = K - 0.0592 \lg \alpha_{F^-} \tag{1-12}$$

电极的使用注意事项如下。

使用的酸度范围为 pH 5.0～5.5，产生干扰的原因是由于在膜表面发生反应：

$$LaF_3 + 3OH^- \longrightarrow La(OH)_3 + 3F^-$$

所以该电极在使用时一般先将测试液用缓冲溶液调节 pH；使用前，宜在 10^{-3} mol/L 的 NaF 溶液中浸泡 1～2h；在 $1～10^{-6}$ mol/L 范围内，其电极电位符合能斯特方程。其检测下限则由单晶的溶度积决定，LaF_3 饱和溶液中 F^- 活度约为 10^{-7} mol/L，因此，氟电极在纯水体系中检测下限最低亦在 10^{-7} mol/L 左右。

b. 多晶膜电极　多晶膜或混晶膜电极，是分别将一种微溶金属盐或两种微溶金属盐的细晶体，在高压力（约 4.9×10^8 Pa）下压制成厚度约为 1～2mm 致密薄膜，再经抛光处理后制成的。Ag_2S 膜电极或 Ag_2S 和 AgX（卤化银）等混晶膜电极属于此类。

c. 非均相膜电极　非均相膜除了电活性物质外，还加入某种惰性材料，其中电活性物质对膜电极的功能起决定性作用。将硫化银、卤化银等难溶盐分别与一些多性高分子材料如硅橡胶、聚氯乙烯等混合，采用冷压、热压、热铸等方法制成，例如 SO_4^{2-}、PO_4^{3-}、S^{2-}、I^-、Br^-、Cl^- 等电极。

② 非晶体（膜）-pH 玻璃膜电极　非晶体膜电极也称为刚性基质电极，主要指以玻璃膜为敏感膜的玻璃电极，改变膜的组成和含量可以制成对不同阳离子有响应的离子选择性电极，表 1-1 列出了阳离子玻璃电极的玻璃膜组成及性能。

表 1-1 阳离子玻璃电极的玻璃膜组成

被测离子	玻璃组成（摩尔比）	近似选择性系数
Li^+	$15Li_2O\text{-}25Al_2O_3\text{-}60SiO_2$	$K_{Li^+,Na^+} = 0.3$，$K_{Li^+,K^+} < 10^{-3}$
Na^+	$11Na_2O\text{-}18Al_2O_3\text{-}71SiO_2$	$K_{Na^+,K^+} = 3.6 \times 10^{-4}$
H^+	$22Na_2O\text{-}6CaO\text{-}72SiO_2$	$K_{H^+,Na^+} = 1 \times 10^{-8}$
K^+	$27Na_2O\text{-}5Al_2O_3\text{-}68SiO_2$	$K_{Na^+,K^+} = 5 \times 10^{-2}$
Ag^+	$11Na_2O\text{-}18Al_2O_3\text{-}71SiO_2$	$K_{Ag^+,Na^+} = 10^{-3}$

以下将重点介绍对溶液中氢离子有响应的 pH 玻璃电极。

a. pH 玻璃电极的基本构造　pH 玻璃膜电极的主要部分是一个玻璃泡，泡的下半部为特殊组成的玻璃薄膜（玻璃膜组成见表 1-1），玻璃膜内为 0.1mol/L 的 HCl 内参比溶液，插入涂有 AgCl 的银丝作为内参比电极，使用时，将玻璃膜电极插入待测溶液中，构造如图 1-7 所示。

b. pH 玻璃电极的响应机理

ⅰ）硅酸盐玻璃的结构　pH 玻璃电极的敏感膜由 SiO_2、Na_2O 和 CaO 熔融制成。由于 Na_2O 的加入，Na^+ 取代了玻璃中 Si（Ⅳ）的位置，Na^+ 与 O^- 之间以离子键的形式结合，存在并活动于网络之中承担着电荷的传导，形成可以进行离子交换的点位—Si—O—Na$^+$。其结构如图1-8所示。

ⅱ）敏感玻璃膜水合硅胶胶层的形成　干玻璃膜的网络中由Na$^+$所占据。当玻璃膜与纯水或稀酸接触时，玻璃外表面吸收水产生溶胀，形成很薄的水合硅胶层，如图1-9所示。水合硅胶层只容许氢离子扩散进入玻璃结构的空隙并与Na$^+$发生交换。

当形成水合硅胶层后的玻璃电极浸入待测试液中时，由于水合硅胶层表面与溶液中的氢离子的活度不同，氢离子便从活度大的相朝活度小的相迁移。这就改变了水合硅胶层和溶液两相界面的电荷分布，产生了外相界电位，玻璃电极的内膜与内参比溶液同样也产生内相界电位。可见，玻璃电极两侧的相界电位的产生不是由于电子的得失，而是由于氢离子在溶液和玻璃水化层界面之间转移的结果。根据热力学推导，25℃时，玻璃电极内外膜电位可表示为：

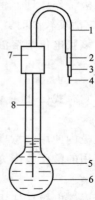

图 1-7　pH 玻璃
电极的构造

1—外套管；2—网状金属屏；3—绝缘体；4—导线；5—内参比液；6—玻璃膜；7—电极帽；8—银-氯化银内参比电极

$$\varphi_{膜}=\varphi_{外}-\varphi_{内}=0.0592\lg\alpha_{H^+(外)}/\alpha_{H^+(内)} \qquad (1-13)$$

式中，$\varphi_{外}$、$\varphi_{内}$ 分别表示外膜电位和内膜电位，V；$\alpha_{H^+(外)}$ 表示外部待测溶的 H$^+$ 活度，mol/L；$\alpha_{H^+(外)}$ 表示内参比溶溶的 H$^+$ 活度，mol/L；由于内参比溶液的 H$^+$ 活度 $\alpha_{H^+(内)}$ 是恒定不变的，因此 25℃时式（1-13）可表示为：

$$\varphi_{膜}=K'+0.0592\lg\alpha_{H^+(外)}=K'-0.0592pH_{外} \qquad (1-14)$$

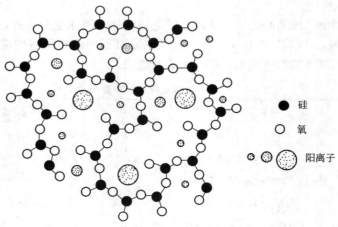

图 1-8　硅酸盐玻璃结构

式中，K'是由玻璃膜电极本身的性质决定的，对于某一确定的玻璃电极，其 K' 是一个常数。由式（1-14）可知 pH 玻璃电极的膜电位只与溶液的 pH 有关，在一定温度下其膜电位与外部溶液的 pH 呈线性关系。这也是玻璃电极可以指示溶液中 H$^+$ 活度的根本原因。

ⅲ）pH 玻璃电极的"钠差"和"酸差"　"钠差"：当测量 pH 较高或 Na$^+$ 浓度较大的溶液时，测得的 pH 偏低，称为"钠差"或"碱差"。每一支 pH 玻璃电极都有一个测定 pH 高限，超出此高限时，"钠差"就显现了。产生"钠差"的原因是 Na$^+$ 参与响应。

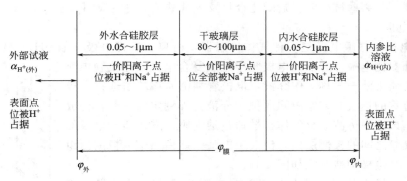

图 1-9 玻璃膜的水化胶层及膜电位的产生

"酸差"：当测量 pH 小于 1 的强酸、或盐度大、或某些非水溶液时，测得的 pH 偏高，称为"酸差"。产生"酸差"的原因是：当测定酸度大的溶液时，玻璃膜表面可能吸附 H^+，当测定盐度大或为非水溶液时，溶液中 α_{H^+} 变小。

c. pH 玻璃电极的使用及注意事项　使用新 pH 电极要进行调整，放在蒸馏水中浸泡一段时间（一般以 24h 为宜），以便形成良好的水合层；最近生产的玻璃电极，因玻璃质量与制作工艺的提高，其说明书上都注明初用或久置不用的电极，使用时只需在 3mol/L 的 KCl 溶液或去离子水中浸泡 2～10h 即可。

测定某溶液之后，要认真冲洗，并吸干水珠，再测定下一个样品。测定时玻璃电极的球泡应全部浸在溶液中，使它稍高于甘汞电极的陶瓷芯端。测定时应用磁力搅拌器以适宜的速度搅拌，搅拌的速度不宜过快，否则易产生气泡附在电极上，造成读数不稳。测定有油污的样品，特别是有浮油的样品，用后要用 CCl_4 或丙酮清洗干净，之后需用 0.2mol/L 盐酸冲洗，再用蒸馏水冲洗，在蒸馏水中浸泡平衡一昼夜再使用。测定浑浊液之后要及时用蒸馏水冲洗干净。测定乳化状物的溶液后，要及时用洗涤剂和蒸馏水清洗电极，然后浸泡在蒸馏水中。

玻璃电极的内电极与球泡之间不能存在气泡，若有气泡可轻甩即让气泡逸出。

③ 流动载体电极液膜电极　这类电极也称液膜或离子交换膜电极，其电极构造示意如图 1-10 所示。

液体敏感膜由三部分组成：电活性物质金属配位剂（载体）、有机溶剂（可溶解载体，与水不相溶，也是增塑剂）、支撑膜（常用 PVC 塑料、聚四氟乙烯微孔膜）。敏感膜将试液与内充液分开，膜上的电活性物质与待测离子进行离子交换。

其中最重要的是电活性载体，根据其性质有 3 种类型：带正电荷流动载体电极、带负电荷流动载体电极和带中性流动载体电极。

a. 阳性——带正电荷载体　如有机大阳离子、鎓类（季铵、季磷、季砷类）离子、配阳离子、碱性染料等，这种载体能响应无机、有机阴离子或配阴离子，如 NO_3^- 选择电极等。

b. 阴性——带负电荷载体　如有机大阴离子、羧基等，可响应阳离子，如 Ca^{2+} 选择电极、一些药物电极等。

c. 中性——载体为一些具有未成键电子（n 电子）的中性

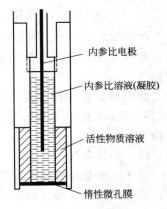

内参比电极

内参比溶液(凝胶)

活性物质溶液

惰性微孔膜

图 1-10　液膜离子
电极构造示意

大分子螯合剂　如某些抗生素、冠醚化合物及开链酰胺等可响应阳离子，如 K^+ 选择电极。

④ 敏化电极

a. 气敏电极　气敏电极是一种气体传感器，由离子选择电极（如 pH 电极等）作为指示电极，与外参比电极一起插入电极管中组成复合电极，电极管中充有特定的电解质溶液——称为中介液，电极管端部紧靠离子选择电极敏感膜处用特殊的透气膜或空隙间隔把中介液与外测定液隔开，构成了气敏电极。试液中待测组分气体扩散通过透气膜，进入离子电极的敏感膜与透气膜之间的极薄层内，使液层内某一能由离子电极测出组分的量确定。其电极构造示意如图 1-11。

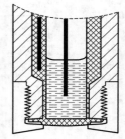

图 1-11　气敏电极构造示意

测量时，试样中的气体通过透气膜或空隙进入中介液并发生作用，引起中介液中某化学平衡的移动，使得能引起选择电极响应的离子的活度发生变化，电极电位也发生变化，从而可以指示试样中气体的分压。

如氨气敏电极，以 pH 玻璃电极为指示电极，透气膜为聚偏四氟乙烯，中介质为 NH_4Cl 溶液，NH_3 穿过透气膜进入 NH_4Cl 溶液，引起下列平衡的移动：

$$NH_3+H_2O \Longleftrightarrow NH_4^+ +OH^- \qquad K_b=\frac{[NH_4^+][OH^-]}{[NH_3]}$$

式中，$[NH_4^+]$ 可视为不变，所以 $[OH^-]=K_b'[NH_3]$，则 pH 玻璃电极的电极电位可表示为：

$$\varphi=K-0.0592 \lg[OH^-]=K'-0.0592 \lg[NH_3]=K''-0.0592 \lg p_{NH_3} \qquad (1-15)$$

同理可做成 CO_2、NO_2、H_2S、SO_2 等气敏电极。

b. 酶电极是离子选择电极的一类　酶电极的分析原理是基于用电位法直接测量酶促反应中反应物的消耗或反应物的产生而实现对底物分析的一种分析方法。它将酶活性物质覆盖在电极表面，这层酶活性物质与被测的有机物或无机物（底物）反应，形成一种能被电极响应的物质，例如，尿素在尿素酶催化下发生下面反应。

$$NH_2CONH_2+H_2O \xrightarrow{\text{尿素酶}} NH_4^+ +CO_3^{2-}$$

氨基酸在氨基酸氧化酶催化下发生反应：

$$RCHNH_2COOH+O_2+H_2O \xrightarrow{\text{氨基酸氧化酶}} RCOCOO^- +NH_4^+ +H_2O_2$$

反应生成的 NH_4^+ 可用铵离子电极来测定。若将尿素酶涂在铵离子电极上则成为尿素电极，此电极插入含有尿液的试液中，可由于尿素分解出来的 NH_4^+ 的响应而间接测出尿素的含量。

酶电极具有选择性好、测量速度快、使用方便、不破坏样品的特点，特别是能用于生物溶液活体组织中某组分的连续监控，从而在生化研究、生物监测等方面可发挥重要的作用。

四、参比电极

参比电极是提供相对电位标准的电极。在一定条件下，参比电极的电位值是恒定不变的，不受试液组成变化的影响。对参比电极的要求是：电极电位的可逆性好、重现性好和稳定性好，易于制作和便于使用。

目前最常用的参比电极主要有甘汞电极和银-氯化银电极。

1. 甘汞电极

（1）电极构造 甘汞电极由汞、甘汞和含 Cl^- 的溶液等组成，常用 $Hg|Hg_2Cl_2|Cl^-$ 表示。电极内，汞上有一层汞和甘汞的均匀糊状混合物。用铂丝与汞相接触作为导线。其结构如图 1-12 所示。

（2）电极反应和电极电位表达式

电极反应：$Hg_2Cl_2+2e^-\!=\!=\!2Hg+2Cl^-$

半电池：Hg,Hg_2Cl_2（固体）$|KCl$（液体）

电极电位：（25℃）

$$\varphi_{Hg_2Cl_2/Hg}=\varphi_{Hg_2Cl_2/Hg}^{\ominus}-0.0592\lg\alpha_{Cl^-} \quad (1-16)$$

由式(1-16)可知甘汞电极的电极电位只与内充液中氯离子的浓度有关，目前常用的几种甘汞电极的标准电极电位与内充氯化钾浓度的关系见表1-2。

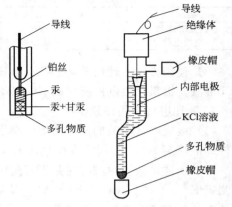

图 1-12 甘汞电极的构造

表 1-2 常用的甘汞参比电极的标准电极电位与氯化钾浓度的关系

项 目	0.1mol/L 甘汞电极	标准甘汞电极（NCE）	饱和甘汞电极（SCE）
内充 KCl 浓度	0.1mol/L	1.0mol/L	饱和溶液
电极电位/V	+0.3365	+0.2828	+0.2444

（3）使用方法

① 饱和甘汞电极在使用前应先取下小胶帽。

② 保证饱和 KCl 的液位应与电极支管下端相平，电极底端含有少量晶体。

③ 电极内饱和 KCl 溶液中没有气泡，电极下端的多孔性物质畅通。

④ 甘汞电极在使用时要求电极插入液面的位置适中。

⑤ 甘汞电极的电极电位与温度有关，它在较高温度时性能较差。只能在低于 80℃ 的温度下使用。

2. 银-氯化银电极

（1）电极构造 由覆盖着氯化银层的金属银浸在氯化钾或盐酸溶液中组成。常用 $Ag|AgCl|Cl^-$ 表示。一般采用银丝或镀银铂丝在盐酸溶液中阳极氧化法制备。银-氯化银电极的电极电位与溶液中 Cl^- 浓度和所处温度有关，如图 1-13 所示。

（2）电极反应和电极电位

电极反应：$AgCl+e^-\!=\!=\!Ag+Cl^-$

半电池符号：$Ag,AgCl$（固体）$|KCl$（液体）

电极电位（25℃）：

$$\varphi_{AgCl/Ag}=\varphi_{AgCl/Ag}^{\ominus}-0.0592\lg\alpha_{Cl^-} \quad (1-17)$$

由式(1-17)可知银-氯化银电极的电极电位只与内充液中 Cl^- 的浓度有关，目前常用的几种银-氯化银电极的标准电极电位与内充氯化钾浓度的关系见表1-3。

银-氯化银电极常在 pH 玻璃电极和其他各种离子选择性电极中用做内参比电极。银氯化银电极不像甘汞电极那样有较大的温度滞后效应，在高达 275℃ 左右的温度下仍能使用，而且有足够稳定性，因此可在高温下替代甘汞电极。

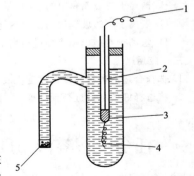

图 1-13 银-氯化银电极的构造

1—导线；2—KCl 溶液；3—Hg；

4—镀 AgCl 的 Ag 丝；5—多孔物质

表 1-3 常用的银-氯化银电极的标准电极电位与氯化钾浓度的关系

项 目	0.1mol/L Ag-AgCl 电极	标准 Ag-AgCl 电极	饱和 Ag-AgCl 电极
内充 KCl 浓度	0.1mol/L	1.0mol/L	饱和溶液
电极电位/V	+0.2880	+0.2223	+0.2000

（3）使用方法　使用前必须除去电极内的气泡；内参比溶液应有足够高度，否则应添加 KCl 溶液。银氯化银电极所用的 KCl 溶液必须事先用 AgCl 饱和。

3. 参比电极使用注意事项

（1）电极内部溶液的液面应始终高于试样溶液液面（防止试样对内部的溶液造成污染或因外部溶液与 Ag^+、Hg^{2+} 发生反应而造成液界面的堵塞，尤其是银-氯化银电极）

（2）上述试液被污染有时是不可避免的，但通常对测定影响较小。但如果用此类参比电极测定 K^+、Cl^-、Ag^+、Hg^{2+} 时，其测量误差可能会较大。这时可用盐桥（不含干扰离子的 KNO_3 或 Na_2SO_4）来克服。

知识应用与技能训练

一、填空题

1. 原电池的写法，习惯上把_____极写在左边，_____极写在右边，故下列电池中 $Zn|ZnSO_4|CuSO_4|Cu$，_____极为正极，_____极为负极。

2. 离子选择性电极的电极斜率的理论值为____。25℃时一价正离子的电极斜率是____；二价正离子是____。

3. 用离子选择性电极测定浓度为 1.0×10^{-4} mol/L 某一价离子 i，某二价的干扰离子 j 的浓度为 4.0×10^{-4} mol/L，则测定的相对误差为_____。（已知 $K_{ij} = 10^{-3}$）

4. 玻璃电极在使用前，需在蒸馏水中浸泡 24h 以上，目的是_____，饱和甘汞电极使用温度不得超过_____℃，这是因为温度较高时_____。

二、选择题

1. 在电位法中离子选择性电极的电位应与待测离子的浓度（　　）。
   A. 成正比　　　　　　　　　　　　B. 的对数成正比
   C. 符合扩散电流公式的关系　　　　D. 符合能斯特方程

2. 离子选择性电极的选择系数可用于（　　）。
   A. 估计共存离子的干扰程度　　　　B. 估计电极的检测限
   C. 估计电极的线性响应范围　　　　D. 估计电极的线性响应范围

3. pH 玻璃电极膜电位产生的原因是（　　）。
   A. 氢离子在玻璃表面还原而传递电子
   B. 钠离子在玻璃膜中的移动
   C. 氢离子穿透玻璃膜而使膜内外氢离子产生浓度差
   D. 氢离子在玻璃膜表面进行离子交换和扩散的结果

三、应用题

1. 选择合适的电极和仪器测定洗发水的 pH。

2. 将选择好的电极进行预处理。

任务 2　溶液 pH 的测定——直接电位法测定 pH

【知识目标】

（1）掌握直接电位法测定 pH 的原理；

　　（2）掌握 pH 实用定义；

　　（3）掌握二点校正法；

　　（4）掌握标准缓冲溶液的种类及配制方法。

【能力目标】

　　（1）根据需要选择合适的电极；

　　（2）能对电极进行预处理、安装；

　　（3）能选择合适的标准缓冲溶液并配制；

　　（4）会利用二点校正法对仪器进行校正，并测定试样的 pH。

子任务 1　选择仪器、电极及电极的预处理

课堂活动

　　提出问题：指示电极和参比电极的选择原则？请学生根据上次课的内容选择测定溶液 pH 所需的仪器和电极，并且对所选择的电极进行预处理；并选择其他辅助工具以及所需要的药品。

子任务 2　样品预处理

课堂活动

　　1. 提出问题：样品能否直接进行测定？如果不能如何处理？

　　2. 结合学生的讨论结果，教师讲解样品处理的方法。

　　3. 请学生将待测样处理成其可检测的状态。

　　称取牙膏 5g 置于 50mL 烧杯内，加入预先煮沸、冷却的蒸馏水 20mL，充分搅拌均匀。

子任务 3　安装电极、仪器校正

课堂活动

　　1. 教师先做示范操作，然后要求学生按照说明书的要求安装电极、配制并选择合适的标准缓冲溶液对仪器进行校正。并请学生对测定过程中出现的问题予以记录并设法解决。

　　2. 提出下列问题：

　　（1）为什么要对仪器进行校正？

　　（2）如何选择标准缓冲溶液？

　　（3）如何对仪器进行校正？

　　3. 要求学生读懂并参照说明书熟练的操作酸度计，要求学生用二点校正法对酸度计进行校正，参考步骤如下：

　　（1）按照仪器说明书要求开机、安装电极；

　　（2）配制混合磷酸盐中性标准缓冲溶液；

　　（3）用温度计测定标准溶液的温度，调整仪器"温度补偿"旋钮至合适值；

　　（4）用 pH 试纸粗侧待测样的 pH，如果为酸性则选择酸性的邻苯二甲酸氢钾标准缓冲溶液，并配制，反之选择碱性的四硼酸钠标准缓冲溶液；

　　（5）按照说明书要求进行校正。

子任务 4　样品 pH 测定

课堂活动

请学生参照说明书的要求操作仪器，测定牙膏样品的 pH，正确地记录数据。

子任务 5　结束工作

课堂活动

学生拆卸电极、按要求进行清洗、存放，将仪器还原，填写相关记录、编制实验报告。

【任务卡】

任　　务		方案(答案)或相关数据、现象记录	点评	相应技能	相应知识点	自我评价
子任务 1　选择仪器、电极、电极的预处理	所选仪器					
	所选电极					
	电极的预处理					
	其他辅助工具					
子任务 2　样品预处理	配制样品溶液					
子任务 3　安装电极、仪器校正	安装电极					
	选择标准缓冲溶液					
	配制标准缓冲溶液					
	参照说明书对仪器进行校正					
子任务 4　样品 pH 测定	测定牙膏样品的 pH，正确地记录数据					
记录测定过程中出现的故障，提出排除方法						
学会的技能						

☢ **相关知识**

一、酸度计的使用——学会阅读仪器说明书

用酸度计进行电位测量是测量 pH 最精密的方法。以下以 PHS-25 型酸度计的使用为例进行讲解（附：PHS-25 型酸度计使用说明）。

PHS-25 高精度酸度计设计精良，使用非常简单方便。仪器适用于测量溶液的 pH 及温度值，且同时显示 pH 和温度值。

1. 使用操作

（1）接入 pH 电极、温度传感器及电源，选择温度模式，按【ON/OFF】开关，打开电源。

(2) 取下 pH 电极保护帽，将 pH 电极和温度传感器插入待测溶液中。

(3) 轻轻晃动几下 pH 电极，不要让电极球泡上有气泡；否则影响测量精度。待示值稳定，读取 pH 和温度值。

(4) 测量完毕，用清水清洗电极，套上保护帽。

2. pH 校准

(1) 将适量的 pH 为 6.86 和 4.01（或 9.18）标准缓冲溶液倒入干净烧杯中。

(2) 为了校准精确，对每一种缓冲溶液用两只烧杯分装，一个烧杯用来漂洗电极，一个烧杯用来校准。这样，缓冲溶液的污染的程度可以最小。

(3) 接通电源开关，将 pH 电极和温度电极浸入 pH 为 6.86 的缓冲溶液中，并轻轻晃动几下。

(4) 待示值稳定，用小螺丝刀调整面板左边的"STD"电位器，直到显示值与校准缓冲溶液在该测量温度下的 pH 相符。

(5) 把电极插入 pH 为 4.01（或 9.18）标准缓冲溶液中，并轻轻晃动电极。

(6) 待示值稳定，用小螺丝刀调整面板右边的"SLOPE"电位器，直到显示值与校准缓冲溶液在该测量温度下的 pH 相一致。这样，pH 档的校准工作就完毕了。

(7) 在下列情况下，仪器须重新校准：电极已被更换；校准后使用或放置很长时间；电极使用特别频繁；测量精度要求较高。

二、pH 测定原理

测定时，pH 玻璃指示电极作为负极、甘汞参比电极作为正极，与待测溶液组成工作电池，用精密毫伏计测量电池的电动势，工作电池可表示为：

$$Ag|AgCl, 0.1mol/L\ HCl|玻璃膜|试液\|KCl（饱和）|Hg_2Cl_2|Hg$$

$$\underleftrightarrow{\hspace{3cm}玻璃电极\hspace{3cm}}\quad\underleftrightarrow{\hspace{2cm}SCE\hspace{2cm}}$$

电动势 E 为：$E=\varphi_{SCE}-\varphi_{玻璃}=\varphi_{SCE}-(\varphi_{Ag/AgCl}+\Delta\varphi_M)$

原电池的电动势应为：

$$E=\varphi_{SCE}-(\varphi_{AgCl/Ag}+\Delta\varphi_M)+\Delta\varphi_{不对称}+\Delta\varphi_L$$

$$=\varphi_{SCE}-\varphi_{AgCl/Ag}+\varphi_{不对称}+\Delta\varphi_L-K+\frac{2.303RT}{F}pH_{试}$$

令 $\varphi_{SCE}-\varphi_{AgCl/Ag}+\Delta\varphi_{不对称}+\Delta\varphi_L-K=K'$，得：

$$E=K'+\frac{2.303RT}{F}pH_{试} \tag{1-18}$$

则 25℃时式(1-18) 可表示为 $E=K'+0.0592pH_{试}$ (1-19)

由式(1-19) 可见电池的电动势 E 与试液的 pH 呈线性关系，据此可进行溶液 pH 的测量。

三、pH 实用定义

式(1-19) 说明，只要测出工作电池的电动势，并求出 K'，就可以计算出待测液的 pH。但 K' 是个很复杂的项目，很难测定出来，所以在实际工作中不可能采用式(1-19) 直接计算 pH，而是用已知的 pH 的标准缓冲溶液为基准，通过比较由标准缓冲溶液参与组成和待测液参与组成的两个工作电池的电动势来确定待测液的 pH，即测定标准缓冲溶液（$pH_{标}$）的电动势 $E_{标}$，然后测定试液（pH_x）的电动势 E_x。

25℃时，由式(1-19) 可得： $$pH_x=\frac{E_x-K'}{0.0592} \tag{1-20}$$

$$pH_s = \frac{E_s - K'}{0.059} \qquad (1-21)$$

$$pH_x = pH_s + \frac{E_x - E_s}{0.059} \qquad (1-22)$$

式中，pH_x 为待测液的 pH；pH_s 为标准缓冲溶液的 pH；E_x 为待测试液（pH_x）的电动势；E_s 为标准缓冲溶液的电动势。

式(1-22)为 pH 实用定义或 pH 标度，其中 pH_s 为已知值，测量出 E_x、E_s 即可求出 pH_x。

【例 1-2】 当下述电池中的溶液是 pH 等于 4.00 的缓冲溶液时，在 298K 时用毫伏计测得下列电池的电动势为 0.209V：

玻璃电极｜$H^+(\alpha = x)$‖饱和甘汞电极

当缓冲溶液由 3 种未知溶液代替时，毫伏计读数如下：（a）0.312V；（b）0.088V；（c）−0.017V，试计算每种未知溶液的 pH。

解 根据公式：

$$pH_x = pH_s + \frac{E_x - E_s}{0.059}$$

（a）$pH = 4.00 + (0.312 - 0.209)/0.059 = 5.75$

同理：（b）$pH = 1.95$

（c）$pH = 0.17$。

四、仪器的校正

由 pH 实用定义可知酸度计在使用前必须首先利用 pH 已知的标准缓冲溶液对仪器进行校正，即确定式(1-22)中的 pH_s 和 E_s。常用的是二点校正法。

1. 二点校正法

PHS-25 型酸度计的操作说明书中第五步中所描述的"pH 校准"，是对酸度计进行校正时最常用的方法——二点校正法，其具体过程如下：

（1）先用一种接近 pH 为 7 的标准缓冲溶液"定位"；

（2）再用另一种接近被测溶液 pH 的标准缓冲溶液调节"斜率"调节器；

（3）经校正后的仪器可以直接测量被测试液的 pH。

2. 关于仪器校正时间的相关规定

校准工作结束后，对使用频繁的 pH 计一般在 48h 内仪器不需再次定标。如遇到下列情况之一，仪器则需要重新标定：

（1）溶液温度与定标温度有较大的差异时；

（2）电极在空气中暴露过久，如 0.5h 以上时；

（3）定位或斜率调节器被误动；

（4）测量过酸（pH<2）或过碱（pH>12）的溶液后；

（5）换过电极后；

（6）当所测溶液的 pH 不在两点定标时所选溶液的中间，且距 pH 为 7 又较远时。

五、pH 标准缓冲溶液

溶液 pH 的测量要使用标准 pH 缓冲液进行酸度计的校正。

目前国内外均用美国国家标准局的 NBS pH 标度和标准缓冲液。NBS 七种标准缓冲液的 pH 标度值见表 1-4。在 NBS 标度提供的七种标准溶液中，溶液 2～6 是初级标准，其中溶液 3～5 在调整 pH 计时最为常用。

表 1-4 常用的标准缓冲溶液

序号	试剂	浓度 $c/(mol/L)$	pH					
			10℃	15℃	20℃	25℃	30℃	35℃
1	四草酸钾	0.05	1.67	1.67	1.68	1.68	1.68	1.69
2	酒石酸氢钾	饱和	—	—	—	3.56	3.55	3.55
3	邻苯二甲酸氢钾	0.05	4.00	4.00	4.00	4.00	4.01	4.02
4	磷酸氢二钠	0.025	6.92	6.90	6.88	6.86	6.86	6.84
	磷酸氢二钾	0.025						
5	四硼酸钠	0.01	9.33	9.28	9.23	9.18	9.14	9.11
6	氢氧化钙	饱和	13.01	12.82	12.64	12.46	12.29	12.13

对于 pH 计，pH 缓冲溶液主要有以下作用。

（1）pH 测量前标定校准 pH 计。

（2）用以检定 pH 计的准确性，检查仪器显示值和标准溶液的 pH_s 值是否一致。

（3）在一般精度测量时检查 pH 计是否需要重新标定。pH 计标定并使用后也许会产生漂移或变化，因此在测试前将电极插入与被测溶液比较接近的标准缓冲液中，根据误差大小确定是否需要重新标定。

（4）检测 pH 电极的性能。

六、酸度计常见的故障及排除方法

酸度计常见的故障及排除方法见表 1-5。

表 1-5 常见故障及排除方法

序号	故障	故障原因及排除方法
1	接通电源，指示灯不亮	（1）扳键开关置"校准"挡，调节"零点"旋钮，表头指针若可以调，为指示灯坏，更换之；（2）开关、保险损坏或变压器初级断路、短路，查出更换
2	信号加不进去，仪器无调节作用	（1）R，R_1，R_2 中有的电阻已断，查出更换；（2）电极插口接触不良，插好电极，读数开关接触不良，用乙醚清洗并吹干；（3）电容 C_1 短路，更换电容 C_1；（4）电极输入线已断，更换屏蔽输入线，屏蔽线的芯线和外层金属网短路，排除短路处，重新焊好
3	测量出的 pH 误差大	（1）高阻板受污染，电极插口脏、屏蔽线长霉，用乙醚清洗排除；（2）变容二极管 D_1、D_2 质量下降，更换变容二极管
4	电表指针颤抖	（1）变容管 D_1、D_2 性能差，更换 D_1、D_2；（2）仪器机壳接地不良或没有接地，使接地 C 好；（3）振荡波形不好，调 R_{24} 使波形变好；（4）晶体管 BG_1 损坏，更换 BG_1；（5）变压器损坏，更换变压器或重绕制变压器
5	将电表指针置于 pH 为 1 处，用零点调节器调节时两边不对称	偏左或偏右，变容管 D_1 或 D_2 容量不匹配，偏左时增加 D_1，偏右时增加 D_2
6	在调节调零钮时，电表指针有较大幅度的摆动	校正电位器 P 的中心抽头开路或此中心抽头到参量振荡放大器之间有开路，造成无负反馈，更换电位器或接通开路点
7	电表指针打向左边	（1）参量放大器 D_1、D_2 坏或 L_1、L_2 断线，查出更换；（2）C_2、C_3、T_1 断路或有接地现象，查出换之，排除接地现象；（3）BG_1 或 BG_2 已坏或放大倍数不够，更换 BG_1 或 BG_2；（4）$BG_5 \sim BG_8$ 或 $D_{10} \sim D_{13}$ 中有的管子坏，查出更换
8	电表指针向右偏移	（1）晶体管 $BG_1 \sim BG_3$ 中有的管子已坏，查出换之；（2）R_{16} 或虚焊，更换或重新焊好

七、酸度计的维护保养

除正确使用仪器外更加需要了解仪器的维护和测量时的注意事项，以下是其维护注意事项。

（1）酸碱度计的输入端（即电极插口）必须保持清洁，不用时将接续器插入，以防灰尘侵入，在环境温度较高时，应把电极用净布擦干。

（2）玻璃电极球泡的玻璃很薄，因此易使它与烧杯等硬物相碰。防止球泡破碎，一般安装时，甘汞电极头部应高出球泡头部，以便在摇动时球泡不会碰到烧杯底。

（3）使用玻璃电极和甘汞电极时，必须注意内电极与泡之间及内电极和陶瓷芯之间是否有气泡停留，如果有则必须除掉。

（4）玻璃电极球泡勿接触污物，如发现沾污可用医用棉花轻擦球泡部分或用 0.1mol/L 盐酸清洗。

（5）在按下读数开关时，如果发现指针严重甩动，应放开读数开关检查分挡开关，位置及其他调节器是否恰当，电极头是否浸入溶液。

（6）转动温度调节旋钮时勿用力太大，以防止移动紧固螺丝位置造成误差。

（7）当被测讯号较大，发生指针严重甩动的现象时，应转动分挡开关使指针在刻度之内，并需等待 1min 左右，使指针稳定为止。

（8）探头不能用脱水物质如浓乙醇、浓硫酸等物质清洗，会引起电极表面失水而损坏功能。

（9）指针酸度计测量完毕时，必须先放开读数开关，再移去溶液，如果不放开读数开关就移去溶液则指针甩动厉害，影响后面测定的准确性。

✿ 拓展任务

1. 水样的 pH 的测定（学生实践或课余完成）。

2. 橙汁的 pH 的测定。

3. 土壤 pH 酸碱度的测定。

知识应用与技能训练

一、选择题

1. 用玻璃电极测量溶液 pH 时，采用的定量方法为（　　）。

  A. 校正曲线法　　　　　　B. 直接比较法　　　　　　C. 一次加入法　　　　　　D. 增量法

2. 用电位法测定溶液的 pH 值时，电极系统由玻璃电极与饱和甘汞电极组成，其中玻璃电极是作为测量溶液中氢离子活度（浓度）的（　　）。

  A. 金属电极　　　　　　B. 参比电极　　　　　　C. 指示电极　　　　　　D. 电解电极

3. 用 pH 玻璃电极测定 pH=5.0 的溶液，其电极电位为 43.5mV，测定另一未知溶液时，其电极电位为 14.5mV，若该电极的响应斜率为 58.0mV/pH，试求未知溶液的 pH。

二、应用题

参照酸度计的使用说明书编制其操作规程。

✿ 实验任务指导书

一、牙膏pH 的测定

1. 实验任务

材料选择市售的不同品牌的六种含氟牙膏，分别编号为 A、B、C、D、E、F。利用 PHS-25 型酸度计分别测定其 pH（参照国家标准 GB8372—2001）。

2. 主要仪器与用具

酸度计（精度≥0.02），温度计（精度0.2℃），托盘天平（精度0.01g），250mL容量瓶，50mL烧杯，塑料洗瓶1只。

3. 主要试剂

邻苯二甲酸氢钾，混合磷酸盐，四硼酸钠，蒸馏水，牙膏样品。

4. 操作规程

（1）配制标准缓冲溶液 配制pH标准缓冲液的试剂为市售定量药品，用时剪开装有邻苯二甲酸氢钾、混合磷酸盐、四硼酸钠的塑料袋，将粉末倒入250mL容量瓶中，以少量无CO_2蒸馏水冲洗塑料袋内壁数次，转入容量瓶，试剂完全溶解后，用蒸馏水稀释至刻度，摇匀，贴上写有缓冲液名称、配制日期、配制人等信息的标签，备用。

（2）仪器校正 先用pH试纸粗略测定一下被测牙膏溶液的酸碱性，然后按仪器使用方法（见PHS-25型酸度计使用说明）用酸性或碱性缓冲溶液校正仪器。

（3）牙膏样品的测定 取试样牙膏，从中称取牙膏5g置于50mL烧杯内，加入预先煮沸、冷却的蒸馏水20mL，充分搅拌均匀，立即用酸度计测定。

5. 相关原理

pH指示电极、参比电极、被测试液组成测量电池。指示电极的电位随被测溶液的pH变化而变化，而参比电极的电位不随pH的变化而变化，它们符合能斯特方程中电位E与离子活度之间的关系。

6. 注意事项

由于溶液的pH常常随空气中CO_2等因素的改变而改变，因此试样分析要及时。

二、土壤pH酸碱度的测定

1. 实验任务

利用酸度计测定土壤的pH。

2. 主要仪器与用具

酸度计，pH玻璃电极，饱和甘汞电极，搅拌器。

3. 主要试剂

（1）1mol/L氯化钾溶液 称取74.6g氯化钾（化学纯）溶于800mL水中，用稀氢氧化钾和稀盐酸调节溶液pH为5.5～6.0，稀释至1L。

（2）pH 4.01标准缓冲溶液。

（3）pH 6.87标准缓冲溶液。

（4）pH 9.18标准缓冲溶液。

（5）去除CO_2的蒸馏水。

4. 操作规程

（1）仪器校准 各种pH计和电位计的使用方法不尽一致，电极的处理和仪器的使用按仪器说明书进行。将待测液与标准缓冲溶液调到同一温度，并将温度补偿器调到该温度值。用标准缓冲溶液校正仪器时，先将电极插入与所测试样pH相差不超过2个pH单位的标准缓冲溶液，启动读数开关，调节定位器使读数刚好为标准液的pH，反复几次使读数稳定。取出电极洗净，用滤纸条吸干水分，再插入第二个标准缓冲溶液中，两标准液之间允许偏差0.1个pH单位，如超过则应检查仪器电极或标准液是否有问题。仪器校准无误后，方可用于测定样品。

（2）土壤水浸液pH的测定 称取通过2mm孔径筛的风干试样20g（精确至0.1g）于50mL高型烧杯中，加去除CO_2的水20mL，以搅拌器搅拌1min，使土粒充分分散，放置 30min 后进行测定。将电极插入待测液中（注意玻璃电极球泡下部位于土液界面下，甘汞电极插入上部清液），轻轻摇动烧杯以除去电极上的水膜，促使其快速平衡，静置片刻，按下读数开关，待读数稳定时记下 pH。放开读数开关，取出电极，以水洗净，用滤纸条吸干水分后即可进行第二个样品的测定。每测 5～6 个样品后需用标准液检查定位。

（3）土壤的氯化钾盐浸提液 pH 的测定　当土壤水浸 pH＜7 时，应测定土壤盐浸提液 pH。测定方法除将 1mol/L 氯化钾溶液代替无 CO_2 水以外，水土比为 1：1，其他测定步骤与水浸 pH 测定相同。

5. 数据处理

（1）pH 计测量结果计算用酸度计测定 pH 时，可直接读取 pH，不需计算。

（2）pH 计测量精密度　平行结果允许绝对相差：中性、酸性土壤≤0.1 个 pH 单位，碱性土壤≤0.2 个 pH 单位。

6. 相关原理

采用电位法测定土壤的 pH 是将 pH 玻璃电极和甘汞电极插入土壤悬液或浸出液中，测定其电动势值，再换算成 pH（酸碱度）。在酸度计上测定，经过标准溶液定值后则可直接读取 pH。

7. 注意事项

（1）pH 读数时摇动烧杯会使读数偏低，应在摇动后稍加静止再读数。

（2）操作过程中避免酸碱蒸气进入。

（3）测定批量样品时，最好按土壤类型等将 pH 相差大的样品分开测定，可避免因电极影响迟钝而造成的测定错误。

（4）如测定密度小的样品，可适度改变水土比，但必须注明。

任务 3　测定氟离子含量——直接电位法测定离子活度

【知识目标】

（1）掌握氟电极的使用、保养方法；

（2）掌握直接电位法测定氟离子含量的原理、方法；

（3）熟悉总离子调节缓冲液的配制方法、作用。

【能力目标】

（1）能熟练安装实验装置；

（2）会配制标准系列溶液、TISAB 溶液；

（3）能制定合理的测定方案并实施。

子任务 1　选择仪器、电极及电极的预处理、安装

课堂活动

1. 复习指示电极和参比电极的选择原则。

2. 请学生根据任务 1 中的相关内容让学生选择合适的仪器和电极，并且对所选择的电极进行预处理；并选择其他辅助工具以及所需要的药品。

3. 结合学生完成情况讲解对应知识点。

要求学生能根据给定的任务要求选择指示电极和参比电极，并能够熟练地使用电极、仪器。

子任务 2 样品预处理

课堂活动

1. 提出问题：样品能否直接进行测定？如果不能如何处理？

2. 结合学生的讨论结果，教师讲解样品处理的方法；学生将待测样处理成其可检测的状态。具体操作步骤参考本任务"实验任务指导书"相关内容。

子任务 3 活度计的校正

课堂活动

请学生按如下步骤对仪器进行校正。

① 接通电源，按仪器的短路检查方法 1、2 将仪器校正到 0 位。

② 将温度调节器调节在待测溶液的温度。

③ 开启搅拌，将烧杯内已知活度的标准溶液进行充分搅拌。

④ 电极先用蒸馏水，再用标准溶液清洗后浸入溶液。

⑤ 按下 pX 键（注意离子的价数），调节定位器，使读数显示标准溶液的 pX 值。

子任务 4 总离子调节缓冲液的配制

课堂活动

1. 教师首先告知学生，在本实验中需要加入总离子调节缓冲液，并给出总离子调节缓冲液的配方（根据所测待测离子不同而不同）。然后提出以下问题：

（1）为什么要加入总离子调节缓冲液？

（2）配方中各物质的作用是什么？

2. 结合学生的讨论结果，教师总结总离子调节缓冲液的作用以及选择原则。

3. 学生按照配方配制总离子调节缓冲液。

子任务 5 系列标准溶液的配制及标准曲线的绘制

课堂活动

1. 教师首先让学生设计好配制系列标准溶液的方案（包括试剂、浓度等），期间提出以下问题：

（1）配制系列标准溶液的目的？

（2）系列标准溶液的浓度如何确定？待测样中的氟离子浓度如果为 $0.01 \sim 0.05 \text{mol/L}$ 之间，标准系列标准溶液的浓度分别为多少较合适？

（3）绘制标准曲线的目的？

（4）如何绘制标准曲线？

2. 结合学生的讨论结果，教师总结标准曲线法定量的方法和步骤以及标准曲线绘制的基本要求。

3. 学生进一步对方案进行改进，并按方案完成标准溶液的配制、测定及标准曲线的绘制。具体操作步骤参照本任务"实验任务指导书"相关内容。

子任务6　样品氟离子含量测定、数据处理

课堂活动

学生参照实验任务指导书的要求操作仪器，测定牙膏样品的氟离子含量，并从标准曲线上查得氟离子的浓度。

子任务7　结束工作

课堂活动

请学生拆卸电极、按要求进行清洗、存放，将仪器还原，填写相关记录并处理数据。

【任务卡】

任　　务		方案(答案)或相关数据、现象记录	点评	相应技能	相应知识点	自我评价
子任务1　选择仪器、电极、电极的预处理	仪器					
	电极					
	电极的预处理					
	安装电极					
	其他辅助工具					
	期间仪器出现的问题、故障					
子任务2　样品预处理	配制样品溶液					
子任务3　活度计的校正	选择标准溶液					
	参照说明书对仪器进行校正					
	期间仪器出现的问题、故障					
子任务4　总离子调节缓冲液的配制	确定测定溶液中氟离子浓度总离子调节缓冲液的组成					
	配制 TISAB 溶液					
子任务5　系列标准溶液的配制	根据待测样氟离子浓度范围确定标准溶液的浓度					
	配制方案					
	系列标准溶液的测定					
	期间仪器出现的问题、故障					
子任务6　样品氟离子含量测定、数据处理	操作流程					
	期间仪器出现的问题、故障					
学会的技能						

相关知识

一、溶液离子活度测定原理

测定离子活度是利用离子选择电极与参比电极组成电池，通过测定电池电动势来测定离子的活度，这种测量仪器叫离子计。与 pH 计测定溶液 pH 类似，各种离子计可直读出试液的 pM 值，不同的是，离子计使用不同的离子选择电极和相应的标准溶液来标定仪器的刻度。此外，利用电极电位和 pM 的线性关系，也可以采用标准曲线法和标准加入法测定离子活度。

与直接电位法测定 pH 相似也是将对待测离子有响应的离子选择性电极与参比电极浸入待测液中组成工作电池，并用仪器测量其电动势，其测定装置如图 1-14。

例如溶液中氟离子含量的测定选择氟离子选择性电极，甘汞电极作为参比电极，其工作电池为：

$$SCE \parallel 试液(\alpha_{F^-}=x) \mid 氟离子选择性电极$$

$$(-)Hg \mid Hg_2Cl_2,KCl(饱和) \mid\mid 试液 \mid LaF_3(膜) \mid NaF,NaCl,AgCl \mid Ag(+)$$

$$\underleftarrow{\quad\quad SCE\quad\quad} \Delta\varphi_L \quad \Delta\varphi_M \underrightarrow{\quad\quad 氟电极 \quad\quad}$$

$$E=(\varphi_{AgCl/Ag}+\Delta\varphi_M) \quad -\varphi_{SCE}+\Delta\varphi_L+\Delta\varphi_{不对称}$$

依照前文方法处理上式，将 $\Delta\varphi_M=K-\dfrac{2.303RT}{F}\lg\alpha_{F^-}$ 代入，则会得到：

$$E=K'-\frac{2.303RT}{F}\lg\alpha_{F^-}$$

其中，$K'=\varphi_{AgCl/Ag}-\varphi_{SCE}+\Delta\varphi_L+\Delta\varphi_{不对称}+K$，在一定的条件下为常数。

则 25℃时测定氟离子活度的电池电动势为：

$$E=K'-0.0592\lg\alpha_{F^-} \quad\quad (1-23)$$

由式(1-23) 可见，在一定条件下，电池电动势与试液中的氟离子活度的对数呈线性关系。因此通过测量电动势可测定待测离子的活度。

K' 在一定实验条件下为一常数。与测定 pH 的原理一样，K' 的数值也取决于离子选择性电极的薄膜、内参比溶液及内外参比电极的电位，同样是一个很复杂的项

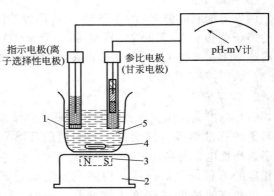

指示电极(离子选择性电极)　　参比电极(甘汞电极)　　pH-mV计

图 1-14　离子活度的电位法测定装置
1—容器；2—电磁搅拌器；3—旋转磁铁；
4—玻璃封闭铁搅棒；5—待测离子试液

目，很难直接测得。所以也需要用一个已知离子活度的标准溶液为基准，比较包含待测溶液和包含标准溶液的两个工作电池的电动势来确定待测试液的离子活度。但目前能提供离子选择性电极校正用的标准活度溶液，除用于校正氯离子、钠离子、钙离子、氟离子电极用的标准参比溶液 $NaCl$、$CaCl_2$、KF 外，其他离子活度标准溶液尚无标准。

二、定量方法

1. TISAB 溶液

(1) 浓度与活度的关系　指电解质溶液中参与电化学反应的离子的有效浓度。离子活度 (α) 和浓度 (c) 之间存在定量的关系，其表达式为：

$$\alpha_i = \gamma_i c_i \tag{1-24}$$

式中，α_i 为第 i 种离子的活度，mol/L；γ_i 为 i 种离子的活度系数；c_i 为 i 种离子的浓度，mol/L。

γ_i 通常小于 1，在溶液无限稀时离子间相互作用趋于零，此时活度系数趋于 1，活度等于溶液的实际浓度。根据能斯特方程，离子活度与电极电位成正比，因此可对溶液建立起电极电位与活度的关系曲线，此时测定了电位，即可确定离子活度。

为了保证在测定离子活度过程中始终保持标准溶液和待测液的活度一致，一般需加入离子强度调节剂。

这种"离子强度调节剂"实质上是浓度较大的电解质溶液，此溶液应对待测离子无干扰，应等量将它加入到标准溶液及试液中，其主要目的是使标准溶液与待测试液的离子强度接近一致。

通常加入的调节剂是 TISAB，即"总离子强度调节缓冲剂"。例如测定溶液中 F^- 活度时，可按照如下方法配制 TISAB：在 1000mL 烧杯中加入 500mL 去离子水、57mL 冰醋酸、58g 氯化钠、12g 柠檬酸钠，搅拌至溶解。将烧杯放在冷却水浴中，缓缓加入 6mol/L NaOH 溶液，直至 pH 在 5.0～5.5 之间（约 125mL，用 pH 计检查），冷却至室温，转入 1000mL 容量瓶中，用去离子水稀释至刻度。

（2）TISAB 的作用

① 保持较大且相对稳定的离子强度，使活度系数恒定；

② 维持溶液在适宜的 pH 范围内，满足离子电极的要求；

③ 掩蔽干扰离子。

例以上配制的测 F^- 的 TISAB 中各组分的作用如下：1mol/L 的 NaCl，使溶液保持较稳定的离子强度；0.25mol/L HAc 和 0.75mol/L NaAc，使溶液 pH 在 5 左右；0.001mol/L 的柠檬酸钠，掩蔽 Fe^{3+}、Al^{3+} 等干扰离子。

2. 定量方法

（1）标准曲线法 首先配制一系列已知浓度的含待测离子的标准溶液，依次加入相同量的 TISAB，插入离子选择性电极与参比电极，在同一条件下，测定各溶液相应的 E 值，然后以所测得的电池电动势 E 为纵坐标、以相应的浓度或活度为横坐标，绘制 $E\text{-}\lg\alpha_{is}$（或 $E\text{-}\lg c_{is}$）工作曲线（图 1-15）。

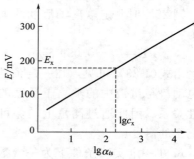

图 1-15　$E\text{-}\lg\alpha_{is}$ 工作曲线

在同样条件下，测定含待测组分的溶液的 E_x 值，即可从标准曲线上查出相应于 E_i 的待测组分的 $\lg\alpha_x$（或 $\lg c_x$）值，最后换算成 α_x（或 c_x）。

由于 K' 值容易受温度、搅拌速度及液接电位的影响，导致标准曲线不是很稳定，容易发生平移。实际工作中，每次使用标准曲线都必须先选定 1～2 个标准溶液测出 E 值，确定曲线平移位置，再分析试液。若试剂等更换，应重作标准曲线。采用标准曲线法进行测量时实验条件必须保持恒定，否则将影响其线性。

标准曲线法主要适用于大批量同种试样的测定。

（2）标准加入法 标准曲线法一般适用于组成较简单的大批量样品的测定，对于组成复杂的样品则一般采用标准加入法。标准加入法的应用，在一定程度上可减免标准曲线法中由于标准溶液与试液的离子强度不相近而引入的误差。

具体操作过程如下。

在一定实验条件下先测定体积为 V_x、浓度为 c_x 的试液的电池电动势 E_x，然后在其中加入浓度为 c_s、体积为 V_s 的含待测离子的标准液（注意：V_s 应约为试液体积 V_x 的 $\frac{1}{100}$，而 c_s 则为 c_x 的 100 倍左右），在同一实验条件下再测其电池电动势 E_{x+s}，则 25℃时有：

$$E_x = K' + \frac{0.0592}{n} \lg \gamma c_x \tag{1-25}$$

式中，γ 为离子活度系数；n 为离子的电荷数。

$$E_2 = K' + E_{x+s} = k' + \frac{0.0592}{n} \lg \gamma'(c_x + \Delta c) \tag{1-26}$$

式中，γ' 为加入标准液后，溶液的离子活度系数；Δc 为加入标液后，试液浓度的增量，其值为：

$$\Delta c = \frac{V_s c_s}{V_x + V_s}$$

因为 $V_s \ll V_x$，因而

$$\Delta c = \frac{V_s c_s}{V_x}$$

所以

$$\Delta E = E_{x+s} - E_x = \frac{0.0592}{n} \lg \frac{\gamma'(c_x + \Delta c)}{\gamma c_x}$$

因为 $\gamma \approx \gamma'$，则

$$\Delta E = \frac{0.0592}{n} \lg \frac{c_x + \Delta c}{c_x}$$

令：$S = \frac{0.0592}{n}$，则

$$\Delta E = S \lg \Delta E = S \lg \left(1 + \frac{\Delta c}{c_x}\right)$$

故：

$$c_x = \Delta c (10^{\Delta E/S} - 1)^{-1} c_x = \Delta c (10^{\Delta E/S} - 1)^{-1} \tag{1-27}$$

因此只要测出 ΔE、S，计算出 Δc，就可以求出 c_x。

本法操作简便快速，在有大量过量配位剂存在时，该法是使用离子选择性电极测定待测离子总浓度的有效方法。特别是对于复杂物质的离子选择性电极分析法，此法更显示出它的优势。

三、测量仪器及操作方法

离子选择性电极法测量离子活度的仪器包括：指示电极、参比电极、电磁搅拌器及其用来测量电池电动势的离子计或精密的酸度计。下面主要介绍离子计的操作。

离子计是一种高阻抗、高精度的毫伏计，其电位测量精度高于一般的酸度计，而且稳定性好。为了使电极的实际斜率达到理论值，各型号的离子计都设置了斜率校正电路，通过改变比例放大器的倍数完成斜率校正。国产的离子计型号很多，以下以 PXS-215 型离子活度计为例讲解其操作。（附：PXS-215 型离子活度计的说明书）

1. 概述

PXS-215 型离子活度计是一台 41/2 位十进制数字显示的高精度离子活度计（以下简称仪器），它可以与各种离子选择性电极配用，精确地测量电极在水溶液中产生的电池电动势。仪器可直读溶液中离子活度的负对数值，亦作精密 pH 计、高阻抗毫伏计等

使用。

2. 仪器构造

（1）结构　PXS-215 型离子活度计实际上是一台高输入阻抗直流电位测量仪器，或者根据测定的电位值用计算或作图的方法求出溶液的离子量；或者利用标准溶液调节仪器中功能调节器（斜校准器、温度补偿器、定位调节器和电位调节器等）校准仪器，直接读出被测溶液的离子活度。

本仪器由阻抗转换放大器、显示器、斜率校准器、温度补偿器、定位调节器和等电位调节器组成，其结构方框如图 1-16。

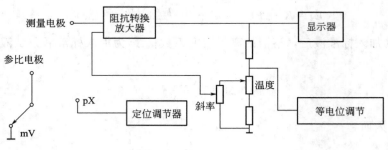

图 1-16　仪器结构

（2）仪器调节器使用说明

① 前面板（图 1-17）

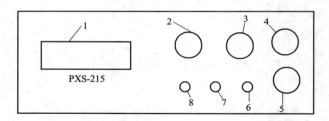

1—数字显示器，41/2 位 LED，±极性、pX、mV 符号；2—温度调节器，0～100℃手动调节；
3—定位调节器，抵消起始电位，在 mV 挡时，无作用；4—等电位器调节器，与后面板
等电位开关配合使用；5—斜率调节器，调节电极功能斜率或电极系数用，在测量
mV 挡时无作用；6—pX±2 挡，测二价离子时用（按下即可）；7—pX±1 挡，测一
价离子时用（按下即可）；8—mV 挡，测电极电位时（按下即可）

图 1-17　前面板结构示意

② 后面板（图 1-18）

3. 仪器的短路检查方法

（1）用接续器插入测量电极端子，并和 mV 端用短路接线相连。按下 mV 键。

（2）检查读数是否为 ±0.000V，如果不是可用螺丝器调节＃15 零点调节器（在后面板）。

（3）按下 pX1 键。

（4）拨动 "等电位开关"（大后面板）置 "关"。

（5）检查显示读数是否为 0.000pX，而且与 "温度" 和 "等电位——pX" 旋钮位置无关。

（6）拨动 "等电位开关" 置 "等电位"。

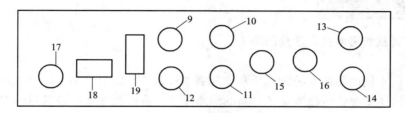

图 1-18　后面板结构示意

9—参比电极端子；10—测量电极端子；11—mV 测量端子，连接参比电极；12—接
地量端子；13—极化端子（＋）（±600mV）；14—极化端子（－）；15—零
点调节器，调节仪器零点；16—极化电压调节器；17—等电位开关，
测量 mV 时，置"关"；18—电源座，交流 220V；19—电源开关

（7）调节"等电位"旋钮使数为 pX6.000。

（8）检查"等电位"旋钮刻度应为 pX6.000±0.2。

（9）调节等电位旋钮刻度应为 pX10.000。

（10）检查等电位旋钮刻度应为 pX10.000±0.2。

（11）调节等电位器旋钮使读数为 pX7.000。

（12）用导线将 mV 端子（测量电极庙子）与参比电极端子短接。

（13）将"温度"旋钮置 25℃，"斜率"旋钮置 100％。

（14）逆时针调节"定位"调节器。

（15）检查读数在 pX5.7 或更小。

（16）顺时针调节"定位"调节器。

（17）检查读数在 pX7.7 或更大。

（18）调节"定位"调节器使读数为 pX7.000。

（19）检查站读数应与"温度"旋钮和斜率旋钮的位置无关。

（20）调节"温度"置 20℃。

（21）调节"斜率"置 100％。

（22）调节"定位"使显示读数为 pX6.000。

（23）调节"斜率"旋钮使显示 pX5.89。

（24）检查"斜率"旋钮刻度应为 90％。

拓展任务

1. 水样中氟离子含量的测定（学生实践或课余完成）。

2. 水样中氯离子含量的测定。

知识应用与技能训练

1. 总离子强度调节缓冲剂的最根本的作用是（　　）。

A. 调节 pH　　　　　　B. 稳定离子强度　　　　C. 消除干扰离子　　　　D. 稳定选择性系数

2. 离子选择性电极的选择系数可用于（　　）。

A. 估计共存离子的干扰程度　　　　　　　　B. 估计电极的检测限

C. 估计电极的线性响应范围　　　　　　　　D. 估计电极的线性响应范围

实验任务指导书

牙膏中游离氟和可溶性氟含量的测定

1. 实验任务

选择市售的不同品牌的 6 种含氟牙膏，分别编号为 A、B、C、D、E、F。利用 PHS-3C 型酸度计和氟离子选择性电极测定各样品的游离氟和可溶性氟含量（参照 GB 8372—2001）。

2. 主要仪器与用具

氟离子选择电极 1 支，甘汞参比电极 1 支，PHS-3C 型酸度计 1 台（或 720A ORION 酸度计 1 台）。

3. 主要试剂

（1）4mol/L 盐酸溶液。

（2）4mol/L 氢氧化钠溶液。

（3）2mol/L 氢氧化钾溶液。

（4）柠檬酸盐缓冲液   100g 柠檬酸三钠、60mL 冰乙酸、60g 氯化钠、30g 氢氧化钠，用水溶解，并调节 pH＝5.0～5.5，用水稀释到 1000mL。

（5）氟离子标准溶液   精确称取 0.1105g 基准氟化钠（105℃ 干燥 2h），用去离子水溶解并定容至 500mL，摇匀，储存于聚乙烯塑料瓶内备用。该溶液浓度为 100mg/kg。

4. 操作规程

（1）样品制备   任取试样牙膏 1 支，从中称取牙膏 20g（精确至 0.001g）置于 50mL 塑料烧杯中，逐渐加入去离子水搅拌使其溶解，转移至 100mL 容量瓶中，稀释至刻度，摇匀，分别倒入两个具有刻度的 10mL 离心管中，使其重量相等，在离心机（2000r/min）中离心 30min，冷却至室温，其上清液用于分析游离氟、可溶性氟浓度。

（2）标准曲线绘制   精确吸取 0.5mL、1.0mL、1.5mL、2.0mL、2.5mL 氟离子标准溶液，分别移入 5 个 50mL 容量瓶中，各吸入柠檬酸盐缓冲液 5mL，用去离子水稀释至刻度，然后逐个转入 50mL 塑料烧杯中，在磁力搅拌下测量电位值 E，记录到表中。重复测定 2 次，取平均值。

（3）游离氟测定   吸取上清液 10mL 置于 50mL 容量瓶中，加柠檬酸盐缓冲液 5mL，用去离子水稀释至刻度，转入 50mL 塑料烧杯中，在磁力搅拌下测量其电位值。

（4）可溶性氟测定吸取 0.5mL 上清液，转入到 2mL 微型离心管中，加 0.7mL 4mol/L 盐酸，离心管加盖，50℃水浴 10min，移至 50mL 容量瓶，加入 0.7mL 4mol/L 氢氧化钠中和，再加 5mL 柠檬酸盐缓冲液，用去离子水稀释至刻度，转入 50mL 塑料烧杯中，在磁力搅拌下测量其电位值。

5. 数据处理

（1）数据记录

标准溶液中加入的氟离子标准溶液的体积/mL	0.5	1.0	1.5	2.0	2.5	游离氟	可溶性氟
氟离子浓度 c/(mg/kg)							
lg$c$							
E_1/mV							
E_2/mV							

（2）计算各标准溶液对应的浓度的对数值并绘制 E-lg$c$（c 为浓度）标准曲线。

（3）在标准曲线上查出其相应的氟含量，从而计算出游离氟浓度。

（4）在标准曲线上查出相应的氟含量，从而计算出可溶性氟浓度。

6．注意事项

（1）测量时浓度应由稀至浓。每次测量前用被测试液清洗电极、烧杯及搅拌子。

（2）绘制标准曲线时，测定一系列标准溶液后，应将电极清洗至原空白电位值，然后在测定待测样的电位。

（3）测定过程中搅拌溶液的速度应保持恒定；读数时停止搅拌。

任务 4　利用电位滴定法测定溶液中氯化钠的含量

【知识目标】

（1）掌握电位滴定法的原理与实验方法；

（2）掌握各种滴定终点确定方法（*V-E* 曲线法、一阶微商法与二阶微商法）。

【能力目标】

（1）能根据要求选择合适的电极，对仪器进行调整、操作；

（2）熟练准确地确定电位滴定终点。

子任务 1　选择测定仪器、电极及电极的预处理

课堂活动

1．教师首先提出如下问题：

（1）测定 Cl^- 的含量主要有哪些方法？

（2）在滴定过程中体系中哪些离子浓度在改变？应如何选择指示电极和参比电极？

（3）电位滴定法和普通化学滴定法的根本区别是什么？

2．请学生根据任务 1 中的相关内容让学生选择合适的仪器和电极，并且对所选择的电极进行预处理；并选择其他辅助工具以及所需要的药品。

3．结合学生完成情况讲解对应知识点。

子任务 2　电位滴定装置的安装

课堂活动

请学生将子任务 1 中所选的仪器进行组装。结合学生完成情况讲解对应知识点。

子任务 3　滴定液的配制

课堂活动

请学生根据待测样中 Cl^- 的大概含量确定滴定标准液的浓度，并配制标准溶液。

子任务 4　利用手动滴定法滴定

课堂活动

1．学生制定滴定方案。

2．学生展示制定的方案，并根据学生完成情况和讨论结果，教师讲解电位滴定的步骤和相关知识。

3. 学生进一步对方案进行优化，并与老师给出的方案进行对比。

4. 学生阅读仪器说明书，教师进行示范操作，然后请学生参照所涉及的方案进行滴定。具体步骤参照本任务"实验任务指导书"相关内容。

子任务5　自动滴定

课堂活动

请学生按照说明书进行操作，参考如下。

（1）将仪器上"选择"开关至于"mV"挡，接通"读数"开关，将预定设定终点调节至第一终点 E_1 处。再将仪器上"选择"开关至于"mV"挡，读数指针调至 0mV 处。将工作开关置于"滴定"位置，滴定开关置"－"位置。打开搅拌器开关，调节转速，按下"滴定开始"开关，待滴定结束后，读取标准溶液消耗的硝酸银标准溶液的体积 V_1 并记录。

（2）将预定设定终点调节至第一终点 E_2 处，继续滴定第二个终点，读取 EDTA 消耗的体积 V_2 并记录。

子任务6　结束工作

课堂活动

请学生拆卸电极、滴定管按要求进行清洗、存放，将仪器还原。

【任务卡】

任务		方案（答案）或相关数据、现象记录	点评	相应技能	相应知识点	自我评价
子任务1 选择仪器、电极、电极的预处理	仪器					
	电极及预处理方法					
	滴定剂					
	安装电极					
	其他辅助仪器					
	期间仪器出现的问题、故障					
子任务2 电位滴定装置的安装	安装方案（画出装置图）					
子任务3 滴定标准溶液的配制	确定标准溶液的浓度					
	配制、标定方案					
子任务4 利用手动滴定法滴定	仪器调整流程					
	数据记录					
	期间仪器出现的问题、故障					
子任务5 自动滴定	仪器调整流程					
	数据记录					
	期间仪器出现的问题、故障					
学会的技能						

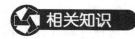 相关知识

一、基本原理

电位滴定法是一种用电位法确定终点的滴定方法。进行电位滴定时，在待测溶液中插入一个指示电极，并与一个参比电极组成一个工作电池。随着滴定剂的加入，由于发生化学反应，待测离子或与之有关的离子的浓度不断变化，指示电极电位也发生相应的变化。而在化学计量点附近，待测离子活度发生突变，指示电极的电位也发生突跃，因此，测量电池电动势的变化，就能确定滴定终点。最后根据滴定剂的浓度和滴定终点时滴定剂消耗的体积就可计算出试液中待测组分的含量。

电位定法不同于直接电位法。直接电位法是以所测得的电池电动势作为定量参数，因此其测量值的准确与否直接影响定量分析的结果。电位滴定法测量的是电池电动势的变化情况，不以某一电动势的变化量来作为定量参数，只根据电动势的变化情况确定滴定终点，因此在直接电位法中一些影响测定的因素如不对称电位、液接电位、电动势测量误差都可以抵消。

电位滴定法与普通化学滴定法的根本区别是滴定终点的确定方法不同。普通的滴定法是利用指示剂颜色的变化确定终点；电位滴定法是利用电池电动势的突跃确定终点。因此电位滴定法可以用在浑浊、有色溶液、找不到合适指示剂的滴定分析中。此外，还可以进行连续滴定和自动滴定。

二、电位滴定法的基本装置

基本装置图如图 1-19。

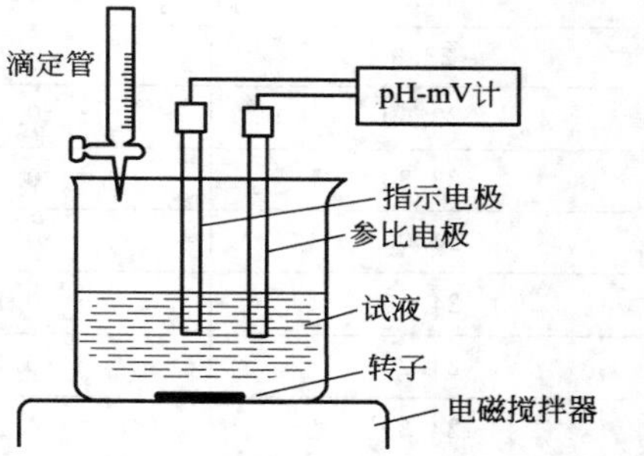

1. 滴定管

根据被测物质含量的高低可以选择常量滴定管、半微量滴定管和微量滴定管，根据滴定剂的性质选择棕色滴定管或透明滴定管、酸式滴定管或碱式滴定管。

2. 电极

电位定法在滴定分析中应用广泛，可用于酸碱滴定、沉淀滴定、氧化还原滴定和配位滴定。不同类型滴定需要选择不同的指示电极，表 1-6 中列出了各类滴定常用的指示电极和参比电极，以供参考。

图 1-19 电位滴定的基本装置

（滴定管、pH-mV计、指示电极、参比电极、试液、转子、电磁搅拌器）

表 1-6 各类滴定常用的指示电极和参比电极

滴定内容	指示电极	参比电极
酸碱滴定	1. pH 复合电极	
	2. pH 玻璃电极	甘汞电极
	3. 锑电极	甘汞电极
氧化还原滴定	1. 铂电极	甘汞电极
	2. 铂电极	钨电极
卤素银盐滴定	银电极	甘汞电极（217 型）
EDTA 配位滴定	金属基电极 离子选择性电极 Hg/Hg-EDTA	甘汞电极

三、实验方法

进行电位滴定时，先称取一定量的试样并将其制备成待测液。然后选择一对合适的电极，经适当预处理后，浸入待测液中，组装好装置。开动电磁搅拌器和电位滴定仪，先读取滴定前试液的电位值（读数前关闭搅拌器），然后开始滴定。滴定过程中每加一次一定量的滴定溶液就应测量一次电动势或 pH，滴定刚开始时可以快些，当滴定标准溶液加入量约为所需滴定剂体积的 90％时，测量间隔要小些。滴定至接近化学计量点时，应每滴加 0.1mL 标准滴定溶液测量一次电动势（或 pH）直至电动势变化不大为止。记录每次滴加的标准溶液的体积及测得的电位或 pH，根据所测的数据确定滴定终点。表 1-7 中所列的是以银电极为指示电极、饱和甘汞电极为参比电极、用 0.1000mol/L 硝酸银标准溶液滴定氯离子含量的数据。

表 1-7　以 0.1000mol/L 硝酸银标准溶液滴定氯离子含量的数据

加入 AgNO₃ 体积 V/mL	工作电池电动势 E/V	$(\Delta E/\Delta V)/(\text{V/mL})$	$\Delta^2 E/\Delta V^2$
5.0	0.062	0.002	
15.0	0.085	0.004	
20.0	0.107	0.008	
22.0	0.123	0.015	
23.0	0.138	0.016	
23.50	0.146	0.050	
23.80	0.161	0.065	
24.00	0.174	0.09	
24.10	0.183	0.11	
24.20	0.194	0.39	2.8
24.30	0.233	0.83	4.4
24.40	0.316	0.24	−5.9
24.50	0.340	0.11	−1.3
24.60	0.351	0.07	−0.4
24.70	0.358	0.050	
25.00	0.373	0.024	
25.50	0.385	0.022	
26.00	0.396	0.015	

四、滴定终点的确定

根据滴定所得到的数据（E、V 数据），以下列几种方法确定终点。

1. 绘制 E-V 曲线

以加入滴定剂的体积 V（mL）为横坐标、以相应的电动势为纵坐标，绘制 E-V 曲线，如图 1-20(a)。E-V 曲线上的拐点（曲线斜率最大处）所对应的滴定体积即为终点时滴定剂所消耗的体积。拐点的位置的确定方法如下：作两条与横坐标成 45°的 E-V 曲线的平行切线 [图 1-20(a) 中线 2]，并在两条切线间作一条与两切线等距离的平行线 [图 1-20(a) 中线 3]，该线与 E-V 曲线的交点即为拐点。E-V 曲线法适合滴定曲线对称的情况，而对滴定突跃不十分明显的体系误差较大。

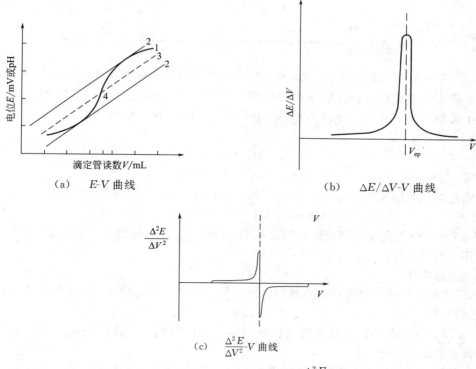

图 1-20 E-V 曲线、$\Delta E/\Delta V$-V 曲线及 $\frac{\Delta^2 E}{\Delta V^2}$-$V$ 曲线

1—滴定曲线；2—切线；3—平

行等距离线；4—滴定终点

2. 一级（阶）微商法 $\Delta E/\Delta V$-V 曲线法

$\Delta E/\Delta V$ 是 E 的变化值与相应的加入标准滴定剂体积的增量的比。

在加入 $AgNO_3$ 体积为 24.10mL 和 24.20mL 之间，对应的 $\Delta E/\Delta V$ 为：

$$\frac{\Delta E}{\Delta V} = \frac{0.194 - 0.183}{24.20 - 24.10} = 0.11$$

其对应的体积为：

$$\overline{V} = \frac{24.20 + 24.10}{2} = 24.15 \ (mL)$$

将 $\overline{V}$ 对 $\Delta E/\Delta V$ 作图可得到一个成峰状的曲线［图 1-20(b)］，曲线最高点由实验点连线外推得到，其对应的体积为滴定终点时标准滴定溶液所消耗的体积（V_{ep}）。用此法作图所得终点比较准确，但手续较繁。

$$\frac{\Delta^2 E}{\Delta V^2} = \frac{\left(\frac{\Delta E}{\Delta V}\right)_2 - \left(\frac{\Delta E}{\Delta V}\right)_1}{V_2 - V_1}$$

3. 二级（阶）微商法（内插法）

此法的依据：若一级微商曲线的极大点是终点，则 E 对 V 的二级微商的 $\frac{\Delta^2 E}{\Delta V^2} = 0$ 所对应的点就是相应的滴定终点。

从表 1-7 可看出，以二级微商值的 +4.4～-5.9 之间（即 24.30～24.40mL 之间）有一

"0"点，可以用内插法计算：

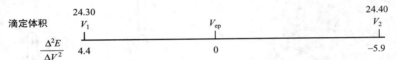

"+4.4"所对应的体积是 24.30mL，"−5.9"所对应的体积是 24.40mL，这样，滴至化学等计量点所需要加入的滴定剂的量是在 24.30～24.40mL 之间。所以，设在 24.30mL 的基础上再加入的 $AgNO_3$ 的体积数为 x mL，则当加入的体积数为（24.30＋x）mL 时，$\Delta^2 E/\Delta V^2 = 0$，即：

$$0.1 : 10.3 = x : 4.4$$

解得：$x = 0.04$

所以，滴定终点的体积为：24.30＋0.04＝24.34（mL）。与之相对应的终点电动势 E 为：

$$0.233 + (0.316 - 0.233) \times (4.4/10.3) = 0.268 \text{（mV）}$$

GB 9725—88 规定确定滴定终点可以采用二阶微商法，也可以采用作图法，但实际工作中多采用二阶微商计算法。

五、仪器操作

以 ZD-2A 型自动电位滴定仪的操作为例（附：ZD-2A 型自动点位滴定的说明书）。

概述如下。

ZD-2 型、ZD-2A 型自动点位滴定仪适用于多种电位滴定，被广泛应用于工业、农业、科研等许多学科和领域。

（1）仪器结构　仪器由两个基本部分组成：自动电位滴定仪主机（简称测量仪器）；电位滴定装置（简称滴定装置），如图 1-21。

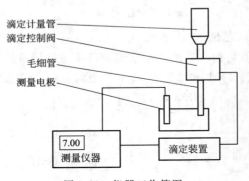

图 1-21　仪器工作简图

（2）测量仪器和滴定仪器　测量仪器和滴定仪器结构如图 1-22～图 1-25。

测量仪器主要承担着接受测量信号，将测量信号与预置信号比较，其差值进入 E-t 转换器，仪器输出开通控制阀时间长短的控制信号（滴定输出）。

（3）滴定操作　仪器主机（测量仪器）和滴定装置配套使用。

安装滴定装置，固定滴定阀和滴定计量管，并置于适当高度，连接测量仪器和滴定装置的"滴定输出"与"滴定输入"，功能键置滴定段（滴定 pH 或滴定 mV）、温度补偿钮置被滴定试液温度值（滴定 pH 时）、打开电源开关、测量电极选择。

① 一般（自动）滴定　滴定方式选择键置一般位置。

清洗清洁测量电极并接入仪器，插入被测液。

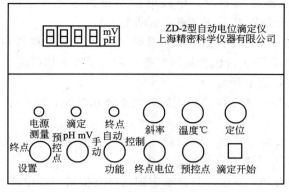

图 1-22 测量仪器正面

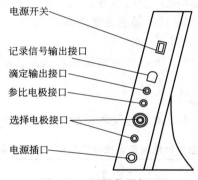

图 1-23 测量仪器侧面

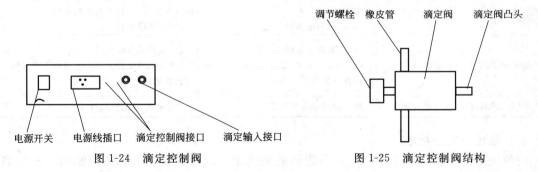

图 1-24 滴定控制阀   图 1-25 滴定控制阀结构

滴液毛细管和测量电极安装位置。毛细管和测量电极浸入溶液适当深度，毛细管出口略高于测量电极敏感部分，有利提高滴定准确度。

a. 设置滴定终点值 按下终点显示钮，调节终点调节器至仪器显示所需设置滴定终点值。

b. 调节预控制调节器 预控制数大，确保不过滴，保证正确度。预控制数小，可节省滴定时间。通常一个最佳预控制数，操作人员在通过数次使用后，即能自如选择。一般地，氧化还原滴定、强酸强碱滴定及沉淀滴定选预控制数较大；弱酸弱碱滴定选预控制数较小。预控制调节器顺时针方向旋转，预控制数增大。

c. 终点显示按钮 仪器滴定是按钮按下、放开均可，放开显示测量值；按下显示设置终点值。

　　d. 滴定极性选择　　滴定起始时，电极电位小于预置终点电位值，选"＋"；反之选"－"。选错极性则滴定控制阀打不开（滴定自动关闭）。

　　e. 开动电磁搅拌器　　选择键置相应工作系统（1#为左侧搅拌器和滴定阀；2#为右侧搅拌器和滴定阀）。开搅拌器开关，搅拌指示灯亮，调节搅拌调速钮至所需搅拌速度。

　　f. 按下滴定启动阀，滴定开始。

　　g. 当滴定到达终点后，滴定阀终结关闭，终点指示灯亮，滴定指示灯灭。

　　h. 记录有关数据。

　　注：一般（自动）滴定方式时，滴定启动前，终点指示灯亮，此时表示等待。

　　② 控制滴定　　滴定方式选择键置控制位置。

　　其余操作同一般（自动）滴定，只是滴定到达终点值后，滴定阀不终结关闭，而始终处于控制状态。

　　③ 手动滴定　　滴定方式选择键置手动位置。此时测量仪器输出滴定信号对滴定装置不起作用。滴定装置可单独使用，故只需做滴定装置操作部分。

　　a. 选择调节好搅拌器和滴定阀。

　　b. 操作滴定启动钮：按下启动钮，开通滴定阀，滴定进行；放开启动钮，滴定阀关闭停止滴定。

六、常见故障及其排除方法

　　表 1-8 中列出了 ZD-2 型自动电位滴定仪常见故障、故障原因及排除方法。

表 1-8　ZD-2 型自动电位滴定仪常见故障、故障原因及排除方法

故 障 现 象	故 障 原 因	排 除 方 法
滴定开始后、滴定灯闪亮但无滴液滴下	(1)电磁阀插头连接错误 (2)电磁阀插头连接无误，但压紧螺丝未调好 (3)电磁阀橡皮管老化	(1)重新连接 (2)调节电磁阀支头螺钉，直至电磁阀关闭时无漏液，而打开时滴液可滴下 (3)更换橡皮管
电磁阀关闭后，仍有滴定液滴下	(1)压紧螺丝未调好 (2)电磁阀橡皮管老化，无弹性，或橡皮管安装位置不合适	(1)重新调节电磁阀支头螺钉 (2)变动橡皮管上下位置或取下橡皮管，更换新橡皮管
电磁阀无漏滴，但有过量滴定现象	滴定控制器存在故障	送生产厂家进行维修

七、电位滴定分析应用

　　电位滴定分析的应用范围广泛，可进行酸碱滴定、沉淀滴定、氧化还原滴定、配位滴定，表 1-9 中对其进行了汇总。

八、永停滴定法

　　1. 永停滴定法

　　又称双电流滴定法是根据滴定过程中电流的变化确定滴定终点的方法。

　　2. 可逆的电对与不可逆的电对

　　可逆电对：如 I_2/I^- 电对、Ce^{4+}/Ce^{3+} 电对、Fe^{3+}/Fe^{2+} 电对。

　　不可逆电对：如 $S_4O_6^{2-}/S_2O_3^{2-}$ 电对。

　　3. 讨论 3 种典型的 I-V 滴定曲线及终点的判断

　　(1) 滴定剂为可逆电对，被测物为不可逆电对，如碘液滴定硫代硫酸钠液。

　　曲线略。

表 1-9　电位滴定分析的应用

滴定类型	参比电极	指示电极	标准溶液	滴定对象	备注
酸碱滴定	甘汞电极	玻璃电极，锑电极	$HClO_4$ HCl HCl HCl NaOH	(1) 在醋酸介质中用 $HClO_4$ 滴定吡啶 (2) 在乙醇介质中用 HCl 溶液滴定三乙醇胺 (3) 在异丙醇和乙二醇混合溶液中HCl 溶液滴定苯胺和生物碱 (4) 在二甲基甲酰胺介质中可滴定苯酚 (5) 在丙酮介质中可以滴定高氯酸、盐酸、水杨酸混合物	一般酸碱滴定都可以采用电位滴定法；特别适合于弱酸(碱)的滴定；可在非水溶液中滴定极弱酸
沉淀滴定	双盐桥甘汞电极；甘汞电极	银电极 汞电极 铂电极	$AgNO_3$ 硝酸汞 $K_4[Fe(CN)_6]$	Cl^-、Br^-、I^-、CNS^-、S^{2-}、CN^- 等 Cl^-、Br^-、I^-、CNS^-、S^{2-}、$C_2O_4^{2-}$ 等 Pd^{2+}、Cd^{2+}、Zn^{2+}、Ba^{2+} 等	
氧化还原滴定	甘汞电极	铂电极	高锰酸钾 $K_4[Fe(CN)_6]$ $K_2Cr_2O_7$	I^-、NO_3^-、Fe^{2+}、V^{4+}、Sn^{2+}、$C_2O_4^{2-}$ Co^{2+} Fe^{2+}、Sn^{2+}、I^-、Sb^{3+} 等	
配位滴定	甘汞电极	汞电极	EDTA	Cu^{2+}、Zn^{2+}、Ca^{2+}、Mg^{2+}、Al^{3+}	
		氯电极	氟化物	Al^{3+}	
		钙离子选择性电极	EDTA	Ca^{2+} 等	

项　目	溶液中离子及分子	电　流
滴定前	$S_2O_3^{2-}$	无
计量点前	$S_2O_3^{2-}$、$S_4O_6^{2-}$、I^-	无
计量点时	I^-、$S_4O_6^{2-}$	无
计量点后	I_2、I^-、$S_4O_6^{2-}$	有

（2）滴定剂为不可逆电对，被测物为可逆电对　如硫代硫酸钠液滴定碘液。

项　目	溶液中离子及分子	电　流
滴定前	I_2、I^-	大
计量点前	I_2、I^-、$Na_2S_4O_6$	变小
计量点时	I^-、$S_4O_6^{2-}$	无
计量点后	I^-、$S_2O_3^{2-}$、$S_4O_6^{2-}$	无

（3）滴定剂与被测物均为可逆电对　如 Ce^{4+} 液滴定 Fe^{2+} 液。

项　目	溶液中离子及分子	电　流
滴定前	Fe^{2+}	无
半计量点前	Fe^{2+}、Fe^{3+}、Ce^{3+}	有
半计量点时	$c_{Fe^{2+}}=c_{Fe^{3+}}$	最大
计量点前		下降
计量点时	Ce^{3+}、Fe^{3+}	无
计量点后	Ce^{3+}、Ce^{4+}	有

拓展任务

1. 水样中钙离子含量的测定。
2. 工业废水中钡离子含量的测定。
3. 石油产品的酸值的测定。
4. 试样中铁离子含量的测定。

知识应用与技能训练

一、选择题

1. 用 NaOH 直接滴定法测定 H_3BO_3 含量能准确测定的方法是（　　）。

　　A. 电位滴定法　　B. 酸碱中和法　　C. 电导滴定法　　D. 库仑分析法　　E. 色谱法

2. 已知在 $c(HCl)=1mol/L$ 的 HCl 溶液中：$\varphi_{Cr_2O_7^{2-}/Cr^{3+}}=1.00V$，$\varphi_{Fe^{3+}/Fe^{2+}}=0.68V$。若以 K_2CrO_7 滴定 Fe^{2+} 时，选择下列指示剂中的哪一种最适合（　　）。

　　A. 二苯胺（$\varphi=0.76V$）

　　B. 二甲基邻二氮菲-Fe^{3+}（$\varphi=0.97V$）

　　C. 亚甲基蓝（$\varphi=0.53V$）

　　D. 中性红（$\varphi=0.24V$）

　　E. 以上都行

3. 电位滴定法用于氧化还原滴定时指示电极应选用（　　）。

　　A. 玻璃电极　　B. 甘汞电极　　C. 银电极　　D. 铂电极　　E. 复合甘汞电极

二、应用题

参考某型号的电位滴定仪的使用说明书，编制其操作规程。

实验任务指导书

一、竹盐牙膏中氯化钠含量的检测

1. 实验任务

利用电位定法测定几个竹盐牙膏样品中氯化钠的含量（参考 QB 1036—91 氯化物含量的测定）。

2. 主要仪器与器具

ZD-2 型自动电位滴定仪，Ag 电极，双盐桥饱和甘汞电极，容量瓶（100mL），移液管（25mL，50mL），烧杯（250mL），搅拌子与洗瓶等。

3. 主要试剂

0.0500moL/L NaCl 标准溶液，0.0100mol/L 的 $AgNO_3$ 标准溶液。

4. 操作规程

（1）样品的配制　任取试样牙膏 1 支，从中称取牙膏 20g（精确至 0.001g）置于 50mL 塑料烧杯中，逐渐加入去离子水搅拌使溶解，转移至 100mL 容量瓶中，稀释至刻度，摇匀，分别倒入两个具有刻度的 10mL 离心管中，使其重量相等，在离心机（2000r/min）中离心 30min，冷却至室温，其上清液用于分析氯化钠含量。

（2）手动电位滴定　用移液管准确移取 25.00mL 标准 NaCl 溶液于一个洁净的 250mL 烧杯中，加入 4mL 1∶1 HNO_3 溶液，以蒸馏水稀释至 100mL 左右，放入一个干净搅拌子，将其置于滴定装置的搅拌器平台上，用 $AgNO_3$ 溶液滴定，每加 2mL 记录一次电位值，当临近终点时，每加入 0.05mL $AgNO_3$，记录一次电位值，将数据记录到表 1-10 中。

（3）自动电位滴定　准确移取自来水样 100mL 于 250mL 烧杯中，加入 4mL 1∶1 的 HNO_3 溶液，放入一只干净的搅拌子，同上法安装好滴定管和电极，依据 E-V 曲线上所找出的终点电位为自动电位滴定的终点电位，预控点设置为终点电位（mV），按下"滴定开始"按钮，在到达终点后，记下所消耗的 $AgNO_3$ 溶液的准确体积。

5. 数据记录及处理

（1）根据自动电位滴定的数据（表 1-10），绘制电位（E）对滴定体积（V）的滴定曲线，通过 E-V 曲线确定终点电位和终点体积（由次体积可算出硝酸银溶液的准确浓度）。

表 1-10　电位滴定数据记录表

滴定剂的体积/mL							
电位值/mV							
手动滴定终点				自动滴定终点			

（2）根据滴定终点（自动电位滴定）所消耗的 $AgNO_3$ 溶液体积计算样品中氯化钠的质量含量（mg/g）。

6. 相关原理

电位滴定法是在用标准溶液滴定待测离子过程中，用指示电极的电位变化代替指示剂的颜色变化指示滴定终点的到达，是把电位测定与滴定分析互相结合起来的一种测试方法，它虽然没有指示剂确定终点那样方便，但它可以用在浑浊、有色溶液以及找不到合适指示剂的滴定分析中。

7. 注意事项

（1）注意爱护仪器，切勿将试剂和水侵入仪器中，仪器不用时插上接续器，仪器不应长期放在有腐蚀性等有害气体的房间内。

（2）将电磁阀调整合适，手动滴定时，应有节奏地按动开关。

（3）双盐桥内饱和甘汞电极应装有一定高度的饱和 KCl 溶液，液体下不能有气泡，陶瓷芯应保持通畅，用橡皮筋将装有硝酸钾的外套管与参比电极连好。

二、工业废水中钡离子含量的测定

1. 实验任务

利用电位定法测定某化工厂、机械制造厂等排放的废水中钡离子的含量（参照 GB/T 14671—93）。

2. 主要仪器与用具

（1）四苯硼酸根离子电极。

（2）217 型双液接参比电极（外盐桥充硝酸钠溶液）。

（3）离子计或电位滴定仪。

（4）磁力搅拌器。

（5）滴定管：2mL，分刻度至 0.01mL。

3. 主要试剂

（1）硫化钠（$Na_2S \cdot 9H_2O$）　使用前将硫化钠用水清洗干净，用滤纸吸干，放玻璃瓶内备用。

（2）聚乙二醇 1000 溶液　10mg/mL。将 10g 聚乙二醇 1000 溶于 1000mL 水中，存放在聚乙烯瓶中（也可使用聚乙二醇 1500）。

（3）钡标准溶液　0.500mg/mL。将 0.7581g 光谱纯氯化钡溶于水中，移入 1000mL 容量瓶，用水稀释至标线，混匀。

（4）四硼酸钠滴定溶液　0.0100mol/L。

① 配制　将 3.4224g 四硼酸钠溶解于水中，移入 1000mL 容量瓶，用水稀释至标线，混匀。

② 标定　取 1mL 钡标准溶液于 50mL 烧杯中，加入 20mL 聚乙二醇 1000 溶液，放入搅拌子，将烧杯放入磁力搅拌器上，插入四苯硼酸根电极和 217 型双液接参比电极，搅拌下，用四硼酸钠滴定液进行滴定，根据电位突跃判断终点。

四硼酸钠滴定度 T〔每毫升四硼酸钠相当于钡的质量（mg）〕由式（1-28）求出：

$$T=\frac{1\times0.500}{V}\qquad\qquad(1-28)$$

式中，T 为每毫升四硼酸钠相当于钡的质量，mg；V 为四硼酸钠的滴定量，mL。

（5）1％氢氧化钠溶液。

（6）1％硝酸溶液。

（7）0.1mol/L 硝酸钠溶液。

（8）0.01mol/L 碳酸氢钠溶液。

（9）四硼酸钠根离子电极内充液，四硼酸钠滴定溶液和碳酸氢钠溶液等体积混合。

4. 操作规程

（1）样品处理　水样采集后，立即用 $\phi 0.45\mu m$ 微孔滤膜过滤，然后用氢氧化钠溶液或硝酸溶液调节 pH 至 6，并将该水样存放于聚乙烯瓶中，室温下保存。

（2）试样体积的选择　视试样中钡含量而定，最低可检出至 28μg。

（3）空白试验　取试样同样量的水，已与试样测定完全相同的步骤、试剂和用量进行平行操作。

（4）干扰的消除　一般试样不需预处理，如果试样中存在铅离子，取 100mL 试样于烧杯中，加入少许固体硫化钠，数分钟澄清后过滤，弃去最初过滤的 20mL。

（5）电极的准备　按说明书要求分别将电极内充液加入到四硼酸根电极和 217 型双液接参比电极的套管中，并将电极组装好，浸入盛有去离子水的烧杯中清洗至空白电位。

（6）滴定　用移液管吸取一定量的试样于 50mL 烧杯中，加入 20mL 聚乙二醇 1000 溶液，放入搅拌子，将烧杯放在磁力搅拌器上，插入四苯硼酸根电极和 217 型双液接参比电极，搅拌下，用四硼酸钠滴定液进行滴定，根据电位突跃判断终点。

5. 数据记录及处理

（1）数据记录

滴定剂的体积/mL									
电位值/mV									
手动滴定终点						自动滴定终点			

（2）计算　钡含量 c(mg/L) 用式（1-29）计算：

$$c=\frac{TV_1}{V}\times1000\qquad\qquad(1-29)$$

式中　T——滴定度，每毫升四硼酸钠相当于钡的质量，mg；

V_1——四硼酸钠的滴定量，mL；

V——水样体积，mL。

6. 相关原理

聚乙二醇及其衍生物与钡离子形成阳离子，该离子能与四硼酸钠定量反应，以四硼酸根离子电极指示终点，用四硼酸钠溶液作滴定剂进行电位滴定，到达终点时电位产生突跃。

7. 注意事项

本标准所用试剂除另有说明外，分析时均需使用符合国家标准或行业标准的去离子水或等同纯度的水。

三、电位滴定法测定硫酸亚铁的含量

1. 实验任务

掌握电位滴定法及确定化学计量点的方法；学会绘制电位滴定曲线。

2. 主要仪器与用具

离子计（或精密酸度计），铂电极，双液接甘汞电极，电磁搅拌器，滴定管，移液管。

3. 主要试剂

（1）重铬酸钾标准溶液 准确称取在 120℃ 干燥过的基准试剂重铬酸钾 4.9033g，溶于水后，定量转移至 1000mL 容量瓶中，稀释至刻度。浓度为 $c_{K_2Cr_2O_7}=0.067000mol/L$。

（2）1＋1 硫酸和磷酸混合酸。

（3）2g/L 邻苯氨基苯甲酸指示液。

（4）10％（质量分数）硝酸溶液。

（5）硫酸亚铁铵试液。

4. 操作规程

（1）准备工作

① 铂电极处理 将铂电极浸入 10％硝酸溶液中数分钟，取出用水冲洗干净，再用蒸馏水冲洗，置电极夹上。

② 饱和甘汞电极的准备 检查饱和甘汞电极内液位、晶体、气泡及微孔砂芯渗漏情况并作适当处理，用蒸馏水清洗外壁，并吸干外壁上的水珠，套上充满饱和氯化钾溶液的盐桥套管，用橡皮圈扣紧，再用蒸馏清洗盐桥套管外壁，并吸干外壁上的水珠，置电极夹上。

③ 在清洗干净的滴定管中加入重铬酸钾滴定溶液，并将液面调至 0.00，置于已安装稳妥的滴定管夹上。

④ 开启仪器电源开关，预热 20min。

（2）试液中 Fe^{2+} 含量的测定 移取 20.00mL 试液于 250mL 的高形瓶中，加入磷酸和硫酸混合酸 10mL，稀释至约 50mL 左右。加入一滴邻苯氨基苯甲酸指示液，放入洗净的搅拌子，将烧杯放在搅拌器盘上，插入两电极，电极对正确连接于测量仪器上。

开启搅拌器，将选择开关置"mV"位置上记录溶液的起始电位，然后滴加重铬酸钾溶液，待电位稳定后读取电位值及滴定剂加入体积。在滴定开始时，每加 5mL 标准滴定溶液记一次数据，然后依次减少体积加入量为 1.0mL、0.5mL 后记录。在滴定终点附近每加 0.1mL 记录一次，直至电位变化不再大为止。平行测定 3 次。

5. 数据处理

计算试液中 Fe^{2+} 的质量浓度（g/L），求出 3 次平行测定的平均值和标准偏差。

6. 相关原理

以铂电极为指示电极、饱和甘汞电极为参比电极，将它们插入待测液中，组成原电池。随着滴定剂的不断加入，原电池的电动势会不断地发生变化，在化学计量学附近逐滴加入滴定剂，并观察电动势，当加入一滴或半滴滴定剂引起的电动势读数变化量大时，即达计量点。

7. 注意事项

（1）在滴定过程中，应尽量少用水吹洗烧杯壁，避免溶液酸度降低。

（2）滴定速度不宜太快，尤其接近化学计量点处。

（3）加入滴定剂后，继续搅拌至仪器显示的电位值基本恒定，然后停止搅拌，放置至电位值稳定后，读数。

附：实训报告参考格式

检测任务名称（例:工业废水中钡离子含量的测定）
实验员: 　温度: 　　湿度: 　　　　日期: 　　编号:
样品描述(样品名称、批号、生产厂家、性质等)

（样品的处理、检测方法等）

实验现象与结果

要求:详细试样过程中的实验现象;设计表格记录数据,并进行相关计算

结果分析与讨论

要求:指出实验中应特别注意的地方;认真分析实验过程中出现的反常现象及其原因;分析实验结果的好坏,并说明导致结果不好的原因;可对检测方法提出改进建议。

参考文献

原始报告:附背面(其他相关资料以附件形式附上)

项目二　紫外-可见分光光度法

工作项目　利用分光光度法对茶叶中茶多酚和咖啡因的含量进行检测。
拓展项目　利用分光光度法对地表水中的六价铬和总氮含量进行检测。

任务 1　认识紫外-可见分光光度法

【知识目标】
(1) 了解小型仪器实验室布置的要求和规范；
(2) 理解分光光度计内部五大部件的名称和作用；
(3) 掌握玻璃吸收池配套性检验的方法。

【能力目标】
(1) 能够识别分光光度计的内部结构、说出各自的功能；
(2) 能够正确操作分光光度计；
(3) 能够通过配套性检验将玻璃吸收池成套配对。

子任务 1　认识分光光度法实验室及常用的仪器

课堂活动

1. 首先提出问题"像分光光度计这样的小型仪器实验室和化学分析实验室在实验台的布局、仪器的配置以及管理规范要求等方面有何不同？"

2. 然后带领学生参观相关实验室或观看相关视频，结合实物或仪器的图片进行讲解。最后要求学生以组为单位发表参观感受。

注意引导学生观察实验台的布局、实验仪器、装置以及实验室的相关管理制度，让学生在实验中严格按照相关要求操作，培养严谨的工作态度。重点介绍实验室现有的仪器：721可见分光光度计、752 及 T6 紫外-可见分光光度计等，并拓展实验室目前没有的其他型号仪器，通过图片介绍单光束、双光束和双波长分光光度计。

子任务 2　认识分光光度计

准备工作

有条件的准备 4~6 台废旧 721 （或其他型号）分光光度计（否则准备分光光度计的内部结构图片或视频），提供每组一份 721 （或其他型号）分光光度计的使用说明书。

课堂活动

教师首先讲解分光光度法的定义，请学生按照其定义推测可见-紫外分光光计的基本构造。要求学生完成以下内容。

(1) 学生自学紫外-可见分光光度计的基本组成部分的知识点。

(2) 要求学生将废旧 721 （或其他型号）分光光度计外壳拆开，根据说明书以及自学的知识点辨识内部的主要结构（光源、单色器、样品吸收池、检测器和信号显示系统），并加深对这五大结构各自功能的理解。

（3）学生以组为单位上台，对分光光度计的内部结构以及各个结构之间的逻辑关系、各自的功能进行讲解展示。

（4）结合学会发言情况，教师总结，并要求学生将拆开的仪器复原。

子任务3　仪器的校验

课堂活动

1. 教师首先提出以下问题：

（1）为什么要对仪器进行校验？

（2）需要校验哪些项目？

2. 结合学生讨论结果确定校验项目，并请学生按照仪器说明书要求对以下项目进行校验（结合相关知识点）：

（1）波长准确度；

（2）透射比正确度；

（3）稳定度。

子任务4　玻璃吸收池配套性检验

准备工作

将2套共8个1cm×1cm玻璃吸收池混配（此为一组同学用量）；提供吸水纸、擦镜纸等。

课堂活动

1. 学生自学比色皿材质规格、使用注意事项以及配套性检验部分的知识点。

2. 教师示范并讲解玻璃比色皿使用、润洗和保养等方法。学生进行比色皿使用的训练，教师巡回指导。

3. 教师示范并讲解可见分光光度计的基本使用方法：预热、手动调节波长、开盖调0及闭盖调100、比色皿槽拉杆的使用、刻度盘规范的读数方法等。学生进行训练，教师巡回指导。

4. 组间竞赛：要求学生按照JJG-178—96的要求对8个混配的玻璃比色皿进行配套性检验，将两套比色皿分别区分开来。用时最短的组胜出并介绍经验。

5. 教师总结子任务1的完成情况。

6. 仪器维护保养：吸收池的清洗和归位、分光光度计的整理和复原、仪器使用记录、实验台面清理以及公共值日要求等。

【任务卡】

任务		方案(答案)或相关数据、现象记录	点评	相应技能	相应知识点	自我评价
子任务1　认识实验室及分光光度法常用的仪器	实验室的布局					
	实验室的仪器装置					
	实验室的管理					
子任务2　认识721分光光度计的内部构造	分光光度计的基本构造					
	五大构造各自的功能					

续表

任务		方案(答案)或相关数据、现象记录	点评	相应技能	相应知识点	自我评价
子任务 3　仪器的校验	波长准确度的校验					
	透射比正确度的校验					
	稳定度的校验					
子任务 4　玻璃吸收池配套性检验	比色皿材质、规格					
	比色皿使用、润洗和保养					
	721 分光光度计的使用方法					
	玻璃比色皿的配套性检验					
	仪器维护保养					
学会的技能						

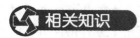 **相关知识**

一、认识紫外-可见分光光度法

许多物质的溶液显现出不同颜色，例如 $KMnO_4$ 溶液呈紫红色、邻二氮菲亚铁配合物的溶液呈红色。而且溶液颜色的深浅往往与物质的浓度有关，溶液浓度越大，颜色越深；而浓度越小，颜色越浅。人们用肉眼来观察溶液颜色的深浅来测定物质浓度，建立了"目视比色法"。随着科学技术的发展，出现测量颜色深浅的仪器，即光电比色计，建立"光电比色法"。再到后来，出现了分光光度计，建立"分光光度法"。并且其原理早已不局限于溶液颜色深浅的比较。用光电比色计、分光光度计不仅可以客观准确地测量颜色的强度，而且还把比色分析扩大到紫外和红外吸收光谱，即扩大到对无色溶液的测定。

1. 紫外-可见分光光度法的定义

紫外-可见分光光度法（UV-VIS）是基于物质分子对 $200\sim780nm$ 区域内单色光的吸收而建立起来的分析方法。紫外-可见分光光度法又称电子光谱法。

物质的吸收光谱本质上就是物质中的分子和原子吸收了入射光中的某些特定波长的光能量，相应地发生了分子振动能级跃迁和电子能级跃迁的结果。由于各种物质具有各自不同的分子、原子和不同的分子空间结构，其吸收光能量的情况也就不会相同，因此，每种物质就有其特有的、固定的吸收光谱曲线，可根据吸收光谱上的某些特征波长处的吸光度的高低判别或测定该物质的含量，这就是分光光度定性和定量分析的基础。分光光度分析就是根据物质的吸收光谱研究物质的成分、结构和物质间相互作用的有效手段。

2. 紫外-可见分光光度法的分类

（1）按照比色方法的不同进行分类　根据所用检测器的不同分为目视比色法和光电比色法。以人的眼睛来检测颜色深浅的方法称目视比色法；以光电转换器件（如光电池）为检测器来区别颜色深浅的方法称光电比色法。

（2）按照测定波长范围的不同进行分类　随着近代测试仪器的发展，目前已普遍使用分光光度计进行。应用分光光度计，根据物质对不同波长的单色光的吸收程度不同而对物质进行定性和定量分析的方法称分光光度法（又称吸光光度法）。分光光度法中，按所用光的波谱区域不同又可分为可见分光光度法（$400\sim780nm$）、紫外分光光度法（$200\sim400nm$）。

3. 紫外-可见分光光度法的特点

分光光度法对于分析人员来说，可以说是最有用的工具之一。几乎每一个分析实验室都离不开紫外-可见分光光度计。分光光度法的主要特点如下。

（1）应用广泛　紫外-可见分光光度法是仪器分析中应用最为广泛的分析方法之一。由于各种各样的无机物和有机物在紫外可见区都有吸收，因此均可借此法加以测定。到目前为止，几乎化学元素周期表上的所有元素（除少数放射性元素和惰性元素之外）均可采用此法。

（2）灵敏度高　相对于其他痕量分析方法而言，光度法的精密度和准确度公认是比较高的。它所测试液的浓度下限可达 $10^{-6} \sim 10^{-5} \text{mol/L}$（达微克量级），在某些条件下甚至可测定 10^{-7} 的物质，具有较高的灵敏度，适用于微量组分的测定。

（3）准确度高　紫外-可见分光光度法测定的相对误差为 2%～5%，若采用精密分光光度计进行测量，相对误差可达 1%～2%。显然，对于常量组分的测定，准确度不及化学法，但对于微量组分的测定，已完全满足要求。因此，它特别适合于测定低含量和微量组分，而不适用于对中、高含量组分的测定。

（4）分析速度快，仪器设备简单，操作简单，价格低廉，应用广泛　大部分无机离子和许多有机物质的微量成分都可以用这种进行测定。紫外吸收光谱法还可用于芳香化合物及含共轭体系化合物的鉴定及结构分析。此外，紫外-可见分光光度法还常用于化学平衡等研究。

由于分光光度法具有以上优点，因此目前仍广泛地应用于化工、冶金、地质、医学、食品、制药等部门及环境监测系统。有些大型仪器不易解决的分析问题，光度法可以发挥作用。在有机分析中，紫外-可见光谱（UV-VIS）可作定量测定外，在定性分析和结构分析方面，它可作为红外光谱（IR）、核磁共振（NMR）、质谱（MS）等方法的辅助手段。

二、认识紫外-可见分光光度计

1. 仪器的基本组成部件

用于在紫外及可见光区测定溶液吸光度或透光度的分析仪器称为紫外-可见分光光度计（简称分光光度计）。目前，紫外-可见分光光度计的型号较多，但它们的基本构造都相似，都由光源、单色器、样品吸收池、检测器和信号显示系统等五大部件组成，其组成框图如图 2-1。

图 2-1　分光光度计组成部件框图

其工作流程如下：由光源发出的光，经单色器分光获得一定波长的单色光照射到样品溶液，被吸收后，经检测器将光强度变化转变为电信号变化，并经信号指示系统调制放大后，显示或打印出吸光度 A（或透射比 τ），完成测定。

（1）光源　光源的作用是提供激发能，使待测分子产生吸收（即供给符合要求的入射光）。要求在使用波长范围内能够提供足够强的连续光谱，有良好的稳定性、较长的使用寿命，且辐射能量随波长无明显变化。实际应用的光源一般分为紫外光光源和可见光光源。

① 可见光光源　常用的可见光光源多用热辐射光源。利用固体灯丝材料高温放热产生的辐射作为光源的是热辐射光源。如钨灯、卤钨灯。两者均在可见区使用，卤钨灯的使用寿命及发光效率高于钨灯。光源的作用是供给符合要求的入射光。

钨丝灯是最常用的可见光光源，它可发射波长为 325～2500nm 范围的连续光谱，其中最适宜的使用范围为 320～1000nm，除用做可见光源外，还可用做近红外光源。为了保证钨丝灯发光强度稳定，需要采用稳压电源供电，也可用 12V 直流电源供电。钨灯在出现灯管发黑时应及时更换，如换用的灯型号不同则还需要调节灯座的位置的焦距。

目前不少分光光度计已采用卤钨灯代替钨丝灯，如 7230 型、754 型分光光度计等。所谓卤钨灯是在钨丝中加入适量的卤化物或卤素，灯泡用石英制成。它具有较长的寿命和高的发光效率。

② 紫外光光源　常用的紫外光光源多用气体放电光源，气体放电光源是指在低压直流电条件下，氢或氘气放电所产生的连续辐射。如氢、氘、氙放电灯等。其中应用最多的是氢灯及其同位素氘灯，其使用波长范围为 185～375nm。为了保证发光强度稳定，也要用稳压电源供电。氙灯的光谱分布与氢灯相同，但光强比同功率氢灯要大 3～5 倍，寿命比氢灯长。近年来，具有高强度和高单色性的激光已被开发用做紫外光源。已商品化的激光光源有氩离子激光器和可调谐染料激光器。

（2）单色器　单色器的作用是使光源发出的光变成所需要的单色光（某一波长的光），是分光光度计的核心部分，仪器的主要光学特性和工作特性基本上由单色器决定。单色器主要由入射狭缝、准直镜、色散元件、物镜和出射狭缝构成。入射狭缝用于限制杂散光进入单色器，色散元件是关键部件，色散元件是棱镜和反射光栅或两者的组合，它能将连续光谱色散成为单色光。狭缝和透镜系统主要是用来控制光的方向、调节光的强度和"取出"所需要的单色光，狭缝对单色器的分辨率起重要作用，它对单色光的纯度在一定范围内起着调节作用。

根据工作光谱范围、色散率、分辨串等性能指标的要求，可分别选用棱镜或光栅分光的单色器、双联单色器，也可采用滤色片分光的单色器等。

（3）吸收池　吸收池又叫比色皿，是用于盛放待测液和决定透光液层厚度的器件。吸收池一般为长方体（也有圆鼓形或其他形状，但长方体最普遍），其底及两侧为毛玻璃，另两面为光学透光面，如图 2-2。

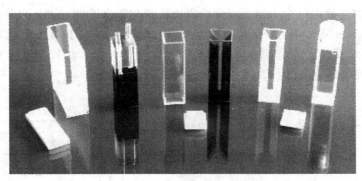

图 2-2　各种型号的吸收池

① 材质的区别　根据光学透光面的材质，吸收池有玻璃吸收池和石英吸收池两种。玻璃吸收池用于可见光光区测定。若在紫外光区测定，则必须使用石英吸收池。

② 规格的区别　紫外-可见分光光度计常用的吸收池规格有：0.5cm、1.0cm、2.0cm、3.0cm、5.0cm 等，使用时，根据实际需要选择。由于一般商品吸收池的光程精度往往不是很高，与其标示值有微小误差，即使是同一个厂出品的同规格的吸收池也不一定完全能够互换使用。所以，仪器出厂前吸收池都经过检验配套，在使用时不应混淆其配套关系。

③ 使用方法和注意事项　在使用比色皿时，两个透光面要完全平行，并被垂直置于比色皿架中，以保证在测量时入射光垂直于透光面，避免光的反射损失，保证光程固定。

使用时应注意以下几点。

第一，拿取比色皿时，只能用手指接触两侧的毛玻璃，避免接触光学面。

第二，不得将光学面与硬物或脏物接触。盛装溶液时，高度为比色皿的 2/3 处即可，光学面如有残液可先用滤纸轻轻吸附，然后再用镜头纸或丝绸擦拭。

第三，凡含有腐蚀玻璃的物质的溶液，不得长期盛放在比色皿中。

第四，比色皿在使用后，应立即用水冲洗干净。必要时可用 1∶1 的盐酸浸泡，然后用水冲洗干净。

第五，不能将比色皿放在火焰或电炉上进行加热或干燥箱内烘烤。

在测量前还必须对吸收池进行配套性检验。

（4）检测器　检测器是利用光电效应，将透过溶液的光信号转换为电信号并将电信号放大的装置，其输出电信号大小与透过光的强度成正比。常用的检测器分为几种，主要有：光电池、光电管、光电倍增管，它们都是基于光电效应原理制成的。作为检测器，对光电转换器要求是：光电转换有恒定的函数关系，响应灵敏度要高、速度要快，噪声低、稳定性高，产生的电信号易于检测放大等。其中光电管和光电倍增管较为常见，光电倍增管效果较好。

（5）显示器　显示器是将光电管或光电倍增管放大的电流通过仪表显示出来的装置。

常用的显示器有检流计、微安表、记录器和数字显示器。检流计和微安表可显示透光度（T）和吸光度（A）。数字显示器可显示 T、A 和 c（浓度）。

2. 紫外-可见分光光度计的类型及特点

紫外-可见分光光度计按使用波长范围可分为：可见分光光度计（使用波长范围是400～780nm）和紫外-可见分光光度计（使用波长范围为 200～1000nm）。可见分光光度计只能用于测量有色溶液的吸光度，而紫外-可见分光光度计可测量在紫外、可见及近红外有吸收的物质的吸光度。

目前，国际上一般按紫外-可见分光光度计的仪器结构将其分为单光束、准双光束、双光束和双波长四类。我们将对这四者之间的主要区别、各自的特点进行简单介绍。

（1）单光束紫外-可见分光光度计　世界上第一台成熟的紫外-可见分光光度计，就是单光束紫外-可见分光光度计。顾名思义，单光束紫外-可见分光光度计只有一束单色光、一只比色皿、一只光电转换器（又称光接收器），其工作原理如图 2-3。

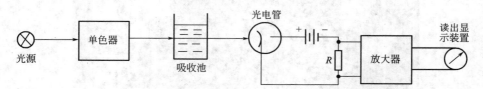

图 2-3　单光束紫外-可见分光光度计原理示意

常用的单光束紫外-可见分光光度计有：751G 型、752 型、754 型、756MC 型等。常用的单光束可见分光光度计有 721 型、722 型、723 型、724 型等。单光束紫外-可见分光光度计，由于其技术指标比较差，特别是杂散光、光度噪声、光谱带宽等主要技术指标比较差，因此，分析误差也较大。所以，它们在使用上受到限制。一般来讲，要求较高的制药行业、质量检验行业、科研等行业不适宜使用单光束紫外-可见分光光度计。

（2）双光束紫外-可见分光光度计　双光束紫外-可见分光光度计就是有两束单色光的紫外-可见分光光度计。它有两种类型：一种是两束单色光，两只比色皿，两只光电转换器；另一种是两束单色光，两只比色皿，一只光电转换器。目前，国内外的双光束紫外-可见分光光度计中，两只光电转换器的双光束紫外-可见分光光度计仪器已很少见，绝大多数或基本上都是一只光电转换器的仪器，特别是高档双光束紫外-可见分光光度计，都是一只光电转换器的仪器。这两种类型的双光束紫外-可见分光光度计，所用的光电转换器基本上全部是光电倍增管（PMT）。

（3）双波长紫外-可见分光光度计 双波长紫外-可见分光光度计都采用两个单色器。光源发出的光被两个单色器分别分离出波长为 λ_1 和 λ_2，通过切光器将两束单色光 λ_1 和 λ_2 交替入射到同一试样中，光电倍增管交替地接收到经过试样吸收后的这两束单色光，并把它们变成电信号。其工作原理如图 2-4 所示。

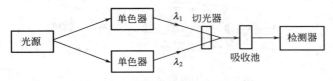

图 2-4 双波长分光光度计示意图

双波长紫外-可见分光光度计主要适用于求出试样中待测组分的含量或浓度。如果试样中有共存干扰吸收物质，则可采用等吸收点法和系数倍率法测量。如果试样的吸收光谱上，有两个或两个以上组分的吸收峰互相重叠或非常接近，或者有很大的浑浊背景吸收干扰，则可利用导数光谱来分析测试。以上是根据光束、比色皿、光电转换器的数量来分类的，也有人根据光接收器的类型，把紫外-可见分光光度计分为光电二极管阵列多通道紫外-可见分光光度计、CCD（电荷耦合光接收器）多通道紫外-可见分光光度计等。

三、紫外-可见分光光度计的操作

目前商品紫外-可见分光光度计品种和型号繁多，虽然不同型号的仪器其操作方法略有不同（在使用前应详细阅读仪器说明书），但仪器上主要旋钮和按键的功能基本类似。下面仅以目前生产检验中较为常用的两种分光光度计为例，介绍可见分光光度计和紫外-可见分光光度计上主要旋钮和按键的功能及仪器的一般操作方法。

1. 721 型可见分光光度计

（1）仪器的光学系统和结构简介 721 型分光光度光学系统如图 2-5 所示。

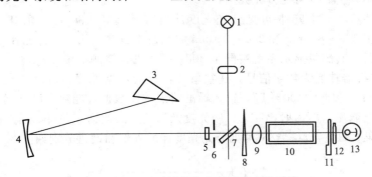

图 2-5 721 型可见分光光度计的光学系统

1—钨灯（12V，25W）；2—透镜；3—玻璃棱镜；4—准直镜；5,12—保护玻璃；6—狭缝；

7—反射镜；8—光栏；9—聚光透镜；10—吸收池；11—光闸；13—光电管

仪器采用钨丝灯（12V，25W）为光源，以玻璃棱镜作色散元件，通过凸轮和杠杆控制棱镜的旋转角度来选择入射光波长。由光学玻璃制成的吸收池，4 只一组装在由拉杆控制的吸收池架上。拉动拉杆，可以依次使 4 只吸收池分别置于光路中。仪器以 GD-7 型光电管作为检测器，产生的微弱光电流由微电流放大器放大，同时用调零电位器对光电管的暗电流进行调整。放大后光电流采用微安表指示吸光度和透射比。

（2）仪器面板各控制钮的作用 仪器外形和主要控制器的功能如图 2-6 所示。

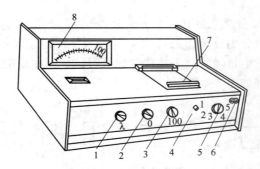

图 2-6　721 型可见分光光度计外形

1—波长调节器（λ）；2—调 0T 电位器（0）；3—调 100％T 电位器（100）；4—吸收池拉杆；

5—灵敏度选择钮；6—电源开关；7—吸收池暗箱盖；8—显示电表

（3）使用方法

① 检查仪器各调节钮（图 2-6）的起始位置是否正确，接通电源开关，打开样品室暗箱盖，使电表指针处于"0"位，预热 20min 后，再选择须用的单色光波长和相应的放大灵敏度挡，用调"0"电位器调整电表为 $T=0\%$。

② 盖上样品室盖使光电管受光，拉动吸收池拉杆，使参比溶液池（溶液装入 4/5 高度，置第一格）置光路上，调节 100％透射比调节器，使电表指针指在 $T=100\%$。

③ 重复进行打开样品盖，调"0"，盖上样品盖，调透射比为 100％的操作至仪器稳定。

④ 盖上样品盖，拉动吸收池拉杆，使样品溶液池置于光路上，读取吸光度值。读数后立即打开样品盖。

⑤ 测量完毕，取出吸收池，洗净后倒置于滤纸上晾干，各旋钮置于原来位置，电源开关置于"关"，拔下电源插头。

2. UV-754C 型紫外-可见分光光度计

（1）仪器简介　754 紫外-可见分光光度计具有卤钨灯（30W）、氘灯（2.5A）两种光源，分别适用于 360～850nm 和 200～360nm 波长范围。它采用平面光栅作色散元件，GD33 光电管作检测器。其测量显示系统装配了 8031 单片机，检测器输出的电信号经前置放大器放大，模/数转换器转换为数字信号，送往单片机进行数据处理。通过键盘输入命令，仪器便能自动调"0T"和调"100％T"，输入标准溶液浓度数据，能建立高准确度的浓度计算方程。在显示屏上能显示出透射比 $T\%$、吸光度及浓度 c 的数据，并可以由打印机打印出实际数据和分析结果。UV-754C 紫外-可见分光光度计的外形和键盘分别如图 2-7 和图 2-8 所示。

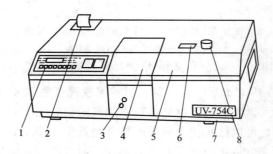

图 2-7　UV-754C 紫外-可见分光光度计外形

1—操作键；2—打印纸；3—拉杆；4—样品室盖；5—主机盖板；

6—波长显示窗口；7—电源开关；8—波长旋钮

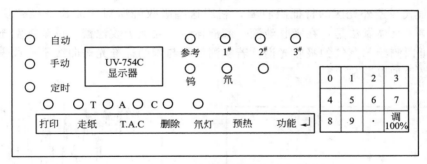

图 2-8　UV-754C 紫外-可见分光光度计键盘

（2）使用方法

① 开机　打开样品室盖，检查样品室中是否放置遮光物，若有取出。打开电源开关，仪器进入自检状态。自检完成后，仪器进入预热状态。预热 20min 后，仪器进入工作状态。

② 选择光源　电源开关打开后，钨灯即亮，若仪器需要在紫外光区工作，则可轻按〔氘灯〕键点亮氘灯（若要关闭氘灯则再按一次〔氘灯〕键；若须关钨灯则按〔功能〕键→数字键〔1〕→回车键〔←〕即可熄灭）。

③ 调节波长旋钮，选择须用的单色光波长。

④ 按〔100%〕键，使仪器显示 $T=0.0$。

⑤ 盖上样品盖，将参比溶液推入光路，按〔100%〕键，使仪器显示为 100.0，待蜂鸣器"嘟"叫后，将试样溶液推入光路，轻按〔T. A. C〕键（将测量数据转换成吸光度模式）此时仪器显示吸光度 A。按〔打印〕键打印数据。

待第一样品数据打印完后，再将第二、第三个样品分别推入光路进行测量。打印数据后，应打开样品盖。

⑥ 测量完毕，取出吸收池，清洗并晾干后入盒保存。关闭电源，拔下电源插头。

四、分光光度计的校验

为保证测试结果的准确可靠，新制造、使用中和修理后的分光光度计都应定期进行检定。国家技术监督局批准颁布了各类紫外、可见分光光度计的检定规程（这类规程有：JJG 178—96 可见分光光度检定规程；JJG 375—96 单光束紫外可见分光光度计检定规程；JJG 682—90 双光束紫外可见分光光度计检定规程；JJG 689—90 紫外、可见、近红外分光光度计检定规程），检定规程规定，检定周期为半年，两次检定合格的仪器检定周期可延长至一年。我们在验收仪器时应按仪器说明书及验收合同进行验收。下面简单介绍分光光度计的检验方法。

1. 波长准确度的检验

分光光度计在使用过程中，由于机械振动、温度变化、灯丝变形、灯座松动或更换灯泡等原因，经常会引起刻度盘上的读数（标示值）与实际通过溶液的波长不符合的现象，因而导致仪器灵敏度降低，影响测定结果的精度，需要经常进行检验。

在可见光区检验波长准确度最简便的方法是绘制镨钕滤光片的吸收光谱曲线（如图2-9）。镨钕滤光片的吸收峰为 528.7nm 和 807.7nm。如果测出的峰的最大吸收波长与仪器标示值相差 ±3nm 以上，则需要细微调节波长刻度校正螺丝（不同型号的仪器波长读数的调整方法有所不同，应按仪器说明书进行波长调节）。如果测出的最大吸收波长与仪器波长标示值差大于 ±10nm，则需要重新调整钨灯灯泡位置或检修单色器的光学系统（应由计量部门或生产厂检修，不可自己打开单色器）。

在紫外光区检验波长准确度比较实用的方法是：用苯蒸气的吸收光谱曲线来检查。图

2-10 是苯蒸气在紫外光区的特征吸收峰,利用这些吸收峰所对应波长来检查仪器波长准确度非常方便。具体做法是:在吸收池滴一滴液体苯,盖上吸收池盖,待苯挥发充满整个吸收池后,就可以测绘苯蒸气的吸收光谱。若实测结果与苯的标准光谱曲线不一致表示仪器有波长误差,必须加以调整。

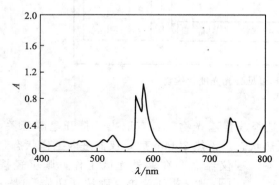

图 2-9 镨钕滤光片吸收光谱曲线

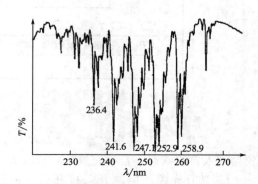

图 2-10 苯蒸气在紫外光区的特征吸收峰

2. 透射比正确度的检验

透射比的准确度通常是用硫酸铜、硫酸钴铵、铬酸钾等标准溶液来检查,其中应用最普遍的是重铬酸钾 ($K_2Cr_2O_7$) 溶液。

透射比正确度检验的具体操作是:质量分数 $w(K_2Cr_2O_7) = 0.006000\%$(即 1000g 溶液中含 $K_2Cr_2O_7$ 0.06000g)$K_2Cr_2O_7$ 的 0.001mol/L $HClO_4$ 标准溶液。以 0.001mol/L $HClO_4$ 为参比,以 1cm 的石英吸收池分别在 235nm、257nm、313nm、350nm 波长处测定透射比,与表 2-1 所列标准溶液的标准值比较,根据仪器级别,其差值应在 $0.8\% \sim 2.5\%$ 之内。

表 2-1 $w(K_2Cr_2O_7) = 0.006000\%$ 溶液的透射比

波长/nm	235	257	313	350
透射比	18.2	13.7	51.3	22.9

注:温度为 25℃。

3. 稳定度的检验

在光电管不受光的条件下,用零点调节器将仪器调至零点,观察 3min,读取透射比的变化,即为零点稳定度。

在仪器测量波长范围两端向中间靠 10nm 处,例如仪器工作波长范围为 $360 \sim 800nm$,则在 370nm 和 790nm 处,调零点后,盖上样品室盖(打开光门),使光电管受光,调节透射比为 95%(数显仪器调至 100%)观察 3min 读取透射比的变化,即为光电流稳定度。

4. 吸收池配套性检验

在定量工作中,尤其是在紫外光区测定时,需要对吸收池作校准及配对工作,以消除吸收池的误差,提高测量的准确度。

根据 JJG 178—96 规定,石英吸收池在 220nm 处装蒸馏水;在 350nm 处装 $K_2Cr_2O_7$ 0.001mol/L $HClO_4$ 溶液;玻璃吸收池在 600nm 处装蒸馏水;在 400nm 处装 $K_2Cr_2O_7$ 溶液(浓度同上)。以一个吸收池为参比,调节 τ 为 100%,测量其他各池的透射比,透射比的偏差小于 0.5% 的吸收池可配成一套。

实际工作中,可以采用下面较为简便的方法进行配套检验:用铅笔在洗净的吸收池毛面外壁编号并标注光路走向。在吸收池中分别装入测定用溶剂，以其中一个为参比，测定其他吸收池的吸光度。若测定的吸光度为零或两个吸收池吸光度相等，即为配对吸收池。若不相等，可以选出吸光度值最小的吸收池为参比，测定其他吸收池的吸光度，求出修正值。测定样品时，将待测溶液装入校正过的吸收池，测量其吸光度，所测得的吸光度减去该吸收池的修正值即为此待测液真正的吸光度。

五、分光光度计的维护和保养

分光光度计是精密光学仪器，正确安装、使用和保养对保持仪器良好的性能和保证测试的准确度有重要作用。

1. 对仪器工作环境的要求

分光光度计应安装在稳固的工作台上（周围不应有强磁场，以防电磁干扰）室内温度宜保持在 $15\sim28℃$。室内应干燥，相对湿度宜控制在 $45\%\sim65\%$，不应超过 70%。室内应无腐蚀性气体（如 SO_2、NO_2 及酸雾等），应与化学分析操作室隔开，室内光线不宜过强。

2. 仪器保养和维护方法

（1）仪器工作电源一般允许 $220V(\pm10\%)$ 的电压波动。为保持光源灯和检测系统的稳定性，在电源电压波动较大的实验室最好配备稳压器（有过电压保护）。

（2）为了延长光源使用寿命，在不使用时不要开光源灯。如果光源灯亮度明显减弱或不稳定，应及时更换新灯。更换后要调节好灯丝位置，不要用手直接接触窗口或灯泡，避免油污沾附，若不小心接触过，要用无水乙醇擦拭。

（3）单色器是仪器的核心部分，装在密封盒内，不能拆开，为防止色散元件受潮生霉，必须经常更换单色器盒干燥剂。

（4）必须正确使用吸收池，保护吸收池光学面。

（5）光电转换元件不能长时间曝光，应避免强光照射或受潮积尘。

知识应用与技能训练

一、填空题

在分光光度计中，常因波长范围不同而选用不同的光源，下面 3 种光源，各适用的光区为：

（1）钨灯用于＿＿＿＿＿＿＿；

（2）氢灯用于＿＿＿＿＿＿＿；

（3）能斯特灯用于＿＿＿＿＿＿＿。

二、选择题

1. 人眼能感觉到的光称为可见光，其波长范围是（　　　）。

　　A. $400\sim780nm$　　　B. $200\sim400nm$　　　C. $200\sim1000nm$　　　D. $400\sim1000nm$

2. 双波长分光光度计和单波长分光光度计的主要区别是（　　　）。

　　A. 光源的个数　　　B. 单色器的个数　　　C. 吸收池的个数　　　D. 单色器和吸收池的个数

三、应用题

1. 分光光度计由哪几个主要部件组成？各部件的作用是什么？

2. 分光光度计对光源有什么要求？常用光源有哪些？它们使用的波长范围各是多少？

3. 编制分光光度计操作规程。

✦ 实验任务指导书

分光光度计的调校

1. 实验任务

学习可见分光光度计的波长准确度、零点稳定度、光电流稳定度和吸收池配套性检验方法；学会正确使用可见分光光度计。

2. 仪器和工具

721 型分光光度计（或其他型号分光光度计），镨钕滤光片，螺丝刀。

3. 操作规程

在阅读过仪器使用说明后进行以下检查和调试。

（1）开机前检查和开机预热

① 仪器开机前检查　将灵敏度挡放在"1"，光量调节器（100％T 旋钮）旋至较小，检查电表指针是否位于"0"刻线上，若不在"0"刻线上，可以用电表上调零螺丝进行校正。

注意：调电表零位时，不可将电源接上。

② 打开仪器电源开关，开启吸收池样品室盖，取出样品室内遮光物（如干燥剂），预热 20min。

（2）仪器波长准确度检查和校正　在可见光区检验波长准确度最简便的方法是绘制镨钕滤光片的吸收光谱曲线。镨钕滤光片的吸收峰为 528.7nm 和 807.7nm。如果测定的峰的最大吸收波长与仪器上的示差值相差 ±3nm 以上，则需要进行波长调节。

（3）仪器零点稳定度检查　在样品室盖开启情况下（此时光电管不受光），用调零旋钮将仪器调至 $\tau\%=0$，观察 3min，读取透射比示值的最大漂移量即为零点稳定度，（光栅型 1～3 级仪器允许漂移量分别为 ±0.1、±0.2、±0.5；棱镜型允许漂移 ±0.5，数显仪器允许末位数变动 ±1）。

（4）光电流稳定度检查　将仪器波长置于仪器光谱范围两端往中间靠 10nm 处（例如分光光度计光谱范围为 360～800nm，则分别在 370nm 和 790nm 处），分别用调零旋钮调零后，盖上样品室盖，使光电管受光，照射 5min。调 100％T 旋钮使 $\tau\%=95$（数显仪器 $\tau\%=100$）处，观察 3min，读取透射比示值最大漂移量，即为光电流稳定度（光栅型 1～3 级仪器允许漂移量为 ±0.3、±0.8、±1.5，棱镜型允许漂移 ±1.5，数显仪器允许末位数变动 ±1）。

（5）吸收池的配套性检查

① 用波长调节旋钮将波长调至 600nm，用调"0"旋钮将电表指针调至"0"处（调节时应打开样品室盖）。

② 检查吸收池透光面是否有划痕的斑点，吸收池各面是否有裂纹，如有则不应使用。

③ 在选定的吸收池毛面上口附近，用铅笔标上进光方向并编号。用蒸馏水冲洗 2～3 次［必要时可用 (1+1)HCl 溶液浸泡 2～3min，再立即用水冲洗净］。

④ 用拇指和食指捏住吸收池两侧毛面，分别在 4 个吸收池内注入蒸馏水到池高 2/3，用滤纸吸干池外壁的水滴（注意不能擦），再用擦镜纸或丝绸巾轻轻擦拭光面至无痕迹。按池上所标箭头方向（进光方向）垂直放在吸收池架上，并用吸收池夹固定好。

注意：池内溶液不可装得过满以免溅出，腐蚀吸收架和仪器。装入水后，池内壁不可有气泡。

⑤ 用调"0"调节钮调 $\tau\%=0$，盖上样品室盖，将在参比位置上的吸收池推入光路。用 100％T 调节钮调至 $\tau\%=100$，反复调节几次，直至稳定。

⑥ 拉动吸收池架拉杆，依次将被测溶液推入光路，读取相应的透射比或吸光度。若所测各吸收池透射比偏差小于 0.5％，则这些吸收池可配套使用。超出上述偏差的吸收池不能

配套使用。

（6）结束工作　检查完毕，关闭电源。取出吸收池，清洗后晾干入盒保存。在样品室内放入干燥剂，盖好样品室盖，罩好仪器防尘罩。清理工作台，打扫实验室，填写仪器使用记录。

任务 2　利用可见分光光度法测定茶叶中茶多酚的含量

【知识目标】

（1）掌握可见分光光度法的定义、测定流程；

（2）了解显色反应，熟悉显色剂的种类及显色条件的选择；

（3）理解测量条件的选择；

（4）掌握定量方法中的工作曲线法。

【能力目标】

（1）能够根据任务要求选择合适的分析仪器和适宜材料、光程的比色皿；

（2）能够在任务的引导下进行自主学习；

（3）能够正确选择定量方法，并设计出合理的分析方案；

（4）能够熟练利用分光光度计进行定量操作；

（5）能够用正确的测量顺序对梯度显色液的吸光度进行测量，并绘制标准曲线。

子任务 1　分析仪器、吸收池的选择、校正

课堂活动

1. 教师首先介绍茶多酚的结构及其相关性质。请学生根据任务 1 中的相关内容让学生完成以下任务：

（1）选择合适的仪器和吸收池，并且对所选择的仪器进行校正，清洗吸收池；

（2）选择其他辅助工具以及所需要的药品。

2. 教师结合学生完成情况讲解对应知识点。期间提出以下问题：

（1）哪些物质可以用可见分光光度法进行测定？

（2）为什么能够通过测定溶液的吸光度值测定其浓度？

（3）其吸光度值和浓度之间存在什么关系？

子任务 2　显色剂的选择

课堂活动

1. 教师提出以下问题：

（1）茶多酚能否直接用可见分光光度法进行测定？如果不可以应对其作怎样的处理？

（2）常见显色剂有几类，分别是什么？本实验的显色剂是什么，属于哪类显色剂？

（3）本实验中显色反应的各项条件都是确定的，但是不太成熟的显色反应需要通过科研实验确定各项条件，通过自学，请归纳科研实验确定显色条件的一般方法。

2. 结合学生讨论情况，教师归纳讲解显色剂的选择及显色条件的选择。

3. 请学生对本任务的显色条件进行选择，填入下表：

项　目	填　写	思　考
显色剂用量	多少?	
溶剂酸度	□弱酸　　□中性　　□弱碱	酸度是显色反应的重要条件,它对显色反应有何影响?
显色温度	□常温　　□加热　　□制冷	大多数的显色反应是在哪种情况下进行的?
显色时间	几分钟?	显色时间和稳定时间有何不同?本实验不静置直接测吸光度可以吗?
溶剂	□水　　□有机溶剂	

4. 根据学生完成情况,老师进一步总结相关知识,并优化学生的方案。

子任务3　测量条件的选择

课堂活动

1. 教师提出以下问题:

(1) 可见分光光度法中应设定哪些分析条件?对测定结果的影响如何?

(2) 分光光度法中常用的定量方法有哪些?本任务中采用什么定量方法?

2. 结合学生讨论结果,教师归纳讲解分光光度法中入射波长和参比液的选择方法。

3. 请学生选择本任务中的测定波长和参比溶液,填入下表:

项　目	填　写	思　考
入射光波长	多少纳米?	选择入射光波长的依据是什么?
参比	□溶剂参比　　□试剂参比 □试液参比　　□退色参比	参比溶液的作用是什么?
A 适宜范围	□0~0.1　□0.1~0.9　□0.9~∞	为什么要有适宜 A 值范围的规定?在实际工作中有什么办法可以将不在适宜范围的 A 值调整到适宜范围?

4. 根据学生完成情况,老师进一步总结相关知识,并优化学生的方案。

子任务4　没食子酸系列标准溶液的配制及显色

课堂活动

学生选择所需用品、仪器,并按照本任务"实验任务指导书"相关内容进行操作。

子任务5　系列标准溶液吸光度的测量

准备工作

分光光度计(每组一台),每台分光光度计配 0.5cm、1.0cm 和 2.0cm 比色皿各一套,提供吸水纸、擦镜纸等。

课堂活动

1. 教师提出问题:测量系列标准溶液的吸光度值时,正确的测量顺序是从低浓度测到高浓度还是从高浓度测到低浓度,为什么?

2. 学生讨论回答,教师点评总结后,带领学生完成以下操作。

(1) 带领学生回顾任务1中可见分光光度计的基本使用方法以及比色皿、使用、润洗和配套性检验等内容。

（2）在 765nm 波长条件下用分光光度计测定显色后溶液的 A 值，按照从低浓度到高浓度的顺序测量。遵循吸光度值应落在适宜范围的原则，从 0.5cm、1.0cm 和 2.0cm 三个光程中选择适合的比色皿进行测量，并将数据进行记录。学生实验过程中教师巡回指导。

3. 汇总各组的实验数据，引导学生思考浓度为 0 时吸光度值是否也应该为 0，如果不为 0 是什么原因。

4. 本过程将作为组间竞赛的内容，用时短且数据较好的组胜出并介绍经验。

5. 教师总结任务的完成情况。

6. 仪器维护保养：吸收池的清洗和归位、分光光度计的整理和复原、仪器使用记录、实验台面清理以及公共值日要求等。

子任务 6　茶叶样品的预处理

准备工作

提供均匀磨碎的茶叶试样，子任务 1 配制好的所有试剂，70℃恒温水浴，高速离心机，$0.45\mu m$ 滤膜，抽滤装置等。

课堂活动

教师提出以下问题，学生讨论回答：

（1）可见分光光度计对测定样品有何要求？

（2）茶叶样品能否直接用来测定？

（3）茶叶中的茶多酚如何提取出来？

子任务 7　工作曲线绘制

准备工作

教师汇总子任务 5 各实验组的数据，选择线性较好的数据组作样例；教师把子任务 5 结束后学生绘制的工作曲线作业收集上来，把一些不规范的画法进行总结提炼；课前提醒学生带好坐标纸、铅笔、直尺、橡皮等。

课堂活动

1. 教师把子任务 5 结束后学生绘制的工作曲线作业收集上来，把一些不规范的画法进行总结提炼。

2. 请学生指出不规范的标准曲线存在哪些错误？

3. 结合学生讨论情况，教师总结工作曲线绘制的要点，并对一些不规范的工作曲线画法进行展示，提醒学生要具有规范化意识。

4. 教师以选定的数据组作为样例，示范工作曲线的绘制方法。

5. 学生将子任务 5 中所得到的数据组按照规范的方法重新绘制。

6. 教师演示直线回归方程（$y=a+bx$）直线回归系数（a、b）和相关系数（r）的确定方法，布置任务让同学各自计算自己实验数据组的 a、b、r。

子任务 8　试样茶多酚含量的测定

课堂活动

1. 学生团队讨论：之前实验中分光光度计的不规范操作，教师进行汇总并纠错。

2. 在 765nm 波长条件下用分光光度计测定试样的 A 值,并将数据进行记录。学生实验过程中教师巡回指导。

3. 老师汇总各组的实验数据,教师选择合适的实验数据作为样例,演示在工作曲线上通过 A 值得到被测溶液中茶多酚含量的过程。学生模仿教师在各自的工作曲线上测算出被测溶液中茶多酚的含量($\mu g/mL$)。

4. 茶叶样品中茶多酚含量的计算。

5. 教师总结任务 2 的完成情况。

6. 结束:吸收池的清洗和归位、分光光度计的整理和复原、仪器使用记录、实验台面清理以及公共值日要求等。

【任务卡】

任务		方案(答案)或相关数据、现象记录	点评	相应技能	相应知识点	自我评价
子任务 1　分析仪器、吸收池的选择、校正	仪器					
	比色皿(材料、型号)					
	比色皿的预处理(洗涤、配套性检查等)					
	其他辅助工具					
	期间仪器出现的问题、故障					
子任务 2　显色剂和显色条件的选择	显色剂种类(除任务指导书外的)					
	显色条件　用量					
	pH					
	时间					
子任务 3　测量条件的选择	测量波长的选择					
	参比液的选择					
	期间仪器出现的问题、故障					
子任务 4　没食子酸系列标准溶液的配制及显色反应						
子任务 5　系列标准溶液吸光度的测量						
子任务 6　茶叶样品的预处理	母液和测试液的制备					
	试样显色					
	空白实验					
子任务 7　工作曲线绘制	工作曲线绘制相关系数的计算					
子任务 8　试样茶多酚含量的测定	试样吸光度值的测量					
	在工作曲线上读数					
	茶多酚含量的计算					
	仪器维护保养					
学会的技能						

一、紫外-可见分光光度法的基本原理

物质的颜色与光有密切关系，例如蓝色硫酸铜溶液放在钠光灯（黄光）下就呈黑色；如果将它放在暗处，则什么颜色也看不到了。可见，物质的颜色不仅与物质本质有关，也与有无光照和光的组成有关，因此为了深入了解物质对光的选择性吸收，首先对光的基本性质应有所了解。

1. 光的基本特性

（1）电磁波谱 光是一种电磁波，具有波动性和粒子性。具有波长（λ）和频率（ν）；此外因为光是一种粒子，所以它具有能量（E）。能量与波长和频率之间的关系如式（2-1）：

$$E = h\nu = h\frac{\lambda}{c} \tag{2-1}$$

式中，E 为能量，eV；h 为普朗克常数，6.626×10^{-34} J·s；ν 为频率，Hz；c 为光速，真空中约为 3×10^{-8} cm/s；λ 为波长，nm。

从式（2-1）可知，不同波长的光能量不同，波长越长，能量越小；波长越短，能量越大。若将各种电磁波（光）按其波长或频率大小顺序排列画成图表，则称该图表为电磁波谱。

（2）单色光、复合光和互补光 人的眼睛对不同波长的光的感觉是不一样的。凡是能被肉眼感觉到的光称为可见光，其波长范围为 400～780nm。凡波长小于 400nm 的紫外光或波长大于 780nm 的红外光均不能被人的眼睛感觉出来，所以这些波长范围的光是看不到的。在可见光的范围内，不同波长的光刺激眼睛后会产生不同颜色的感觉。但由于受到人的视觉分辨能力的限制，实际上是一个波段的光给人引起一种颜色的感觉。图 2-11 列出了各种色光的近似波长范围。

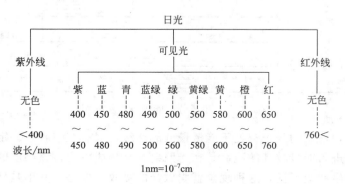

图 2-11 各种色光的近似波长范围

具有同一种波长的光，称为单色光。纯单色光很难获得，激光的单色性虽然很好，但也只接近于单色光。

含有多种波长的光称为复合光，白光就是复合光，例如日光、白炽灯光等白光都是复合光，是由这些波长不同的有色光混合而成的。这可以用一束白光通过棱镜后色散为红、橙、黄、绿、青、蓝、紫七色光来证实。

如果把适当颜色的两种光按一定强度比例混合，也可以成为白光，这两种颜色的光称为互补色光。图 2-12 为互补色光示意图。图中处于直线关系的两种颜色的光即为互补色光，如绿色光与紫红色光互补，蓝色光与黄色光互补等，它们按一定强度比混合都可以

图 2-12　互补色光示意图

得到白光。

2. 物质对光的选择性吸收

（1）物质对光产生选择性吸收的原因　物质总是在不断运动着，而构成物质的分子及原子具有一定的运动方式。物质的分子具有一系列不连续的特征能级，通常认为分子内部运动方式有 3 种，即分子内电子相对原子核的运动（称为电子运动）、分子内原子在其平衡位置上的振动（称分子振动）以及分子本身绕其重心的转动（称分子转动）。分子以不同方式运动时所具有的能量也不相同，这样分子内就对应 3 种不同的能级，即电子能级、振动能级和转动能级。图 2-13 是双原子分子能级分布示意图。

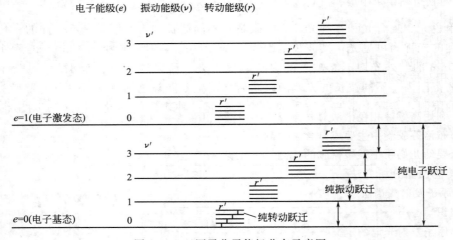

图 2-13　双原子分子能级分布示意图

在一般情况下，物质的分子都处于能量最低的能级，只有在吸收了一定能量之后才有可能产生能级跃迁，进入能量较高的能级。在光照射到某物质以后，该物质的分子就有可能吸收光子的能量而发生能级跃迁，这种现象就叫做光的吸收。但是，并不是任何一种波长的光照射到物质上都能够被物质所吸收。只有当照射光的能量与物质分子的某一能级恰好相等时，才有可能发生能级跃迁，与此能量相应的那种波长的光才能被吸收。或者说，能被吸收的光的波长必须符合式(2-2)：

$$\Delta E = E_2 - E_1 = \frac{h\nu}{\lambda} \tag{2-2}$$

这里，$\Delta E = E_2 - E_1$，表示某一能吸级差的能量。

由于不同物质的分子其组成与结构不同，它们所具有的特征能级不同，能级差也不同，所以不同物质对不同波长的光的吸收就具有选择性，有的能吸收，有的不能吸收。

（2）物质的颜色与吸收光的关系　当一束白光通过某透明溶液时，如果该溶液对可见光区各波长的光都不吸收，这时看到的这溶液透明无色。当该溶液对可见光区各种波长的光全部吸收时，此时看到的溶液呈黑色。若某溶液选择性地吸收可见光区某波长的光，则该溶液即呈现出被吸收光的互补色光的颜色。例如，当一束白光通过 $KMnO_4$ 溶液时，该溶液选择性地吸收了 500～560nm 的绿色光，而将其他的色光两两互补成白光而通过，只剩下紫红色光未被互补，所以 $KMnO_4$ 溶液呈现紫红色。同样道理，K_2CrO_4 溶液对可见光中的蓝色光有最大吸收，所以溶液呈蓝色的互补光——黄色。可见物质的颜色是基于物质对光有选择性吸收的结果。而物质呈现的颜色则是被物质吸收光的互补色。

以上是用溶液对色光的选择性吸收说明溶液的颜色。若要更精确地说明物质具有选择性吸收不同波长范围光的性质，则必须用光吸收曲线来描述。

（3）吸收曲线（吸收光谱）　为了更精细地研究某溶液对光的选择性吸收，通常要做该溶液的吸收曲线，即该溶液对不同波长的光的吸收程度的形象化表示。吸收程度用吸光度 A 表示，后面将详细讨论。A 越大，表明溶液对某波长的光吸收越多。图 2-14 就是 $KMnO_4$ 溶液的吸收曲线。可见 $KMnO_4$ 对波

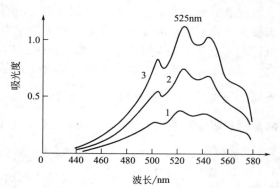

图 2-14　$KMnO_4$ 溶液的光吸收曲线

1—$c(KMnO_4)=1.56\times10^4\,mol/L$；2—$c(KMnO_4)=3.12\times10^4\,mol/L$；3—$c(KMnO_4)=4.68\times10^4\,mol/L$

长 525nm 附近的绿色光吸收最多，而对与绿色光互补的 400nm 附近的色光则几乎不吸收，所以 $KMnO_4$ 溶液呈等红色。吸收曲线中吸光度最大处的波长称为最大吸收波长，以 λ_{max} 表示，如 $KMnO_4$ 的 $\lambda_{max}=525nm$。

由图 2-14 可见，对同一种物质，在一定波长时，随着其浓度的增加，吸光度 A 也相应增大；而且由于在 λ_{max} 处吸光度 A 最大，在此波长下 A 随浓度的增大更为明显。可以据此进行物质的定量分析。光度法进行定量分析的理论基础就是光的吸收定律——朗伯-比尔定律。

物质的吸收曲线可给出以下信息：

① 由于物质结构的复杂性，同一种物质对不同波长光的吸光度不同。吸光度最大处对应的波长称为最大吸收波长 λ_{max}。

② 不同浓度的同一种物质，其吸收曲线形状相似，λ_{max} 不变。而对于不同物质，吸收曲线形状和 λ_{max} 则不同。

③ 吸收曲线可以提供物质的结构信息，并作为物质定性分析的依据之一。

④ 不同浓度的同一种物质，在某一定波长下吸光度 A 有差异，在 λ_{max} 处吸光度 A 的差异最大。此特性可作为物质定量分析的依据。

⑤ 在 λ_{max} 处吸光度随浓度变化的幅度最大，所以测定最灵敏。吸收曲线是定量分析中选择入射光波长的重要依据。

3. 光吸收的基本定律

（1）朗伯-比尔定律

物质对光的吸收的定量关系，早就受到科学家的注意；其中朗伯于 1760 年和比尔（Beer）在 1852 年分别阐明了光的吸收程度与液层厚度及溶液浓度的定量关系，两者结合称为朗伯-比尔定律，也称光的吸收定律。

当一束平行的单色光垂直照射到一定浓度的均匀透明溶液时（图 2-15），入射光被溶液吸收的程度与溶液厚度的关系为：

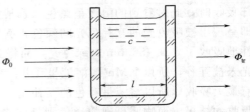

图 2-15 单色光通过盛溶液吸收池

$$\lg \frac{\Phi_0}{\Phi_{tr}} = kb \qquad (2-3)$$

式中，Φ_0 为入射光射光通量；Φ_{tr} 为通过溶液后透射光通量；b 为溶液液层厚度，或称光程长度；k 为比例常数，它与入射光波长溶液性质、浓度和温度有关。这就是朗伯定律。Φ_0/Φ_{tr} 表示溶液对光的透射程度，称为透射比，用符号 τ 表示。透射比愈大说明透过的光愈多。而 Φ_0/Φ_{tr} 是透射比的倒数，它表示入射光 Φ_0 一定时，透过光通量愈小，即 $\lg \dfrac{\Phi_0}{\Phi_{tr}}$ 愈大，光吸收愈多。所以 $\lg \dfrac{\Phi_0}{\Phi_{tr}}$ 表示了单色光通过溶液时被吸收的程度，通常称为吸光度，用 A 表示，即：

$$A = \lg \frac{\Phi_0}{\Phi_{tr}} = \lg \frac{1}{\tau} = -\lg \tau \qquad (2-4)$$

当一束平行单色光垂直照射到同种物质不同浓度，相同液层厚度的均匀透明溶液时，入射光通量与溶液浓度的关系为：

$$A = \lg \frac{\Phi_0}{\Phi_{tr}} = k'c \qquad (2-5)$$

式中 k' 为另一比例常数，它与入射光波长、液层厚度、溶液性质和温度有关。c 为溶液浓度。这就是比尔（Beer）定律。比尔定律表明：当溶液液层厚度和入射光通量一定时，光吸收的程度与溶液浓度成正比。必须指出的是：比尔定律只能在一定浓度范围才适用。因为浓度过低或过高时，溶质会发生电离或聚合而产生误差。

当溶液厚度和浓度都可改变时，这时就要考虑两者同时对透射光通量的影响，则有：

$$A = kbc \qquad (2-6)$$

式中，k 为比例常数，与入射光的波长、物质的性质和溶液的温度等因素有关。这就是朗伯-比尔定律，即光吸收定律。它是紫外-可见分光光度法进行定量分析的理论基础。

光吸收定律表明：当一束平行单色光垂直入射通过均匀、透明的吸光物质的稀溶液时，溶液对光的吸收程度与溶液的浓度及液层厚度的乘积成正比。

朗伯-比尔定律应用的条件：一是必须使用单色光，二是吸收发生在均匀的介质，三是吸收过程中，吸收物质互相不发生作用。

（2）摩尔吸光系数

摩尔吸光系数 ε 是吸光物质在一定波长和溶剂条件下的特征常数。在温度和波长等条件一定时，ε 仅与吸光物质本身的性质有关，因此，摩尔吸光系数 ε 可作为物质定性鉴定的参数。

同一物质在不同波长下的 ε 是不同的，在最大吸收波长 λ_{max} 处的摩尔吸光系数常以 ε_{max} 表示。ε_{max} 表明了该吸光物质最大限度的吸光能力，也反映了光度法测定该物质可能达到的最大灵敏度。ε_{max} 值越大，表明该物质的吸光能力越强、用光度法测定该物质的灵敏度越高。一般 ε_{max} 的值在 $10^4 \sim 10^5 \, \text{L}/(\text{mol} \cdot \text{cm})$ 为灵敏度较高。

由 $\varepsilon = A/(bc)$ 可以看出，摩尔吸光系数 ε 在数值上等于浓度为 1mol/L、液层厚度为 1cm 时该溶液在某一波长下的吸光度。但由于光度法只适用于测定微量组分，不能直接测得像 1mol/L 这样高浓度溶液的吸光度，因此，通常根据低浓度时的吸光度间接计算求得摩尔

吸光系数 ε。

朗伯-比尔定律广泛应用于紫外、可见、红外光区的吸收测量。该定律不仅适用于溶液，也适用于其他均匀、非散射的吸光物质（包括气体和固体）。

对于多组分体系，若体系中各组分间无相互作用，则各组分 i 的吸光度 A_i 有加和性。设体系中有 n 个组分，则在任一波长 λ 处的总吸光度 A 为：

$$A=A_1+A_2+\cdots+A_i+\cdots=\varepsilon_1 bc_1+\varepsilon_2 bc_2+\cdots+\varepsilon_i bc_i+\cdots \tag{2-7}$$

【例 2-1】　浓度为 $5.0\times10^{-4}\mathrm{g/L}$ 的 Fe^{2+} 溶液，与 1,10-邻二氮杂菲反应生成橙红色配合物，该配合物在 508nm、比色皿厚度 2.0cm 时，测得 $A=0.19$。计算 1,10-邻二氮杂菲亚铁的 ε。

解　根据 $A=\varepsilon bc$

得
$$\varepsilon=\frac{A}{bc}=\frac{0.19}{2.0\times\dfrac{5.0\times10^{-4}}{55.85}}=1.1\times10^{4}\,\mathrm{L/(mol\cdot cm)}$$

4. 偏离朗伯-比尔定律的原因

当入射光波长及吸收池光程一定时，吸光度 A 与吸光物质的浓度 c 呈线性关系。以某物质的标准溶液浓度 c 为横坐标、以吸光度 A 为纵坐标，绘出 A-c 曲线，称为标准曲线。

在实际工作中，尤其当溶液浓度较高时，标准曲线往往偏离直线，这种现象称为对朗伯-比尔定律的偏离（图 2-16）。引起这种偏离的因素很多，归结起来可分为两大类。

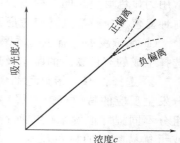

图 2-16　标准曲线及对朗伯-比尔定律的偏离

（1）非单色光引起的偏离　朗伯-比尔定律的前提条件之一是入射光为单色光，但即使是现代高精度分光光度计也难以获得真正的纯单色光。大多数分光光度计只能获得近乎单色光的狭窄光带，它仍然是具有一定波长范围的复合光，而复合光可导致对朗伯-比尔定律的正或负偏离。

为了克服非单色光引起的偏离，首先应选择较好的单色器。此外还应将入射波长选定在待测物质的最大吸收波长 λ_{max} 处，这不仅是因为在 λ_{max} 处能获得最大灵敏度，还因为在 λ_{max} 附近的一段范围内吸收曲线较平坦，即在 λ_{max} 附近各波长光下吸光物质的摩尔吸光系数 ε 大体相等。

（2）化学性因素　化学性因素主要有两种：一种是吸光质点（分子或离子）间相互作用，另一种来自化学平衡。

按照朗伯-比尔定律的假定，所有的吸光质点之间不发生相互作用。但实验证明只有在稀溶液（$c<10^{-3}\mathrm{mol/L}$）时才基本符合。当溶液浓度较大时，吸光质点间可能发生缔合等相互作用，直接影响了它对光的吸收。因此，朗伯-比尔定律只适用于稀溶液。

另外，溶液中存在着解离、缔合、互变异构、配合物的形成等化学平衡，化学平衡与浓度、pH 等其他条件密切相关。不同条件可导致吸光质点浓度变化，吸光性质发生变化而偏离朗伯-比尔定律。例如，在铬酸盐或重铬酸盐溶液中存在下列平衡：

$$2CrO_4^{2-}+2H^+\rightleftharpoons Cr_2O_7^{2-}+H_2O$$

CrO_4^{2-}、$Cr_2O_7^{2-}$ 的颜色不同，吸光性质也不同。用光度法测定 CrO_4^{2-} 或 $Cr_2O_7^{2-}$ 含量时，溶液浓度及酸度的改变都会导致平衡移动而发生对朗伯-比尔定律的偏离，为此应加入强碱或强酸作缓冲溶液以控制酸度，如用光度法测定 0.001mol/L HClO₄ 中的 $K_2Cr_2O_7$ 溶液及 0.05mol/L KOH 中的 K_2CrO_4 溶液，均能获得非常满意的结果。

二、可见分光光度法

可见分光光度法是利用测量有色物质对某一波长的单色光的吸收程度建立起来的定量的方法。而许多物质自身无色或颜色很浅，它们对可见光不产生吸收或吸收很小，在这种情况下就不能直接利用可见分光光度法进行测定，而是必须预先对这些物质进行适当的化学处理，使物质转变为能对可见光产生较强吸收的有色化合物，然后再进行光度测定。

1. 显色反应及显色条件的选择

有些物质本身具有吸收可见光的性质，可直接用可见光分光光度法测定。但大多数物质本身在可见光区没有吸收或虽有吸收但摩尔吸光系数很小，因此不能直接用光度法测定。这时就需要借助适当试剂，与之反应使其转化为摩尔吸光系数较大的有色物质后再进行测定，此转化反应称为显色反应所用试剂称为显色剂。在可见分光光度法实验中，选择合适的显色反应并严格控制反应条件是十分重要的实验技术。

（1）显色反应及其选择　显色反应可分为氧化还原反应和配位反应，其中配位反应是最常用的显色反应。同一种组分可与多种显色剂反应生成不同有色物质。在分析时，究竟选用何种显色反应较适宜，应考虑下面几个因素。

① 灵敏度高　有色物质摩尔吸光系数 ε 大小是显色反应灵敏度高低的重要标志，应当选择生成的有色物质的摩尔吸光系数 ε 大于 10^4 L/(mol·cm) 的显色反应。

② 选择性好　指显色剂仅与一个组分或少数几个组分发生显色反应。但仅与某一组分发生反应的特效（或专属）显色反应几乎不存在，往往所用的显色剂会与试样中共存组分不同程度地发生反应而产生干扰。在分析工作中，尽量选用干扰少（即选择性高）或干扰易除去的显色反应。高选择性的获得也可借助于加入掩蔽剂、控制反应条件等措施。一般来讲，在满足测定灵敏度要求的前提下，常常根据选择性的高低来选择显色剂。

③ 显色剂在测定波长处无明显吸收　显色剂在测定波长处无明显吸收，试剂空白较小，可以提高测定的准确度。通常把显色剂与有色化合物两者最大吸收波长之差 $\Delta\lambda_{max}$ 称为"对比度"，一般要求对比度 $\Delta\lambda_{max}$ 在 60nm 以上。

④ 生成的有色化合物组成恒定，化学性质稳定，这样可以保证在测定过程中吸光物质不变；否则将影响吸光度测量的准确度和重现性。

利用氧化还原反应进行显色的例子很多。如光度法测定钢中微量锰的含量，钢样溶解后得到的 Mn^{2+} 近乎无色，不能直接进行光度测定，采用氧化还原法显色，如用过硫酸盐将 Mn^{2+} 氧化成 MnO_4^-：

$$2Mn^{2+} + 5S_2O_8^{2-} + 8H_2O \rightleftharpoons 2MnO_4^- + 10SO_4^{2-} + 16H^+$$

即可在 525nm 处进行测定。

（2）显色剂　常用的显色剂可分为无机显色剂和有机显色剂两大类。无机显色剂与金属离子形成的配合物在稳定性、灵敏度和选择性方面较差，一般较少使用。目前仍有一定实用价值的无机显色剂仅有硫氰酸盐、钼酸铵、过氧化氢等几种。表 2-2 中列出了一些重要的无机显色剂。

更实用的是有机显色剂，它能与金属离子形成稳定配合物，具有较高的灵敏度和选择性。有机显色剂种类繁多、应用广泛。表 2-3 中列出了一些重要的有机显色剂。

表 2-2 一些重要的无机显色剂

显色剂	测定元素	反应介质	有色化合物组成	颜色	λ_{max}/nm
硫氰酸盐	铁	$0.1\sim0.8mol/L\ HNO_3$	$Fe(CNS)_5^{2-}$	红	480
	钼	$1.5\sim2mol/L\ H_2SO_4$	$Mo(CNS)_6^-$ 或 $MoO(CNS)_5^{2-}$	橙	460
	钨	$1.5\sim2mol/L\ H_2SO_4$	$W(CNS)_6^-$ 或 $WO(CNS)_5^{2-}$	黄	405
	铌	$3\sim4mol/L\ HCl$	$NbO(CNS)_4^-$	黄	420
	铼	$6mol/L\ HCl$	$ReO(CNS)_4^-$	黄	420
钼酸铵	硅	$0.15\sim0.3mol/L\ H_2SO_4$	硅钼蓝	蓝	$670\sim820$
	磷	$0.15mol/L\ H_2SO_4$	磷钼蓝	蓝	$670\sim820$
	钨	$4\sim6mol/L\ HCl$	磷钨蓝	蓝	660
	硅	稀酸性	硅钼杂多酸	黄	420
	磷	稀 HNO_3	磷钼钒杂多酸	黄	430
	钒	酸性	磷钼钒杂多酸	黄	420
氨水	铜	浓氨水	$Cu(NH_3)_4^{2+}$	蓝	620
	钴	浓氨水	$Co(NH_3)_6^{2+}$	红	500
	镍	浓氨水	$Ni(NH_3)_6^{2+}$	紫	580
过氧化氢	钛	$1\sim2mol/L\ H_2SO_4$	$TiO(H_2O_2)^{2+}$	黄	420
	钒	$6.5\sim3mol/L\ H_2SO_4$	$VO(H_2O_2)^{3+}$	红橙	$400\sim450$
	铌	$18mol/L\ H_2SO_4$	$Nb_2O_3(SO_4)_2(H_2O_2)$	黄	365

表 2-3 一些重要的有机显色剂

显色剂	测定元素	反应介质	λ_{max}/nm	$\varepsilon/[L/(mol \cdot cm)]$
磺基水杨酸	Fe^{2+}	pH $2\sim3$	520	1.6×10^3
邻菲咯啉	Fe^{2+}	pH $3\sim9$	510	1.1×10^4
	Cu^+		435	7×10^3
丁二酮肟	$Ni(\mathrm{IV})$	氧化剂存在、碱性	470	1.3×10^4
1-亚硝基-2 苯酚	Co^{2+}		415	2.9×10^4
钴试剂	Co^{2+}		570	1.13×10^5
双硫腙	Cu^{2+}、Pb^{2+}、Zn^{2+}、Cd^{2+}、Hg^{2+}	不同酸度	$490\sim550$ (Pb520)	$4.5\times10^4\sim3\times10^4$ (Pb6.8$\times10^4$)
偶氮砷（Ⅲ）	$Th(\mathrm{IV})$、$Zr(\mathrm{IV})$、La^{3+}、Ce^{4+}、Ca^{2+}、Pb^{2+} 等	强酸至弱酸	$665\sim675$ (Th665)	$10^4\sim1.3\times10^5$ (Th1.3$\times10^5$)
RAR(吡啶偶氮间苯二酚)	Co、Pd、Nb、Ta、Th、In、Mn	不同酸度	(Nb550)	(Nb3.6$\times10^4$)
二甲酚橙	$Zr(\mathrm{IV})$、$Hf(\mathrm{IV})$、$Nb(\mathrm{V})$、Bi^{3+}、Pb^{2+} 等	不同酸度	$530\sim580$ (Hf530)	$1.6\times10^4\sim5.5\times10^4$ Hf4.7$\times10^4$
铬天菁 S	Al	pH $5\sim5.8$	530	5.9×10^4
结晶紫	Ca	$7mol/L\ HCl$,$CHCl_3$、丙酮萃取		5.4×10^4
罗丹明 B	Ca、Tl	$6mol/L\ HCl$,苯萃取		6×10^4
		$1mol/L\ HBr$,异丙醚萃取		1×10^5
孔雀绿	Ca	$6mol/L\ HCl$,C_6H_5Cl-CCl_4 萃取		9.9×10^4
亮绿	Tl	$0.01\sim0.1mol/L\ HBr$,乙酸乙酯萃取		7×10^4
	B	pH 3.5 苯萃取		5.2×10^4

（3）显色反应条件的选择　显色反应往往会受显色剂的用量、体系的酸度、显色反应温度、显色反应时间等因素影响。合适的显色反应条件一般是通过实验来确定的。

① 显色剂用量　为保证显色反应进行完全，需加入过量显色剂，但也不能过量太多，因为过量显色剂的存在有时会导致副反应发生，从而影响测定。在实际工作中显色剂的用量都是通过实验来确定的，即通过做 A-c_R 曲线，来获得显色剂的适宜用量。具体方法是：保持被测组分浓度和其他条件不变仅改变显色剂用量，分别测定其吸光度，以显色剂浓度为横坐标、以吸光度为纵坐标，绘制 A-c_R 曲线，可得图 2-17 所示的几种情况。

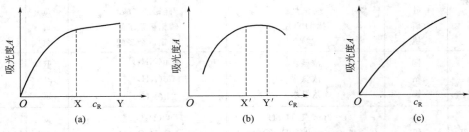

图 2-17　吸光度与显色剂用量关系曲线

图 2-17(a) 是显色剂用量达到一定量后吸光度变化不大，显色剂用量可选范围（图中 XY 段）较宽；图 2-17(b) 与图 2-17(a) 不同的是显色剂过多会使吸光度变小，只能选择吸光度大且平坦的范围（X′Y′段）；图 2-17(c) 的吸光度随显色剂用量的增加而增大，这可能是由于生成颜色不同的多级配合物造成的，这种情况下必须非常严格地控制显色剂的用量。

② 反应体系的酸度　酸度对显色反应的影响是很大的而且是多方面的。显色反应适宜的酸度必须通过实验来确定。其方法是：固定待测组分及显色剂浓度，改变溶液 pH，制得数个显色液。在相同测定条件下分别测定其吸光度，作出 A-pH 关系曲线。

适宜酸度可在吸光度较大且恒定的平坦区域所对应的 pH 范围中选择。控制溶液酸度的有效办法是加入适宜的 pH 缓冲溶液，但同时应考虑由此可能引起的干扰。

③ 显色反应的温度　不同的显色反应对温度的要求不同，多数显色反应在室温下即可很快进行，但有些显色反应需在较高温度下才能较快完成。这种情况下需注意升高温度带来的有色化合物热分解问题。适宜的温度也是通过实验确定的。例如 Fe^{3+} 和邻二氮菲的显色反应常温下就可完成，而硅钼蓝法测微量硅时，应先加热，使之生成硅钼黄，然后将硅钼黄还原为硅钼蓝，再进行光度法测定。也有的有色物质加热时容易分解，例如 $Fe(SCN)_3$，加热时退色很快。因此对不同的反应，应通过实验找出各自适宜的显色温度范围。由于温度对光的吸收及颜色的深浅都有影响，因此在绘制工作曲线和进行样品测定时应该使溶液温度保持一致。

④ 显色反应的时间　时间对显色反应的影响需从以下两方面综合考虑。一方面要保证足够的时间使显色反应进行完全，对于反应速率较小的显色反应，需显色时间长些；另一方面测定工作必须在有色配合物的稳定时间内完成。适宜的显色时间同样需通过实验做出显色温度下的吸光度-时间曲线来确定。

⑤ 溶剂　由于溶质与溶剂分子的相互作用对可见吸收光谱有影响，因此在选择显色反应条件的同时需选择合适的溶剂。一般尽量采用水相测定。如果水相测定不能满足测定要求（如灵敏度差、干扰无法消除等），则应考虑使用有机溶剂。如 $[Co(NCS)_4]^{2-}$ 在水溶液中

大部分解离，加入等体积的丙酮后，因水的介电常数减小而降低了配合物的解离度，溶液显示配合物的天蓝色，可用于钴的测定。对于大多数不溶于水的有机物的测定，常使用脂肪烃、甲醇、乙醇和乙醚等有机溶剂。

此处表面活性剂的加入可以提高显色反应的灵敏度，增加有色化合物的稳定性。其作用原理一方面是胶束增溶；另一方面是可形成含有表面活性剂的多元配合物。

⑥ 共存离子的干扰及消除　共存离子存在时对光度测定的影响有以下几种类型。

a. 与试剂生成有色配合物。如用硅钼蓝光度法测定钢中硅时，磷也能与钼酸铵生成配合物，同时被还原为钼蓝，使结果偏高。

b. 干扰离子本身有颜色。如 Co^{2+}（红色）、Cr^{3+}（绿色）、Cu^{2+}（蓝色）。

c. 与试剂结合成无色配合物消耗大量试剂而使被测离子配合不完全。如用水杨酸测 Fe^{3+} 时，Al^{3+}、Cu^{2+} 等有影响。

d. 与被测离子结合成离解度小的另一化合物。如由于 F^- 的存在，能与 Fe^{3+} 以 FeF_6^{3-} 形式存在，$Fe(SCN)_3$ 本不会生成，因而无法进行测定。

通常采用下列方法消除干扰。

a. 加入掩蔽剂　如光度法测定 Ti^{4+}，可加入 H_3PO_4 作掩蔽剂，使共存的 Fe^{3+}（黄色）生成无色的 $[Fe(PO_4)_2]^{3-}$，消除干扰。又如用铬天菁 S 光度法测定 Al^{3+}，加抗坏血酸作掩蔽剂将 Fe^{3+} 还原为 Fe^{2+}，从而消除 Fe^{3+} 的干扰。掩蔽剂的选择原则是：掩蔽剂不与待测组分反应；掩蔽剂本身及掩蔽剂与干扰组分的反应产物不干扰待测组分的测定。表 2-4 中列出了可见光分光光度法部分常用的掩蔽剂。

表 2-4　可见分光光度法部分常用的掩蔽剂

掩蔽剂	pH	被掩蔽的离子
KCN	pH>8	Cu^{2+}、Co^{2+}、Ni^{2+}、Zn^{2+}、Hg^{2+}、Ca^{2+}、Ag^+、Ti^{4+} 及铂族元素
	pH=6	Cu^{2+}、Co^{2+}、Ni^{2+}
NH_4F	pH=4~6	Al^{3+}、Ti^{4+}、Sn^{4+}、Zr^{4+}、Nb^{5+}、Ta^{5+}、W^{6+}、Be^{2+} 等
酒石酸	pH=5.5	Fe^{3+}、Al^{3+}、Sn^{4+}、Sb^{3+}、Ca^{2+}
	pH=5~6	UO_2^{2+}
	pH=6~7.5	Mg^{2+}、Ca^{2+}、Fe^{3+}、Al^{3+}、Mo^{4+}、Nb^{5+}、Sb^{3+}、W^{6+}、UO_2^{2+}
	pH=10	Al^{3+}、Sn^{4+}
草酸	pH=2	Sn^{4+}、Cu^{2+} 及稀土元素
	pH=5.5	Zr^{4+}、Th^{4+}、Fe^{3+}、Fe^{2+}、Al^{3+}
柠檬酸	pH=5~6	UO_2^{2+}、Th^{4+}、Sr^{2+}、Zr^{4+}、Sb^{3+}、Ti^{4+}
	pH=7	Nb^{5+}、Ta^{5+}、Mo^{4+}、W^{6+}、Ba^{2+}、Fe^{3+}、Cr^{3+}
抗坏血酸（维生素 C）	pH=1~2	Fe^{3+}
	pH=2.5	Cu^{2+}、Hg^{2+}、Fe^{3+}
	pH=5~6	Cu^{2+}、Hg^{2+}

b. 控制酸度　控制显色溶液的酸度，是消除干扰的简便而重要的方法。许多显色剂是有机弱酸，控制溶液的酸度，就可以控制显色剂 R 的浓度，这样就可以使某种金属离

子显色，使另外一些金属离子不能生成有色配合物。例如：以磺基水杨酸测定 Fe^{3+} 时，若 Cu^{2+} 共存，此时 Cu^{2+} 也能与磺基水杨酸形成黄色配合物而干扰测定。若溶液酸度控制在 pH=2.5，此时铁能与磺基水杨酸形成配合物，而铜就不能，这样就可以消除 Cu^{2+} 的干扰。

c. 改变干扰离子的价态以消除干扰　利用氧化还原反应改变干扰离子价态，使干扰离子不与显色剂反应，以达到目的。例如：用铬天菁 S 显色 Al^{3+} 时，若加入抗坏血酸或盐酸羟胺便可以使 Fe^{3+} 还原为 Fe^{2+}，从而消除了干扰。

d. 选择适当的入射光波长消除干扰　例如用 4-氨基安替吡啉显色测定废水中酚时，氧化剂铁氰化钾和显色剂都呈黄色，干扰测定，但若选择用 520nm 单色光为入射光，则可以消除干扰，获得满意结果。因为黄色溶液在 420nm 左右有强吸收，但 500nm 后则无吸收。

e. 选择合适的参比溶液　可以消除显色剂和某些有色共存离子干扰。

f. 分离干扰离子　当没有适当掩蔽剂或无合适方法消除干扰时，一般可采用沉淀、有机溶剂萃取、离子交换和蒸馏挥发等分离方法除去干扰离子，其中以有机溶剂萃取在分光光度法中应用最多。将被测组分与干扰离子分离，然后再进行测定。其中萃取分离法使用较多，可以直接在有机相中显色。

g. 可以利用双波长法、导数光谱法等新技术来消除干扰　这部分内容可以参阅有关资料和专著。

2. 测量条件的选择

光度法测定中，除了需从试样角度选择合适的显色反应和显色条件等，还需从仪器角度选择较佳的测定条件，如仪器波长准确度、吸收池性能、参比溶液、入射光波长、测量的吸光度范围、测量组分的浓度范围等都会对分析结果的准确度产生影响，必须加以控制，以尽量保证测定结果的准确度。

（1）入射波长的选择　当用分光光度计测定被测溶液的吸光度时，首先需要选择合适的入射光波长。选择入射光波长的依据是该被测物质的吸收曲线，一般情况下选择最大吸收波长 λ_{max} 为分析波长。

但若在 λ_{max} 处有共存离子干扰，则可考虑选择灵敏度稍低但能避免干扰的入射光波长。如图 2-18 所示，1-亚硝基-2-萘酚-3,6-磺酸显色剂及其钴配合物在 420nm 处均有最大吸收，如在此波长测定钴，则未反应的显色剂会发生干扰而降低测定的准确度。因此，必须选择在 500nm 处测定，在此波长下显色剂无吸收，而钴配合物则有一个吸收平台。用此波长测定，灵敏度虽有所下降，但可以消除干扰，提高测定的准确度和选择性。有时为测定高浓度组分，也选用灵敏度稍低的吸收波长作为入射波长，保证标准曲线有足够的线性范围。

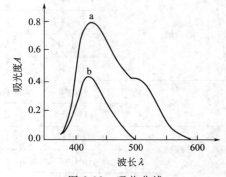

图 2-18　吸收曲线

a—钴配合物的吸收曲线；b—1-亚硝基-2-萘酚-3,6-磺酸显色剂的吸收曲线

（2）参比液的选择　在吸光度测定中，将发生反射、吸收和透射等作用，由于溶液的某种不均匀性所引起的散射以及溶剂、试剂（如显色剂、缓冲溶液、掩蔽剂等）对光的吸收，会导致透射光强度的减弱，为使光强度减弱仅与溶液中待测物质的浓度有关，需选择合适组分的溶液作为参比溶液对测定进行校正，即在相同

的吸收池中装入参比溶液，先以它来调节透射比 100%（$A=0$），然后再测定待测溶液的吸光度。这实际上是以通过参比池的光作为入射光来测定试液的吸光度。这样就可以消除显色溶液中其他有色物质的干扰，抵消吸收池和试剂对入射光的吸收，比较真实地反映了待测物质对光的吸收，因而也就比较真实地反映了待测物质的浓度。

参比溶液的选择如下：

① 溶剂参比　当试样溶液的组成比较简单、共存的其他组分很少且对测定波长的光几乎没有吸收、仅有待测物质与显色剂的反应产物有吸收时，可采用溶剂作参比溶液，这样可以消除溶剂、吸收池等因素的影响。

② 试剂参比　如果显色剂或其他试剂在测定波长有吸收，此时应采用试剂参比溶液。即按显色反应相同条件，只是不加入试样，同样加入试剂和溶剂作为参比溶液。这种参比溶液可消除试剂中的组分产生的影响。

③ 试液参比　如果试样中其他共存组分有吸收，但不与显色剂反应，则当显色剂在测定波长无吸收时，可用试样溶液作参比溶液，即将试液与显色溶液作相同处理，只是不加显色剂。这种参比溶液可以消除有色离子的影响。

④ 退色参比　如果显色剂及样品基体有吸收，这时可以在显色液中加入某种退色剂，选择性地与被测离子配位（或改变其价态），生成稳定无色的配合物，使已显色的产物退色，用此溶液作参比溶液，称为退色参比溶液。例如用铬天菁 S 与 Al^{3+} 反应显色后，可以加入 NH_4F 夺取 Al^{3+}，形成无色的 AlF_6^-。将此退色后的溶液作参比可以消除显色剂的颜色及样品中微量共存离子的干扰。退色参比是一种比较理想的参比溶液，但遗憾的是并非任何显色溶液都能找到适当的退色方法。

总之，选择参比溶液时，应尽可能全部抵消各种共存有色物质的干扰，使试液的吸光度真正反映待测物的浓度。

3. 定量方法

可见分光光度法除了广泛地用于测定微量成分外，也能用于常量组分及多组分的测定。同时，还可以用于研究化学平衡、配合物组成的测定等。进行定量分析时，由于样品的组成情况及分析要求的不同，因此分析方法也有所不同。

（1）单组分样品的分析　如果样品是单组分的，且遵守吸收定律，这时只要测出被测吸光物质的最大吸收波长（λ_{max}），就可在此波长下，选用适当的参比溶液，测量试液的吸光度，然后再用工作曲线法或比较法求得分析结果。

① 工作曲线法　工作曲线法又称标准曲线法，它是实际工作中最常用的一种定量方法。工作曲线的绘制方法是：配制 4 个以上浓度不同的待测组分的标准溶液，以空白溶液为参比溶液，在选定的波长下，分别测定各标准溶液的吸光度。以标准溶液浓度为横坐标、吸光度为纵坐标，在坐标纸上绘制曲线（图 2-19），此曲线即称为工作曲线（或称标准曲线）。实际工作中，为了避免使用时出差错，在所作的工作曲线上还必须标明标准曲线的名称、所用标准溶液（或标样）名称和浓度、坐标分度和单位、测量条件（仪器型号、入射光波长、吸收池厚度、参比液名称）以及制作日期和制作者姓名。

在测定样品时，应按相同的方法制备待测试液

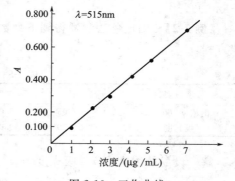

图 2-19　工作曲线

（为了保证显色条件一致，操作时一般是试样与标样同时显色），在相同测量条件下测量试液的吸光度，然后在工作曲线上查出待测试液浓度。

为了保证测定准确度，制作标准曲线有以下要求：

a. 要求标样与试样溶液的组成保持一致；

b. 待测试液的浓度应在工作曲线线性范围内，最好在工作曲线中部；

c. 工作曲线应定期校准，如果实验条件变动（如更换标准溶液、所用试剂重新配制、仪器经过修理、更换光源等情况），工作曲线应重新绘制，如果实验条件不变，那么每次测量只要带一个标样，校验一下实验条件是否符合，就可直接用此工作曲线测量试样的含量。工作曲线法适于成批样品的分析，它可以消除一定的随机误差。

由于受到各种因素的影响，实验测出的各点可能不完全在一条直线上，这时"画"直线的方法就显得随意性大了一些，若采用最小二乘法来确定直线回归方程，将要准确多了。工作曲线可以用一元线性方程表示，即：

$$y = a + bx \tag{2-8}$$

式中，x 为标准溶液的浓度；y 为相应的吸光度。a、b 称回归系数，直线称回归直线。b 为直线斜率，可由式（2-9）求出：

$$b = \frac{\sum\limits_{i=1}^{n}(x_i - \overline{x})(y_i - \overline{y})}{\sum\limits_{i=1}^{n}(x_i - \overline{x})^2} \tag{2-9}$$

式中，$\overline{x}$、$\overline{y}$ 分别为 x 和 y 的平均值，x_i 为第 i 个点的标准溶液的浓度，y_i 为第 i 个点的吸光度（以下相同）。

a 为直线的截距，可由式（2-10）求出：

$$a = \frac{\sum\limits_{i=1}^{n}y_i - b\sum\limits_{i=1}^{n}x_i}{n} = \overline{y} - b\,\overline{x} \tag{2-10}$$

工作曲线线性的好坏可以用回归直线的相关系数表示，相关系数可用式（2-11）求得：

$$r = b\sqrt{\frac{\sum\limits_{i=1}^{n}(x_i - \overline{x})^2}{\sum\limits_{i=1}^{n}(y_i - \overline{y})^2}} \tag{2-11}$$

相关系数接近 1，说明工作曲线线性好，一般要求所作工作曲线的相关系数 r 要大于 0.999。

【例 2-2】　用比色法测酚得到下列数据，见表 2-5。试求对吸光度 A 和酚浓度的回归直线方程。

表 2-5　比色法测酚实验数据

项　　目	1	2	3	4	5	6
酚浓度/(mg/L)	0.005	0.010	0.020	0.030	0.040	0.050
吸光度 A	0.020	0.046	0.100	0.120	0.140	0.180

解　设酚的浓度为 x，吸光度为 y

则 $\sum x = 0.155$　　　　$\sum y = 0.060$　　　$n = 65$

$$x=0.0258 \qquad y=0.101$$
$$\sum x_i y_i=0.0208 \qquad \sum x^2=0.00552$$

根据式(2-11)、式(2-12) 得：

$$a=(6\times0.0208-0.155\times0.606)/(6\times0.00552-0.155^2)=3.4$$
$$b=0.101-3.4\times0.0258=0.013$$

其回归方程式为 $\hat{y}=3.4x+0.013$

② 高含量组分的测定——示差法　光度法广泛应用于微量组分的测定，对于常量或高含量组分的测定无能为力，这是因为当待测组分浓度高时会偏离朗伯-比尔定律，也会因测得的吸光度值超出适宜的读数范围产生较大的测量误差。若采用示差分光光度法（简称示差法），则能较好地解决这一问题。

示差法与普通光度法的主要区别在于它们所采用的参比溶液不同。示差法采用一个适当浓度（接近试样浓度）的标准溶液作参比进行测量。

设待测溶液的浓度为 c_x，标准溶液浓度为 $c_s(c_s<c_x)$。示差法测定时，首先用标准溶液 c_s 作参比调节仪器透光度 T 为 100%（$A=0$）。然后测定待测溶液的吸光度，该吸光度为相对吸光度 ΔA，根据朗伯-比尔定律有：

$$A_x=\varepsilon b c_x \qquad A_s=\varepsilon b c_s$$
$$\Delta A=A_x-A_s=\varepsilon b c_x-\varepsilon b c_s=\varepsilon b\Delta c \tag{2-12}$$

上式表明示差法所测得的吸光度实际上相当于普通光度法中待测溶液与标准溶液吸光度之差 ΔA，ΔA 与待测溶液与标准溶液的浓度差 Δc 呈线性（正比）关系。若用 c_s 为参比，测定一系列 Δc 已知的标准溶液的相对吸光度 ΔA，以 ΔA 为纵坐标、Δc 为横坐标，绘制 ΔA-Δc 工作曲线，即示差法的标准曲线。再由测得的待测溶液的相对吸光度 ΔA，即可从标准曲线上查得相应的 Δc，根据 $c_x=c_s+\Delta c$ 计算得出待测溶液的浓度 c_x。

（2）多组分含量的测定　应用分光光度法还可以对同一溶液中的不同组分直接进行测定，而不需预先分离，从而大大减少分析操作步骤，避免在分离过程中造成误差。此法对含量较低的组分效果更好。

假定溶液中存在两种组分 x 和 y，它们的吸收光谱一般有以下两种情况。

若吸收光谱不重叠或至少可能找到某一波长时 x 有吸收而 y 不吸收，在另一波长下 y 有吸收而 x 不吸收，如图 2-20 所示，则可在不同波长下分别测定组分 x 和 y。

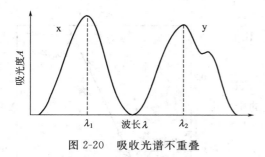

图 2-20　吸收光谱不重叠　　　　　　　图 2-21　吸收光谱重叠

若吸收光谱重叠较严重，如图 2-21 所示，从图中可以看出，在波长 λ_1 和波长 λ_2 下 x 和 y 两组分的吸光度差 ΔA 较大，分别在波长 λ_1 和 λ_2 下测得混合试液的吸光度 A_1 和 A_2，由吸光度值的加和性可得联立方程：

$$\begin{cases} A_1=\varepsilon_{x1}bc_x+\varepsilon_{y1}bc_y \\ A_2=\varepsilon_{x2}bc_x+\varepsilon_{y2}bc_y \end{cases} \tag{2-13}$$

式中，c_x 和 c_y 分别为组分 x 和 y 的物质的量浓度；ε_{x1} 和 ε_{y1} 分别为组分 x 和 y 在波长 λ_1 时的摩尔吸光系数；ε_{x2} 和 ε_{y2} 分别为组分 x 和 y 在波长 λ_2 时的摩尔吸光系数。

摩尔吸光系数可以分别由 x、y 的纯溶液在两种波长下测得。解联立方程组即可求出 c_x 和 c_y 的值。

原则上对任何数目的混合组分都可以用此法测定。但在实际应用中通常仅限于两个或三个组分的体系，如果利用计算机来处理测定结果，则不会受到这种限制。

【例 2-3】 为测定含 A 和 B 两种有色物质中 A 和 B 的浓度，先以纯 A 物质作工作曲线，求得 A 在 λ_1 和 λ_2 时 $\varepsilon_{A1}=4800$ 和 $\varepsilon_{A2}=700$；再以纯 B 物质作工作曲线，求得 $\varepsilon_{B1}=800$ 和 $\varepsilon_{B2}=4200$。对试液进行测定，得 $A_1=0.580$ 与 $A_2=1.10$。求试液中的 A 和 B 的浓度。在上述测定时均用 1cm 比色皿。

解 由题意根据式(2-13)可以列出如下方程组：

$$\begin{cases} A_1 = \varepsilon_{x1} b c_x + \varepsilon_{y1} b c_y \\ A_2 = \varepsilon_{x2} b c_x + \varepsilon_{y2} b c_y \\ 0.580 = 4800 c_A + 800 c_B \\ 1.10 = 700 c_A + 4200 c_B \end{cases}$$

解方程组得 $c_A = 7.94 \times 10^{-5} \, \text{mol/L}$ $c_B = 2.48 \times 10^{-4} \, \text{mol/L}$

三、可见分光光度法的应用

1. 酸碱指示剂离解常数的测定

分光光度法可以测定酸碱离解常数，若为一元弱酸，在溶液中的离解反应为：

$$HB \Longrightarrow H^+ + B^-$$

$$K_a = \frac{[H^+][B^-]}{[HB]}$$

$$pK_a = pH - \lg \frac{[B^-]}{[HB]}$$

若测出 [B^-] 和 [HB]，就可算出 K_a。测定时，配制出 3 份不同 pH 的 HB 溶液，一份为强碱性溶液，另一份为强酸性溶液，分别在 B^- 和 HB 的吸收峰波长处测定吸光度，由此计算出 B^- 和 HB 的摩尔吸光系数。第三份为已知 pH 的缓冲液，其 pH 在 pK_a 附近，在测得 B^- 和 HB 的总吸光度后用双组分测定的方法算出 B^- 和 HB 的浓度，即可计算出弱酸的离解常数。

由 $pK_a = pH - \lg \dfrac{[B^-]}{[HB]}$ 可知，当 [B^-] 和 [HB] 相等时：$pK_a = pH$。

若以 pH 为横坐标、以某波长处测得的不同 pH 时的 A 为纵坐标作图，得一条 S 形曲线，该曲线的中点所对应的 pH 即为 pK。

2. 光度滴定法

根据被滴定溶液在滴定过程中吸光度的变化来确定滴定终点的方法称为光度滴定法。光度滴定通常是用经过改装的光路中可插入滴定容器的分光光度计来进行。通过测定滴定过程中溶液相应的吸光度，然后绘制滴定剂加入体积和对应吸光度的曲线，

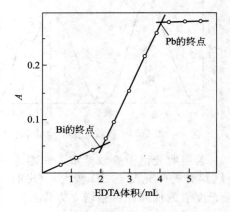

图 2-22 用光度法确定 EDTA 连续滴定 Bi^{3+} 和 Pb^{2+} 的终点

再根据滴定曲线确定滴定终点。图 2-22 是用光度法确定 EDTA 连续滴定 Bi^{3+} 和 Pb^{2+} 的终点的实例。吸光度滴定可以在 240nm 波长处进行。由于 EDTA 与 Bi^{3+} 的配合物的稳定性大于与 Pb^{2+} 的配合物的稳定性，因此 EDTA 首先滴定 Bi^{3+}，在 Bi^{3+} 完全配位后 Pb^{2+} 开始与 EDTA 配位。因为在 240nm 处 Pb^{2+}-EDTA 的吸收较 Bi^{3+}-EDTA 吸收强烈得多，此时滴定曲线急速上升，当 Pb^{2+} 全部被滴定完后曲线又转向平缓。因此滴定曲线可得到两个终点。

拓展任务

1. 利用分光光度法对地表水中的六价铬进行测定。
2. 利用分光光度法对铁离子含量进行测定。

知识应用与技能训练

一、填空题

1. 朗伯-比尔定律是说明在一定条件下，光的吸收与_____成正比；比尔定律是说明在一定条件下，光的吸收与_____成正比，两者合为一体称为朗伯-比尔定律，其数学表达式为_____。

2. 显色剂有两大类，即_____和_____。

3. 一般适宜的吸光度测量范围是_____。

二、选择题

1. 人眼能感觉到的光称为可见光，其波长范围是（　　）。
   A. 400～780nm　　　　B. 200～400nm　　　　C. 200～1000nm　　　　D. 400～1000nm

2. 物质的颜色是由于选择吸收了白光中的某些波长的光所致。$CuSO_4$ 溶液呈现蓝色是由于它吸收白光中的（　　）。
   A. 蓝色光波　　　　B. 绿色光波　　　　C. 黄色光波　　　　D. 青色光波

3. 当吸光度 $A=0$ 时，为（　　）。
   A. 0　　　　B. 10%　　　　C. 100%　　　　D. ∞

4. 在分光光度分析中，常出现工作曲线不过原点的情况，下列说法中不会引起这一现象的是（　　）。
   A. 测量和参比溶液所用吸收池不对称　　　　B. 参比溶液选择不当
   C. 显色反应灵敏度太低　　　　D. 显色反应的检测下限太高

5. 参比溶液有（　　）。
   A. 溶剂参比　　　　B. 试剂参比　　　　C. 试液参比　　　　D. 空白参比

三、应用

1. 空白实验在提高分析质量方面有何作用？

2. 根据"直线回归和相关"部分的内容或者检索相关资料，说说合格的工作曲线对相关系数 r 有何要求，相关系数 r 怎样计算？

实验任务指导书

一、茶叶中茶多酚含量的测定

1. 实验任务

利用可见分光光度法对几个茶叶样品中的茶多酚含量进行测定（参照国家标准 GB/T 8313—2008）。

2. 主要仪器与用具

分析天平（感量 0.001g），水浴 [(70 ± 1)℃]，离心机（转速 3500r/min），分光光度计。

3. 主要试剂

本标准所用水均为重蒸馏水，除特殊规定外，所用试剂为分析纯。

(1) 乙腈（色谱纯）。

(2) 甲醇。

(3) 碳酸钠。

(4) 7+3 甲醇水溶液。

(5) 福林酚（Folin-Ciocalteu）试剂。

(6) 10%福林酚试剂（现配）　将 20mL 福林酚试剂转移到 200mL 容量瓶中，用水定容并摇匀。

(7) 7.5%Na_2CO_3　称取 (37.5 ± 0.01)g Na_2CO_3，加适量水溶解，转移至 500mL 容量瓶中，定容至刻度，摇匀（室温可保存 1 个月）。

(8) 1000μg/mL 没食子酸标准储备溶液　称取 (0.110 ± 0.001)g 没食子酸（GA，相对分子质量 188.14），于 100mL 容量瓶中溶解并定容至刻度，摇匀（现配）。

(9) 没食子酸工作液　用移液管分别取 1.0mL、2.0mL、3.0mL、4.0mL、5.0mL 的没食子酸标准储备溶液于 100mL 容量瓶中，分别用水定容至刻度，摇匀，浓度分别为 10μg/mL、20μg/mL、30μg/mL、40μg/mL、50μg/mL。

4. 操作规程

(1) 供试液的制备

① 母液　称取 0.2g 精确到 0.0001g 均匀磨碎的试样于 10mL 离心管中，加入预热到 70℃的 70%甲醇溶液 5mL，用玻璃棒充分搅拌均匀湿润，立即移入 70℃水浴中，浸提 10min（每 5min 搅拌一次）浸提后冷却至室温，转入离心机在 3500r/min 转速下离心 10min，将上清液转移至 10mL 容量品。残渣再用 5mL 的 70%甲醇溶液提取一次，重复以上操作。合并提取液定容至 10mL，摇匀，过 0.45μm 膜，待用该提取液在 4℃下可至多保存 24h。

② 测试液　移取母液 1.0mL 于 100mL 容量瓶中，用水定容至刻度，摇匀，待测。

(2) 测定

① 用移液管分别移取没食子酸工作液、水（作空白对照用）及测试液各 1.0mL 于刻度试管内，在每个试管内分别加入 5.0mL 的福林酚试剂，摇匀。反应 3～8min 内，加入 4mL 7.5% Na_2CO_3 溶液，加水定容至刻度，摇匀，室温下放置 60min，用 10cm 比色皿，在 765mm 波长条件下用分光光度计测定吸光度（A）。

② 根据没食子酸工作液的吸光度（A）与各工作液的没食子酸浓度，制作标准曲线。

5. 数据处理

(1) 数据记录

标准溶液编号	1	2	3	4	5	待测样
所用比色皿序号						
比色皿校正值						
溶液浓度/(μg/mL)						
A						

（2）比较试样和基准工作液的吸光度，按下式计算：

$$w_{茶多酚} = \frac{AVd}{\text{SLOPE}_{std} \times m \times 10^5 \times m_1} \times 100\%$$

式中，$w_{茶多酚}$ 为茶多酚含量，%；A 为样品试液吸光度；V 为样品提取液体积，10mL；d 为稀释因子（通常为1mL稀释成100mL，则其稀释因子为100）；SLOPE_{std} 为没食子酸变准曲线的斜率；m 为样品干物质含量，%；m_1 为样品质量，g。

6. 相关原理

磨碎茶叶中的茶多酚用70%的甲醇在70℃水浴上提取，福林酚试剂氧化茶多酚中—OH基团并显蓝色，最大吸收波长 λ 为765nm，用没食子酸作校正标准定量茶多酚。

7. 注意事项

样品吸光度应在没食子酸变准工作液的校正范围内，若样品吸光度高于浓度为 $50\mu g/mL$ 的没食子酸标准工作液的吸光度，则应重新配高浓度没食子标准工作液进行校准。

二、邻二氮菲分光光度法测定微量铁

1. 实验任务

利用可见分光光度法测定溶液中铁离子的含量，选择分光光度分析的条件。

2. 仪器和器具

可见分光光度计（或紫外-可见分光光度计）一台，100mL容量瓶1个，50mL容量瓶10个，10mL移液管1支，10mL吸量管1支，5mL吸量管3支，2mL吸量管1支，1mL吸量管1支。

3. 主要试剂

（1）$100.0\mu g/mL$ 铁标准溶液 准确称取 $0.8634g$ $NH_4Fe(SO_4)_2 \cdot 12H_2O$ 置于烧杯中，将10mL 3mol/L硫酸溶液移入1000mL容量瓶中，用蒸馏水稀至标线，摇匀。

（2）$10.00\mu g/mL$ 铁标准溶液 移取 $100.0\mu g/mL$ 铁标准溶液 $10.00mL$ 于100mL容量瓶中，并用蒸馏水稀至标线，摇匀。

（3）100g/L盐酸羟胺溶液 用时配制。

（4）1.5g/L邻二氮菲溶液 先用少量乙醇溶解，再用蒸馏水稀释至所需浓度（避光保存，2周内有效）。

（5）1.0mol/L醋酸钠溶液。

（6）1.0mol/L氢氧化钠溶液。

4. 操作规程

（1）准备工作

① 清洗容量瓶、移液管及需用的玻璃器皿。

② 配制铁标准溶液和其他辅助试剂。

③ 按仪器使用说明书检查仪器。开机预热20min，并调试至工作状态。

④ 检查仪器波长的正确性和吸收池的配套性。

（2）绘制吸收曲线选择测量波长 取两个50mL干净容量瓶；移取 $10.00\mu g/mL$ 铁标准溶液5.00mL于其中一个50mL容量瓶中，然后在两容量瓶中各加入1mL 100g/L盐酸羟胺溶液，摇匀。放置2min后，各加入2mL 1.5g/L邻二氮菲溶液、5mL醋酸钠（1.0mol/L）溶液，用蒸馏水稀至刻线摇匀。用2cm吸收池，以试剂空白为参比，在440~540nm之间，每隔10nm测量一次吸光度。在峰值附近每间隔5nm测量一次。以波长为横坐标、吸光度为纵坐标确定最大吸收波长 λ_{max}。

注意：每加入一种试剂都必须摇匀。改变入射光波长时，必须重新调节参比溶液吸光度至零。

（3）有色配合物稳定性试验　取两个洁净的容量瓶，用步骤（2）的方法配制铁-邻二氮菲有色溶液和试剂空白溶液，放置约 2min 立即用 2cm 吸收池，以试剂空白溶液为参比溶液，在选定的波长下测定吸光度。以后隔 10min、20min、30min、60min、120min 测定一次吸光度，并记录吸光度和时间（记录格式可参考下表）。

时间				
吸光度				

（4）显色剂用量试验　取 6 只洁净的 50mL 容量瓶，各加入 10.00μg/mL 铁标准溶液 5.00mL、1mL 100g/L 盐酸羟胺溶液，摇匀。分别加入 0mL、0.5mL、1.0mL、2.0mL、3.0mL、4.0mL 1.5g/L 邻二氮菲，5mL 醋酸钠溶液，用蒸馏水稀释至标线，摇匀。用 2cm 吸收池，以试剂空白溶液为参比溶液，在选定的波长下测定吸光度。记录各吸光度值。

（5）溶液 pH 的影响　在 6 只洁净的 50mL 容量瓶中各加入 10.00μg/mL 铁标准溶液 5.00mL、1mL 100g/L 盐酸羟胺溶液，摇匀。再分别加入 2mL 1.5g/L 邻二氮菲溶液，摇匀。用吸量管分别加入 1mol/L NaOH 溶液 0.0mL、0.5mL、1.0mL、1.5mL、2.0mL、2.5mL，用蒸馏水稀释至标线，摇匀。用精密 pH 试纸（或酸度计）测定各溶液的 pH 后，用 2cm 吸收池，以试剂空白为参比溶液，在选定波长下，测定各溶液吸光度。记录所测各溶液 pH 及其相应吸光度。

（6）工作曲线的绘制　于 6 个洁净的 50mL 容量瓶中，各加入 10.00μg/mL 铁标准溶液 0.00mL、2.00mL、4.00mL、6.00mL、8.00mL、10.00mL，1mL 100g/L 盐酸羟胺溶液，摇匀后再分别加入 2mL 1.5g/L 邻二氮菲、5mL 醋酸钠溶液，用蒸馏水稀释至标线，摇匀。用 2cm 吸收池，以试剂空白为参比溶液，在选定波长下，测定并记录各溶液吸光度。

（7）铁含量测定　取 3 个洁净的 50mL 容量瓶，分别加入适量（以吸光度落在工作曲线中部为宜）含铁未知试液，按步骤（6），测量吸光度并记录。

（8）结束工作　测量完毕，关闭电源，拔下电源插头，取出吸收池，清洗晾干后入盒保存。清理工作台，罩上仪器防尘罩，填写仪器使用记录。清洗容量瓶和其他所用的玻璃仪器并放回原处。

5. 数据处理

（1）用步骤（2）所得的数据绘制 Fe^{2+}-邻二氮菲的吸收曲线，选取测定的入射光波长（λ_{max}）。

（2）绘制吸光度-时间曲线；绘制吸光度-显色剂用量曲线，确定合适的显色剂用量；绘制吸光度-pH 曲线，确定适宜 pH 范围。

（3）绘制铁的工作曲线，计算回归方程和相关系数。

（4）由试样的测定结果，求出试样中铁的平均含量。

（5）计算铁-邻二氮菲配合物的摩尔吸光系数。

6. 相关原理

可见分光光度法测定无机离子，通常要经两个过程，一是显色过程，二是测量过程。为了使测定结果有较高灵敏度和准确度，必须选择合适的显色条件和测量条件。这些条件主要包括入射波长、显色剂用量、有色溶液稳定性、溶液酸度等。

用于铁的显色剂很多，其中邻二氮菲是测定微量铁的一种较好的显色剂。邻二氮菲又称邻菲咯啉，它是测定 Fe^{2+} 的一种高灵敏度和高选择性试剂，与 Fe^{2+} 生成稳定的橙色配合物。

配合物的 $\varepsilon=1.1\times10^4 L/(mol \cdot cm)$，pH 在 2～9（一般维持在 pH 为 5～6）之间，在还原剂存在下，颜色可保持几个月不变。Fe^{3+} 与邻二氮菲生成淡蓝色配合物，在加入显色剂之前，需用盐酸羟胺先将 Fe^{3+} 还原为 Fe^{2+}。此方法选择性高，相当于铁量 40 倍的 Sn^{2+}、Al^{3+}、Ca^{2+}、Mg^{2+}、Zn^{2+}；20 倍的 Cr（Ⅵ）、V（V）、P（V）；5 倍的 Co^{2+}、Ni^{2+}、Cu^{2+} 等，不干扰测定。

7. 注意事项

（1）显色过程中，每加入一种试剂均要摇匀。

（2）在考察同一因素对显色反应的影响时，应保持仪器的测定条件。在测量过程中，应不时重调仪器零点和参比溶液的 $\tau\%=100$。

（3）试样和工作曲线测定的实验条件应保持一致，所以最好两者同时显色同时测定。

（4）待测试样应完全透明，如有浑浊，应预先过滤。

任务3 利用紫外分光光度法对茶叶中咖啡因含量进行检测

【知识目标】

（1）了解紫外吸收光谱的概念；

（2）理解紫外分光光度法基本原理；

（3）了解常见有机化合物紫外吸收光谱；

（4）掌握紫外吸收光谱的定性、定量检测方法。

【能力目标】

（1）能够熟练和规范地进行紫外分光光度计的操作；

（2）能够绘制不同物质的吸收曲线，并确定 λ_{max}；

（3）能够利用紫外分光光度法进行定性、定量、纯度分析，能制定相应的分析方案。

子任务1 分析仪器、比色皿的选择、较正

课堂组织

1. 教师首先介绍本次课的主要任务，请学生根据任务1中的相关内容让学生完成以下任务：

（1）选择合适的仪器（波长范围）和比色皿（注意其材质和型号）；

（2）对所选择的仪器进行校正；

（3）选择其他辅助工具以及所需要的药品，结合学生完成情况讲解对应知识点。

2. 提出以下问题

（1）紫外分光光度法与可见分光光度法的区别与联系？

（2）哪些物质可以用紫外分光光度法进行测定？

3. 要求学生能根据给定的任务正确的选择分析仪器并制定分析方案，并对仪器进行初步校正。

4. 教师根据学生回答情况讲解相关理论知识。

子任务 2　非配套石英比色皿吸光度修正值的测算

准备工作

提供 4～6 台紫外可见分光光度计，提供每组一份紫外-可见分光光度计的使用说明书。

课堂活动

1. 带领学生回顾分光光度计的五大组成部分及其各自的功能，带领学生回顾比色皿配套性检验的方法（JJG 178—96）。

2. 根据 JJG 178—96 的规定，在 220nm 处装蒸馏水对一套石英比色皿进行配套性检验。教师演示，学生学习紫外分光光度计的使用方法。

3. 学生按照教师演示，自行进行石英比色皿配套性检验，教师在学生操作的过程中巡回指导。

4. 教师汇总配套性检验的结果，并提出非配套石英比色皿吸光度修正值的测算方法。

5. 学生知识应用与技能训练非配套石英比色皿修正值的测量，教师巡回指导，最后汇总各套比色皿吸光度的修正值。将数据记录到下表中。

波长/nm	介质（水或乙醇）	A 修正值
220	水	

子任务 3　咖啡因标准溶液的配制及吸收曲线的测绘

课堂活动

参照任务指导书，教师带领学生完成以下任务。

（1）各实验组溶液配制（以每组 3 个同学为例）：分别取 2mL、6mL、10mL 咖啡碱标准工作液，于 3 个 25mL 容量瓶中，各加入 1.0mL 盐酸，用水稀释至刻度，混匀。

（2）咖啡因标准溶液吸收曲线的测量方法：用 1cm 石英吸收池，以蒸馏水作为参比溶液，在 250～300nm 波长范围内测定咖啡因标准溶液的吸收曲线。先每隔 5nm 测量一次，在峰值附近每隔 2nm 测量一次，记录 A 值。注意：改变波长，必须重新调参比溶液 $A=0$。

（3）记录实验数据，绘制咖啡因的吸收曲线，确定 λ_{max}，并解析咖啡因的结构中可能含有哪些官能团。

数据记录

$C=$	λ									
	A									
$C=$	λ									
	A									
$C=$	λ									
	A									
结论	$\lambda_{max}=$?									

子任务 4　样品预处理

课堂活动

教师指导学生参照实验任务指导书进行操作，期间注意引导启发学生在实验组内合理分工，合理统筹实验时间和实验步骤（注：因为本步骤所需时间较长，建议直接购买试样进行检测），因沸水浴浸提时间较长，建议中间穿插子任务 2 的实验内容。

子任务 5　咖啡碱标准曲线的制作

课堂活动

1. 学生设计配制系列标准溶液的方案（包括：试剂、浓度等）。

2. 根据学生的完成情况，教师讲解相关知识，并对方案进行优化。

3. 学生参照任务指导书配制好系列标准溶液，然后依次测定各标准溶液的吸光度值（浓度由小到大），并记录数据。绘制标准曲线。

标准溶液编号	1	2	3	3	5	待测样
所用比色皿序号						
比色皿校正值						
溶液浓度/(μg/mL)						
A						

提出以下问题：

（1）绘制标准曲线的目的？

（2）对绘制的标准曲线有哪些要求？

（3）紫外分光光度法的定量方法有哪些？

（4）紫外分光光度法除定量外还可以做哪些分析？

子任务 6　测试液的制备和咖啡因含量的测定

课堂活动

参照本任务"实验任务指导书"相关内容进行操作。

子任务 7　结束工作

课堂组织

学生将吸收池清洗干净、归位，分光光度计整理和复原、仪器使用记录、实验台面清理以及公共值日要求等。

【任务卡】

任务		方案（答案）或相关数据、现象记录	点评	相应技能	相应知识点	自我评价
子任务 1　分析仪器、比色皿的选择、较正	比色皿（材料、型号）					
	仪器的选择及校正					
	其他辅助工具					
	期间仪器出现的问题、故障					
子任务 2　非配套石英比色皿吸光度修正值的测算	石英比色皿的配套性检验					
	非配套石英比色皿修正值的测算					
子任务 3　不同浓度咖啡因标准溶液吸收曲线的测绘	不同浓度咖啡因标准溶液的配制					
	变换波长测咖啡因的吸光度					
	咖啡因的吸收曲线绘制和最大吸收波长					
	仪器维护保养					
子任务 4　供试母液制备	茶叶样品的预处理（母液制备）					
子任务 5　咖啡碱标准曲线的制作	配制梯度咖啡因工作液					
	吸光度的测量					
	标准曲线的绘制					
子任务 6　测试液的制备和咖啡因含量的测算	测试液的制备					
	空白实验					
	咖啡因含量的计算					
	仪器维护保养					
子任务 7　结束工作	做好结束工作					
学会的技能						

🔄 相关知识

一、认识紫外分光光度法

紫外分光光度法是基于物质对紫外光的选择性吸收来进行分析测定的方法。根据电磁波谱，紫外光区的波长范围是 $10 \sim 400nm$，而紫外分光光度法主要是利用 $200 \sim 400nm$ 的近紫外光区的辐射（200nm 以下远紫外光辐射会被空气强烈吸收）进行测定。

紫外分光光度法分析测定的对象是能在紫外光区会产生强烈的吸收的具有 π 电子和共轭双键的化合物，具有 π 电子和共轭双键的化合物在紫外光区的吸收摩尔吸光系数可达 $10^4 \sim 10^5$，因此紫外分光光度法的定量分析具有很高灵敏度和准确度，可测至 $10^{-4} \sim 10^{-7}\, g/mL$，相对误差可达 1% 以下。因而它在定量分析领域有广泛的应用。此外在近紫外光区有吸收的无色透明的化合物，而不像可见光光度法那样需要加显色剂显色后再测定，因此它的测定方法简便且快速。

　　紫外吸收光谱与可见吸收光谱一样，常用吸收光谱曲线来描述。即用一束具有连续波长的紫外光照射一定浓度的样品溶液，分别测量不同波长下溶液的吸光度，以吸光度对波长作图得到该化合物的紫外吸收光谱。如图 2-23 所示的紫外吸收光谱可以用曲线上吸收峰所对应的最大吸收波长 λ_{max} 和该波长下的摩尔吸光系数 ε_{max} 来表示茴香醛的紫外吸收特征。

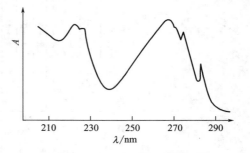

图 2-23　茴香醛紫外吸收光谱

　　此外还可根据其特征吸收峰的波长、强度、形状等信息对物质进行鉴定和结构分析，虽然这种鉴定和结构分析由于紫外吸收光谱较简单，特征图性不强，必须与其他方法（如红外光谱、核磁共振波谱和质谱等）配合使用，才能得出可靠的结论，但它还是能提供分子中具有助色团、生色团和共轭程度的一些信息，这些信息对于有机化合物的结构推断往往恰是很重要的。

二、有机化合物紫外-可见光谱的产生

　　化合物的分子有 3 种不同类型的价电子即：形成单键的 σ 电子、形成双键的 π 电子和氧或氮、硫、卤素等含未成键的 n 电子。如甲醛分子所示：

$$
\begin{array}{c}
\text{O} \vdots \leftarrow \text{n 电子} \\
\parallel \leftarrow \text{π 电子} \\
\text{H} - \text{C} \mid \leftarrow \text{σ 电子} \\
\mid \\
\text{H}
\end{array}
$$

　　紫外吸收光谱就是由化合物分子中 3 种不同类型的价电子，在各种不同能级上跃迁产生的。化合物中电子所具有的能量不同，它所处的轨道也不同。根据分子轨道理论，σ 和 π 电子所占的轨道称成键分子轨道；n 为非键分子轨道。当化合物分子吸收光辐射后，这些价电子跃迁到较高能态的轨道，称为 σ*、π* 反键轨道，它们的能级高低依次为：σ＜π＜n＜π*＜σ*。当分子吸收一定能量的光辐射时，分子内 σ 电子 π 电子或 n 电子将由较低能级跃迁到较高能级，即由成键轨道或 n 非键轨道跃迁到相应的反键轨道中（图 2-24）。3 种价电子可能产生 σ→σ*，σ→π*，π→π*，π→σ*，n→σ*，n→π* 等 6 种形式电子跃迁，其中较为常见是 σ→σ* 跃迁，n→σ* 跃迁，π→π* 跃迁和 n→π* 跃迁等 4 种类型，由于电子跃迁的类型不同，实现跃迁需要的能量不同，因此吸收光的波长范围也不相同，其中 σ→σ* 跃迁所需能量最大，n→π* 及配位场跃迁所需能量最小，因此，它们的吸收带分别落在远紫外和可见光区。

　　这些跃迁所需能量大小为：σ→σ*＞n→σ*＞π→π*＞n→π*

　　1. σ→σ* 跃迁

　　这类跃迁需要的能量较高，一般发生在真空紫外光区（200nm 以下的远紫外区）。饱和烃中的—C—C—键属于这类跃迁，例如乙烷的最大吸收波长 λ_{max} 为 135nm。

　　2. n→σ* 跃迁

　　含有氧、硫、氮、磷、卤素等杂原子的饱和烃衍生物都可能发生 n→σ* 跃迁。实现这类跃迁所需要的能量较高，其吸收光谱一般落于波长小于 200nm 的远紫外光区和近紫外光区，如 CH_3OH 和 CH_3NH_2 的 n→σ* 跃迁光谱分别为 183nm 和 213nm。饱和脂肪族氯化物在 170～175nm；饱和脂肪族溴化物在 200～210nm。当分子中含有硫、碘等电离能较低的原子

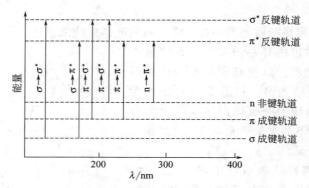

图 2-24　分子轨道能级图及电子跃迁形式

时，吸收波长高于 200nm（如 CH_3I 的 $n \rightarrow \sigma^*$ 吸收峰在 258nm）。

3. $\pi \rightarrow \pi^*$ 跃迁

分子中含有双键和叁键的化合物和芳环、共轭烯烃可能发生此类跃迁。吸收峰一般处于近紫外光区，在 200nm 左右，其特征是摩尔吸光系数大，一般 $\varepsilon_{max} \geqslant 104$，为强吸收带。含孤立双键的最大吸收波长小于 200nm，如乙烯（蒸气）的最大吸收波长 λ_{max} 为 180nm。随着共轭双键数增加，吸收峰向长波方向移动。

4. $n \rightarrow \pi^*$ 跃迁

分子中含有孤对电子的原子和 π 键同时存在并共轭时（如含 $\mathrm{C{=}O}$，$\mathrm{C{=}S}$，$-N{=}O$，$-N{=}N-$），会发生 $n \rightarrow \pi^*$，如羰基、硝基等。这类跃迁的吸收波长大于 200nm，发生在近紫外光区。其特点是谱带强度弱，摩尔吸光系数小，通常小于 100L/(mol·cm)。

5. 电荷迁移跃迁

所谓电荷迁移跃迁是指用电磁辐射照射化合物时，电子从给予体向与接受体相联系的轨道上跃迁。因此，电荷迁移跃迁实质是一个内氧化-还原的过程，而相应的吸收光谱称为电荷迁移吸收光谱。例如某些取代芳烃可产生这种分子内电荷迁移跃迁吸收带。电荷迁移吸收带的谱带较宽，吸收强度较大，最大波长处的摩尔吸光系数 ε_{max} 可大于 10^4。

由于一般紫外-可见分光光度计只能提供 190～850nm 范围的单色光，因此，我们只能测量 $n \rightarrow \sigma^*$、$n \rightarrow \pi^*$ 跃迁和部分 $\pi \rightarrow \pi^*$ 跃迁的吸收，而对只能产生 200nm 以下吸收的 $\sigma \rightarrow \sigma^*$ 跃迁则无法测量。

三、紫外吸收光谱的常用术语

1. 生色团

从广义来说，所谓生色团，是指分子中可以吸收光子而产生电子跃迁的原子基团，在 200～1000nm 波长范围内产生特征吸收带的具有一个或多个不饱和键和未共用电子对的基团。如 $\mathrm{C{=}C{=}C}$，$\mathrm{C{=}O}$，$-N{=}N-$、$-C{\equiv}N$、$-C{\equiv}C-$、$-COOH$、$-N{=}O$ 等。表 2-6 列出一些生色团的最大吸收波长。如果两个生色团相邻，形成共轭基，则原来各自的吸收带将消失，并在较长的波长处产生强度比原吸收带强的新吸收带。

2. 助色团

助色团是指带有非键电子对（为共用电子对）的基团，如$-OH$、$-OR$、$-NHR$、$-SH$、$-Cl$、$-Br$、$-I$ 等，它们本身不能吸收大于 200nm 的光，不会使物质具有颜色，但是当它们与生色团相连时，会使生色团的吸收峰向长波方向移动，并且增加其吸收强度度。

表 2-6　常见孤立生色团的吸收特征

生色团	实例	溶剂	λ_{max}/nm	ε_{max}	跃迁类型
$C=C$	$C_6H_{13}CH=CH_2$	正庚烷	177	13000	$\pi \to \pi^*$
$-C\equiv C-$	$C_5H_{11}C\equiv CCH_3$	正庚烷	178	10000	$\pi \to \pi^*$
$C=N-$	$(CH_3)_2C=NOH$	气态	190,300	5000,—	$\pi \to \pi^*$ $n \to \pi^*$
$-C\equiv N$	$CH_3C\equiv N$	气态	167	—	$\pi \to \pi^*$
$C=O$	CH_3COCH_3	正己烷	186,280	1000,16	$n \to \sigma^*$ $n \to \pi^*$
$-COOH$	CH_3COOH	乙醇	204	41	$n \to \pi^*$
$-CONH_2$	CH_3CONH_2	水	214	60	$n \to \pi^*$
$C=S$	CH_3CSCH_3	水	400		$n \to \pi^*$
$-N=N-$	$CH_3N=NCH_3$	乙醇	339	4	$n \to \pi^*$
$C-N\begin{smallmatrix}O\\O\end{smallmatrix}$	CH_3NO_2	乙醇	271	186	$n \to \pi^*$
$-N=O$	C_4H_9NO	乙醚	300,665	100,20	$-, n \to \pi^*$
$C-O-N\begin{smallmatrix}O\\O\end{smallmatrix}$	$C_2H_5ONO_2$	二氧六环	270	12	$n \to \pi^*$
$S=O$	$C_6H_{11}SOCH_3$	乙醇	210	1500	$n \to \pi^*$
C_6H_6	$C_6H_5OCH_3$	甲醇	217,269	640,148	$\pi \to \pi^*$

3．红移与蓝移（紫移）

由于取代基或溶剂的影响造成有机化合物结构发生变化，例如：某些有机化合物由于取代反应引入含有未共享电子对的基团（—OH、—OR、—NH$_2$、—SH、—Cl、—Br、—SR、—NR$_2$）。使其吸收峰的波长将向长波方向移动，这种效应称为红移效应。这种会使某化合物的最大吸收波长 λ_{max} 向长波方向移动的基团称为向红基团。

由于取代基或溶剂的影响造成有机化合物结构的变化，吸收峰的波长会向短波方向移动，这种效应称为蓝移（紫移）效应。这些会使某化合物的最大吸收波长向短波方向移动的基团（如—CH$_2$、—CH$_2$CH$_3$、—OCOCH$_3$）称为向蓝（紫）基团。

4．增色和减色效应

由于有机化合物的结构变化使吸收峰摩尔吸光系数增加的现象称为增色效应。

由于有机化合物的结构变化使吸收峰摩尔吸光系数减小的现象称为减色效应。

5．溶剂效应

由于溶剂的极性不同引起某些化合物的吸收峰的波长、强度及形状产生变化，这种现象称为溶剂效应。溶剂对紫外-可见光谱的影响较为复杂。改变溶剂的极性，会引起吸收带形状的变化。例如，当溶剂的极性由非极性改变到极性时，精细结构消失，吸收带变向平滑。

改变溶剂的极性，还会使吸收带的最大吸收波长发生变化。表 2-7 为溶剂对亚异丙酮紫外吸收光谱的影响。

表 2-7　溶剂对亚异丙酮紫外吸收光谱的影响

项　目	正 己 烷	CHCl$_3$	CH$_3$OH	H$_2$O
$\pi \rightarrow \pi^*$　λ_{max}/nm	230	238	237	243
$n \rightarrow \pi^*$　λ_{max}/nm	329	315	309	305

由表 2-7 可以看出，当溶剂的极性增大时，由 $n \rightarrow \pi^*$ 跃迁产生的吸收带发生蓝移，而由 $\pi \rightarrow \pi^*$ 跃迁产生的吸收带发生红移。

例如异丙叉丙酮〔H$_3$C(CH$_3$)—C＝CHCO—CH$_3$〕分子中有 $\pi \rightarrow \pi^*$ 和 $n \rightarrow \pi^*$ 跃迁，当用非极性溶剂正己烷时，$\pi \rightarrow \pi^*$ 跃迁的 $\lambda_{max}=230nm$，而用水作溶剂时，$\lambda_{max}=243nm$，可见在极性溶剂中 $\pi \rightarrow \pi^*$ 跃迁产生的吸收带红移了。而 $n \rightarrow \pi^*$ 跃迁产生的吸收峰却恰恰相反，以正己烷作溶剂时，$\lambda_{max}=329nm$，而用水作溶剂时，$\lambda_{max}=305nm$，吸收峰产生蓝移。

又如苯在非极性溶剂庚烷中（或汽态存在）时，在 $230 \sim 270nm$ 处，有一系列中等强度吸收峰并有精细结构，但在极性溶剂中，精细结构变得不明显或全部消失而呈现一宽峰。

因此，在测定紫外、可见吸收光谱时，应注明在何种溶剂中测定。

由于溶剂对电子光谱图影响很大，因此，在吸收光谱图上或数据表中必须注明所用的溶剂。与已知化合物紫外光谱作对照时也应注明所用的溶剂是否相同。在进行紫外光谱法分析时，必须正确选择溶剂。选择溶剂时注意下列几点。

① 溶剂应能很好地溶解被测试样，溶剂对溶质应该是惰性的。即所成溶液应具有良好的化学和光化学稳定性。

② 在溶解度允许的范围内，尽量选择极性较小的溶剂。

③ 溶剂在样品的吸收光谱区应无明显吸收。

四、常见有机化合物的紫外吸收光谱图及解析

1. 吸收带的类型

吸收带是指吸收峰在紫外光谱中的谱带的位置。化合物的结构不同、跃迁的类型不同，吸收带的位置、形状、强度均不相同。根据电子及分子轨道的种类吸收带可分为 4 种类型，见表 2-8。

表 2-8　吸收带的类型

吸收带类型	对应跃迁类型	摩尔吸光系数 $\varepsilon/[L/(mol \cdot cm)]$	λ_{max}	吸收峰特征	典型实例
R 吸收带	$n \rightarrow \pi^*$	<100	270	弱	羰基、硝基
K 吸收带	$\pi \rightarrow \pi^*$	$>10^4$	217	很强	共轭烯(丁二烯、苯乙烯等)
B 吸收带	$\pi \rightarrow \pi^*$	$250 \sim 3000$	$230 \sim 270$	多重吸收(精细结构)	苯、苯同系物
E 吸收带	$\pi \rightarrow \pi^*$	$2000 \sim 10^4$		强	芳环中 C＝C

表 2-8 中 B 吸收带是芳香族的化合物的特征吸收带，在 $230 \sim 270nm$ 成为精细结构。当芳香核与生色团连接时有 B 和 K 两种吸收带，其中 B 带波长长。B 带的精细结构在取代芳香族化合物的光谱中一般不出现。E 带也是芳香族化合物的特征吸收带，苯分为 E$_1$（184nm，$\varepsilon=6000$）及 E$_2$ 带（204nm，$\varepsilon=7900$）。当有发色团与苯环共轭时，E$_2$ 带和 K 合并吸收峰向长波方向移动。

2. 常见有机化合物紫外吸收光谱

（1）饱和烃　饱和单键碳氢化合物只有 σ 电子，因而只能产生 $\sigma \rightarrow \sigma^*$ 跃迁，即 σ 电子从成键轨道（σ）跃迁到反键轨道（σ^*）。由于 σ 电子最不易被激发，需要吸收很大的能量，

才能产生 $\sigma \rightarrow \sigma^*$ 跃迁，因而这类化合物在 200nm 以上无吸收。所以它们在紫外光谱分析中常用做溶剂使用，如己烷、环己烷、庚烷等。

当饱和单键碳氢化合物中的氢被氧、氮、卤素、硫等原子取代时，这类化合物既有 σ 电子，又有 n 电子，可以实现 $\sigma \rightarrow \pi^*$，$n \rightarrow \sigma^*$ 跃迁，其吸收峰可以落在远紫外区和近紫外区。例如：甲烷的吸收峰在 125nm，而碘甲烷的 $\sigma \rightarrow \sigma^*$ 跃迁为 $150 \sim 210nm$，$n \rightarrow \sigma^*$ 跃迁为 259nm；氯甲烷相应为 $154 \sim 161nm$ 及 173nm。可见，烷烃和卤代烃的紫外吸收很小，它们的紫外吸收光谱直接用于分析这类化合物的价值不大。不过，饱和醇类化合物如甲醇、乙醇都由于在近紫外区无吸收，常被用做紫外光谱分析的溶剂。表 2-9 列出常用的紫外吸收光谱溶剂允许使用的截止波长。

表 2-9　常用的紫外吸收光谱溶剂允许使用的截止波长

溶　剂	截止波长	溶　剂	截止波长
十氢萘	200	二氯甲烷	235
十二烷	200	1,2-二氯乙烷	235
己烷	210	氯仿	245
环己烷	210	甲酸甲酯	260
庚烷	210	四氯化碳	265
异辛烷	210	N,N-二甲基二酰胺	270
甲基环己烷	210	苯	280
水	210	四氯乙烯	290
乙醇	210	二甲苯	295
乙醚	210	苄腈	300
正丁醇	210	吡啶	305
乙腈	210	丙酮	330
甲醇	215	溴仿	335
异丙醇	215	二硫化碳	380
1,4-二噁烷	225	硝基苯	380

（2）不饱和烃及共轭烯烃　不饱和烃中除含有 σ 键外，还含有 π 键，即不仅有 σ 电子，还有 π 电子，因此可以产生 $\sigma \rightarrow \sigma^*$ 跃迁和 $\pi \rightarrow \pi^*$ 跃迁。其中 $\pi \rightarrow \pi^*$ 跃迁所需的能量小于 $\sigma \rightarrow \sigma^*$ 跃迁，所以吸收波长较长，一般在近紫外光区，且摩尔吸光系数较大，一般为 10^4 ［摩尔吸光系数的单位固定为 L/(mol·cm)，可不必标出］以上，在分析上较有实用价值。在不饱和烃中，如果存在着共轭体系，则吸收波长明显向长波移动，摩尔吸光系数也增大，共轭体系越大，吸收波长越长，当分子中含有 5 个及以上的共轭双键时，吸收波长可达到可见光区。在共轭体系中，$\pi \rightarrow \pi^*$ 跃迁所产生的吸收带，又称为 K 带。表 2-10 中列出某些共轭多烯体系的吸收光谱数据。

表 2-10　某些共轭多烯体系的吸收光谱数据

化　合　物	溶　剂	λ_{max}/nm	摩尔吸光系数 $\varepsilon/[L/(mol·cm)]$
1,3-丁二烯	己烷	217	21000
1,3,5-己三烯	异辛烷	268	43000
1,3,5,7-辛四烯	环己烷	304	
1,3,5,7,9-癸五烯	异辛烷	334	121000
1,3,5,7,9,11-十二烷基六烯	异辛烷	364	138000

（3）羰基化合物　羰基化合物含有 $\diagdown C = O$ 基团，其中有 σ 电子，π 电子及 n 电子，故可以发生 $n \rightarrow \sigma^*$ 跃迁，$n \rightarrow \pi^*$ 跃迁和 $\pi \rightarrow \pi^*$ 跃迁，产生 3 个吸收带，其中 $n \rightarrow \pi^*$ 跃迁所产生的

吸收带称为 R 带，n→π* 跃迁所需要的能量较低，吸收波长落在近紫外光区或紫外光区，摩尔吸光系数为 10～100。醛、酮、羧酸及其衍生物（酯、酰胺、酰卤等），都含有羟基，均属于这类化合物的吸收类型。

醛、酮与羧酸及其衍生物，由于结构上的不同，它们 n→π* 跃迁所产生的 R 吸收带，吸收波长有所不同。

（4）醛、酮的 n→π* 跃迁吸收带常出现在 270～300nm 附近，强度低且带略宽。而羧酸及其衍生物（脂、酰胺、酰卤等），n→π* 跃迁所需的能量变大，吸收波长紫移至 210nm 左右。而 π→π* 跃迁所需的能量降低，吸收波长红移。

α、β-不饱和醛、酮，产生了 π-π 共轭，使 π 电子进一步离域，π* 轨道的成键性加大，能量降低，所以 π→π*、n→π* 跃迁所需的能量都降低，吸收波长都发生了红移，分别移至 220～210nm 和 310～330nm。表 2-11 列出某些 α、β-不饱和醛、酮的吸收光谱数据。

表 2-11 某些 α、β-不饱和醛、酮的吸收光谱数据

化 合 物	取 代 基	π→π* 带（K 带）		n→π* 带（R 带）	
		λ_{max}	ε_{max}	λ_{max}	ε_{max}
甲基乙烯基甲酮	无	219	3600	324	24
2-乙基-1-己烯-3-酮	甲基	221	6450	320	26
2-乙基-1-己烯-3-酮	单基	218		319	27
亚乙基丙酮	单基	224	9750	314	38
丙炔醛	无	<210		328	13
巴豆醛	单基	217	15650	321	19
柠檬酸	双基	238	13500	324	65
β-环柠檬醛	三基	245	8310	328	43

（5）苯及其取代衍生物 苯有三个吸收带，它们都是由 π→π* 跃迁引起的，即 E₁ 带，λ_{max} 为 180nm，ε_{max} 为 6×10^4；E₂ 带，λ_{max} 为 204nm，ε_{max} 为 8×10^3；B 带，λ_{max} 为 254nm，ε_{max} 为 200。E₁ 带出现在 180nm（$\varepsilon_{max}=60000$）；E₂ 带出现在 204nm（$\varepsilon_{max}=8000$）；B 带出现在 255nm（$\varepsilon_{max}=200$）。在气态或非极性溶剂中，苯及其许多同系物的 B 谱带有许多的精细结构，这是由于振动跃迁在基态电子上的跃迁上的叠加而引起的。在极性溶剂中，这些精细结构消失。当苯环上有取代基时，苯的 3 个特征谱带都会发生显著的变化，其中影响较大的是 E₂ 带和 B 谱带。在极性溶剂中，这些精细结构消失，形成一个宽的谱带，如图 2-25 所示。

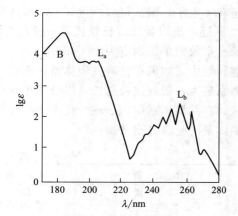

图 2-25 苯的紫外吸收光谱曲线（己烷为溶剂）

当苯环上引入取代基时，苯的 3 个特征谱带都会发生显著的变化，其中影响较大的是 E₂ 带和 B 带。取代基的影响与取代基的种类、多少、位置的关系极大。表 2-12 列出苯及某些衍生物的吸收光谱数据，从表中可以看出，当苯环上引入—NH₂、—OH、—CHO、—NO₂ 等基团时，E₂、B 带都发生红移，而 B 带的吸收强度都增加。如果引入的基团带有不饱和杂原子时则发生了 n→π* 跃迁的新吸收带。如硝基苯、苯甲醛的跃迁的 n→π* 吸收波长分别为 330nm 和 328nm。

　　如果苯环上有两个取代基，则二取代基的吸收光谱与取代基的种类及取代位置有关。任何种类的取代基都能使苯的 E_2 带发生红移。当两个取代基在对位时，ε_{max} 和 λ_{max} 都较间位和邻位取代时大。

　　例如：

HO——NO$_2$　　　　HO——NO$_2$　　　　HO——O$_2$N

317nm　　　　　　　　273.5nm　　　　　　　　278.5nm

表 2-12　苯及其某些衍生物的吸收光谱

化合物	溶剂	λ_{max}/nm	ε_{max}	λ_{max}/nm	ε_{max}	λ_{max}/nm	ε_{max}	λ_{max}/nm	ε_{max}
苯	己烷	184	68000	204	8800	254	250	—	—
甲苯	己烷	189	55000	208	7900	262	260	—	—
苯酚	水	—	—	211	6200	270	1450	—	—
苯胺	水	—	—	230	8600	280	1400	—	—
苯甲酸	水	—	—	230	10000	270	800	—	—
硝基苯	己烷	—	—	252	10000	280	1000	330	140
苯甲醛	己烷	—	—	242	14000	280	1400	328	55
苯乙烯	己烷	—	—	248	15000	282	740	—	—

　　(6) 含氮氧键的化合物　含氮氧键的化合物为硝基化合物和亚硝基化合物。亚硝基中的 N 和 O 原子上都有 n 电子，所以有两种 $n{\rightarrow}\pi^*$ 跃迁产生的吸收带，275nm 波长处，有一个 N 原子上 n 电子产生的 $n{\rightarrow}\pi^*$ 跃迁吸收带，300nm 波长处有一个 O 原子上 n 电子产生的 $n{\rightarrow}\pi^*$ 跃迁吸收带；硝基中仅有 O 原子有 n 电子，所以仅一个 $n{\rightarrow}\pi^*$ 跃迁吸收带，吸收波长为 260~280nm，而在 210nm 波长处有一个较强吸收带，为 $\pi{\rightarrow}\pi^*$ 跃迁产生。

五、紫外吸收光谱的应用

　　紫外-可见分光光度法是一种广泛应用的定量分析方法，也是对物质进行定性分析和结构分析的一种手段，同时还可以测定某些化合物的物理化学参数，例如摩尔质量、配合物的配合比和稳定常数，以及酸、碱的离解常数等。

　　1. 定性鉴定

　　不同的有机化合物具有不同的吸收光谱，因此根据化合物的紫外吸收光谱中特征吸收峰的波长和强度可以进行物质的鉴定和纯度的检查。

　　(1) 未知试样的定性鉴定　紫外吸收光谱定性分析一般采用比较光谱法。所谓比较光谱法是将经提纯的样品和标准物用相同溶剂配成溶液，并在相同条件下绘制吸收光谱曲线，比较其吸收光谱是否一致。如果紫外光谱曲线完全相同（包括曲线形状、λ_{max}、λ_{min}，吸收峰数目、拐点及 ε_{max} 等）。则可初步认为是同一种化合物。为了进一步确认可更换一种溶剂重新测定后再作比较。

　　如果没有标准物，则可借助各种有机化合物的紫外可见标准谱图及有关电子光谱的文献资料进行比较。

　　常用的标准谱图有以下四种：

　　① Sadtler Standard Spectra（Ultraviolet），Heyden，London，1978. 萨特勒标准图谱共收集了 46000 种化合物的紫外光谱。

　　② R. A. Friedel and M. Orchin. Ultraviolet and Visible Absorption Spectra of Aromatic Compounds. Wiley，New York，1951. 本书收集了 597 种芳香化合物的紫外光谱。

③ Kenzo Hirayama. Handbook of Ultraviolet and Visible Absorption Spectra of Organic Compounds. New York，Plenum，1967。

④ Organic Electronic Spectral Data。

（2）推测化合物的分子结构　紫外-可见分光光度法还可以判断某些化合物的构象（如取代基是平伏键还是直平键）及旋光异构体等。紫外吸收光谱在研究化合物结构中的主要作用是推测官能团、结构中的共轭关系和共轭体系中取代基的位置、种类和数目。

① 推定化合物的共轭体系、部分骨架　先将样品尽可能提纯，然后绘制紫外吸收光谱。由所测出的光谱特征，根据一般规律对化合物作初步判断。如果样品在 $200\sim400nm$ 无吸收（$\varepsilon<10$）则说明该化合物可能是直链烷烃或环烷烃及脂肪族饱和胺、醇、醚、腈、羧酸和烷基氟或烷基氟，不含共轭体系，没有醛基、酮基、溴或碘。

若在 $215\sim250nm$ 区域有强吸收带，则该化合物可能有 $2\sim3$ 个双键的共轭体系，如 1,3-丁二烯，λ_{max} 为 $217nm$，ε_{max} 为 21000；若 $260\sim350nm$ 区域有很强的吸收带，则可能有 $3\sim5$ 个双键的共轭体系，如癸五烯有 5 个共轭双键，λ_{max} 为 $335nm$，ε_{max} 为 118000。

如果在 $250\sim300nm$ 有弱吸收带，$\varepsilon=10\sim100L/(mol\cdot cm)$，则含有羰基；在此区域内若有中强吸收带，表示具有苯的特征，可能有苯环。

如果化合物有许多吸收峰，甚至延伸到可见光区，则可能为一个长链共轭化合物或多环芳烃。

按以上规律进行初步推断后，能缩小该化合物的归属范围，然后再按前面介绍的对比法作进一步确认。当然还需要其他方法配合才能得出可靠结论。

② 某些特征基团的判断　有机物的不少基团（生色团），如羰基、苯环、硝基、共轭体系等，都有其特征的紫外或可见吸收带。如在 $270\sim300nm$ 处有弱的吸收带，且随溶剂极性增大而发生蓝移，就是羰基 $n\rightarrow\pi^{*}$ 跃迁所产生 R 吸收带的有力证据。在 $184nm$ 附近有强吸收带（E_1 带），在 $204nm$ 附近有中强吸收带（E_2 带），在 $260nm$ 附近有弱吸收带且有精细结构（B 带），是苯环的特征吸收。可以从有关文献中查找某些基团的特征吸收带。

③ 异构体的判断　包括顺反异构及互变异构两种情况的判断。

a. 顺反异构体的判断　生色团和助色团处在同一平面上时，产生最大的共轭效应。因此，反式的吸收波长都大于顺式异构体的。

同一化学式的多环二烯，可能有两种异构体：一种是顺式异构体；另一种是异环二烯，是反式异构体。一般来说，异环二烯的吸收带强度总是比同环二烯来得大。

b. 互变异构体的判断　某些有机化合物在溶液中可能有两种以上的互变异构体处于动态平衡中，这种异构体的互变常伴随有双键的移动及共轭体系的变化，因此也产生吸收光谱的变化。最常见的是某些含氧化合物的酮式与烯醇式异构体之间的互变。

它们的吸收特性不同：酮式异构体在近紫外光区的 λ_{max} 为 $272nm$（ε_{max} 为 16），是 $n\rightarrow\pi^{*}$ 跃迁所产生 R 吸收带。烯醇式异构体的 λ_{max} 为 $243nm$（ε_{max} 为 16000），是 $\pi\rightarrow\pi^{*}$ 跃迁出共轭体系的 K 吸收带。两种异构体的互变平衡与溶剂有密切关系。在像水这样的极性溶剂中，由于 $\diagdown C=O$ 可能与 H_2O 形成氢键而降低能量以达到稳定状态，所以酮式异构体占优势。

而像乙烷这样的非极性溶剂中，由于形成分子内的氢键，且形成共轭体系，使能量降低以达到稳定状态，所以烯醇式异构体比率上升。

（3）化合物纯度的检测　紫外吸收光谱能检查化合物中是否含具有紫外吸收的杂质，如果化合物在紫外光区没有明显的吸收峰，而它所含的杂质在紫外光区有较强的吸收峰，就可以检测出该化合物所含的杂质。例如要检查乙醇中的杂质苯，由于苯在 256nm 处有吸收，而乙醇在此波长下无吸收，因此可利用这特征检定乙醇中杂质苯。又如要检查四氯化碳中有无 CS_2 杂质，只要观察在 318nm 处有无 CS_2 的吸收峰就可以确定。

另外还可以用吸光系数来检查物质的纯度。一般认为，当试样测出的摩尔吸光系数比标准样品测出的摩尔吸光系数小时，其纯度不如标样。相差越大，试样纯度越低。例如菲的氯仿溶液，在 296nm 处有强吸收（$\lg\varepsilon = 4.10$），用某方法精制的菲测得 ε 值比标准菲低 10%，说明实际含量只有 90%，其余很可能是蒽醌等杂质。

2. 定量分析

紫外分光光度定量分析与可见分光光度定量分析的定量依据和定量方法相同，这里不再重复。值得提出的是，在进行紫外定量分析时应选择好测定波长和溶剂。通常情况下一般选择 λ_{max} 作测定波长，若在 λ_{max} 处共存的其他物质也有吸收，则应另选 ε 较大而共存物质没有吸收的波长作测定波长。选择溶剂时要注意所用溶剂在测定波长处应没有明显的吸收，而且对被测物溶解性要好，不和被测物发生作用，不含干扰测定的物质。

🔄 拓展任务

1. 利用紫外分光光度法对地表水中环境水体中总氮含量的测定。
2. 利用紫外分光光度法测定蒽醌的含量。
3. 利用紫外分光光度法测定灭菌乳中乳果糖的含量。

知识应用与技能训练

一、选择题

1. 下列含有杂质原子的饱和有机化合物均有 n→σ^* 电子跃迁，试指出哪种化合物出现此吸收带的波长较长（　　）。

　　A. 甲醇　　　　　　B. 氯仿　　　　　　C. 一氟甲烷　　　　　D. 碘仿

2. 在紫外可见光区有吸收的化合物是（　　）。

　　A. $CH_3—CH_2—CH_3$　　　　　　　　B. $CH_3—CH_2—OH$

　　C. $CH_2=CH—CH_2—CH=CH_2$　　　D. $CH_3—CH=CH—CH=CH—CH_3$

3. 某非水溶性化合物，在 200～250nm 有吸收，当测定其紫外可见光谱时，应选用的合适溶剂是（　　）。

　　A. 正己烷　　　　B. 丙酮　　　　C. 甲酸甲酯　　　　D. 四氯乙烯

二、应用

请观察自己绘制的"不同浓度咖啡因标准溶液吸收曲线"，每个浓度吸收曲线的 λ_{max} 是否一致，各浓度吸收曲线的 A 值是否落在吸光度的适宜范围之内？

🔄 实验任务指导书

一、茶叶中咖啡碱含量测定

1. 实验任务

利用紫外分光光度法测定茶叶中咖啡碱的含量，会利用标准曲线法进行定量（参照国家标准 GB/T 8312—2002）。

2. 主要仪器与用具

紫外分光光度仪，分析天平（感量 0.001g）。

3. 主要试剂

所用试剂应为分析纯（A.R.），水为蒸馏水。

（1）碱式乙酸铅溶液　称取 50g 碱式乙酸铅，加水 100mL，静置过夜，倾出上清液过滤。

（2）0.01mol/L 盐酸　取 0.9mL 浓盐酸，用水稀释至 1L，摇匀。

（3）4.5mol/L 硫酸　取浓硫酸 250mL，用水稀释至 1L，摇匀。

（4）咖啡碱标准液　称取 100mg 咖啡碱（纯度不低于 99%）溶于 100mL 水中，作为母液，准确吸取 5mL 加水至 100mL 作为工作液（1mL 含咖啡碱 0.05mg）。

4. 操作规程

（1）试液制备　称取 3g（准确至 0.001g）磨碎试样于 500mL 锥形瓶中加沸蒸馏水 450mL，立即移入沸水浴中，浸提 45min（每隔 10min 摇动一次）。浸提完毕后立即趁热减压过滤。滤液移入 500mL 容量瓶中，残渣用少量热蒸馏水洗涤 2～3 次，并将滤液滤入上述容量瓶中，冷却后用蒸馏水稀释至刻度。

（2）用移液管准确吸取试液 10mL 移入 100mL 容量瓶中，加入 4mL 0.01mol/L 盐酸和 1mL 碱式乙酸铅溶液，用水稀释至刻度，混匀，静置澄清过滤，准确吸取滤液 25mL，注入 50mL 容量瓶中，加入 0.1mL 4.5mol/L 硫酸溶液，加水稀释至刻度，混匀，静置澄清过滤。用 10mm 比色杯，在波长 274nm 处，以试剂空白溶液作参比，测定吸光度（A）。

（3）咖啡碱标准曲线的制作　分别吸取 0mL、1mL、2mL、3mL、4mL、5mL、6mL 咖啡碱工作液于一组 25mL 容量瓶中，各加入 1.0mL 盐酸，用水稀释至刻度，混匀，用 10mm 石英比色杯，在波长 274nm 处，以试剂空白溶液作参比，测定吸光度（A）。将测得的吸光度与对应的咖啡碱浓度绘制标准曲线。

5. 数据记录及处理

数据记录如下。

标准溶液编号	1	2	3	4	5	待测样
所用比色皿序号						
比色皿校正值						
溶液浓度/(μg/mL)						
A						

茶叶中咖啡碱含量以干态质量分数（$w_{咖啡碱}$）表示，按下式计算：

$$w_{咖啡碱} = \frac{\frac{c}{1000} \times L \times \frac{100}{10} \times \frac{50}{25}}{Mm} \times 100\%$$

式中，c 为根据试样测得的吸光度（A），从咖啡碱标准曲线上查得的咖啡碱相应含量，mg/mL；L 为试液总量，mL；M 为试样用量，g；m 为试样干物质含量，%。

6. 相关原理

茶叶中的咖啡碱易溶于水，除去干扰物质后，用特定波长测定其含量。

二、紫外分光光度法测定蒽醌含量

1. 实验任务

（1）学习紫外光谱测定蒽醌含量的原理和方法。

（2）了解当样品中有干扰物质存在时，入射光波长的选择方法。

（3）熟练使用紫外-可见分光光度计。

2．仪器与器具

紫外-可见分光光度计，石英吸收池，1000mL、50mL 容量瓶各一个，10mL 容量瓶 10 个。

3．主要试剂

蒽醌，邻苯二甲酸酐，甲醇（均为分析纯），工业品蒽醌试样。

4．操作规程

（1）配制蒽醌标准溶液

① 0.100mg/mL 的蒽醌标准溶液　准确称取 0.1000g 蒽醌，加甲醇溶解后，定量转移至 1000mL 容量瓶中，用甲醇稀释至标线，摇匀。

注意：蒽醌用甲醇溶解时，应采用回流装置，水浴加热回流方能完全溶解。

② 0.0400mg/mL 的蒽醌标准溶液　移取 20.00mL 质量浓度为 0.100mg/mL 的蒽醌标准溶液于 50mL 容量瓶中，用甲醇稀至标线，混匀。

③ 0.0900mg/mL 邻苯二甲酸酐标准溶液　准确称取 0.0900g 邻苯二甲酸酐，加甲醇溶解后，定量转移至 1000mL 容量瓶中，用甲醇稀释至标线，摇匀。

（2）仪器使用前准备

① 打开样品室盖，取出样品室内干燥剂，接通电源，预热 20min 并点亮氘灯。

② 检查仪器波长示值准确性。清洗石英吸收池，进行成套性检验。

③ 将仪器调试至工作状态。

（3）绘制吸收曲线

① 蒽醌吸收曲线的绘制　移取 0.0400mg/mL 的蒽醌标准溶液 2.00mL 于 10mL 容量瓶中，用甲醇稀至标线，摇匀。用 1cm 吸收池，以甲醇为参比，在 200～380nm 波段，每隔 10nm 测定一次吸光度（峰值附近每隔 2nm 测一次）绘出吸收曲线，确定最大吸收波长。

② 邻苯二甲酸酐吸收曲线绘制　取 0.0900mg/mL 的邻苯二甲酸酐标准溶液于 1cm 吸收池中，以甲醇为参比，在 240～330nm 波段，每隔 10nm 测定一次吸光度（峰值附近每隔 2nm 测一次），绘出吸收曲线，确定最大吸收波长。

注意：改变波长，必须重调参比溶液 $\tau\%=100$。

（4）绘制蒽醌工作曲线　用吸量管分别吸取 0.0400mg/mL 的蒽醌标准溶液 2.00mL、4.00mL、6.00mL、8.00mL 于 4 个 10mL 容量瓶中，用甲醇稀释至标线，摇匀。用 1cm 吸收池，以甲醇为参比，在最大吸收波长处，分别测定吸光度，并记录之。

（5）测定蒽醌试样中蒽醌含量　准确称取蒽醌试样 0.0100g，按溶解标样的方法溶解并转移至 100mL 容量瓶中，用甲醇稀释至标线，摇匀。吸取 3 份 4.00mL 该溶液于 3 个 10mL 容量瓶中，再以甲醇稀释至标线，摇匀。用 1cm 吸收池，以甲醇为参比，在确定的入射光波长处测定吸光度并记录之。

（6）结束工作

① 实验完毕，关闭电源，取出吸收池，清洗晾干放入盒内保存。

② 清理工作台，罩上仪器防尘罩，填写仪器使用记录。

5．数据处理

（1）绘制蒽醌及邻苯二甲酸酐的吸收曲线，确定入射光波长。

（2）绘制蒽醌的 A-c 工作曲线，计算回归方程和相关系数。

（3）利用工作曲线，由试样的测定结果，求出试样中蒽醌的平均含量，计算测定标准偏差。

6. 相关原理

蒽醌分子中产生 $\pi \rightarrow \pi^*$ 跃迁和 $n \rightarrow \pi^*$ 跃迁。蒽醌在 λ_{251} 处有强吸收，其 $\varepsilon = 45820$，在 λ_{323} 处还有一中强吸收。然而，工业生产的蒽醌中常常混有副产品邻苯二甲酸酐它在 λ_{251} 处会对蒽醌吸收产生干扰。因此，实际定量测定时选择的波长是 λ_{323} 的吸收，这样可避免干扰。

紫外吸收定量测定与可见分光光度法相同。在一定波长和一定比色皿厚度下，绘制工作曲线，由工作曲线找出未知试样中蒽醌含量即可。

7. 注意事项

(1) 本实验应完全无水，故所有玻璃器皿干燥。

(2) 甲醇易挥发，对眼睛有害，使用时应注意安全。

项目三　原子吸收分光光度法

工作项目

利用原子吸收分光光度法对化妆品中的重金属铅、铬的含量进行测定。

拓展项目

1. 自来水中的镁测定——火焰原子吸收分光光度法（学生实践或课余完成）。
2. 灌装果汁饮料中锡含量的测定——火焰原子吸收分光光度法。
3. 食品中铅含量的测定——石墨炉原子吸收分光光度法。

任务 1　认识原子吸收分光光度法

【知识目标】

（1）熟悉原子吸收分光光度法的基本原理；

（2）掌握原子吸收分光光度计的基本构造；

（3）熟悉常用的原子化器的种类、用途，使用方法。

【能力目标】

（1）能够参照说明书使用原子吸收分光光度计；

（2）能够正确选择原子化器及相关配件。

子任务 1　认识原子吸收分光光度计实验室

课堂活动

首先提出问题"像原子吸收分光光度计这样的大型仪器实验室和可见分光光度计小型仪器及化学分析实验室在实验台的布局、仪器的配置以及管理规范要求等方面有何不同？"然后带领学生参观相关实验室或观看相关视频，结合实物或仪器的图片进行讲解。最后要求学生以组为单位发表参观感受。

注意引导学生观察实验台的布局、实验仪器、装置以及实验室的相关管理制度，让学生在实验中严格按照相关要求操作，培养严谨的工作态度。

子任务 2　认识原子吸收相关的仪器

课堂活动

结合实物或仪器的图片进行讲解。

重点介绍实验室现有的型号的原子吸收分光光度计和辅助设备，并拓展实验室目前没有的其他型号或其他品牌的仪器，要求学生按照仪器说明书，熟悉仪器的各部件。

【任务卡】

任务		方案(答案)或相关数据、现象记录	点评	相应技能	相应知识点	自我评价
子任务 1　认识原子吸收分析实验室	实验室的布局					
	实验室的仪器装置					
	实验室的管理					
子任务 2　认识原子吸收相关的仪器	原子吸收分光光度计的基本构造					

相关知识

一、原子吸收分光光度法的定义

原子吸收分光光度法（Atomic Absorption Spectrometry，AAS）是在 20 世纪 50 年代中期出现并逐渐发展起来的一种测量气态原子对光辐射的吸收强度的仪器分析方法。它亦称为原子吸收光谱法，基于试样蒸气对待测元素共振线的吸收特性来测定试样中待测元素含量的分析方法。20 世纪 60 年代初，原子化器是火焰型，1970 年制成了以石墨炉为原子化器的商用仪器。AAS 法建立后由于其高灵敏度而发展迅速，应用领域不断扩大，成为金属元素分析的一种重要的分析方法。

二、原子吸收分光光度法的基本原理

原子吸收分光光度法是将光源辐射出的待测元素的特征光谱通过样品的蒸气时，被蒸气中待测元素的基态原子所吸收，由发射光谱被减弱的程度，进而求得样品中待测元素的含量。

1. 原子吸收光谱的产生及共振线

在一般情况下，原子处于能量最低状态即基态（$E_0 = 0$）。当原子吸收外界能量被激发时，其最外层电子可能跃迁到较高的不同能级上，原子的这种运动状态称为激发态。处于激发态的电子很不稳定，一般在极短的时间（$10^{-8} \sim 10^{-7}$ s）便跃回基态（或较低的激发态），此时，原子以电磁波的形式放出能量，产生吸收线和发射线。

原子外层电子由第一激发态直接跃迁至基态所辐射的谱线称为共振发射线；原子外层电子从基态跃迁至第一激发态所吸收的一定波长的谱线称为共振吸收线；共振发射线和共振吸收线都简称为共振线。

由于第一激发态与基态之间跃迁所需能量最低，最容易发生，大多数元素吸收也最强；因为不同元素的原子结构和外层电子排布各不相同，所以"共振线"也就不同，各有特征，又称"特征谱线"，选作"分析线"。

2. 原子吸收值与原子浓度的关系

每一种元素的原子不仅可以发射一系列特征谱线，也可以吸收与发射线波长相同的特征谱线。当光源发射的某一特征波长的光通过原子蒸气时，即入射辐射的频率等于原子中的电子由基态跃迁到较高能态（一般情况下都是第一激发态）所需要的能量频率时，原子中的外层电子将选择性地吸收其同种元素所发射的特征谱线，使入射光减弱。特征谱线因吸收而减弱的程度称吸光度 A，与被测元素的含量成正比：由待测元素灯发出的特征谱线通过供试品

蒸气时，被蒸气中待测元素的基态原子所吸收（图 3-1），吸收遵循一般分光光度法的吸收定律朗伯-比尔定律，所以通过测定辐射光强度减弱的程度可求出供试品中待测元素的含量。

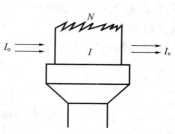

$$A = \lg \frac{I_o}{I_v} = Kcb = K'c$$

式中，A 表示吸收度；K 是一个与元素浓度无关的常数，实际上是标准工作曲线的斜率；c 为样品溶液中元素的浓度。

图 3-1　基态原子对光的吸收

所以只需测出系列标准工作溶液的吸收度，绘制相应的标准工作曲线，根据同时测得的样品溶液的吸收度，在标准工作曲线上即可查出样品溶液中元素的浓度。因此，原子吸收分光光度法是一种相对分析方法。

3. 原子吸收分光光度法的特点

（1）选择性强，干扰少　由于原子吸收分光光度法使用锐线光源，谱线窄，所以光谱干扰较少。在大多数情况下，共存元素不对原子吸收光谱分析产生干扰，一般不需要分离共存元素就可以进行分析测定。由于选择性强，干扰少，使得分析准确快速。

（2）灵敏度高　原子吸收分光光度法是目前最灵敏的方法之一，广泛用于对元素的微量、痕量甚至超痕量分析。火焰原子吸收的相对灵敏度为 $\mu g/mL \sim ng/mL$；无火焰原子吸收的绝对灵敏度在 $10^{-10} \sim 10^{-14} g$ 之间。如果采取预富集，可进一步提高分析灵敏度。

（3）分析范围广　原子吸收分光光度法使用范围广，可测定的元素超过 70 种。既可测定金属元素、类金属元素，又可间接测定某些非金属元素，还可间接测定有机物；既可测定液态样品，也可测定气态样品，甚至可以直接测定某些固态样品，这是其他分析技术所不能及的。

（4）精密度好　火焰原子吸收法的精密度较好。在日常的微量分析中，精密度为 $1\% \sim 3\%$；无火焰原子吸收法较火焰法的精密度低，石墨炉原子吸收法的约为 $3\% \sim 5\%$。若采用自动进样技术，则可改善测定的精密度。

（5）应用广泛　原子吸收分光光度法广泛应用于冶金、地质、采矿、石油化工、精细化工、食品、医药和环境监测等。

（6）缺点　每测验一种元素就需要使用相对应的一种元素灯，同时需要测定多种元素时受到一定的限制；对某些难熔性元素，如稀土元素、锆、铌等以及非金属元素的测定不能令人满意；对于某些基体复杂的样品分析，尚存某些干扰问题需要解决；如何进一步提高灵敏度和降低干扰，仍是当前和今后原子吸收分析工作者研究的重要课题。

三、原子吸收分光光度计的组成

原子吸收分光光度计主要包括五大部分（图 3-2）。

1. 光源

原子吸收分光光度计使用的光源有空心阴极灯、蒸汽放电灯、无极放电灯、火焰光源和

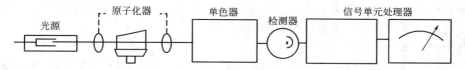

图 3-2　原子吸收分光光度计的组成

联系光源。由于空心阴极灯的各种优越性，其他光源逐渐被空心阴极灯所代替，所以在这里只介绍空心阴极灯（HCL）。

空心阴极灯的结构如图 3-3 所示。

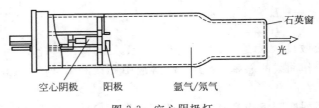

图 3-3　空心阴极灯

空心阴极灯是一个内部充有低压惰性气体（氩气/氖气）的玻璃密封的圆筒灯，阴极和阳极直接烧结在圆筒内。阴极一般是以个空心圆筒，用待测元素金属制作或填充。阳极是一根粗导线，通常是钨或镍。该灯管发出其阴极材料及充填气体（氖或氩）所特有的狭窄光谱线。当阴阳电极施加 150～750V 电压时，电子将从空心阴极内壁流向阳极，在电子通路上与惰性气体原子碰撞而产生电离。在电场作用下，带正电荷的惰性气体离子想空心阴极内壁猛烈轰击，使阴极表面的金属原子溅射出来。溅射出来的金属原子在与电子、惰性气体原子及离子发射碰撞而激发处于激发态，待激发态金属原子返回基态是就可发射出特定的波长。对于在紫外线中是有共振波长的元素材料，需用石英作为窗口材料，而对于其他元素则可用硅硼玻璃（pyrex）。

在使用空心阴极灯时要注意如下两点。

① 制造商已规定了最大电流，不得超过，否则可发生永久性损坏。例如阴极材料大量溅射；寿命缩短，热蒸发或阴极熔化。

② 有些元素采用较高电流操作时，其标准线可出现严重弯曲，并由于自吸收效应而降低灵敏度。

2. 原子化系统

原子吸收分光光度法应用的前提是将待测元素原子化，原子化系统的作用是提供能量，将样品中的待测元素有分子或离子转变成气态基态原子。实验原子吸收检测样品中待测元素的原子化过程是一个复杂的物理、化学变化过程，包括样品的输送、雾化、干燥、解离并原子化的过程。因此原子化系统直接影响分析灵敏度和结果的重现性。

在实际工作中，对原子化系统的基本要求是：必须有足够高的原子化效率、基态原子必须占绝大多数、良好的稳定性和重现性及尽量低的干扰水平等。一般有两种方法可达到这些基本要求，即火焰原子化和石墨炉原子化，对于某些特殊元素（例如砷、汞）可采用氢化物蒸气发生技术和还原蒸气原子化。

（1）火焰原子化系统　火焰原子化法通过火焰原子化系统完成样品的原子化。火焰原子化器的结构如图 3-4、图 3-5 所示。

火焰原子化系统由三部分构成，即雾化器、雾化室和燃烧器。整个装置必须能使液体分散成气溶胶状态，选择所需雾滴大小（排除过大的液滴），并能将样品输送到燃烧器，使之形成原子态。这种装置是原子吸收仪器的核心。

各部分的具体作用如下。

① 雾化器　雾化器（图 3-6）其作用是将试液雾化，并除去较大的雾滴，使液的雾滴均匀化。要求雾化器稳定和雾化效率高。

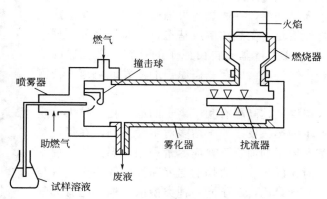

图 3-4　预混合型原子化器的结构

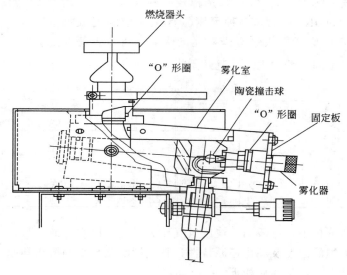

图 3-5　火焰法原子化发生器

（侧面示意图，以岛津 AA-6300 火焰原子化器为例）

雾化器是火焰原子化系统的核心部件，原子吸收分析灵敏度和精密度在很大程度上取决于雾化器的工作状态。火焰法中所采用的喷雾器一般是一种气压式装置。燃气和助燃气通过其中的小口可使其内腔形成负压，从而将样品吸入毛细管，当样品溶液通过毛细管时即可形成气溶胶状态。装在喷雾头末端的玻璃撞击球的作用就是使小型微粒的比例增多，有利于原子化。

② 雾化室　雾化室有 4 个作用：一是细化雾滴；二是使燃气和助燃气充分混合；三是脱溶剂；四是缓冲和稳定雾滴运输。因此一个符合要求的雾化室，应当具有细化雾滴作用大、输送雾滴平稳、记忆效应小、噪声低等性能。

为了细化雾滴，目前雾化室常设置碰撞球或扰流器。燃气（乙炔/氢气）和助燃气（空气/一氧化二氮）在雾化室内与试液的细小雾滴混合，经雾化室内部安装的碰撞球或扰流器的作用，既可使气、液混合均匀，也使大的液滴凝聚后从带有水封的废液排出口排出（水封可防止乙炔、空气逸出）。

③ 燃烧器　燃烧器的作用是使样品原子化。

被雾化的试样进入燃烧器，在燃烧的火焰中蒸发、干燥形成气固态气溶胶雾粒，再经熔化、受热离解成基态自由原子蒸气，原子化效率约为10%。为保证大量基态自由原子的存在，燃烧器的火焰的温度要适当，若火焰过高会引起基态原子的激发或电离，使测试灵敏度降低。

图 3-6　雾化器

火焰的性质：火焰温度越高越有利于离子的原子化，扩大测定范围，但同时高温产生的热激发态原子增多对定量不利。在保证待测元素充分还原为基态原子的前提下，应尽量采用低温火焰，使基态原子的激发依赖于对光的吸收。火焰的温度和性质取决于燃气与助燃气的种类及其化学计量比，对于同一种类型的火焰，随着燃气和助燃气的流量不同，火焰的燃烧状态也不相同，在实际测定中经常要通过控制不同的燃气/助燃气比来选择较好的火焰。常用的空气-乙炔焰温度达2600K，可测35种元素。常见火焰温度表见表3-1。选择火焰时，还应考虑火焰本身对光的吸收。可根据待测元素的共振线，选择不同类型的火焰，避开干扰。

表 3-1　火焰的温度

火焰种类	发火温度/℃	燃烧速度/(cm/s)	火焰温度/℃	火焰种类	发火温度/℃	燃烧速度/(cm/s)	火焰温度/℃
煤气-空气	560	55	1840	氢气-氯气	450	900	2700
煤气-氧气	450	—	2730	乙炔-空气	350	160	2300
丙烷-空气	510	82	1935	乙炔-氧气	335	1130	3060
丙烷-氧气	490	—	2850	乙炔—一氧化二氮	400	180	2955
氢气-空气	530	320~2050	2318	乙炔-氧化氮	—	90	3095

原子吸收光谱分析中，一般用乙炔或氢气作为燃气，以空气或一氧化二氮作助燃气。火焰的组成决定了火焰的温度及氧化还原特性，直接影响化合物的解离和原子化的效率。

通常采用两种火焰，其性质如下。

① 空气-乙炔火焰　它是原子吸收光谱中应用最广泛的火焰，其最高温度为2300℃。在化学计量火焰中，大多数元素都呈现最佳灵敏度，空气-乙炔火焰不适合测定高温难熔元素和吸收波长小于220nm锐线光的元素（如As、Se、Zn等）。现使用的有4种容易识别的火焰。

氧化焰——蓝色锥芯小，焰头强劲。空气：乙炔＝(5~6)：1，由于助燃气多，燃烧完全，火焰呈强氧化性，发射背景低，适合于不易氧化的元素测定，如Ag、Au、Cu、Pb、Cd、Co、Ni、Bi、Pd和碱土金属的测定。

化学计量焰——焰头坚挺，蓝色锥芯稍大，较明亮。空气：乙炔＝4：1，火焰呈氧化性，背景低、噪声低，适合30多种金属元素的测量。

亮焰——焰头明亮仍显出蓝色锥芯。空气：乙炔＝3：1。

还原焰——十分明亮。此种火焰的温度接近2300℃，但其热度还不足以使元素形成耐熔氧化物。空气：乙炔＝2：1，火焰呈还原性，发射背景强、噪声高、温度低，适合于难离解，且易氧化元素的测定。如：Cr、Mo、Sn和稀土元素的测定。

乙炔使用的注意事项：乙炔在丙酮中具有高度溶解性（在1100kPa下的容量比为300：

1)，可溶于丙酮中使用。乙炔钢瓶内充填多孔材料，以容留丙酮。使用时该钢瓶始终保持垂直位置，以尽量减少液态丙酮流入燃气通道。在钢瓶内压下降至一定程度时，进入燃气流中的丙酮就会增加而使火焰稳定性下降，对火焰化学计量灵敏度高的元素如：钙、锡等的结果就会出现漂移。故乙炔钢瓶的压力低于 500kPa 时即不可再用了。

使用乙炔应注意安全，燃气钢瓶与乙炔发生器附近不可有明火。燃气管路上最好有一个快速开关。目前均用流量计带针形阀作为开关，这种开关关不紧，有余气时常易逸漏造成事故。若没有快速开关，应在做完实验后将发生器内的余气烧掉。现使用的燃烧器即使由于先断助燃气等原因回火，也仅回到雾化室。当然应注意在操作时先开助燃气再开燃气点火的操作规程，关气时应先关燃气。

② 一氧化二氮-乙炔火焰 一氧化二氮-乙炔火焰，其热量显著高于空气-乙炔火焰（2900℃），点燃也较快。一氧化二氮-乙炔火焰燃烧剧烈，发射背景大，噪声大，必须使用专用的燃烧器，不能用空气-乙炔燃烧器代替。由于其温度高，且还原能力强，利用此焰能分析多种耐熔元素，如：B、Be、Ba、Al、Si、Ti、Zr、Hf、Nb、Ta、V、Mo、W、稀土元素等。

使用一氧化二氮-乙炔火焰应小心，注意防止回火，禁止直接点燃一氧化二氮-乙炔火焰。点燃时应先点燃空气-乙炔火焰并调节为还原性火焰（火焰变黄，出现黑烟），再过渡到氧化二氮-乙炔火焰，并保持为还原性火焰。

（2）石墨炉法

原子化方法中火焰仍然作为标准的原子化方法被广泛地使用，其原因是测定值的重现性好和使用简单。然而，火焰方法的主要缺点是原子化率低，液体样品只有 1/10 左右被利用，而 9/10 作为废液被排放了。因此，其原子化效率低和分析灵敏度也不是很高。石墨炉法改善了上述缺点，灵敏度提高 10～200 倍之多。

石墨炉法采用电热式石墨管代替上述的喷雾器、雾化室和燃烧器。利用低压、大电流来热解石墨管，可升温至 3000℃，使管中的少量液体或固体蒸发和原子化。石墨管是由石墨材质做成的中空管，管中间小孔用于注射试液。石墨管在使用时需不断地充入惰性气体（Ar 气或 N_2 气），以保护石墨管不被高温氧化、原子化的基态原子不再被氧化和清洗石墨管。为使石墨管在每次分析之间能迅速降至室温，在上面冷却水入口通入 10～20℃ 的水以冷却石墨炉原子化器（图 3-7）。

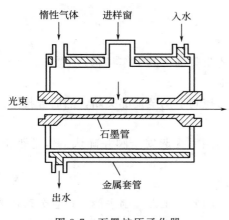

图 3-7 石墨炉原子化器

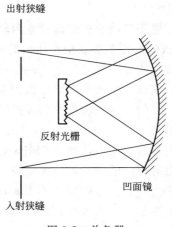

图 3-8 单色器

石墨炉的优点是体积小，可保证在光路上有大量"游离"原子（喷雾器/燃烧器的原子化效率是 10%，而石墨炉则可达约 90%），且所需样品量极微（通常为 $5\sim30\mu L$）。由于其效率高，灵敏度比火焰法也提高了 $10\sim200$ 倍（视元素种类而异）。

3. 光学系统

原子吸收分光光度计的光学系统主要是指单色器（图 3-8），其作用是将复合光分解成单色光或有一定宽度的谱带。单色器由入射狭缝、出射狭缝、准直镜、色散元件（光栅）和聚焦装置（透镜或凹面反射镜）组成。一般仪器，狭缝宽 $100\mu m$ 可得 $0.2nm$ 光谱通带。

采用窄谱带和单色光用作分析原因：① 可将彼此非常接近的吸收带分开；② 采用窄带才可能在最大吸收波长处测量；③ 符合朗伯-比尔定律的要求。

4. 检测器（光电倍增管）

在原子吸收分光光度计中，几乎都是采用光电倍增管（图 3-9）作为检测器的。最常用的则是峰响应在 $185\sim900nm$ 范围的广域光电倍增管。

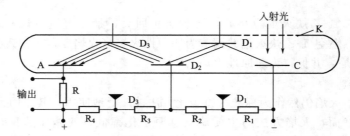

图 3-9　光电倍增管示意图

光电倍增管是在普通光电管中引入具有二次电子发射特性的倍增电极——打拿极组合而成，倍增电极间的电位逐增高，相邻两倍增电极的电位约为 90V，当辐射照射光阴极时，产生的电子受第一级倍增电极正电位作用，加速并撞击到该电极上，产生二次电子发射，这些二次发射电子在第二级倍增电极作用又被加速并撞击到该电极上，产生二次电子发射，这样继续下去，经多级放大的电子最后收集到阳极上，产生的电流再进行放大和测量，由于光电流逐级倍增，光电倍增管具有很高的灵敏度，特别适合于弱辐射能的检验，一般光电倍增管的倍增电极可达 $11\sim14$ 级，每个光子可产生 $10^6\sim10^7$ 个电子。

四、原子吸收分光光度计常用辅助部件的使用

1. 火焰法原子吸收中空压机的使用

原子吸收分光光度计使用的空压机，应通过下述步骤确认其工作状态。

（1）确认油位水平在空压机正常工作要求的范围。

（2）关闭截止阀和排气阀，逆时针旋转分表压力控制手柄至全部关闭，然后连接空压机的电源。

（3）当总表压力达到 $0.5MPa$ 时，电机将停止，用手提起安全阀并确认工作是否正常，此时将会有很响的嘶声，但无危险。

（4）当总表压力达到 $0.4MPa$ 时，电机再次启动。

（5）当总表压力再次达到 $0.5MPa$ 时，顺时针转动分表压力控制手柄，设置分表压力到 $0.35MPa$，空压机处于正常工作状态。

（6）用肥皂水或其他漏气检测方法检测各连接处、压力表、空气变压器等，查看是否漏气。

（7）空压机连续运行要比间歇运行有更具稳定的压力输出。空压机在使用中应经常放水，空气中的水汽会影响到分析的精度，但放水后应检测水管是否漏气，否则可再按几下按钮，放水应在火焰熄灭时带压进行。

2. 钢瓶的使用

（1）钢瓶必须垂直放置，在安装钢瓶的调压器前，必须先除去在钢瓶出口处的尘土。

（2）打开钢瓶总阀前，先逆时针转动分表的控制手柄，并确认出口方向无人时才能慢慢用钢瓶手柄打开总阀。

（3）使用一氧化二氮、氢气、氩气、氧气等钢瓶时，总阀要开至足够大，否则流量不稳定；对于乙炔钢瓶，则转动钢瓶总阀不要超过 1.5 圈，防止丙酮或 DMF（N,N-二甲基酰胺）从瓶中流出。

（4）使用一氧化二氮-乙炔火焰时，乙炔钢瓶要打开 1~1.5 圈；如果总阀打开不足，乙炔流量太小，在从空气-乙炔火焰切换到一氧化二氮-乙炔火焰时可能回火。

（5）钢瓶的手柄要放在总阀上，使用时也是如此；使用后，不仅要关闭截止阀而且要关闭钢瓶总阀。

（6）当乙炔钢瓶的压力小于 0.5MPa 时，就要换新钢瓶；乙炔气在高压容器中是溶解在丙酮或 DMF 里。而丙酮或 DMF 则吸附在多孔性材料中，一旦钢瓶压力小于 0.5MPa，丙酮或 DMF 的蒸气将与乙炔混合流出，气体流量不稳定；如果钢瓶压力小于 0.3MPa，丙酮或 DMF 的蒸气将汽化流出，气体流量将无法控制。

五、原子吸收实验室对环境、基本条件的要求及其管理

为了保持良好的工作状态，原子吸收分光光度计应在规定的环境中使用，并严格按使用说明书规范进行日常的维护和保养。

（1）安置场所：室温 10~30℃之间，空气湿度低于 85%，无强烈震动或持续的弱制动，附近无强磁场、电场或高频波，不存在腐蚀性气体和对测量有干扰的其他气体，灰尘较少，有排风装置，不准抽烟，避免阳光直射。

（2）仪器使用（220±22）V 的交流电源，频率（50±1）Hz，功率 200W。仪器必须通过交流稳压电源供电，电源插座必须有接地端且接地良好。

（3）开机时应先开总电源在开灯电源，然后开气源，进行气体流量调节，并点火。关机应先关乙炔气，再关空压机，电源不论先后，但应在熄火之后再关电源。应时常注意各气体的输出压力。

（4）应经常对气体进行检漏，特别是乙炔气体。禁止在乙炔管道中使用紫铜及银制零件，并无油污。

（5）每天上班前打开窗透气 5min，严禁使用不透气材料制成的外套。

（6）通风：原子吸收分光光度计使用可燃性气体，能点燃，要保证良好的通风。

（7）用火：当测定可燃性样品，必须注意用火的安全。准备一个灭火器，以防万一。

（8）排气罩：原子吸收分光光度计的上方必须准备一个通风罩，使燃烧器产生的气体能顺利排放。

（9）凝聚：要避免仪器在能引起凝聚的场合下使用，否则仪器不能正常工作。

（10）减少电源的波动。

知识应用与技能训练

一、填空题

1. 电子从基态跃迁到激发态时所产生的吸收谱线称为_____，在从激发态跃迁回基态时，则发射出一定频率的光，这种谱线称为_____，两者均称为_____。各种元素都有其特有的_____，称为_____。

2. 原子吸收分光光度计和紫外可见分光光度计的不同处在于_____，前者是_____，后者是_____。

3. 空心阴极灯是原子吸收分光光度计的_____。其主要部分是_____，它是由_____或_____制成。灯内充以_____成为一种特殊形式的_____。

4. 原子吸收分光光度计中的火焰原子化器是由_____、_____及_____三部分组成。

二、选择题

1. 贫燃是助燃气量_____化学计算量时的火焰。
   A. 大于   B. 小于   C. 等于

2. 原子吸收光谱法是基于光的吸收符合_____，即吸光度与待测元素的含量成正比而进行分析检测的。
   A. 多普勒效应 B. 朗伯-比尔定律   C. 光电效应   D. 乳剂特性曲线

3. 原子发射光谱法是一种成分分析方法，可对约 70 种元素（包括金属及非金属元素）进行分析，这种方法常用于_____。
   A. 定性   B. 半定量   C. 定量   D. 定性、半定量及定量

三、应用题

1. 用原子吸收分光广度法测定某元素的灵敏度为 0.01（$\mu g/mL$）/1‰吸收，为使测量误差最小，需得到 0.434 的吸光度值，求在此情况下待测溶液的浓度应为多少？

2. 在原子吸收分光光度计上，用标准加入法测定试样溶液中 Cd 含量。取两份试液各 20.0mL 于 2 只 50mL 容量瓶中，其中一只加入 2mL 镉标准溶液（1mL 含 Cd $10\mu g$）另一容量瓶中不加，稀释至刻度后测其吸光度值。加入标准溶液的吸光度为 0.116，不加的为 0.042，求试样溶液中 Cd^{2+} 的浓度（mg/L）？

3. 制定一份原子吸收实验室的规章制度。

4. 做一个原子吸收分光光度计的 SOP。

5. 制定化妆品中铅离子含量的检测方案（下次课讨论）。

任务 2　祛斑霜中重金属铅的含量的测定

【知识目标】

(1) 掌握原子吸收分光光度法检测重金属的原理；

(2) 掌握标准溶液的配制方法，样品预处理的方法；

(3) 掌握标准曲线法。

【能力目标】

(1) 根据需要选择合适的原子化器；

(2) 对仪器进行调试；

(3) 会操作原子吸收分光光度计。

子任务1　制定分析方案

课堂活动

1. 教师提出问题：对于化妆品重金属检测方案的选择原则是什么？

2. 请学生根据上次课的内容和化妆品相关法律法规，选择合适的仪器和其他辅助工具以及所需要的试剂。

3. 结合学生讨论情况，进行点评、讲解，确定初步方案。

子任务2　样品预处理

课堂活动

1. 提出问题：

(1) 化妆品样品能否直接进行分析？

(2) 如何对样品进行预处理，使样品中的铅离子转化成可检测状态？

2. 结合学生讨论情况，重点讲解重点讲解原子吸收分光光度法对样品的要求、样品处理的方法。

子任务3　设置分析条件

课堂活动

1. 测量条件的选择，完成下表。

项目	填　　写	思　　考
吸收线的选择	光源＿＿＿＿ 波长＿＿＿＿nm	选择入射光波长的依据是什么？ 是否在任何情况下都选择待测元素的最灵敏线？
光普通带宽度		光普通带宽度太宽或太窄会对分析结果有何影响？ 如何选择？
空心阴极灯工作电流		如何通过实验的方法选择合适的灯电流？
原子化条件的选择	火焰类型＿＿＿＿＿ 燃烧器高度＿＿＿＿ 进样量＿＿＿＿	测定铅含量应选择富燃焰还是贫燃焰？ 如何通过实验的方法选择合适的燃烧器高度？ 进样量对分析结果的影响？
A适宜范围	□0～0.1　□0.1～0.9　□0.9～∞	为什么要有适宜A值范围的规定？在实际工作中有什么办法可以将不在适宜范围的A值调整到适宜范围？

2. 结合学生讨论情况，重点讲解原子吸收分光光度法分析条件的选择。

3. 教师先做示范操作，然后学生根据选定的分析条件进行更换空心阴极灯、选择分析波长对原子化器位置的进行调节等操作。

4. 期间提出以下问题

(1) 待测液的黏度过大会使测定值偏低，为什么？如何解决？

(2) 测定钙离子含量时，共存的磷酸根会和钙离子结合生成难电离的沉淀焦磷酸钙，使测定结果偏低？如何消除该干扰？

（3）测定自来水中钙离子含量时，往往存在测定值偏低的现象，为什么？如何消除？

（4）测定溶液中汞离子含量时，共存的钴离子会对其有光谱干扰，为什么？如何消除？

5．结合学生回答情况分别讲解原子吸收分光光度法中存在的干扰及干扰的消除方法。

子任务 4　测定

课堂活动

1．学生阅读实验任务指导书判断测定祛斑霜中铅离子含量用的是哪种定量方法？

2．提出问题：标准曲线法和标准加入法分别适用于哪些分析？

3．学生讨论回答，教师点评总结后，带领学生按照实验任务指导书的要求进行操作，正确规范地记录数据。学生实验过程中教师巡回指导。

4．本过程将作为组间竞赛的内容，用时短且数据较好的组胜出并介绍经验。

5．教师总结任务的完成情况。

子任务 5　数据处理、报告

课堂活动

1．学生根据测定的数据绘制标准曲线。

2．教师汇总学生绘制的标准曲线，将有代表性的问题进行分析讲解，复习绘制标准曲线的正确方法。

3．提出问题：如果待测样祛斑霜的吸光度值 A 不在绘制的标准曲线范围之内，应作何处理？

4．编制报告。

子任务 6　关机、仪器维护保养

课堂活动

关机、仪器的整理和复原、仪器使用记录、实验台面清理以及公共值日要求等。特别强调关机顺序及燃烧器、雾化器的维护保养。

【任务卡】

任务		方案（答案）或相关数据、现象记录	点评	相应技能	相应知识点	自我评价
子任务 1　制定分析方案	所选仪器					
	所选空心阴极灯					
	样品的预处理					
	其他辅助工具					
子任务 2　样品预处理	配置样品溶液和标准曲线溶液					

续表

任务		方案(答案)或相关数据、现象记录	点评	相应技能	相应知识点	自我评价
子任务3　设置分析条件	安装空心阴极灯					
	选择燃气和助燃气					
	调节光路					
	参照说明书对仪器进行校正					
子任务4　测定	测定化妆品中铅的含量,正确的记录数据					
子任务5　数据处理、报告	根据结果做出判断,填写报告					
记录测定过程中出现的故障,提出排除方法						
学会的技能						

⊛ 相关知识

一、原子吸收分光光度计的使用

以 AA-6300 原子分光光度计为例讲解原子吸收分光光度计的操作。

1. 仪器简介及操作

AA-6300 原子分光光度计设计精良,灵敏度高 [火焰:Pb,0.1ppm($\times 10^{-6}$);石墨:Pb,0.3ppb($\times 10^{-9}$)直接定量],使用非常简单方便,火焰-石墨炉切换简便,检测全程软件控制,仪器适用于各种重金属的含量检测。

仪器的使用操作(火焰法)如下。

(1) 打开 AA-6300 主机的电源。

(2) 打开乙炔气瓶的主阀门,启动空气压缩机。

(3) 开启软件系统。

(4) 在软件中选择要待测得元素(Pb)、检测的方法(连续火焰法)、空心阴极灯的种类(普通灯)。

(5) 设置标准样品的浓度、单位。

(6) 联机(电脑软件与 AA-6300 主机的联机),自检。

(7) 选择检测的光学参数,选择待测元素灯的安装位置。

(8) 设置燃气(乙炔)与助燃气(空气)的流量比例。

(9) 调节燃烧头的位置。

(10) 点燃火焰　按 AA 主机前方的 PURGE 键和 IGNITE 键点燃火焰。

（11）用超纯水进行自动调零，用超纯水进行自动调零。

（12）用空白样品进行空白测定。

（13）标准测定，检测标准溶液，绘制标准曲线。

（14）未知样品测定。

（15）完成测定。

测定完成后，把进样管口放入蒸馏水中喷雾一段时间。然后按 AA 主单元前方的 EX-TINGUISH 键熄灭火焰。

2. 技术参数（表 3-2）

表 3-2　　AA-6300 原子分光光度计技术参数

测定系统	测定波长范围	185～900nm
	单色器	像差校正型 Czerny-Turner 装置
	带宽	0.2,0.7,0.7L,2.0L(nm)(4 挡自动切换)
	检测器	光电倍增管（短波长范围） 半导体（长波长范围）
	光度测定方法	火焰:光学双光束 石墨炉:电子双光束
	背景校正	高速自吸收（BGC-SR） 高速氘灯法（BGC-D2）
	灯插座数	6 灯插座,2 灯同时点亮(1 预热)
	点灯方式	发射,NON-BGC,BGC-SR,BGC-D2
	软件环境	Microsoft Windows 2000™
	参数设置	Wizard 法
数据处理	测定方式	火焰连续法,火焰微量进样法,石墨炉法
	浓度转换方式	校准曲线(可选择 1 次,2 次,3 次函数) 标准加入法/简化标准加入法(1 次函数)
	重复测定	最多 20 次重复 显示平均值,标准偏差（SD）和相对标准偏差（RSD） 根据标准偏差（SD）和相对标准偏差（RSD）值排除异常值
	基线校正	采用峰高和峰面积的偏移量校正方法,自动校正基线的漂移
	峰数据处理范围	峰数据处理范围,可选峰高和峰面积方式
	灵敏度校正	通过灵敏度比较,自动校正校准曲线
	表格数据处理功能	采用重量因子,稀释因子,定容因子和校正因子计算实样浓度
	装载参数	模板功能
	步骤/结果显示	MRT 工作单(MRT:测定结果表)
	结果打印	汇总报告
	QA/QC	相关系数、%RSD、ICV/ICB、CCV/CCB、PB、LCS、SPK、PDS、DUP 、QA/QC 检查后,可选择暂停、标记或继续分析
	重新测定	可选择是否重新测定 自动进样器对未知样品自动稀释后重新测定(火焰微量进样法、石墨炉法)
	电子记录和电子签名	注册 ID/密码用户管理 用户级别限制赋予的权限 日志记录 追踪审核 电子签名

3. 常见的故障及原因分析和排除方法

表 3-3 中列出了原子吸收分光光度计常见的故障及原因分析和排除方法。

表 3-3　常见的故障及原因分析和排除方法

常见的故障	原因和细节	对应的措施
原子吸收分光光度计的通信连接失败	原子吸收分光光度计软件 Wizaard 和原子吸收分光光度计主机之间的通信有问题	重新打开 PC 电源和仪器的电源。如果错误再次发生,检查下列项目 • 关闭 PC BIOS 和控制面板中所有的节能功能 • 用螺丝固定所有的通信电缆(AA-PC,AA-ASC,AA-ASC-EX7i)避免接触不良、接地不良以及通信可不匹配
无法执行光束平衡	光束平衡失败因为背景的光强远大于空心阴极灯的光强 可考虑下列原因: (1)因为光学参数等的改变,导致空心阴极灯的光强远低于背景的光强 (2)谱线搜索失败无法得到正确的分析线 (3)因为空心阴极灯太陈旧光强度变低	(1) • 增加空心阴极灯电流,注意别超过最大灯电流 • 当点灯方式为 BGC-D2 时,减小狭缝宽 (2) • 正确地设置光学参数页中的[波长] • 如果单色器存在波长位移,通过软件执行波长校正 (3)更换空心阴极灯
	光束平衡失败因为空心阴极灯的光强远大于测定背景的光强 可考虑下列原因: (1)因为光学参数等的改变使空心阴极灯的光强远大于测定背景的光强 (2)谱线搜索失败无法得到正确的分析线 (3)因为空心阴极灯陈旧光强度变大[当点灯方式为 BGC-D2] (4)因为氘灯陈旧导致测定背景的光强变低 (5)氘灯的光轴移位	(1) • 降低空心阴极灯电流(低) • 当点灯方式是 BGC-D2 时,增加狭缝宽(注意邻近线的干扰) (2) • 正确地设置波长 • 收窄狭缝宽不要受到邻近线的影响 • 如果单色器存在波长位移,通过软件执行波长校正 (3)更换空心阴极灯 (4)更换氘灯 (5)调节氘灯位置
	光束平衡失败因为氘灯能量太低,可考虑下列原因: (1)氘灯陈旧,强度太低 (2)氘灯的光轴移位	(1)更换氘灯 (2)调节氘灯位置
空心阴极灯能量太低	空心阴极灯的光强太低可考虑下列原因: (1)空心阴极灯没有正确地安装在灯架上 (2)光学通道被遮挡 (3)因为光学参数等的改变使空心阴极灯的光强变得太低 (4)谱线搜索失败无法得到正确的分析线 (5)因为空心阴极灯太陈旧光强度变低[火焰发射分析的场合] (6)浓度最高的标准样品其发射强度太低	(1) • 确认正确安装灯的插座和灯位设置 • 旋转空心阴极灯调节光轴 (2) • 确认光学通道上没有任何遮挡 • 如果燃烧器头或石墨炉遮挡光,调节原点 (3)在光学参数中增加灯电流(低)或加大狭缝宽 (4) • 正确地设置光学参数页中的[波长] • 如果单色器存在波长位移,在[仪器]-[维护保养]-[波长调节]中执行波长校正 (5)更换空心阴极灯 (6) • 使用合适的火焰类型 • 调节燃烧器高度获得最高的信号 • 使用浓度更高的标准样品

续表

常见的故障	原因和细节	对应的措施
空心阴极灯能量不足	波长调节时空心阴极灯的光强不足。可考虑下列原因： (1)光轴有问题 (2)因为光学参数等的改变空心阴极灯的光强变得太低 (3)谱线搜索失败无法得到正确的分析线 (4)因为空心阴极灯太陈旧光强度变低	(1) • 确认原子化器或其他物体没有遮挡光轴 • 确认灯正确地安装到插座和灯架上 • 旋转心阴极灯和调节光轴 (2) • 增加空心阴极灯电流(低)(注意别超过最大灯电流) • 增大狭缝宽(注意邻近线的干扰) (3)正确地设置光学参数页中的[波长] (4)更换空心阴极灯
燃烧头不能点火	燃气压力太低	打开截止阀和检查燃气/助燃气压力调节器表头上的供气压力。如果压力不能满足要求,更换燃气/助燃气钢瓶,检查/调节空气压缩机操作或采取其他不要的措施
	火焰监控器周围太亮	降低燃烧室内侧的光亮(外部光或照明)。如果不起作用:用有屏蔽光效果的板完全遮盖燃烧室顶部。若仍然发生火焰监控器功能失常,请与仪器制造商的维修人员联系
火焰在使用过程中熄灭	(1)有物体阻挡火焰监控器 (2)燃气或助燃气气压不足	(1)确认没有物体阻挡火焰监控器 (2)更换燃气或助燃气
废液罐水位太低	废液罐中水面太低的情况下点燃火焰有可能发生回火。因此,在废液罐注满水后再点燃火焰	从废液罐的顶部逐渐注水直至水从废液罐溢流到废液容器

二、原子吸收分析法实验技术

1. 取样与防止样品污染

防止样品的玷污是样品处理过程中的一个重要问题。样品污染主要来源有水、大气、容器与所用的试剂。

原子吸收分析中应使用离子交换水,应使用洗净的硬质玻璃容器或聚乙烯、聚丙烯塑料容器;样品处理过程中应注意防止大气对试样的污染。

对于试剂的纯度,应有合理的要求,以满足实际工作的需要。用来配制标准溶液的试剂,不需要特别高纯度的试剂,分析纯即可。对于用量大的试剂,例如用来溶解试样的酸碱、光谱缓冲剂、电离抑制剂、释放剂、萃取溶剂,配制标准基体等试剂,必须是高纯试剂,尤其是不能含有被测元素,否则由此而引入的杂质量是相当可观的,甚至会使以后的操作完全失去意义。

避免被测痕(微)量元素的损失是样品制备过程中的又一重要问题。由于容器表面吸附等原因,浓度低于 $1\mu g/mL$ 的溶液是不稳定的,不能作为储备溶液,使用时间不要超过 $1\sim 2$ 天。吸附损失的程度和速度有赖于储存溶液的酸度和容器的质料。作为储备溶液,通常是配制浓度较大(例如 $1mg/mL$ 或 $10mg/mL$)的溶液。无机储备溶液或试样溶液置放在聚乙烯容器里,维持必要的酸度,保持在清洁、低温、阴暗的地方。有机溶液在储存过程中,应避免它与塑料、胶木瓶盖等直接接触。

2. 标准溶液的配制

原子吸收光谱法的定量结果是通过与标准溶液相比较而得出的。配制的标准溶液的组成要尽可能接近未知试样的组成。溶液中含盐量对雾珠的形成和蒸发速度都有影响，其影响大小与盐类性质、含量、火焰温度、雾珠大小均有关。当总含盐量在 0.1% 以上时，在标准样品中也应加入等量的同一盐类，以期在喷雾时和火焰中所发生的过程相似。在石墨炉高温原子化时，样品中痕量元素与基体元素的质量分数比对测定灵敏度和检出限有重要影响。因此，对于样品中的含盐量与基体元素的质量分数比能达到 $0.1\mu g/g$。

非水标准溶液，是将金属有机化合物（如金属环烷酸盐）溶于合适的有机溶剂中来配制，或者将金属离子转为可萃取配合物，用合适的有机萃取溶剂萃取。有机相中的金属离子的含量可通过测定水相中其含量间接地加以标定。最合适的有机溶剂是 C_6 或 C_7、脂肪族酯或酮、C_{10} 烷烃（例如甲基异丁酮、石油溶剂等）。芳香族化合物和卤素化合物不适合做有机溶剂，因为它们燃烧不完全，且产生浓烟，会改变火焰的物理化学性质。简单的溶剂如甲醇、乙醇、丙酮、乙醚、低相对分子质量的烃等，因为其易挥发，也不适合做有机溶剂。

3. 试样的制备和预处理

（1）试样的溶解与分解　在火焰原子化法中，需要将试样处理成溶液，主要是水溶液。但是大量待测定的试样中，如动物的组织、植物、石油产品以及矿产品等不能直接溶于水中，常常需要预处理，使试样以溶液形式存在。需注意的是，试样经过溶解和分离，预处理过程中也会相应地引入误差。

液体样品一般不宜直接进样，需对样品进行稀释，稀释比为 1:（5～10），Zn、Na 等高灵敏度元素的稀释比还要大一些。液体无机试样可用水稀释至合适的浓度；液体有机试样可用石油醚、甲基异丁基甲酮（MIBK）等稀释，使黏度降低至接近水的黏度即可进样分析。固体无机试样可用合适的溶剂溶解。固体有机试样，其处理方法有干法分解与湿法消化。

干法分解是将试样直接加热至 400～800℃ 进行灰化，然后再用水或稀硝酸溶解。采用干法分解样品污染机会小，但对于易挥发元素如 Hg、As、Cd、Pb、Sb、Se 等，在灰化过程中损失较大。

湿法消化是用浓强酸（HCl、H_2SO_4、HNO_3、$HClO_4$ 等或其混合酸）作为消化剂，可减少易挥发元素的损失，但 Hg、As、Se 等元素仍有损失。湿法消化由于使用大量消化剂，可能引入后面讨论的各种化学干扰和光谱干扰；加之是痕量分析，试剂中的微量杂质相对于被测元素来说都是大量的，势必会增加空白校正的负担。

应注意：在使用 $HClO_4$ 作为消化剂时要防止发生爆炸。浓 $HClO_4$ 含量为 70%～72%，沸点 203℃，当加热浓缩至 85% 以上时，颜色变浅黄、黄色和棕色，此时应立即冷却和稀释。采用混合酸消化时，一般加 HNO_3，再加上 H_2SO_4，最后分批少量加入 $HClO_4$。

目前，利用微波技术消解（即消化分解）样品的方法已被广泛采用，称为微波消解法。微波消解法是将样品放在聚四氟乙烯闷罐中，在专用微波炉中加热。这种方法的优点是样品消解快、分解完全、损失少，适合大批量样品的处理工作，对微量、痕量元素的测定效果好。无论是地质样品还是有机样品，微波消解均可获得满意结果。

由于原子吸收分析灵敏度很高，故盛装标准溶液与试样溶液的容器材质应选择硅硼玻璃或聚乙烯塑料。因普通玻璃对许多元素有吸附作用，特别是对未消化的试液吸附更大，所以当使用玻璃容器时一定要现用现配，切勿储藏时间过长。

电热原子化法可以直接原子化某些物质，因此省去了溶解这一步骤，液体试样如血、石油产品以及有机溶质能够直接移入炉内灰化及原子化；固体试样可以直接用杯形称量后，放入管式炉中。但校正比较困难，需要标样在组成上与试样近似。原子吸收光谱分析具有高选择性，通常可在干扰离子存在下完成被测元素的测定。对于微量和痕量组分的测定，分离共存干扰离子同时使被测组分得到富集是提高微量和痕迹组分测定相对灵敏度的有效途径。目前，常用的分离与富集方法有沉淀和共沉淀法、离子交换法、萃取法、浮选分离富集技术、电解预富集技术及应用泡沫塑料、活性炭等的吸附技术等，其中应用比较多的是离子交换法和萃取法。

（2）标样　标样要用有机物质，如环丁酸盐（干粉）配制或购买商品有机标样，在标样与样品基体差异较大时，采用标准加入法进行分析。"O"形密封圈应耐有机溶剂。

（3）溶剂萃取　试验证明，不论是否有水存在，相对分子质量较低的醇、酮和酯的存在均可增加火焰吸收峰的高度。因为这类溶液的表面张力较小，可提高雾化效率，从而增大试样进入火焰的量。

当存在有机溶剂时，必须使用贫燃火焰以抵消加入的有机物质的溶剂，如甲级丁基甲酮萃取金属离子的螯合物，然后直接将萃取物雾化进入火焰原子化。这样处理不仅使有机溶剂的引入增强了信号，提高了分析灵敏度，而且对许多系统来说，可用少量的有机液体将金属离子从较大体积的水溶液中移出，使得部分基体成分仍留在水溶液中，达到分离和富集的目的，同时也减少了干扰。常用的螯合剂有吡咯二硫代甲酸铵、8-羟基喹啉、双硫腙等。

三、原子吸收分光光度法的干扰效应及其消除方法

干扰效应按其性质和产生的原因，可以分为 4 类：化学干扰、电离干扰、物理干扰和光谱干扰。

1. 化学干扰

是指试样溶液转化为自由基态原子过程中，待测元素与其他组分之间的化学作用而引起的干扰效应，与被测元素本身的性质和在火焰中引起的化学反应有关。化学干扰主要影响待测元素化合物的熔融、蒸发和解离过程，既可能是正效应，也可能是负效应。由于产生化学干扰的因素多种多样，消除干扰的方法要视具体情况而不同，常用以下几种方法。

（1）改变火焰温度　火焰温度直接影响样品的熔融、蒸发和解离过程。许多在低温火焰中出现的干扰，在高温火焰部分或完全消除。因此对于生成难熔、难解离化合物的干扰，可以通过改变火焰的种类、提高火焰的温度来消除。如在空气-乙炔火焰的 PO_4^{3-} 对钙的测定有干扰，当改用一氧化二氮-乙炔火焰后，提高火焰温度，可消除此类干扰。

（2）加入释放剂　向试样中加入一种物质，使干扰元素与之生成更稳定、更难解离的化合物，而将待测元素从其与干扰元素生成的化合物中释放出来，加入的物质称为释放剂。常用的释放剂有氯化镧（$LaCl_3$）和氯化锶（$SrCl_2$）。如测 Mg^{2+} 时铝盐会与镁生成 $MgAl_2O_4$ 难熔晶体，使镁难于原子化而干扰测定。若在试液中加入释放剂 $SrCl_2$，可与铝结合成稳定的 $SrAl_2O_4$ 而将镁释放出来。磷酸根会与钙生成难解离化合物而干扰钙的测定，若加入释放剂 $LaCl_3$，则由于生成更难离解的 $LaPO_4$ 而将钙释放出来。采用加入释放剂以消除干扰，此处注意释放剂的加入量。加入一定量时才能起到释放作用，但也有可能加入量过多而降低吸收信号。最佳的加入量应通过实验加以确定。

（3）加入保护剂　加入一种试剂使待测元素不与干扰物质生成难挥发的化合物，可以保护待测元素不受干扰，这试剂称为保护剂。保护剂作用机理有三：一是保护剂与待测元素起作用形成稳定配合物，阻止干扰物质与待测元素之间生成难挥发化合物；二是保护剂与干扰物质形成稳定配合物，避免待测元素与干扰物质形成难挥发的化合物；三是保护剂与待测元素和干扰物质均形成各自的配合物，避免待测元素与干扰物质形成难挥发的化合物。如 PO_4^{3-} 干扰钙的测定，当加入络合剂 EDTA 后，钙与 EDTA 生成稳定的螯合物，而消除

PO_4^{3-} 的干扰。再如 8-羟基喹啉做保护剂可抑制铝对镁的干扰，属上述的第二条机理，而 EDTA 做保护剂可抑制铝对镁的干扰，属上述的第三条机理。此外葡萄糖、蔗糖、乙二醇、甘油、甘露醇都已用做保护剂。应当指出使用有机保护剂有时会更有利，因有机配合物更容易解离而使待测元素更易原子化。

（4）加入缓冲剂　与试样和标准溶液中均加入一种过量的干扰物质，使干扰影响不再变化，进而抑制或消除干扰元素对测定结果的影响，此含干扰物质的试剂称为缓冲剂。如用一氧化二氮-乙炔测定钛或铊时，铝有干扰，难以获得准确结果，向试样中加入铝盐使铝的浓度达到 $200\mu g/mL$ 时，铝对钛或铊的干扰就不再随溶液中铝含量的变化而改变，从而可以准确测定钛或铊。需要指出的是，缓冲剂的加入量必须大于吸收值不再变化的干扰物质最低限量。应用这种方法往往会显著地降低灵敏度。

（5）加入助熔剂　氯化铵是常用的助熔剂，它对很多元素都有增感效应，它可以抑制铝、硅酸根、磷酸根和硫酸根的干扰。其对待测元素吸收信号的增感效应通过三方面作用。一是氯化铵的熔点低，在火焰中很快熔融，对一些高熔点的被测物质起到助熔作用；二是氯化铵的蒸气压高，有利于雾滴细化和熔融蒸发；三是氯化铵的存在使待测元素变成氯化物的倾向增大，有利于原子化。

部分常用抑制化学干扰的试剂见表 3-4。

表 3-4　部分常用抑制化学干扰的试剂

试剂	试剂类型	干扰元素	测定元素
La	释放剂	$Al,Si,PO_4^{3-},SO_4^{2-}$	Mg
Sr	释放剂	$Al,Be,Fe,Se,NO_3^-,PO_4^{3-},SO_4^{2-}$	Sr,Mg,Ca
Ba	释放剂	Al,Fe	Mg,K,Na
Ca	释放剂	Al,F	Mg
Sr	释放剂	Al,F	Mg
$Mg+HClO_4$	释放剂	$Al,Si,PO_4^{3-},SO_4^{2-}$	Ca
$Sr+HClO_4$	释放剂	Al,P,B	Ca,Mg,Ba
Nd,Pr	释放剂	Al,P,B	Sr
Nd,Sm,Y	释放剂	Al,P,B	Ca,Sr
Fe	释放剂	Si	Cu,Zn
La	释放剂	Al,P	Cr
Y	释放剂	Al,B	Cr
Ni	释放剂	Al,Si	Mg
NH_4Cl	保护剂	Al	Na,Cr
NH_4Cl	保护剂	$Fe,Ca,Ba,PO_4^{3-},SO_4^{2-}$	Mo
NH_4Cl	保护剂	Fe,Mo,W,Mn	Cr
己二醇	保护剂	PO_4^{3-}	Ca
甘露醇	保护剂	PO_4^{3-}	Ca
葡萄糖	保护剂	PO_4^{3-}	Ca,Sr
水杨酸	保护剂	Al	Ca
己酰丙酮	保护剂	Al	Ca
蔗糖	保护剂	P,B	Ca,Cr
甘油,高氯酸	保护剂	$Al,P,B,Fe,Si,Cr,Ti,PO_4^{3-},SO_4^{2-}$,稀土	Mg,Sr,Ca,Ba
EDTA	络合剂	Al	Mg,Ca
8-羟基喹啉	络合剂	Al	Mg,Ca
$K_2S_2O_7$	络合剂	Al,Fe,Ti	Cr
Na_2SO_4	络合剂	可抑制16种元素的干扰	Cr
$Na_2SO_4+Cu_2SO_4$	—	可抑制 Mg 等十几种元素的干扰	Cr

2. 电离干扰

是指待测元素在火焰中吸收能量后，除进行原子化外，还使部分原子电离，从而降低了火焰中基态原子的浓度，使待测元素的吸光度降低，造成结果偏低。火焰温度越高，电离干扰越显著。提高火焰中电子的浓度，降低电离度是消除电离干扰最基本的途径。最常用的方法是加入消电离剂，一般消电离剂的电离电位越低越好。当分析电离电位较低的元素（如 Be、Sr、Ba、Al），为抑制电离干扰，除采用降低火焰温度的方法外，还可以向试液中加入消电离剂，如 1% $CsCl$（或 KCl、$RbCl$）溶液，因 $CsCl$ 在火焰中极易电离产生高的电子云密度，此高电子云密度可以阻止待测元素的电离而除去干扰。此外，标准加入法也可在一定程度上消除某些电离干扰。

3. 物理干扰

物理干扰是指试样在转移、蒸发和原子化的过程中，由于物理的特性（如黏度、表面张力、密度等）的变化引起吸收强度下降的效应。物理干扰是非选择性干扰，对试样中各种元素的影响基本相同。物理干扰主要发生在抽吸过程、雾化过程和蒸发过程中，例如试样中盐的浓度增大使溶液的黏度和密度增大，从而影响了试样喷入的速度；表面张力的改变会影响雾滴的大小和分布等。这些因素都会影响试样中基态原子数的变化。由于产生物理干扰的因素多种多样，消除干扰的方法要视具体情况而定，消除物理干扰常有的方法如下所述。

（1）配制与待测液基体相似的标准溶液，这是最常有的方法。

（2）当配制其基体与试液相似的标准溶液困难时，需采用标准加入法。

（3）当待测元素在试液中的浓度较高时，可用稀释溶液的方法来降低或消除物理干扰。

（4）利用多道原子吸收分光光度计通过内标法来消除物理干扰。

4. 光谱干扰

光谱干扰包括谱线重叠、光谱通带内存在吸收线、原子化池内的直流发射、分子吸收、光散射等。当采用锐性光源和交流调制技术时，前三种因素一般可以不予考虑，主要考虑分子吸收和光散射，它们是形成光谱背景干扰的主要因素。主要是通过背景校正的方法来减少这些干扰。常见的背景校正的方法如下。

（1）连续光源背景校正法（氘灯校正）　连续光源背景校正法可采用氘灯、氙灯和钨灯作为背景校正光源。连续光氘灯、氙灯在紫外区；钨灯在可见光区背景校正。但由于实际应用中的各种瓶颈，氙灯和钨灯在商品化的仪器中的使用很少，现在多使用氘灯作校正光源。

切光器可使锐线光源与氘灯连续光源交替进入原子化器。锐线光源测定的吸光度值为原子吸收与背景吸收的总吸光度。连续光源所测吸光度为背景吸收，因为在使用连续光源时，被测元素的共振线吸收相对于总入射光强度是可以忽略不计的。因此连续光源的吸光度值即为背景吸收。将锐线光源吸光度值减去连续光源吸光度值，即为校正背景后的被测元素的吸光度值。

（2）塞曼效应背景校正　当仅使用石墨炉进行原子化时，最理想的是利用塞曼效应进行背景校正。塞曼效应是指光通过加在石墨炉上的强磁场时，引起光谱线发生分裂的现象。塞曼效应分为正向塞曼效应和反向塞曼效应。前者指光源在磁场中发射线发生分裂，后者指原子化器在磁场中使吸收线发生分裂。按观察光束方向不同又可分为横向塞曼效应和纵向塞曼效应：磁场方向与光束方向垂直为横向塞曼效应，磁场方向与光束方向平行则为纵向塞曼效应。

塞曼效应应用于原子吸收做背景校正可有多种方法，可将磁场施加于光源，也可将磁场施加于原子化器；可利用横向效应，也可利用纵向效应；可用恒定磁场，也可以交变磁场。

由于条件的限制，不是以上所有组合都可应用于原子吸收分光光度计中。目前商品化仪器应用较广的是应用于原子化背景校正装置，主要有 3 种调制形式，分别为横向恒定磁场、横向交变磁场和纵向交变磁场。

塞曼效应使用同一光源进行测量，是非常理想的校正方法，它要求光能集中同方向地通过电磁场中线进行分裂，但在火焰分析中，由于火焰中的固体颗粒对锐性光源产生多种散射、光偏离，燃烧时粒子互相碰撞等因素产生许多不可预见因素，造成光谱线分裂紊乱，在火焰中的应用极不理想。并且，塞曼效应的检测灵敏度低于氘灯校正法。

（3）自吸收校正法（SR 法）　当空心阴极灯在高电流工作时，其阴极发射的锐线光会被灯内产生的原子云基态原子吸收，使发射的锐线光谱变宽，吸收度下降，灵敏度液下降。这种自吸现象无法避免。因此，可首先在空心阴极灯低电流下工作，使锐线光通过原子化器，测得待测元素和背景吸收的总和。然后使它在高电流下工作，通过原子化器，测得相当于背景的吸收。将两次测的吸光度相减，就可扣除背景的影响。

四、最佳实验条件的选择

原子吸收光谱分析中影响测量条件的可变因素多，在测量同种样品的各种测量条件不同时，对测定结果的准确度和灵敏度影响很大。选择最合适的工作条件，能有效地消除干扰因素，可得到最好的测量结果和灵敏度。

1. 吸收波长（分析线）的选择

通常选用共振吸收线为分析线，测量高含量元素时，可选用灵敏度较低的非共振线为分析线。如测 Zn 时常选用最灵敏的 213.9nm 波长，但当 Zn 的含量高时，为保证工作曲线的线性范围，可改用次灵敏线 307.5nm 波长进行测量。As、Se 等共振吸收线位于 200nm 以下的远紫外区，火焰组分对其明显吸收，故用火焰原子吸收法测定这些元素时，不宜选用共振吸收线为分析线。测 Hg 时由于共振线 184.9nm 会被空气强烈吸收，只能改用次灵敏线 253.7nm 测定。

2. 光路准直

在分析之前，必须调整空心阴极灯光的发射与检测器的接受位置为最佳状态，保证提供最大的测量能量。

3. 狭缝宽度的选择

狭缝宽度影响光谱通带宽度与检测器接受的能量。调节不同的狭缝宽度，测定吸光度随狭缝宽度而变化，当有其他谱线或非吸收光进入光谱通带时，吸光度将立即减少。不引起吸光度减少的最大狭缝宽度，即为应选取得适合狭缝宽度。对于谱线简单的元素，如碱金属、碱土金属可采用较宽的狭缝以减少灯电流和光电倍增管高压来提高信噪比，增加稳定性。对谱线复杂的元素如铁、钴、镍等，需选择较小的狭缝，防止非吸收线进入检测器，来提高灵敏度，改善标准曲线的线性关系。

4. 燃烧器的高度及与光轴的角度

锐线光源的光束通过火焰的不同部位时对测定的灵敏度和稳定性有一定影响，为保证测定的灵敏度高，应使光源发出的锐线光通过火焰中基态原子密度最大的"中间薄层区"。这个区的火焰比较稳定，干扰也少，约位于燃烧器狭缝口上方20～30mm 附近。通过实验来选择适当的燃烧器高度，方法是用一固定浓度的溶液喷雾，再缓缓上下移动燃烧器直到吸光度达最大值，此时的位置即为最佳燃烧器高度。此外燃烧器也可以转动，当其缝口与光轴一致时，灵敏度最高。当欲测试样浓度高时，可转动燃烧器至适当角度以减少吸收的长度来降低灵敏度（图 3-10）。

5. 空心阴极灯工作条件的选择

（1）预热时间　灯点燃后，由于阴极受热蒸发产生原子蒸气，其辐射的锐线光经过灯内原子蒸气再由石英窗射出。使用时为使发射的共振线稳定，必须对灯进行预热，以使灯内原子蒸气层的分布及蒸气厚度恒定，这样会使灯内原子蒸气产生的自吸收和发射的共振线的强度稳定。通常对于单光束仪器，灯预热时间应在 30min 以上，才能达到辐射的锐性光稳定。对双光束仪器，由于参比光束和测量光束的强度同时变化，其比值

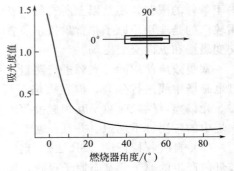

图 3-10　燃烧头与光路的角度和吸收度的关系

恒定，能使基线很快稳定。空心阴极灯使用前，若在施加 1/3 工作电流的情况下预热 0.5～1.0h，并定期活化，可增加使用寿命。

（2）工作电流　灯工作电流的大小直接影响灯放电的稳定性和锐性光的输出强度。灯电流小，使能辐射的锐性光谱线窄、使测量灵敏度高，但灯电流太小时使透过光太弱，需提高光电倍增管灵敏度的增益，此时会增加噪声、降低信噪比；若灯电流过大，会使辐射的光谱产生热变宽和碰撞变宽，灯内自吸收增大，使辐射锐线光的强度下降，背景增大，使灵敏度下降，还会加快灯内惰性气体的消耗，缩短灯的使用寿命。空心阴极灯上都标有最大使用电流（额定电流，约为 5～10mA），对大多数元素，日常分析的工作电流应保持额定电流的 40%～60% 较为合适，可保证稳定、合适的锐线光强输出。通常对于高熔点的镍、钴、钛、锆等的空心阴极灯使用电流可大些，对于低熔点易溅射的铋、钾、钠、铷、锗、镓等的空心阴极灯，使用电流以小为宜。

6. 检测器光电倍增管工作条件的选择

日常分析中光电倍增管的工作电压一定选择在最大工作电压的 1/3～2/3 范围内。增加负高压能提高灵敏度，噪声增大，稳定性差；降低负高压，会使灵敏度降低，提高信噪比，改善测定的稳定性，并能延长光电倍增管的使用寿命。

7. 进样量

选择可调进样量雾化器，可根据样品的黏度选择进样量，提高测量的灵敏度。进样量小，吸收信号弱，不便于测量；进样量过大，在火焰原子化法中，对火焰产生冷却效应，在石墨炉原子化法中，会增加除残的困难。在实际工作中，应测定吸光度随进样量的变化，达到最满意的吸光度（$A=0.025～0.5$）的进样量，即为应选择的进样量。

8. 原子化条件的选择

（1）火焰原子化法

在火焰原子化法中，火焰类型和性质是影响原子化效率的主要因素。

① 火焰类型的选择原则　对低、中温元素（易电离、易挥发），如碱金属和部分碱土金属及易于硫化合的元素（如 Cu、Ag、Pb、Cd、Zn、Sn、Se 等）可使用低温火焰，如空气-乙炔火焰；对高温元素（难挥发和易生成氧化物的元素）如 Al、Si、V、Ti、W、B 等，使用一氧化二氮-乙炔高温火焰；对分析线位于短波区（200nm 以下），使用空气-氢火焰；对其余多数元素，多采用空气-乙炔火焰（背景干扰低）。

② 火焰性质的选择　调节燃气和助燃气的比例，可获取所需性质的火焰。对于易生成难溶性氧化物的元素，一般来说选择还原性火焰（燃气量大于化学及量）是有利的。对氧化物不十分稳定的元素如 Cu、Mg、Fe、Co、Ni 等用化学计量火焰（燃气与助燃气比例和它

们之间化学反应计量相近）或氧化性火焰（燃气量小于化学计量）。

（2）石墨炉原子化法　在石墨炉原子化法中，合理选择干燥、灰化、原子化及除残温度与时间是十分重要的。干燥应在稍低于溶剂沸点的温度下进行，以防止试剂飞溅。灰化的目的是除去基体和局外组分，在保证被测元素没有损失的前提下尽可能使用较高的灰化温度。原子化温度的选择原则是：选用达到最大吸收信号的最低温度作为原子化温度。原子化时间的选择，应以保证完全原子化为准。在原子化阶段停止通保护气，以延长自由原子在石墨炉中的停留时间。除残的目的是为了消除残留物产生的记忆效应，除残温度应高于原子化温度。

原子化时常采用氩气和氮气作为保护气，氩气比氮气更好。氩气作为载气通入石墨管中，一方面将已汽化的样品带走，另一方面可保护石墨管不因高温灼烧被氧化。通常仪器都采用石墨管内、外单独供气，管外供气连续且流量大，管内供气小并可在原子化期间中断。

五、定量分析方法

原子吸收光谱分析定量的方法主要有工作曲线法和标准加入法。

1. 工作曲线法

原子吸收光谱分析的工作曲线法和分光光度法的相似。根据样品的实际情况配制一组浓度适宜的标准溶液，在选定的操作条件下，将标准溶液由低浓度到高浓度依次喷入火焰中，分别测出个溶液的吸光度，以待测元素的浓度 c 作横坐标、以吸光度 A 作纵坐标，绘制 A-c 标准工作曲线（图 3-11）。然后在相同的实验条件下，喷入待测试液，测其吸光度，再从标准工作曲线上查出该吸光度所对应的浓度，即为试液中待测元素的浓度，通过计算可求出试样中待测元素的含量。

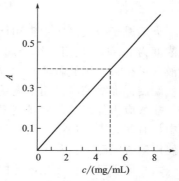

图 3-11　标准曲线法

若标准溶液与试样溶液基本成分（基体）差别较大，则在测定中引入误差。因而标准溶液与试样溶液所加的试剂应一致。在测定过程中要吸喷去离子水或空白溶液，以校正基线（零点）的漂移。由于燃气流量的变化或空气流量变化所引起的吸喷速率变化，会引起测定过程中标准曲线斜率发生变化。因而在测定过程中，要用标准溶液检查测试条件有没有发生变化，以保证在测定过程中标准溶液及试样溶液测试条件完全一致。

在实际分析中，当待测元素浓度较高时，常看到工作曲线向浓度坐标弯曲，这是由于待测元素含量较高时，吸收线产生热变宽和压力变宽，使锐线光源辐射的共振线的中心波长与共振吸收线的中心波长错位，使吸光度减小而造成的。此外化学干扰和物理干扰的存在也会导致工作曲线弯曲。

工作曲线法适用于样品组成简单或共存元素无干扰的情况，可用于同类大批量样品的分析。为保证测定的准确度，应尽量使标准溶液的组成与待测试液的基体组成相一致，以减少因基体组成的差异而产生的测定误差。

2. 标准加入法

此法是一种用于消除基体干扰的测定方法，适用于少量样品的分析。其具体操作方法是：取 4～5 份相同体积的被测元素试液，从第二份起再分别加入同一浓度不同体积的被测元素的标准溶液，用溶剂稀释至相同体积，于相同实验条件下依次测量各个试液的吸光度，绘制出标准加入法曲线。将此曲线向左外延至与横坐标交点 c_x 即为待测元素的浓度。将试液的标准加入法曲线斜率和待测元素标准工作曲线斜率比较，可说明基体效应是否存在。见图 3-12，其中图 3-12(a) 中两条曲线斜率相同，表示试液不存在基体干扰；图 3-12(b) 中"2"的斜率小于"1"，表明存在基体抑制效应，使灵敏度下降；图 3-12(c) 中"2"斜率大于"1"表明存在基体增敏效率，使灵敏度增加。本法的不足之处是不能消除背景干扰，因此只有扣除背景之后，才能得到待测元素的真实含量，否则将使测定结果偏高。

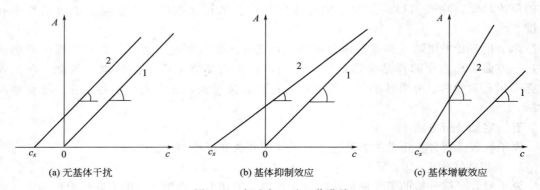

图 3-12　标准加入法工作曲线

1—待测元素工作标准曲线；2—标准加入法工作标准曲线

火焰原子吸收测定中常用标准溶液浓度单位为 μg/mL。无火焰原子吸收测定中标准溶液浓度为 μg/L。选用高纯金属（99.99%）或被测元素的盐类溶解后配成 1mg/mL 的储备溶液（可购买专用储备液），当测定时再将储备液稀释配制标准溶液系列。

配制标准溶液应使用去离子水，保证玻璃器皿纯净，防止玷污。溶解高纯金属使用的硝酸、盐酸应为优级纯。储备液要保持一定酸度防止金属离子水解，存放在玻璃或聚乙烯试剂瓶中，有些元素（如金、银）的储备液应存放在棕色试剂瓶中。在配制标准溶液时，一般避免使用磷酸或硫酸。

六、原子吸收分光光度计的维护保养

原子吸收分光光度计的维护与保养主要涉及光源、原子化器、光学系统和气路系统等方面。

1. 光源

原子吸收分光光度计所使用的光源主要是空心阴极灯。它在使用过程中，应根据不同的元素灯，在最大允许灯电流范围内使用，绝不允许超过最大允许灯电流下使用；否则会缩短灯的使用寿命。长时间不使用的空心阴极灯，每隔 1～2 个月在额定工作电流下点燃 40min 左右，以保持灯的性能。

2. 原子化系统

在每次分析完成后，要继续喷蒸馏水 3～5min，以防止雾化器和燃烧头被玷污或锈蚀。若点燃乙炔气体后，火焰呈锯齿状，说明燃烧头缝隙有污物，应及时进行清洗。

清洁燃烧器头：燃烧器头的缝隙被碳化物或盐等堵塞时会使火焰变得不规则，进一步堵塞火焰将会分叉。当火焰出现这些情况时，应熄灭火焰，冷却后用厚纸或薄的塑料瓶擦去锈斑或堵塞物。如清洗后再次点火，出现闪烁的橙色火焰，可喷雾纯水，直至不闪烁位置。如仍有此现象，可从雾化室取下燃烧器头，用纯水清洗内部，用软毛刷刷洗，然后用滤纸吸干水分。特别脏时，需用稀酸或合适的洗涤剂浸泡过夜，同时擦洗内壁。当测定样品中含有高

浓度的共存物组分如盐等，可能附着到缝的内壁，这种样品测定后，必须进行清洁。

清洁雾化器：如果测定中数据漂移或灵敏度低，可能是雾化器毛细管堵塞，应采取以下操作进行清洁。一般可以卸下混合室端盖，放松雾化器固定螺丝，取下雾化器固定板，移去插入到雾化器中的喷雾接头，然后从雾化室移去雾化器，取下撞击球和雾化气软管，用配备的清洁丝插入毛细管中，使之通畅；用相反步骤重新安装雾化器，喷雾纯水。若仪器暂时不用，需用防护罩将仪器盖好，防止积累灰尘。如果情况没有改善，污染物可能附着在雾化器尖端的毛细管和塑料管套之间。此时，可取下雾化器，把雾化器尖端浸入到 HCl（1+1）溶液中。用手拿住雾化器，要确保只有管套部分浸入在 HCl（1+1）溶液中。

注意：在燃烧头、雾化器和撞击球等各连接处有"O"形环，拆卸和组装时务必要确认"O"形环是否在合适的位置上。经过拆卸和组装，特别要注意进行漏气检查。在用氢氟酸分解样品时，应在测试前加热样品并在未干之前加入少量高沸点酸使氢氟酸充分冒烟跑掉，否则会对玻璃嘴造成腐蚀。雾化器使用长久后，内部会腐蚀，此时试样提取量少，灵敏度下降，雾滴变大，应更换新喷雾器。

雾化室的清洁：移去燃烧头和雾化器；取下连接到雾化器的燃气管和助燃气管；移去喷雾室固定螺丝，移去乙炔套管，然后从雾化室取下混合器；移去外套安装螺丝，除下雾化室的外套（不锈钢板）。移去雾化室固定螺丝取下雾化室，然后放松雾化室的接头捆带，移去排液管；清洁后装配雾化室时，必须检查混合器的方向，因为混合器略呈锥形，方向正确才能与雾化室内侧的锥度吻合。

3. 光学系统

外光路的光学元件，每年至少清洗一次。若光学元件上积有灰尘，可用擦镜纸擦净；如果沾有油污等，可用纱布蘸取乙醇和乙醚的混合液（1∶1）轻轻擦拭。在清洁过程中，严禁用手触摸金属元件或镜面。

4. 气路系统

首先应经常检查乙炔气体的聚乙烯塑料管是否漏气，一般情况下，每 3 个月要检查一次，防止乙炔气体渗漏；定期放掉空气压缩机气水分离器中的积水，防止积水进入助燃气流量计；测定开始时，应先往原子吸收分光光度计中通入乙炔气体；实验结束后，应先关闭乙炔气体，过 3～5min 后再关掉空气压缩机；接废液的塑料管应始终保持一段水封，尤其在测定前，必须检查水封是否正常，若不存在水封，应加入适当水，使其形成一段水封；乙炔钢瓶应放在远离原子吸收分光光度计的房间，最好单独存放。

拓展任务

1. 化妆品中镉元素的检测（学生实践或课余完成）。
2. 食品中铅含量的测定——石墨炉分光光度法。

知识应用与技能训练

问答题

1. 原子吸收分光光度计干扰效应及其消除方法？
2. 原子吸收分光光度计常见的故障及原因分析和排除方法。
3. 如何制备原子吸收分光光度计的试样，预处理时候应注意哪些？
4. 如何选择最佳的原子吸收分光光度计的实验条件？
5. 如何有效的维护和保养原子吸收分光光度计？

实验任务指导书

一、化妆品中重金属铅的含量的测定

1. 实验任务

材料选择市售的不同品牌的六种美白祛斑霜，分别编号为 A、B、C、D、E、F。利用岛津原子吸收分光光度计分别测定其铅的含量。

2. 主要仪器与用具

原子吸收分光光度计及其配件、离心机、硬质玻璃消解管或小型定氮消解瓶、具塞比色管（10mL、25mL、50mL）、分液漏斗（100mL）、蒸发皿、压力自控微波消解系统、高压密闭消解罐、聚四氟乙烯溶样杯、水浴锅（或敞开式电加热恒温炉）。

3. 主要试剂

（1）1.42g/mL 硝酸，优级纯。

（2）70%～72%（质量分数）高氯酸，优级纯。

（3）30%（质量分数）过氧化氢。

（4）1+1 硝酸　取硝酸 100mL，加水 100mL，混匀。

（5）混合酸　硝酸和高氯酸按 3+1 混合。

（6）辛醇。

（7）盐酸羟铵溶液（120g/L）　取盐酸羟铵 12.0g 和氯化钠 12.0g 溶于 100mL 水中。

（8）铅标准溶液

① 铅标准溶液（$\rho_{Pb}=1g/L$）　称取纯度为 99.99% 的金属铅 1.000g，加入硝酸溶液 20mL，加热使溶解，移入 1L 容量瓶中，用水稀释至刻度。

② 铅标准溶液（$\rho_{Pb}=100mg/L$）　取铅标准溶液（$\rho_{Pb}=1g/L$）10.0mL 置于 100mL 容量瓶中，加硝酸溶液 2mL，用水稀释至刻度。

③ 铅标准溶液（$\rho_{Pb}=10mg/L$）　取铅标准溶液（$\rho_{Pb}=100mg/L$）10.0mL 置于 100mL 容量瓶中，加硝酸溶液 2mL，用水稀释至刻度。

（9）甲基异丁基酮（MIBK）。

（10）盐酸溶液（7mol/L）　取优级纯浓盐酸（$\rho=1.19g/mL$）30mL，加水至 50mL。

以上用到的水均为超纯水，硝酸为优级纯。

4. 操作规程

（1）样品的预处理　准确称取混匀试样约 1.00～2.00g 置于消解管中，同时做试剂空白。样品如含有乙醇等有机溶剂，先在水浴或电热板上低温挥发。若为膏霜型样品，可预先在水浴中加热使瓶壁上样品融化流入瓶的底部。加入数粒玻璃珠，然后加入硝酸（1+1，优级纯）10mL，由低温至高温加热消解，当消解液体积减少到 2～3mL，移去热源，冷却。加入高氯酸（70%～72%，优级纯）2～5mL，继续加热消解，不时缓缓摇动使均匀，消解至冒白烟，消解液呈淡黄色或无色。浓缩消解液至 1mL 左右。冷至室温后定量转移至 10mL（如为粉类样品，则至 25mL）具塞比色管中，以水定容至刻度，备用。如样液浑浊，离心沉淀后可取上清液进行测定。

（2）测定

移取 10μg/mL 铅标准溶液 0mL、0.50mL、1.00mL、2.00mL、4.00mL、6.00mL，分别置于 10mL 具塞比色管中，加水至刻度。按仪器操作程序，将仪器的分析条件调至最佳状态。在扣除背景吸收下，分别测定校准曲线系列、空白和样品溶液。如样品溶液中铁含量超

过铅含量 100 倍，不宜采用氘灯扣除背景法，应采用塞曼效应扣除背景法。

当样品溶液中铁含量超过铅含量 100 倍，除了采用塞曼效应扣除背景法，还可按下面的方法预先除去铁，绘制浓度-吸光度曲线，计算样品含量。将标准、空白和样品溶液转移至蒸发皿中，在水浴上蒸发至干。加入盐酸（7mol/L，优级纯）10mL 溶解残渣，转移至分液漏斗，用等量的 MIBK（甲基异丁基酮）萃取二次，保留盐酸溶液。再用盐酸（7mol/L，优级纯）5mL 洗 MIBK 层，合并盐酸溶液，必要时赶酸，定容。按仪器操作程序，进行测定。

5. 数据记录及处理

$$w_{Pb} = (\rho_1 - \rho_0) \times V/m$$

式中，w_{Pb} 为样品中铅的质量分数，$\mu g/g$；ρ_1 为测试溶液中铅的质量浓度，mg/L；ρ_0 为空白溶液中铅的质量浓度，mg/L；V 为样品消化液总体积，mL；m 为样品取样量，g。

6. 相关原理

样品经预处理使铅以离子状态存在于样品溶液中，样品溶液中铅离子被原子化后，基态铅原子吸收来自铅空心阴极灯发出的共振线，其吸光度与样品中铅含量成正比。在其他条件不变的情况下，根据测量被吸收后的谱线强度，与标准系列比较进行定量。方法的检出限为 $0.15mg/L$，定量下限为 $0.50mg/L$。若取 1g 样品测定，定容至 10mL，本方法的检出浓度为 $1.5\mu g/g$，最低定量浓度为 $5\mu g/g$。

7. 注意事项

（1）样品中如果富含钙离子，前处理时需要加入 EDTA 进行吸附；如果没有，则无需加入，否则会引起火焰颜色呈橙色，影响测定效果。

（2）样品中含有碳酸盐类的粉剂，在加硝酸时应缓慢加入，以防二氧化碳气体产生过于猛烈。

（3）如使用不当，高氯酸有爆炸危险。为安全使用高氯酸，应注意以下几点。

① 洒溅出的高氯酸要立即用水冲洗。

② 通风橱、导气管和其他排除高氯酸蒸气的装置，应使用化学惰性物质制成，并在消化后，用水冲洗。排气系统应安装在安全的位置。

③ 避免在使用高氯酸消化的通风橱中使用有机物或其他产烟物质。

④ 操作者应使用护目镜、防护板及其他个人防护设备。用聚氯乙烯手套，不能用橡胶手套。

⑤ 用高氯酸湿法消化时，除非另有说明，应将样品首先用硝酸破坏易氧化的有机物，并注意避免烧干。

⑥ 浓度为 72% 的高氯酸（恒沸混合物，沸点 203℃）是稳定的。如果高氯酸被脱水（如与强脱水剂接触），将形成无水高氯酸，其稳定性将十分显著地下降，此时遇热、撞击或遇有机物、还原剂（如纸、木头或橡皮）就会发生爆炸。

（4）如样品不测定汞，则免去此加盐酸羟胺步骤。

二、化妆品中重金属镉的含量的测定

1. 实验任务

材料选择市售的不同品牌的六种美白祛斑霜，分别编号为 A、B、C、D、E、F。利用岛津原子吸收分光光度计分别测定其铅的含量（化妆品卫生规范 2007 版）。

2. 主要仪器与用具

原子吸收分光光度计及其附件、硬质玻璃消解管或高型烧杯、具塞比色管（10mL、

25mL)、电热板或水浴锅、压力自控密闭微波溶样炉、高压密闭消解罐、聚四氟乙烯溶样杯。

3．主要试剂

(1) 硝酸 ($\rho=1.42\text{g/mL}$)，优级纯。

(2) 70%～72%（质量分数）高氯酸，优级纯。

(3) 30%（质量分数）过氧化氢，优级纯。

(4) 1+1 硝酸　取硝酸 100mL，加水 100mL，混匀。

(5) 混合酸　硝酸和高氯酸按（3+1）混合。

(6) 镉标准溶液

① 镉标准溶液（$\rho_{Cd}=1\text{g/L}$）　称取 99.99%（质量分数）金属镉 1.000g，加入硝酸（1+1）20mL 于 250mL 烧杯中，加热溶解。转移至 1L 容量瓶中，用水稀释至刻度。

② 镉标准溶液（$\rho_{Cd}=100\text{mg/L}$）　移取镉标准溶液（$\rho_{Cd}=1\text{g/L}$）10.0mL 于 100mL 容量瓶中，加硝酸（1+1）2mL，用水稀释至刻度。

③ 镉标准使用溶液（$\rho_{Cd}=10\text{mg/L}$）　移取镉标准溶液（$\rho_{Cd}=100\text{mg/L}$）10.0mL 于 100mL 容量瓶中，加硝酸（1+1）2mL，用水稀释至刻度。

(7) 甲基异丁基酮（MIBK）。

(8) 盐酸（7mol/L）：取优级纯浓盐酸（$\rho_{20}=1.19\text{g/mL}$）30mL，加水至 50mL。

(9) 盐酸羟胺溶液（120g/L）：取盐酸羟胺 12.0g 和氯化钠 12.0g 溶于 100mL 水中。

4．操作规程

(1) 样品预处理　准确称取混匀试样约 1.00g，置于 50mL 具塞比色管中。随同试样做试剂空白。样品如含有乙醇等有机溶剂，先在水浴或电热板上低温挥发。预先在水浴中加热使管壁上样品熔化流入管底部。加入硝酸 5.0mL、过氧化氢 2.0mL，混匀，如出现大量泡沫，可滴加数滴辛醇。于沸水浴中加热 2h。取出，加入盐酸羟铵溶液 1.0mL，放置 15～20min，用水定容至 25mL。

(2) 测定

① 移取镉标准溶液 0mL、0.50mL、1.00mL、2.00mL、3.00mL、4.00mL、5.00mL，分别于 50mL 容量瓶中，加硝酸（1+1）1mL，用水稀释至刻度。分别相当于 0mg/L、0.10mg/L、0.20mg/L、0.40mg/L、0.60mg/L、0.80mg/L、1.00mg/L 镉。按仪器操作程序，将仪器的分析条件调至最佳状态。在扣除背景吸收下，分别测定校准曲线系列、空白和样品溶液。如样品溶液中铁含量超过镉含量 100 倍，不宜采用氘灯扣除背景法，应采用塞曼效应扣除背景法，或预先除去铁，绘制浓度-吸光度曲线，计算样品含量。

② 将标准、空白和样品溶液转移至蒸发皿中，在水浴上蒸发至干。加入盐酸 10mL 溶解残渣，转移至分液漏斗，用等量的 MIBK 萃取 2 次，保留盐酸溶液。再用盐酸 5mL 洗 MIBK 层，合并盐酸溶液，必要时赶酸，定容。按仪器操作程序进行测定。

5．数据处理

$$w_{Cd}=\frac{(\rho_1-\rho_0)\times V}{m}$$

式中，w_{Cd} 为样品中镉的质量分数，$\mu\text{g/g}$；ρ_1 为测试溶液中镉的质量浓度，mg/L；ρ_0 为空白溶液中镉的质量浓度，mg/L；V 为样品溶液总体积，mL；m 为样品取样量，g。

6．相关原理

样品经预处理，使镉以离子状态存在于溶液中，样品溶液中镉离子被原子化后，基态原子吸收来自镉空心阴极灯的共振线，其吸收量与样品中镉的含量成正比。在其他条件不变的情况下，根据测量的吸收值与标准系列比较进行定量。本方法检出限为 0.007mg/L，定量下限为 0.023mg/L。若取 1g 样品，检出浓度为 0.18μg/g，最低定量浓度为 0.59μg/g。

三、食品中铅的测定

1. 实验任务

材料选择市售的不同品牌的六种皮蛋，分别编号为 A、B、C、D、E、F。利用原子吸收分光光度计分别测定其铅的含量（GB/T 5009.12—2010）。

2. 主要仪器与用具

原子吸收分光光度计（附石墨炉及铅空心阴极灯）、马弗炉、天平（感量为 1mg）、干燥恒温箱、瓷坩埚、压力消解器、压力消解罐或压力溶弹、可调式电热板、可调式电炉。

3. 主要试剂

除非另有规定，本方法所使用试剂均为分析纯，水为 GB/T 6682 规定的一级水。

（1）硝酸，优级纯。

（2）过硫酸铵。

（3）30%过氧化氢

（4）高氯酸，优级纯。

（5）1+1 硝酸　取 50mL 硝酸慢慢加入 50mL 水中。

（6）0.5 mol/L 硝酸　取 3.2mL 硝酸加入 50mL 水中，稀释至 100mL。

（7）1mol/L 硝酸　取 6.4mL 硝酸加入 50mL 水中，稀释至 100mL。

（8）20g/L 磷酸二氢铵溶液　称取 2.0g 磷酸二氢铵，以水溶解稀释至 100mL。

（9）混合酸　硝酸∶高氯酸（9+1），取 9 份硝酸与 1 份高氯酸混合。

（10）铅标准储备液　准确称取 1.000g 金属铅（99.99%），分次加少量硝酸，加热溶解，总量不超过 37mL，移入 1000mL 容量瓶，加水至刻度。混匀。此溶液每毫升含 1.0mg 铅。

（11）铅标准使用液　每次吸取铅标准储备液 1.0mL 于 100mL 容量瓶中，加硝酸至刻度。如此经多次稀释成每毫升含 10.0ng、20.0ng、40.0ng、60.0ng、80.0ng 铅的标准使用液。

4. 操作规程

（1）试样预处理

① 在采样和制备过程中，应注意不使试样污染。

② 用食品加工机或匀浆机打成匀浆，储于塑料瓶中，保存备用。

（2）试样消解——干法灰化　称取 1～5g 试样（精确到 0.001g，根据铅含量而定）于瓷坩埚中，先小火在可调式电热板上炭化至无烟，移入马弗炉（500±25）℃灰化 6～8h，冷却。若个别试样灰化不彻底，则加 1mL 混合酸在可调式电炉上小火加热，反复多次直到消解完全，放冷，用硝酸将灰分溶解，用滴管将试样消化液洗入或过滤入（视消化后试样的盐分而定）10～25mL 容量瓶中，用水少量多次洗涤瓷坩埚，洗液合并于容量瓶中并定容至刻度，混匀备用；同时作试剂空白。

（3）测定

① 仪器条件　根据各自仪器性能调至最佳状态。参考条件为波长 283.3nm，狭缝 0.2～1.0nm，灯电流 5～7mA，干燥温度 120℃，20s；灰化温度 450℃，持续 15～20s，原子化温度：1700～2300℃，持续 4～5s，背景校正为氘灯或塞曼效应。

② **标准曲线绘制**　吸取上面配制的铅标准使用液 10.0ng/mL（或 $\mu g/L$），20.0ng/mL（或 $\mu g/L$），40.0ng/mL（或 $\mu g/L$），60.0ng/mL（或 $\mu g/L$），80.0ng/mL（或 $\mu g/L$）各 $10\mu L$，注入石墨炉，测得其吸光值并求得吸光值与浓度关系的一元线性回归方程。

③ **试样测定**　分别吸取样液和试剂空白液各 $10\mu L$，注入石墨炉，测得其吸光值，代入标准系列的一元线性回归方程中求得样液中铅含量。

④ **基体改进剂的使用**　对有干扰试样，则注入适量的基体改进剂磷酸二氢铵溶液（一般为 $5\mu L$ 或与试样同量）消除干扰。绘制铅标准曲线时也要加入与试样测定时等量的基体改进剂磷酸二氢铵溶液。

5. 数据记录及处理

试样中铅含量按下式进行计算。

$$X=\frac{(c_1-c_0)\times V\times 1000}{m\times 1000\times 1000}$$

式中，X 为试样中铅含量，mg/kg 或 mg/L；c_1 为测定样液中铅含量，ng/mL；c_0 为空白液中铅含量，ng/mL；V 为试样消化液定量总体积，mL；m 为试样质量或体积，g 或 mL。

以重复性条件下获得的两次独立测定结果的算术平均值表示，结果保留两位有效数字。

在重复性条件下获得的两次独立测定结果的绝对差值不得超过算术平均值的 20%。

6. 相关原理

试样经灰化或酸消解后，注入原子吸收分光光度计石墨炉中，电热原子化后吸收 283.3nm 共振线，在一定浓度范围，其吸收值与铅含量成正比，与标准系列比较定量。

项目四 红外吸收光谱法

工作项目

苯甲酸的红外吸收光谱测定及谱图解析。

拓展项目

用傅里叶红外光谱仪鉴别 PVC 和 PE 保鲜膜。

任务 1 认识红外吸收光谱法

【知识目标】

(1) 了解红外实验室布置的要求和规范；

(2) 理解产生红外光谱的原因；

(3) 掌握红外光谱仪的基本构造。

【能力目标】

(1) 能够参照说明书使用红外光谱仪；

(2) 能够正确选择红外光谱仪的实验室环境。

子任务 1 认识红外吸收光谱实验室

课堂活动

教师带领学生参观相关实验室或观看相关视频，引导学生观察实训室的环境布局、相关仪器的摆放以及实验室的相关管理制度，并引导学生根据"5S管理"的内涵对实训室进行整理，培养学生遵守规章制度的良好习惯以及严谨的工作态度。

子任务 2 认识红外吸收光谱相关的仪器及操作

课堂活动

教师采用现场演示或相关视频、图片相结合方法进行讲解，并引导学生操作傅里叶红外光谱仪，在此过程中对仪器各组成部分的作用进行介绍。

重点介绍实验室现有的型号的红外吸收光谱仪及其相关仪器设备，例红外干燥箱、压片机等，并拓展实验室目前没有的其他型号或其他品牌的仪器，要求学生按照仪器说明书，熟悉仪器的各部件。

子任务 3 熟悉红外光谱产生的基本原理

课堂活动

1. 教师首先展示两张不同的红外光谱图的扫描过程，引出红外光谱分析法的基本原理，提出以下问题并要求学生回答：

① 红外色谱图如何描述？

② 不同物质的红外谱图是否一样？

③ 不同物质的红外光谱图的不同点主要体现在哪几方面？

2. 学生讨论、教师总结：红外光谱图产生的原因，及红外光谱图的描述。

3. 教师介绍红外光谱发展史，归纳红外光谱的谱的分类及其应用，培养学生学习的兴趣。

【任务卡】

任务		方案(答案)或相关数据、现象记录	点评	相应技能	相应知识点	自我评价
子任务 1 认识红外光谱实训室	认知实验室的环境布局					
	根据"5S"管理的内涵整理实训室					
	归纳红外光谱实训室的管理制度					
子任务 2 认识和操作红外光谱仪	红外光谱仪的主要部件及其作用					
	辅助设备					
	开机操作					
	关机					
子任务 3 认识红外光谱分析过程	理解红外光谱产生的原理					
	解释红外光谱基本术语					
	归纳红外分析方法的分类					
学会的技能						

🔧 相关知识

红外吸收光谱法（IR）是以连续波长的红外光为光源照射样品，引起分子振动能级之间跃迁，从而研究红外光与物质之间相互作用的方法。所产生的分子振动光谱，称红外吸收光谱。在引起分子振动能级跃迁的同时不可避免地要引起分子转动能级之间的跃迁，故红外吸收光谱又称振-转光谱。

红外吸收光谱法（IR）是鉴别化合物和确定物质分子结构的常用手段之一。利用红外光谱法还可以对单一组分或混合物中各组分进行定量分析，尤其是对于一些较难分离，并在紫外、可见光区找不到明显特征峰的样品可方便、迅速地完成定量分析。

一、红外吸收光谱仪

红外光谱仪的发展大致经历了这样的过程：第一代的红外光谱仪以棱镜为色散元件，由于光学材料制造困难、分辨率低并要求低温低湿等，这种仪器现已被淘汰。20 世纪 60 年代后发展的以光栅为色散元件的第二代红外光谱仪，分辨率比第一代仪器高得多，仪器的测量范围也比较宽。20 世纪 70 年代后发展起来的傅里叶变换红外光谱仪是第三代产品。目前商品红外光谱仪主要是色散型红外光谱仪和傅里叶变换红外光谱仪（FTIR）两种，常用的是 FTIR 光谱仪。

1. 色散型红外光谱仪

色散型红外光谱仪的组成部件与紫外-可见分光光度计相似，但每一个部件的结构、所用的材料及性能与紫外-可见分光光度计不同。它们的排列顺序也略有不同，红外光谱仪的样品是放在光源和单色器之间；而紫外-可见分光光度计是放在单色器之后。图 4-1 显示了这五个部分之间的连接情况。

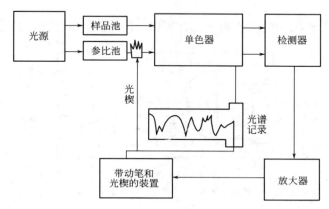

图 4-1　双光束红外分光光度计

（1）光源　红外光谱仪中所用的光源通常是一种惰性固体，同电加热使之发射高强度的连续红外辐射（常用的红外光源见表 4-1）。常用的是 Nernst 灯或硅碳棒。

表 4-1　常见的红外吸收光谱光源

名　　称	适用波长范围/cm^{-1}	说明
能斯特(Nernst)灯	5000～400	ZrO_2,ThO_2 等烧结而成
碘钨灯	10000～5000	
硅碳棒	5000～200	FTIR,需要水冷或风冷
炽热镍铬丝圈	5000～200	风冷
高压汞灯	＜200	FTIR,用于远红外区

（2）样品室　红外光谱仪的样品室一般为一个可插入固体薄膜或液体池的样品槽。因玻璃、石英等材料不能透过红外光，红外吸收池要用可透过红外光的 NaCl、KBr、CsI、KRS-5（TlI 58％，TlBr42％）等材料制成窗片。用 NaCl、KBr、CsI 等材料制成的窗片需注意防潮。固体试样常与纯 KBr 混匀压片，然后直接进行测定。

（3）单色器　单色器由色散元件、准直镜和狭缝构成。

色散元件常用复制的闪耀光栅。由于闪耀光栅存在次级光谱的干扰，因此，需要将光栅和用来分离次光谱的滤光器或前置棱镜结合起来使用。

（4）检测器　常用的红外检测器有高真空热电偶、热释电检测器和碲镉汞检测器。

① 高真空热电偶　是利用不同导体构成回路时的温差电现象，将温差转变为电位差。当红外光照射到热电偶的一端时，两端点间的温度不同，产生电位差，在回路中有电流通过，而电流的大小则随照射的红外光的强弱而变化。因此，测定该电流的大小即可确定红外光的吸收强弱。为了提高灵敏度和减少热传导的损失，热电偶是密封在一个高真空的容

器内。

② 热释电检测器　是利用硫酸三苷肽的单晶片作为检测元件。硫酸三苷肽（TGS）是热释电体，在一定的温度以下，能产生很大的极化反应，其极化强度与温度有关，温度升高，极化强度降低。将 TGS 薄片正面真空镀铬（半透明），背面镀金，形成两电极。当红外辐射光照射到薄片上时，引起温度升高，TGS 极化度改变，表面电荷减少，相当于"释放"了部分电荷，经放大，转变成电压或电流方式进行测量。

③ 碲镉汞检测器（MCT 检测器）是由宽频带的半导体碲化镉和半金属化合物碲化汞混合形成，其组成为 $Hg_{1-x}Cd_x Te$，$x \approx 0.2$，改变 x 值，可获得测量波段不同灵敏度各异的各种 MCT 检测器。

④ 其他检测器　常用的气体检测器为高莱池，它的灵敏度较高，其结构如图 4-2 所示。

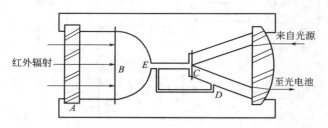

图 4-2　高莱池示意

A—盐窗；*B*—涂黑金属膜；*C*—软镜膜；*D*—泄气膜；*E*—氙气盒

光电检测器和热释电检测器由于灵敏度高，响应快，因此均用做傅里叶变换红外光谱仪的检测器。

（5）记录系统　由检测器产生的电信号是很弱的，例如热电偶产生的信号强度约为 $10^{-9}V$，此信号必须经电子放大器放大。放大后的信号驱动光楔和电动机，使记录笔在记录纸上移动。

色散型红外吸收光谱仪按照其结构的简繁，可测波数范围的宽窄和分辨本领的大小，可分为简易型和精密型两种类型。前者只有一块氯化钠棱镜或一块光栅，因此测定波数范围较窄，光谱的分辨率也较低，为克服这两个缺陷，较早的大型精密红外分光光度计一般备有几个棱镜，在不同光谱区自动或手动更换棱镜，以获得宽的扫描范围和高的分辨能力。可使测定的波数范围扩大到微波区，而且获得了更高的分辨率。

2. Fourier 变换红外光谱仪（FTIR）

Fourier 变换红外光谱仪没有色散元件，主要由光源（硅碳棒、高压汞灯）、Michelson 干涉仪、检测器、计算机和记录仪组成。核心部分为 Michelson 干涉仪，它将光源来的信号以干涉图的形式送往计算机进行 Fourier 变换的数学处理，最后将干涉图还原成光谱图。它与色散型红外光度计的主要区别在于干涉仪和电子计算机两部分。FTIR 仪器整机原理如图 4-3 所示。

（1）Fourier 变换红外光谱仪的特点

① 扫描速度极快　Fourier 变换仪器是在整扫描时间内同时测定所有频率的信息，一般只要 1s 左右即可。因此，它可用于测定不稳定物质的红外光谱。而色散型红外光谱仪在任何一瞬间只能观测一个很窄的频率范围，一次完整扫描通常需要 8s、15s、30s 等。

② 具有很高的分辨率　通常傅里叶变换红外光谱仪分辨率达 $0.1 \sim 0.005 cm^{-1}$，而一般棱镜型的仪器分辨率在 $1000 cm^{-1}$ 处有 $3 cm^{-1}$，光栅型红外光谱仪分辨率也只有 $0.2 cm^{-1}$。

③ 灵敏度高　因 Fourier 变换红外光谱仪不用狭缝和单色器，反射镜面又大，故能量损失小，到达检测器的能量大，可检测 $10^{-8}g$ 数量级的样品。除此之外，还有光谱范围宽

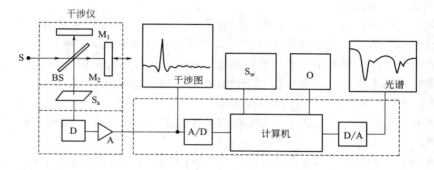

图 4-3　傅里叶变换红外光谱仪工作原理示意

S—光源；M₁—定镜；M₂—动镜；BS—分束器；D—探测器；Sₐ—样品；A—放大器；

A/D—模数转换器；D/A—数模转换器；Sw—键盘；O—外部设备

$(1000 \sim 10 \mathrm{cm}^{-1})$；测量精度高，重复性可达 0.1％；杂散光干扰小；样品不受因红外聚焦而产生的热效应的影响；特别适合于与气相色谱联机或研究化学反应机理等。

（2）仪器主要部件

主要部件有光源、迈克尔逊干涉仪、检测器和记录系统。

傅里叶变换红外光谱仪要求光源能发射出稳定、能量强、发射度小的具有连续波长的红外光。通常使用能斯特灯、硅碳棒或涂有稀土化合物的镍铬旋转灯丝。

FTIR 仪器的核心部分是迈克尔逊干涉仪。如图 4-4 所示，由定镜、动镜、分束器和探测器组成。

上面所说的探测器，一般可分为热检测器和光检测器两大类。

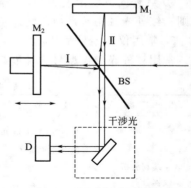

图 4-4　迈克尔逊干涉仪

傅里叶变换红外光谱仪红外谱图的记录、处理一般都是在计算机上进行的。目前国内外都有比较好的工作软件，如美国 PE 公司的 SpectrumV3.01，它可以在软件上直接进行扫描操作，可以对红外谱图进行优化、保存、比较、打印等。此外，仪器上的各项参数可以在工作软件上直接调整。

（3）傅里叶红外光谱仪对实验室环境的要求

为了保证 FTIR 光谱仪的安全正常工作，必须满足仪器对使用环境的要求。

① 实验室环境和通风条件

a. 实验室应保持洁净，无灰尘和烟雾。实验室室温应保持在 15～30℃之间，相对湿度的允许范围是 20％～80％。室内一般要求安装抽湿机。

b. 实验室内和周围环境中应无可燃或易爆气体，无腐蚀性气体或其他有毒物质，以避免仪器的损坏及由此产生的氢卤酸的腐蚀。

c. 仪器四周至少应保留 10cm 的空隙，以使空气流通，保持仪器通风口和通风窗的正常工作，利于电学元器件、电源等散热。

② 对实验台的要求　光谱仪应单独放置在一个稳定的台面上，应与电扇、电动机等持续振动物体分隔开来，以避免仪器受到振动或撞击。如果环境振动比较严重，应考虑安装一个声阻尼底座。

③ 对电源和电缆的要求

a. 配置一台电源稳压器，确保电源稳定在 220V（±10%）的范围之内。

b. 光谱仪系统应有专用的电源插座，不要与其他电器设备共用插座。

c. 仪器电源必须接地，不要取消保护接地或使用没有接地导体的延伸电缆。

d. 如果四周铺有地毯，应在仪器之下放置一块防静电的橡皮垫子。

（4）傅里叶红外光谱仪的日常维护和保养

以下列出了傅里叶红外光谱仪日常维护和保养的注意事项，对于不同型号的仪器应该参考其说明书。

① 干涉仪是 FTIR 光谱仪的关键部件，且价格昂贵，尤其是干涉仪中的分束器，对环境湿度有很严格的要求，因此要特别注意保护干涉仪。当仪器第一次使用或搁置很长一段时间再使用仪器时，首先应让仪器预热几个小时。若干涉仪工作不正常应送厂方维修，不可自己打开干涉仪盖。

② 应定时清扫（每 30 天清扫一次）电气箱背面的空气过滤器，因为一旦它被灰尘阻塞，影响热交换，电学元器件就会因过热而损坏。当过滤器脏了以后，把它取下来用吸尘器清扫或直接水洗，待干燥之后再重新装上。

③ 用清洁、干燥的气体吹扫仪器，可消除空气中物质如水蒸气和 CO_2 的影响。

吹扫气体必须采用干燥的压缩空气（很干净且露点为 40℃）或干燥的氮气，其压力不应超过 0.2MPa。

④ 红外光源应定期更换。一般情况下，光源累积工作时间达 1000h 左右就应更换一次。否则，红外光源中挥发出的物质会溅射到附近的光学元件表面上，降低系统的性能。

3. 常用仪器型号和特点

常用红外光谱仪型号、性能与主要技术指标见表 4-2。

表 4-2　常用红外光谱仪型号和特点

生产厂家	仪器型号	性能与主要技术指标
北京瑞利分析仪器公司	WQF310 傅里叶变换红外光谱仪	微机化仪器；波数范围为 7000～400cm^{-1}；分辨率为 1.5cm^{-1}；波数精度为 0.01cm^{-1}扫描速度 0.2～2.5cm/s；采用密封折射扫描干涉仪；由微机控制和选择扫描速度，信噪比大于 10000：1
	WQF410 傅里叶变换红外光谱仪	微机化仪器；波数范围为 7000～400cm^{-1}；分辨率 0.65cm^{-1}；波数精度为 ±0.01cm^{-1}；扫描速度 0.2～1.5cm/s；连续可调；信噪比大于 1000：1。仪器采用密封折射扫描干涉仪；光源为高强度空气冷却红外光源；谱库内存 11 种专业谱图，6 万张谱图
日本岛津	FTIR8400/8900 傅里叶变换红外光谱仪	微机化仪器；波数范围为 7800～350cm^{-1}；分辨率 0.5cm^{-1}、1.0cm^{-1}、2cm^{-1}、4cm^{-1}、8cm^{-1}、16cm^{-1}（FTIR8900）；0.85cm^{-1}、2cm^{-1}、4cm^{-1}、8cm^{-1}、16cm^{-1}（FTIR8400）；反射镜扫描速度 3 挡分别为 2.8mm/s、5mm/s、9mm/s；信噪比大于 20000：1
美国 PE 公司	Spectrum GX 系列傅里叶变换红外光谱仪	微机化仪器；波数范围为 15000～30cm^{-1}；该系列包括 3 种固定配置（GX I、GX II、GX III）和一种选配型（GX Custom）
伯乐公司（英）	FTS-45	微机化仪器；光谱范围为 4400～400cm^{-1}；可选 7500～380cm^{-1}；可扩展至 15700～10cm^{-1}；分辨率优于 0.5cm^{-1}；可选优于 0.25cm^{-1}
	FTS-65A	微机化仪器；光谱范围为 63200～10cm^{-1}；具有双光源、双检测器；快速扫描＞50 次/s；步进式扫描为 800～0.25 步/s
	FTS-7A	微机化仪器；光谱范围为 4400～400cm^{-1}；（可选 7500～380cm^{-1}）；最大分辨率 2.0cm^{-1}（可选 1cm^{-1}或 0.5cm^{-1}）

二、红外光谱仪辅助设备的使用

1. 压片机

（1）压片机的构造　压片机是由压杆和压舌组成（图 4-5），压舌的直径为 13mm，两个压舌的表面光洁度很高，以保证压出的薄片表面光滑。因此，使用时要注意样品的粒度、湿度和硬度，以免损伤压舌表面的光洁度。

（2）压片操作　先将其中一个压舌放在底座上，光洁面朝上，并装上压片套圈，研磨后的样品放在这一压舌上；再将另一压舌光洁面向下放在样品上，并稍轻轻转动以保证样品平面平整，然后按顺序放压片套筒、弹簧和压杆，加压 10t，持续3min。拆片时，将底座换成取样器（形状与底座相似），将上、下压舌及中间的样品和压片套圈一起移到取样器上，再分别装上压片套筒及压杆，稍加压后即可取出压好的薄片。

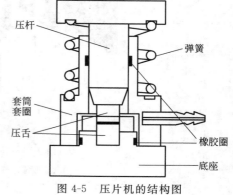

图 4-5　压片机的结构图

2. 液体池

（1）液体池构造　如图 4-6 所示，液体池是由后框架、垫片、后窗片、间隔片、前窗片和前框架 7 个部分组成。一般后框架和前框架由金属材料制成；前窗片和后窗片为氯化钠、溴化钾等晶体薄片；间隔片常由铝箔和聚四氟乙烯等材料制成，起着固定液体样品的作用，厚度为 0.01～2mm。

（2）液体池的装样操作　将吸收池倾斜 30°，用注射器（不带针头）吸取待测的样品，由下孔注入直到上孔看到样品溢出为止，用聚四氟乙烯塞子塞住上、下注射孔，用高质量的纸巾擦去溢出的液体后，便可进行测试。

在液体池装样操作过程中，应注意以下几点。

① 灌样时要防止气泡。

② 样品要充分溶解，不应有不溶物进入液体池内。

③ 装样品时不要将样品溶液外溢到窗片上。

（3）液体池的清洗操作测试完毕　取出塞子，用注射器吸出样品，由下孔注入溶剂，冲洗 2～3 次。冲洗后，用吸耳球吸取红外灯附近的干燥空气吹入液体池内以除去残留的溶剂，然后放在红外灯下烘烤至干，最后将液体池存放在干燥器中。注意：液体池在清洗过程中或清洗完毕时，不要因溶剂挥发而致使窗片受潮！

3. 气体池

测定气态样品光谱时都使用气体池。气体池分为常量气体池、小型气体池、长光程气体池及 GCFTIR 联用技术用的气体池（称为光管）等。常量气体池的光程一般为 10cm，其圆形玻璃池体的容积约为 120mL，两端用 KBr 或 NaCl 等可透过红外光的窗片，再用金属螺旋帽通过密封垫圈压紧窗片将气体池密封，如图 4-7。

三、红外吸收光谱法基本原理

1. 红外吸收光谱的产生

如果用一种仪器把物质对红外光的吸收情况记录下来，这就是该物质的红外吸收光谱图，横坐标是波长、纵坐标为该波长下物质对红外光的吸收程度。

由于物质对红外光具有选择性的吸收，因此，不同的物质便有不同的红外吸收光谱图，所以，我们便可以从未知物质的红外吸收光谱图反过来求证该物质究竟是什么物质。这正是

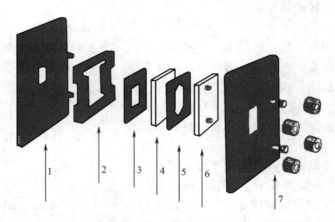

图 4-6　液体池组成的分解示意

1—后框架；2—窗片框架；3—垫片；4—后窗片；

5—聚四氟乙烯隔片；6—前窗片；7—前框架

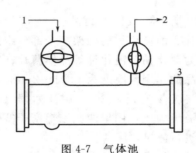

图 4-7　气体池

1—试样入口；2—抽气口；3—透光窗片

红外光谱定性的依据。

　　红外光谱在可见光区和微波区之间，其波长范围约为 $0.75 \sim 1000 \mu m$。根据实验技术和应用的不同。通常将红外光谱划分为三个区域，见表 4-3。

表 4-3　红外光区的划分

区域	波长 $\lambda/\mu m$	波数 $\bar{v}/cm^{-1}$	能级跃迁类型
近红外光区	$0.75 \sim 2.5$	$13300 \sim 4000$	分子化学键振动的倍频和组合频
中红外光区	$2.5 \sim 25$	$4000 \sim 400$	化学键振动的基频
远红外光区	$25 \sim 1000$	$400 \sim 10$	骨架振动、转动

　　由于目前广泛用于化合物定性、定量和结构分析以及其他化学过程研究的红外吸收光谱，主要是波长处于中红外光区的振动光谱，因此本章主要讨论中红外吸收光谱。

　　2. 红外吸收光谱的表示法

　　样品的红外吸收曲线称为红外吸收光谱，多用百分透射比与波数或百分透射比与波长（τ-λ）曲线来描述。如图 4-8 为乙酰水杨酸（阿司匹林）的红外光谱图。

　　红外吸收光谱中吸收峰的位置即横坐标可用波长（λ）或波数（$\bar{v}$）来表示。横坐标不同，光谱的形状不同，如不注意横坐标的表示，很可能把不同的横坐标表示的同一物质红外光谱误认为不同化合物，得出错误的结论。

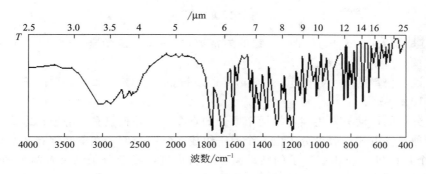

图 4-8　乙酰水杨酸（阿司匹林）的红外光谱图

3. 红外光谱法的特点

（1）适用的样品范围最广，气态、液态和固态样品均可进行红外光谱测定。且不受熔点、沸点和蒸气压的限制，甚至对一些表面涂层和不溶、不熔融的弹性体（如橡胶），也可直接获得其红外光谱图。

（2）应用面广，提供信息多且具有特征性。依据分子红外光谱的吸收峰位置、吸收峰的数目及其强度，可以鉴定未知化合物的分子结构或确定其化学基团；依据吸收峰的强度与分子或某化学基团的含量有关，可进行定量分析和纯度鉴定。

（3）与其他结构分析仪器相比，如质谱、核磁等，它的仪器价格便宜，易于购置，使用维护方便。

（4）样品用量少且可回收，可减少到微克级；不破坏试样，分析速度快，操作方便。

（5）缺点

① 提供的结构信息虽然丰富，但是对谱图的理论解释和结构的准确推测比较困难。

② 红外光谱中各峰的归属，主要是靠经验的总结；谱图中许多峰的来源，经常难以准确地归属与说明。

③ 它对样品中含量较少的组分检测不敏感，样品中含量1％以下的组分，在红外图中可能完全无信息。所以红外光谱对结构分析的样品的纯度要求达到90％以上。

4. 产生红外吸收光谱的原因

在分子中，原子的运动方式有三种，即平动、转动和振动。实验证明，当分子间的振动能产生偶极矩周期性的变化时，对应的分子才具有红外活性，其红外吸收光谱图才可给出有价值的定性定量信息。因此，下面主要讨论分子的振动。

（1）分子的振动能级与振动光谱　分子振动的频率决定分子所能吸收的红外光频率，即红外吸收峰的位置。原子与原子之间通过化学键连接组成分子。分子是有柔性的，因而可以发生振动。我们把不同原子组成的双原子分子的振动模拟为不同质量小球组成的谐振子振动（harmonicity），即把双原子分子的化学键看成是质量可以忽略不计的弹簧，把两个原子看成是各自在其平衡位置附近作伸缩振动的小球（图 4-9）。弹簧的长度是分子化学键的长度，则这个体系的振动频率取决于弹簧的长度（化学键的长度）和小球的质量。用经典力学的方法可得到如下公式：

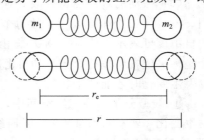

图 4-9　双原子分子伸缩振动示意
r_e—平衡位置原子间距离；
r—振动某瞬间原子间距离

$$\bar{\nu}=1304\sqrt{\frac{k}{u}} \tag{4-1}$$

式中，$\bar{\nu}$ 是波数，cm^{-1}；k 是化学键的力常数，g/s^2；c 是光速（$3\times10^{10}\,cm/s$）；u 是原子的折合质量。

一般来说，单键的 $k=(4\sim6)\times10^5\,g/s^2$；双键的 $k=(8\sim12)\times10^5\,g/s^2$；三键的 $k=(12\sim20)\times10^5\,g/s^2$。

双原子分子的振动只发生在连接两个原子的直线上，并且只有一种振动方式，而多原子分子则有多种振动方式。假设分子由 n 个原子组成，每一个原子在空间都有 3 个自由度，则分子有 $3n$ 个自由度。非线型分子的转动有 3 个自由度，线型分子则只有两个转动自由度，因此非线型分子有 $3n-6$ 种基本振动，而线型分子有 $3n-5$ 种基本振动。

（2）分子的振动形式　假设多原子分子（或基团）的每个化学键可以近似地看成一个谐振子，则其振动形式有以下几种。

① 伸缩振动（stretching vibration）　沿键轴方向发生周期性的变化的振动称为伸缩振动。伸缩振动可分为：对称伸缩振动（ν_s 或 ν^s）和不对称伸缩振动（ν_{as} 或 ν^{as}）［见图 4-10(a)］。

② 弯曲振动（bending vibration）　使键角发生周期性变化的振动称为弯曲振动。弯曲振动可分为以下几种。

a. 面内弯曲振动（β）　在几个原子所构成的平面内进行振动称为面内弯曲振动。面内弯曲振动可分为：剪式振动（δ）和面内摇摆振动（ρ）［见图 4-10(b)］。

b. 面外弯曲振动（γ）　在垂直于几个原子所构成的平面外进行振动称为面外弯曲振动。面外弯曲振可分为：面外摇摆振动（ω）和卷曲振动（τ）［见图 4-10(c)］。

以亚甲基（$=CH_2$）为例来说明各种振动形式：

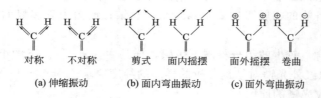

对称　　不对称　　　　剪式　　面内摇摆　　　面外摇摆　　卷曲

(a) 伸缩振动　　　　(b) 面内弯曲振动　　　(c) 面外弯曲振动

图 4-10　分子的振动形式

弯曲振动比伸缩振动容易；对称伸缩振动比不对称伸缩振动容易；面外弯曲振动比面内弯曲振动容易。即各振动形式的能量排列顺序为：$\nu_{as}>\nu_s>\delta>\gamma$

（3）振动的自由度与峰数　对于含有 N 个原子的分子，每个原子在三维空间的位置可用 x、y、z 三个坐标表示，故每个原子有 3 个自由度，分子自由度的总数为 $3N$ 个。分子总的自由度可表示为：$3N=$平动自由度＋转动自由度＋振动自由度。分子在空间的位置由 3 个坐标决定，所以有 3 个平动自由度。分子的转动自由度只有当分子转动时原子在空间的位置发生变化时才能产生。

① 线型分子　在三维空间中，线型分子以化学键为轴的方式转动时原子的空间位置不发生变化，转动自由度＝0，因而线型分子只有两个转动自由度，即线型分子的振动自由度＝$3N-3-2=3N-5$。

② 非线型分子　在三维空间中，以任一种方式转动，原子的空间位置均发生变化，因而非线型分子的转动自由度＝3，即非线型分子的振动自由度＝$3N-3-3=3N-6$。

理论上讲,每个振动自由度代表一个独立的振动,在红外光谱区就将产生一个吸收峰。但是实际上,峰数往往少于基本振动的数目,这是由于以下几点。

a. 当振动过程中分子的瞬间偶极矩不发生变化时,不产生红外光的吸收,这种现象称为非红外活性。

b. 频率完全相同的振动在红外光谱中重叠,这种现象称为红外光谱的简并。

另外,还有弱的吸收峰被强吸收峰掩盖或测不到;吸收峰落在中红外区以外。

例如:水分子为非线型分子,振动自由度为 3,在红外光谱中产生 3 个吸收峰。CO_2 为线性分子,振动自由度为 4,但红外光谱上只出现了两个吸收峰,($2349cm^{-1}$ 和 $667cm^{-1}$),这是因为 CO_2 的对称伸缩振动是非红外活性的振动,面内弯曲振动($667cm^{-1}$)和面外弯曲振动($667cm^{-1}$)谱带发生简并。

(4)产生红外吸收光谱的条件 并不是所有的振动形式都能产生红外吸收。那么,要产生红外吸收必须具备哪些条件呢?实验证明,红外光照射分子,引起振动能级的跃迁,从而产生红外吸收光谱,必须具备以下两个条件。

① 红外辐射应具有恰好能满足能级跃迁所需的能量当一定频率的红外光照射物质时,即分子中某一基团的振动频率正好与其相同,物质就能吸收这一频率的红外光从低能跃迁到较高的能级,产生红外光吸收光谱。

② 红外吸收光谱产生的第二个条件是外界的电磁辐射(红外光)与分子之间必须有偶合作用。外界的辐射必须把它携带的能量转移给物质分子,才能引起分子能级的跃迁,而这种能量的转移是通过分子振动时偶极矩的变化实现的。如果振动时分子的偶极矩没有变化,光的能量无法转移给分子,红外吸收光谱就不能产生,这种振动称为非红外活性的。当分子中的原子在其平衡位置附近振动时,电荷量 q 并不变化,但正负电荷中心的距离 r 则不断变化,偶极矩 u 也发生相应的变化。对称分子的正负电荷中心重叠 r 为 0,当对称分子作为称振动时,正负电荷中心始终重叠,u 不发生变化。因此是非外活性,如 N_2、O_2 等。应该注意,对称分子在不对称振动时,会产生瞬间偶极矩,因此是红外活性的。

⚙ 拓展任务

1. 根据"5S"管理的内涵,对红外光谱实训室进行管理和评价。

2. 根据仪器使用说明书,写出 WQF-310 型 FTIR 光谱仪的操作规程(或根据实训室的仪器型号进行编写)。

知识应用与技能训练

一、填空题

1. 色散型红外光谱仪,又称_____,主要由_____、_____、_____、_____、放大器及记录机械装置五个部分组成。

2. 常用于中红外光区的光学材料为_____、_____、_____、_____。

二、选择题

1. 红外光谱是( )。

　　A. 分子光谱　　　　B. 原子光谱　　　　C. 吸收光谱　　　　D. 电子光谱　　　　E. 振动光谱

2. FTIR 中的核心部件是( )。

　　A. 硅碳棒　　　　B. 迈克尔逊干涉仪　　C. DTGS　　　　D. 光楔

三、应用

1. 查阅相关资料,归纳傅里叶红外光谱仪的常见故障及解决方法。

2. 制定傅里叶红外光谱仪的操作流程指导书。

任务 2　苯甲酸的红外吸收光谱的测定及解析

【知识目标】

(1) 了解红外光谱仪进行定性测量的流程；

(2) 理解红外吸收光谱与分子结构关系；

(3) 掌握压片法制样的技术流程和要点；

(4) 掌握按基团顺序解析红外谱图的方法。

【能力目标】

(1) 能够用压片法制样；

(2) 能够正确进行红外软件操作，得到苯甲酸的红外吸收光谱图；

(3) 能够正确进行红外的开机、关机操作，养成仪器维护的习惯；

(4) 能够进行苯甲酸的谱图解析。

子任务 1　苯甲酸的红外吸收光谱的测定

课堂活动

1. 准备工作：开机预热 20min，玛瑙研钵的清理和干燥、KBr 和苯甲酸的干燥。

2. 压片法制备样品

(1) 请学生参照实验任务指导书制作压片：混合研磨、模具装样、真空压片机压片。

(2) 让学生比较每组制作的压片的区别，指出制作的压片存在哪些问题？对测定结果的影响及解决方法？

(3) 教师根据学生讨论回答的情况讲解制作压片的注意事项，并拓展液体、气体、薄膜状样品的制样方法。

3. 学生参照实验任务指导书的相关步骤对试样进行分析测定：本底扫描、样片装入样品室、样品扫描、标峰、谱图保存、标准谱库搜索等。

4. 结束工作：正确关机（退出红外软件，先关电脑，后关仪器）、清理台面、填写仪器使用记录。

子任务 2　苯甲酸红外光谱图解析

课堂活动

1. 将学生的苯甲酸红外光谱图统一打印出来，教师选择较好的红外光谱图作为样例进行教学。

2. 讨论：小组内部的同学对组内的红外光谱图进行讨论。

(1) 红外光谱图的纵坐标是什么、横坐标是什么？红外光谱图有哪两种表示方法，你手中的红外光谱图属于哪种？

(2) 哪些是比较好的谱图，哪些是不好的，不好在哪里？为什么会这样？如果再给一次实验机会，怎样的操作能让你的红外光谱图更好呢？

3. 提出以下问题让学生自学"红外吸收光谱与分子结构关系的基本概念"，完成下列问题。

(1) 你的红外光谱图峰是较均匀分布的吗？如果不是均匀分布，它呈现怎样的特点？

（2）判断：具有相同官能团的一系列化合物具有近似相同的吸收频率，这些吸收频率对应的峰叫做官能团的特征峰。

（3）判断：在红外光谱图中只要有特征峰存在就能够确认有相应官能团。

（4）中红外区可以分为特征谱带区和指纹区，请对比这两个区。

分区	频率	密集程度	作用
特征谱带区			
指纹区			

4. 提出问题：有一个未知化合物，已知其分子式（分子式为 $C_7H_6O_2$）和红外光谱图，请写出定性分析的一般步骤。

5. 苯甲酸红外光谱图解析：先用刚才学到的本领尝试对你的红外光谱图进行解析，然后教师给出参考的解析。

【任务卡】

任务		方案（答案）或相关数据、现象记录	点评	相应技能	相应知识点	自我评价
子任务1　苯甲酸的红外吸收光谱的测定	准备工作					
	压片法制样					
	样品的测试					
	实验习惯					
子任务2　苯甲酸红外光谱图解析	团队讨论					
	表演分子的振动					
	问题解答					
	未知化合物不饱和度计算的训练					
	官能团和峰宽记忆力训练					
	苯甲酸红外谱图解析					
学会的技能						

相关知识

一、试样的处理和制备

1. 红外光谱法对试样的要求

红外光谱的试样可以是液体、固体或气体，一般应要求以下几点。

（1）试样应该是单一组分的纯物质，纯度应高于98％或符合商业规格才便于与纯物质的标准光谱进行对照。多组分试样应在测定前尽量预先用分馏、萃取、重结晶或色谱法进行分离提纯，否则各组分光谱相互重叠，难以判断。

（2）试样中不应含有游离水。水本身有红外吸收，会严重干扰样品的谱图，而且会侵蚀吸收池的盐窗。

（3）试样的浓度和测试厚度应选择适当，以使光谱图中的大多数吸收峰的透射比处于10%～80%范围内。

2. 制样的方法

（1）气体样品　气态样品可在玻璃气槽内进行测定，它的两端粘有红外透光的 NaCl 或 KBr 窗片。先将气槽抽真空，再将试样注入。

（2）液体和溶液试样

① 液膜法　油状或黏稠液体可以直接涂于溴化钾或氯化钠晶片上测试。黏度小、沸点较高的液体可以夹在两块溴化钾或氯化钠晶片之间，形成液膜进行测试。沸点较低的液体可以直接注入厚度适当的密封液体池内测试。测试完毕须清洗液体池，极性样品的清洗剂一般用 $CHCl_3$，非极性样品清洗剂一般用 CCl_4。

② 水溶液样品　可用有机溶剂萃取水中的有机物，然后将溶剂挥发干，所留下的液体用液膜法制样并测试，固体则用压片法制样并测试。应特别注意含水的样品不能直接注入溴化钾或氯化钠液体池内测试。

（3）固体试样

① 压片法　分别取 1～2mg 的样品和 20～30mg 干燥的溴化钾晶体（粉末），于玛瑙研钵中研磨成粒度不大于 $2\mu m$，且混合均匀的细粉末，装入模具内，在压片机（见 4.1.2）上压制成片测试。若遇对压片有特殊要求的样品，可用氯化钾晶体（粉末）替代溴化钾晶体（粉末）进行压片。

压片操作虽不复杂，但压制过程中经常会出现一些不正常现象，其主要原因见表 4-4。

表 4-4　KBr 压片质量不正常原因分析

不正常现象	原　因	改善方法
(1)透过片子看远距离物体透光性差,有光散射 (2)不规则疙瘩斑	由 KBr 粉末所引起: (1)KBr 不纯,至少混有 5% 以上第二种碱金属卤化物 (2)通常是由于 KBr 受潮或结块	(1)选用纯的 KBr (2)干燥和粉碎 KBr
(3)片子出现许多白色斑点,其余部分是清晰透明的 (4)呈半透明或云雾状浑浊	由试样引起: (3)研磨不匀,有少量粗粒 (4)样品受潮 (5)样品本身性质差	(3)重新研磨 (4)干燥或抽真空时间长些 (5)选用其他制样方法
(5)整个片子不透明 (6)刚压好片子很透明,1min 或更长时间以后出现不规则云雾状浑浊 (7)片中心出现云雾状	由压片技术引起: (6)压力不够,再加上分散不好 (7)抽真空不够 (8)压模表面不平整	(6)重新研磨或重新压制使其分散好一些 (7)检查真空度,延长抽真空时间 (8)调换新的或重抛光

② 石蜡糊法　在玛瑙研钵中，将干燥的样品研磨成细粉末，然后滴加液体石蜡，使之混研成糊状，均匀涂于溴化钾或氯化钠晶片上测试。由该方法所得的光谱图中混有液体石蜡的吸收峰，在分析鉴定时应先将其剔除。

（4）聚合物样品

① 溶液制膜　将聚合物样品溶于适当的溶剂中，然后均匀地浇涂在溴化钾或氯化钠晶

片或洁净的玻璃片上，待溶剂挥发后，形成的薄膜可以用手或刀片剥离后进行测试若在溴化钾或氯化钠晶片上成膜，则不必揭下薄膜，可以直接测试。成膜在玻璃片上的样品若不易剥离，可连同玻璃片一起浸入蒸馏水中，待水把样品润湿后，就容易剥离了。剥离后的样品薄膜需在红外灯下烘烤至溶剂和水完全挥发，方可进行测试。

②　**热压制膜**　将热塑性的聚合物样品置于两片铝箔之间，加热至样品的软化点以上或者熔融，然后在一定压力下压成适当厚度的薄膜，进行测试。热压温度应控制适当，以免温度过高而造成样品的氧化或分解。

（5）其他样品

对于一些特殊样品，如：金属或非金属表面镀膜样品、纸张表面涂层等试样的测试、则要采用特殊附件，如 ATR 附件。

二、红外吸收光谱与分子结构关系

1. 红外吸收峰类型

（1）**特征峰**　物质的红外光谱是其分子结构的反映，谱图中的吸收峰与分子中各基团的振动形式相对应。多原子分子的红外光谱与其结构的关系，一般是通过实验手段得到。这就是通过比较大量已知化合物的红外光谱，从中总结出各种基团的吸收规律。实验表明，组成分子的各种基团，如 O—H、N—H、C—H、C＝C、C＝OH 和 C≡C 等，都有自己的特定的红外吸收区域，分子的其他部分对其吸收位置影响较小。通常把这种能代表其存在、并有较高强度的吸收谱带称为基团频率，其所在的位置一般又称为特征吸收峰。

（2）**基频峰**　分子吸收一定频率的红外光，若振动能级由基态（$n=0$）跃迁到第一振动激发态（$n=1$）时，所产生的吸收峰称为基频峰。由于（$n=1$），基频峰的强度一般都较大，因而基频峰是红外吸收光谱上最主要的一类吸收峰。

（3）**泛频峰**　在红外吸收光谱上除基频峰外，还有振动能级由基态跃迁至第二，第三，…，第 n 振动激发态时，所产生的吸收峰称为倍频峰。由 n_0 跃迁至 n_2 时，所产生的吸收峰称为二倍频峰。由 n_0 跃迁至 n_3 时，所产生的吸收峰称为 3 倍频峰。以此类推。二倍及三倍频峰等统称为倍频峰，其中二倍频峰还经常可以观测得到，三倍频峰及其以上的倍频峰，因跃迁概率很小，一般都很弱，常观测不到。

除倍频峰外，尚有合频峰 n_1+n_2，$2n_1+n_2$，…；差频峰 n_1-n_2，$2n_1-n_2$，…；倍频峰、合频峰及差频峰统称为泛频峰。合频峰和差频峰多数为弱峰，一般在图谱上不易辨认。

取代苯的泛频峰出现在 $2000\sim1667\text{cm}^{-1}$ 的区间，主要是由苯环上碳氢面外变形的倍频等所构成。由于其峰形与取代基的位置有关，所以可以通过起峰形的特征性来进行取代基位置的鉴定，其峰形和取代位置的关系如图 4-11 所示。

2. 红外吸收光谱的分区

中红外光谱区可分成 $4000\sim1300\text{cm}^{-1}$ 和 1800（1300）$\sim600\text{cm}^{-1}$ 两个区域。最有分析价值的基团频率在 $4000\sim1300\text{cm}^{-1}$ 之间，这一区域称为基团频率区、官能团区或特征区。区内的峰是由伸缩振动产生的吸收带，比较稀疏，容易辨认，常用于鉴定官能团。在 1800（1300）$\sim600\text{cm}^{-1}$ 区域内，除单键的伸缩振动外，还有因变形振动产生的谱带。这种振动与整个分子的结构有关。当分子结构稍有不同时，该区的吸收就有细微的差异，并显示出分子特征。这种情况就像人的指纹一样，因此称为指纹区。指纹区对于指认结构类似的化合物很有帮助，而且可以作为化合物存在某种基团的旁证。

（1）**基团频率区**　基团频率区根据吸收区域的不同可分为三个区域（表 4-5）。

①　$4000\sim2500\text{cm}^{-1}$　X—H 伸缩振动区，X 可以是 O、H、C 或 S 等原子。

a. O—H 基的伸缩振动出现在 3650～3200cm^{-1} 范围内，它可以作为判断有无醇类、酚类和有机酸类的重要依据。当醇和酚溶于非极性溶剂（如 CCl_4），浓度较低时，在 3650～3580cm^{-1} 处出现游离 O—H 基的伸缩振动吸收，峰形尖锐，且没有其他吸收峰干扰，易于识别。当试样浓度增加时，羟基化合物产生缔合现象，O—H 基的伸缩振动吸收峰向低波数方向位移，在 3400～3200cm^{-1} 出现一个宽而强的吸收峰。胺和酰胺的 N—H 伸缩振动也出现在 3500～3100cm^{-1}。

b. 饱和的 C—H 伸缩振动出现在 3000cm^{-1} 以下，约 3000～2800cm^{-1}，取代基对它们影响很小。如—CH_3 基的伸缩吸收出现在 2960cm^{-1} 和 2876cm^{-1} 附近；—CH_2 基的吸收在 2930cm^{-1} 和 2850cm^{-1} 附近，但强度很弱。不饱和的 C—H 伸缩振动出现在 3000cm^{-1} 附近，以此来判别化合物中是否含有不饱和的 C—H 键。苯环的 C—H 键伸缩振动出现在 3030cm^{-1} 附近，它的特征是强度比饱和的 C—H 键稍弱，但谱带比较尖锐。

c. 不饱和的双键＝C—H 的吸收出现在 3010～3040cm^{-1} 范围内，末端＝CH_2 的吸收出现在 3085cm^{-1} 附近。

d. ≡CH 上的 C—H 伸缩振动出现在更高的区域 3300cm^{-1} 附近。

② 2500～1900cm^{-1} 为叁键和累积双键区。

③ 1900～1200cm^{-1} 为双键伸缩振动区该区域重要包括 3 种伸缩振动。

a. C＝O 伸缩振动出现在 1900～1650cm^{-1}，是红外光谱中很特征且往往是最强的吸收峰，以此很容易判断酮类、醛类、酸类、酯类以及酸酐等有机化合物。酸酐的羰基吸收带由于振动耦合而呈现双峰。

b. C＝C 伸缩振动。烯烃的 C＝C 伸缩振动出现在 1680～1620cm^{-1}，一般很

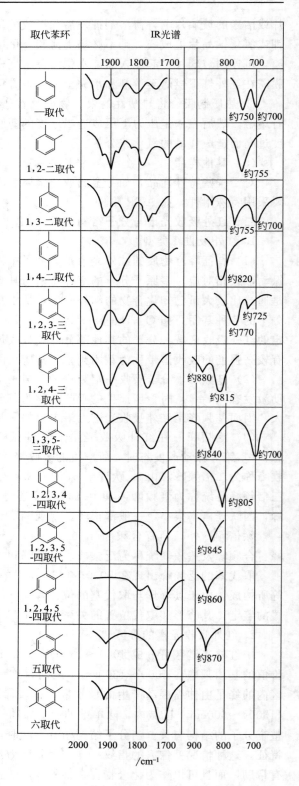

图 4-11 各取代苯的 γ_{CH} 振动吸收和在 1650～2000cm 的吸收面貌

弱。单核芳烃的 $C=C$ 伸缩振动出现在 $1600cm^{-1}$ 和 $1500cm^{-1}$ 附近，有两个峰，这是芳环的骨架结构，用于确认有无芳环的存在。

c. 苯的衍生物的泛频谱带，出现在 $2000\sim1650cm^{-1}$ 范围，是 $C-H$ 面外和 $C=C$ 面内变形振动的泛频吸收，虽然强度很弱，但它们的吸收面貌在表征芳环取代类型上是有用的。

表 4-5 基团频率区的 3 个区域的划分

区域	基团	吸收频率/cm^{-1}	振动形式	吸收强度	说 明
第一区域	—OH（游离）	3650~3580	伸缩	m,sh	判断有无醇类、酚类和有机酸的重要依据
	—OH（缔合）	3400~3200	伸缩	s,b	
	—NH₂，—NH（游离）	3500~3300	伸缩	m	
	—NH₂，—NH（缔合）	3400~3100	伸缩	s,b	
	—SH	2600~2500	伸缩		
	C—H 伸缩振动 不饱和 C—H				不饱和 C—H 伸缩振动出现在 $3000cm^{-1}$ 以上
	≡C—H（叁键）	3300 附近	伸缩	s	末端=C—H 出现在 $3085cm^{-1}$ 附近
	=C—H（双键）	3040~3010	伸缩	s	强度上比饱和 C—H 稍弱，但谱带较尖锐
	苯环中 C—H	3030 附近	伸缩	s	饱和 C—H 伸缩振动出现在 $3000cm^{-1}$ 以
	饱和 C—H				下（3000~2800cm⁻¹），取代基影响较小
	—CH₃	2960±5	反对称伸缩	s	
	—CH₃	2870±10	对称伸缩	s	
	—CH₂	2930±5	反对称伸缩	s	三元环中的 CH₂ 出现在 $3050cm^{-1}$
	—CH₂	2850±10	对称伸缩	s	—C—H 出现在 $2890cm^{-1}$，很弱
第二区域	—C≡N	2260~2220	伸缩	s 针状	干扰少
	—N=N	2310~2135	伸缩	m	
	—C≡C—	2260~2100	伸缩	v	R—C≡C—H，2140~2100；R—C≡C—R'，226~2190；若 R'=R，对称分子无红外谱带
	—C=C=C—	1950 附近	伸缩	v	
第三区域	C=C	1680~1620	伸缩	m,w	
	芳环中 C=C	1600,1580	伸缩	v	苯环的骨架振动
		1500,1450			
	—C=O	1850~1600	伸缩	s	其他吸收带干扰少，是判断羰基（酮类、酸类、酯类、酸酐等）的特征频率，位置变动大
	—NO₂	1600~1500	反对称伸缩	s	
	—NO₂	1300~1250	对称伸缩	s	
	S=O	1220~1040	伸缩	s	

注：s—强吸收；h—宽吸收带；m—中等强度吸收；w—弱吸收；sh—尖锐吸收峰；v—吸收强度可变。

（2）指纹区 表 4-6。中列出了指纹区常见的基团的吸收频率，对于指认结构类似的化合物很有帮助，而且可以作为化合物存在某种基团的旁证。

① 1800（1300）$\sim900cm^{-1}$ 区域是 $C-O$、$C-N$、$C-F$、$C-P$、$C-S$、$Si-O$ 等单键的伸缩振动和 $C=S$、$S=O$、$P=O$ 等双键的伸缩振动吸收。其中 $C-H$ 对称弯曲振动，对识别甲基十分有用，$C-O$ 的伸缩振动 $1300\sim1000cm^{-1}$，$1460cm^{-1}$ 的谱带为甲基的，是该区域最强的峰，也较易识别。

表 4-6　指纹区常见官能团的吸收频率

区域	基团	吸收频率/cm^{-1}	振动形式	吸收强度	说明
指纹区	C—O	1300～1000	伸缩	s	C—O 键（酯、醚、醇类）的极性很强，故强度强，常成为谱图中最强的吸收 醚类中 C—O—C 的 $V_{as}=1100\pm50$ 是最强的吸收。C—O—C 对称伸缩在 900～1000，较弱 大部分有机化合物都含有 CH$_3$、CH$_2$ 基，因此此峰经常出现
	C—O—C	1150～900	伸缩	s	
	—CH$_3$，—CH$_2$	1460±10	—CH$_3$ 反对称变形，—CH$_3$ 变形	m	
	—CH$_3$	1380～1370	对称变形	s	
	—NH$_2$	1650～1560	变形	m,s	
	C—F	1400～1000	伸缩	s	
	C—Cl	800～600	伸缩	s	
	C—Br	600～500	伸缩	s	
	C—I	500～200	伸缩	s	
	=CH$_2$	910～890	面外摇摆	s	
	—(CH$_2$)$_n$—，$n>4$	720	面内摇摆	v	

② 900～650cm^{-1} 区域的某些吸收峰可用来确认化合物的顺反构型。例如，烯烃的 =C—H 面外变形振动出现的位置，很大程度上决定于双键的取代情况。对于 RCH =CH$_2$ 结构，在 990cm^{-1} 和 910cm^{-1} 出现两个强峰，为 RC =CRH 结构，其顺、反构型分别在 690cm^{-1} 和 970cm^{-1} 出现吸收峰，可以共同配合确定苯环的取代类型。

3. 吸收谱带的强度

（1）吸收峰强度的表示方法　红外吸收谱带的强度取决于分子振动时偶极矩的变化，而偶极矩与分子结构的对称性有关。振动的对称性越高，振动中分子偶极矩变化越小，谱带强度也就越弱。一般地，极性较强的基团（如 C =O、C—X 等）振动，吸收强度较大；极性较弱的基团（如 C =C、C—C、N =N 等）振动，吸收较弱。红外光谱的吸收强度一般定性地用很强（vs）、强（s）、中（m）、弱（w）和很弱（vw）等表的大小划分吸收峰的强弱等级，具体如表 4-7。

表 4-7　吸收谱带的强度的划分

摩尔吸光系数 ε	峰　强　度
$\varepsilon>100$	非常强峰（vs）
$20<\varepsilon<100$	强峰（s）
$10<\varepsilon<20$	中强峰（m）
$1<\varepsilon<10$	弱峰（w）

（2）影响吸收峰强度的因素　强峰与分子跃迁概率有关。跃迁概率是指激发态分子所占分子总数的百分数。基频峰的跃迁概率大，倍频峰的跃迁概率小，合频峰与差频峰的跃迁概率更小。

峰强与分子偶极矩有关，而分子的偶极矩又与分子的极性、对称性和基团的振动方式有关。一般极性较强的分子或基团，它的吸收峰也强。例如 C =O、OH、C—O—C、Si—O、N—H、NO$_3$ 等均为强峰，而 C =C、C =N、C—C、C—H 等均为弱峰。分子的对称性越低，则所产生的吸收峰越强。例如三氯乙烯的 $\nu_{C=C}$ 在 1585cm^{-1} 处有一中强峰，而四氯乙烯因它的结构完全对称，所以它的 $\nu_{C=C}$ 吸收峰消失。当基团的振动方式不同时，其电荷分布也不同，其吸收峰的强度依次为：

$$\nu_{as}>\nu_s>\delta$$

但是苯环上的 $\gamma_{\Phi-H}$ 为强峰，而 $\nu_{\Phi-H}$ 为弱峰。

三、常见官能团的特征吸收频率

用红外光谱来确定化合物中某种基团是否存在时，需熟悉基团频率。先在基团频率区观察它的特征峰是否存在，同时也应找到它们的相关峰作为旁证。常见官能团的特征吸收频率见表 4-8。

表 4-8 常见官能团的特征吸收频率

名称	4000~2500cm⁻¹	2500~2000cm⁻¹	2000~1500cm⁻¹	1500~600cm⁻¹
醇酚	游离的 O—H 伸缩 多分子缔合 O—H 伸缩 3610~3640(w,尖) 3400~3200(s,宽)			O—H 面内弯曲 叔醇 ν_{C-O} 1260 1410 ~1150 (m 宽) (s 宽) 仲醇 ν_{C-O} ~1050 ~1100 伯醇 ν_{C-O} (s 宽) (s 宽) O—H 面内弯曲 ν_{C-O} 1310~14 宽(m10 宽)~1230(s 宽)
胺类:—NH₂ —NH	游离的 NH₂ ν_{as} 3550~ 3450~ 游离 3300(m) 3250(m) ν_{NH} 3500~ 3300 缔合 ν_{NH} 3460~ 3420		NH₂ 剪式振动 1650~1590(s-m)	NH₂ 扭曲振动 950~650(宽,m,特征) NH 非平面摇摆 750~700(s)
C—CH₃ R—CH(CH₃)₂ R—C(CH₃)₃	CH₃ ν_{as} CH₃ ν_s 2960±10(s) 2870±10(s)			CH₃ 反对称变形 CH₃ 对称变形 1450±20(m) 1375±5(s) 同上 CH₃ 对称变形分裂 1389~ 1372~ 1381(m) 1368(m) 同上 CH₃ 对称变形分裂 1391~ 1368~ 1381(m) 1366(s)
₊(CH₂)ₙ	CH₂ ν_{as} CH₂ ν_a 2926±5(s) 2853±5(s)			CH₂ 剪式振动 非平面摇摆·扭曲 CH₂ 平面摇摆 1465±20(m) 1200~1300(w) n≥4 724~722 CH₂ 平面摇摆·扭曲 n=3 729~726 n=2 743~734 n=1 785~770
CH≡CR R—C≡N	≡C—H 伸缩 3310~3200(m,尖锐)	C≡C 伸缩 2140~2100(m) C≡N 伸缩 2260~2240(s 尖锐)		≡C—H 弯曲 700~600

续表

名称	4000~2500cm^{-1}	2500~2000cm^{-1}	2000~1500cm^{-1}	1500~600cm^{-1}
$RHC{=}CH_2$	CH ν_{as} 3095~3075(m) CH 伸缩 3040~3010(m)		=CH$_2$ 非平面摇摆之倍频: 1840~1805(m) C=C 伸缩 1648~1638(m)	=CH$_2$ 剪式振动 1420~1412(m) 反式 CH 非平面摇摆 995~985(s) =CH$_2$ 非平面摇摆 910~905(s)
$R_1R_2C{=}CH_2$	CH$_2$ ν_{as} 3100~3077(m)		同上 1792~1775(m) $\nu_{C=C}$ 1658~1648(m)	=CH$_2$ 剪式振动 1420~1400(m) 同上 895~885(s)
$\begin{array}{ccc} H & & H \\ & C{=}C & \\ R_2 & & R_1 \end{array}$	=CH 伸缩 3050~3000(m)		$\nu_{C=C}$ 1662~1652(m)	=CH 平面摇摆 1429~1397(m) 顺式 CH 非平面摇摆 730~650(m)
$\begin{array}{ccc} R_1 & & H \\ & C{=}C & \\ H & & R_2 \end{array}$	=CH 伸缩 3050~3000(m)		$\nu_{C=C}$ 1678~1668(w)	反式 CH 非平面摇摆 980~965(s)
$\begin{array}{ccc} R_2 & & R_2 \\ & C{=}C & \\ H & & R_1 \end{array}$	=CH 伸缩 3050~2990(w)		$\nu_{C=C}$ 1692~1667(w)	CH 非平面摇摆 840~790(m-s)
羰基化合物 $\begin{array}{c} O \\ \| \\ R{-}C{-}NH_2 \end{array}$ （伯酰胺）	游离 NH$_2$　ν_{as} 约3520　ν_a 约3400 缔合 NH$_2$　ν_{as} 约3350　ν_a 约3180		$\nu_{C=O}$ 1690~1650（酰胺 I 峰） NH$_2$ 剪式振动 1640~1610（酰胺 II 峰）	C-N 伸缩振动 1420~1400（酰胺 III 峰）
$\begin{array}{c} O \\ \| \\ R{-}C{-}NH_2R' \end{array}$ （仲酰胺）	游离 NH 伸缩 约3440 缔合 NH 伸缩 约3300		$\nu_{C=O}$ 1680~1665（酰胺 I 峰） C-N-H 弯曲振动 1550~1530（酰胺 II 峰）	C-N 伸缩+N-H 弯曲 1330~1260（酰胺 III 峰）
$\begin{array}{c} O \\ \| \\ R{-}C{-}NR'R'' \end{array}$ （叔酰胺）			$\nu_{C=O}$ 约 1650（酰胺 I 峰）	

续表

名称	4000~2500cm⁻¹	2500~2000cm⁻¹	2000~1500cm⁻¹	1500~600cm⁻¹
$\overset{O}{\underset{}{R-C-R'}}$			$\nu_{C=O}$ 1720~1710(s)	C—C—C弯曲振动+C—C伸缩 ~1100
$\overset{O}{\underset{}{R-C-H}}$	CH伸缩振动(特征,区分醛酮) 约2720(m)		$\nu_{C=O}$ 1735~1715(s)	
$\overset{O}{\underset{}{R-C-OR'}}$			$\nu_{C=O}$ 约1740(s)	其他饱和酯 C—O—C ν_{as} 1210~1160(s)；乙酸酯 C—O—C ν_{as} 1260~1230(s)；C—O—C ν_a 1160~1050(s)
$\overset{O}{\underset{}{R-C-OH}}$	游离酸 OH伸缩 3580~3500(m)；二聚体 ν_{OH} 3200~2500(宽,特征)		游离 $\nu_{s=o}$—二聚体 $\nu_{C=O}$ 1770~1750(s) 1720~1710(s)	二聚体OH面内弯曲和C—O伸缩的偶合 ~1430(M)和~1250(s)；二聚体OH非平面摇摆 ~920(宽,强,特征)
$\overset{O}{\underset{}{R-C-X}}$			$\nu_{C=O}$ 1810~1790(s)	
酸酐(线状)			$\nu_{asC=O}$ 1800~1850(s) $\nu_{sC=O}$ 1790~1740(M—S)	C—O—C伸缩 1175~1045(s)
酸酐(环状)			$\nu_{asC=O}$ 1875~1825(m) $\nu_{sC=O}$ 1800~1750(s)	C—O—C伸缩 1310~1210(s)
芳烃	C—H伸缩 3100~3000(m,尖锐)		各种取代类型的特征图样 2000~1667 苯核骨架振动 ~1500,~1600	C—H面外变形 苯 670；单取代 770~730(s) 710~690(s)；1,2取代 770~735(s)；1,3取代 810~750(s) 710~690(s)；1,4取代 833~810(s)

四、红外光谱的应用

红外光谱法广泛用于有机化合物的定性、定量和结构分析。

1. 定性分析

（1）已知物的鉴定 将试样的谱图与标准物的谱图进行对照，或者与文献上的谱图进行对照。如果两张谱图各吸收峰的位置和形状完全相同，峰的相对强度一样，就可以认为样品是该种标准物。如果两张谱图不一样，或峰位不一致，则说明两者不为同一化合物，或样品有杂质。如用计算机谱图检索，则采用相似度来判别。使用文献上的谱图应当注意试样的物态、结晶状态、溶剂、测定条件以及所用仪器类型均应与标准谱图相同。

（2）未知物结构的测定 测定未知物的结构，是红外光谱法定性分析的一个重要用途。如果未知物不是新化合物，可以通过两种方式利用标准谱图进行查对：查阅标准谱图的谱带索引，与寻找试样光谱吸收带相同的标准谱图；进行光谱解析，判断试样的可能结构，然后在由化学分类索引查找标准谱图对照核实。

光谱解析的步骤如下。

① 试样的分离和精制 用各种分离手段（如分馏、萃取、重结晶、层析等）提纯未知试样，以得到单一的纯物质；否则，试样不纯不仅会给光谱的解析带来困难，还可能引起"误诊"。

② 收集未知试样的有关资料和数据 了解试样的来源、元素分析值、相对分子质量、熔点、沸点、溶解度、有关的化学性质，以及紫外吸收光谱、核磁共振波谱、质谱等，这对图谱的解析有很大的帮助，可以大大节省谱图解析的时间。

③ 根据元素分析及相对摩尔质量的测定，求出化学式并计算化合物的不饱和度 由分子的不饱和度可以推断分子中含有双键、叁键、环、芳环的数目，验证谱图解析的正确性。其计算公式如下：

$$不饱和度 \ \Omega = 1 + n_4 + (n_3 - n_1)/2 \tag{4-2}$$

式中，n_4、n_3、n_1 分别为分子中所含的四价、三价和一价元素原子的数目。Ω 计算得 $\Omega = 0$ 时，表示分子是饱和的，应在链状烃及其不含双键的衍生物；$\Omega = 1$ 时，可能有一个双键或脂环；$\Omega = 2$ 时，可能有两个双键和脂环，也可能有一个叁键；$\Omega = 4$ 时，可能有一个苯环等。

注：二价原子如 S、O 等不参加计算。

【例 4-1】 苯：C_6H_6，不饱和度 $= 6 + 1 + (0 - 6)/2 = 4$，3 个双键加一个环，正好为 4 个不饱和度。

【例 4-2】 C_7H_8

$$\Omega = 1 + 7 + (0 - 8)/2 = 4$$

【例 4-3】 C_2H_2NO $\qquad \Omega = 1 + 2 + (1 - 5)/2 = 1$

④ 谱图解析 红外谱图的解析没有特定的规则，一般先从基团频率区的最强谱带开始，推测未知物可能含有的基团，判断不可能含有的基团。再从指纹区的谱带进一步验证，找出可能含有基团的相关峰，用一组相关峰确认一个基团的存在。对于简单化合物，确认几个基团之后，便可初步确定分子结构，然后查对标准谱图核实。

a. 分析 $3300 \sim 2800 cm^{-1}$ 区域 C—H 伸缩振动吸收；以 $3000 cm^{-1}$ 为界：高于 $3000 cm^{-1}$ 为不饱和碳 C—H 伸缩振动吸收，有可能为烯、炔、芳香化合物，而低于 $3000 cm^{-1}$ 一般为饱和 C—H 伸缩振动吸收。

b. 若在稍高于 $3000 cm^{-1}$ 有吸收，则应在 $2250 \sim 1450 cm^{-1}$ 频区，分析不饱和碳碳键的

伸缩振动吸收特征峰，其中：炔 $2200\sim2100cm^{-1}$；烯 $1680\sim1640cm^{-1}$；芳环 $1600cm^{-1}$，$1580cm^{-1}$，$1500cm^{-1}$，$1450cm^{-1}$。

若已确定为烯或芳香化合物，则应进一步解析指纹区，即 $1000\sim650cm^{-1}$ 的频区，以确定取代基个数和位置（顺、反、邻、间、对）。

c. 碳骨架类型确定后，再依据其他官能团，如 $C=O$，$O-H$，$C-N$ 等特征吸收来判定化合物的官能团。

d. 解析时应注意把描述各官能团的相关峰联系起来，以准确判定官能团的存在，如 $2820cm^{-1}$，$2720cm^{-1}$ 和 $1750\sim1700cm^{-1}$ 的三个峰，说明醛基的存在。

【例 4-4】　某化合物 $C_9H_{10}O$，其 IR 光谱主要吸收峰位为（单位 cm^{-1}）3080、3040、2980、2920、1690（s）、1600、1580、1500、1370、1230、750、690，试推断分子结构。

解　由式（4-4）计算得 $\Omega=1+9-(0-10)/2=5$，推测结构中可能含有苯环，$1600cm^{-1}$、$1580cm^{-1}$、$1500cm^{-1}$、$690cm^{-1}$、$750cm^{-1}$ 的吸收可看出是单取代苯环；由 1690 的强吸收推测可能有 $C=O$；$2980cm^{-1}$、$1370cm^{-1}$ 处的吸收推测有甲基；$2920cm^{-1}$ 处的吸收峰推测有乙基，综上所述可知该物质的结构为：

$$C_6H_5-CO-C_2H_5$$

（3）标准谱图的使用　在进行定性分析时，对于能获得相应纯品的化合物，一般通过谱图对照即可。对于没有已知纯品的化合物，则需要与标准谱图进行对照，最常见的标准谱图有 3 种，即萨特勒标准红外光谱集（Sadtler, catalog of infrared standard spectra）、分子光谱文献"DMS"（documentation of molecular spectroscopy）穿孔卡片和 ALDRICH 红外光谱库（the Aldrich Library of Infrared Spectra）。

其中"萨特勒"收集的红外吸收谱图最为全面。到 2006 年底，它已收集 226000 张红外吸收光谱图和 1900 张近红外吸收光谱图，涉及从纯有机化合物到商业化合物等各个系列，并可以以单独数据库的形式选购。为了便于检索，Sadtler 红外吸收光谱数据库分为以下几个大类：聚合物和相关化合物（48360 张），纯有机化合物（139110 张），工业化合物（21950 张），刑侦科学领域（15525 张），环境应用领域（5020 张）以及无机物和有机金属类（2210 张）。

2. 定量分析

红外光谱定量分析是通过对特征吸收谱带强度的测量来求出组分含量。其理论依据是朗伯-比尔定律。由于红外光谱的谱带较多，选择的余地大，所以能方便地对单一组分和多组分进行定量分析。此外，该法不受样品状态的限制，能定量测定气体、液体和固体样品。因此，红外光谱定量分析应用广泛。但红外定量灵敏度较低，尚不适用于微量组分的测定。

（1）基本原理　红外定量分析的原理和可见紫外光谱的定量分析一样，也是基于朗伯-比尔定律 $A=abc$。即通过测定一定波长下某物质的吸光度值来进行定量分析。实际过程中吸光度 A 的测定有以下方法。

① 峰高法将测量波长固定在被测组分有明显的最大吸收而溶剂只有很小或没有吸收的波数处，使用同一吸收池，分别测定样品及溶液的透光率，则样品的透光率等于两者之差，并由此求出吸光度。

② 基线法　由于峰高法中采用的补偿不是十分满意的，因此误差比较大。为了使分析波数处的吸收度更接近真实值，常采用基线法。

其方法是：通过谱带两翼透过率最大点作光谱吸收的切线，作为该谱线的基线，则分析波数处的垂线与基线的交点，与最高吸收峰顶点的距离为峰高，其吸光度 $A=\lg(I_0/I)$。

（2）定量分析条件的选择

① 选择吸收带的原则

a. 必须是被测物质的特征吸收带。例如分析酸、酯、醛、酮时，必须选择 $\diagdown C{=\!=}O$ 基团的振动有关的特征吸收带。

b. 所选择的吸收带的吸收强度应与被测物质的浓度有线性关系。

c. 所选择的吸收带应有较大的吸收系数且周围尽可能没有其他吸收带存在，以免干扰。

② 溶剂的选择：所选溶剂应能很好地溶解样品，与样品不发生化学反应，在测量范围内不产生吸收。未消除溶剂吸收带影响，可采用差谱技术计算。

③ 选择合适的透射区域　透射比应控制在 20%～60% 范围之间。

④ 测量条件的选择　定量分析要求 FTIR 仪器的室温恒定，每次开机后均应坚持仪器的光通量，保持相对恒定。定量分析前要对仪器的 100% 线、分辨率、波数精度等各项性能指标进行检查，先测参比（背景）光谱可减少 CO_2 和水的干扰。用 FTIR 进行定量分析，其光谱是把多次扫描的干涉图进行累加平均得到的，信噪比与累加次数的平方根成正比。

（3）定量分析方法　红外光谱定量方法主要有测定谱带强度和测量谱带面积购两种。此外也有采用谱带的一阶导数和二阶导数的计算方法，这种方法能准确地测量重叠的谱带，甚至包括强峰斜坡上的肩峰。

红外光谱定量分析可以采用的方法很多，下面我们介绍几种常用的测定方法。

① 直接计算法　这种方法适用于组分简单、特征吸收带不重叠、且浓度与吸收度呈线性关系的样品。

$$A=kbc \tag{4-3}$$

应用式(4-5)，从谱图上读取透过率数值，按 $A=\ln(I_0/I)$（I_0 为入射光强度，I 为透射光强度）的关系计算出 A 值，再按式(4-5)算出组分含量 c，从而推算出质量分数。这一方法的前提是需用标准样品测得 k 值。分析精度要求不高时，可用文献报道的 k 值。

② 工作曲线法　这种方法适用于组分简单、特征吸收谱带重叠较少，而浓度与吸收度不完全呈线性关系的样品。

在固定液层厚度及入射光的波长和强度的情况下，测定一系列不同浓度标准溶液的吸光度，以对应分析谱带的吸光度为纵坐标、标准溶液浓度为横坐标作图，得到一条通过原点的直线，该直线为标准曲线或工作曲线。在相同条件下测得试液的吸光度，从工作曲线上可查出试液的浓度。

由于工作曲线是从实际测定中获得的，它真实地反映了被测组分的浓度与吸收度的关系。因此即使被测组分在样品中不服从比尔定律，只要浓度在所测的工作曲线范围内、也能得到比较准确的结果。同时，这种方法可以排除许多系统误差，同时在这种定量方法中，分析波数的选择同样是重要的，分析波数只能选在被测组分的特征吸收峰处。溶剂和其他组分在这里不应有吸收峰出现，否则将引起较大的误差。

拓展任务

用傅里叶红外光谱仪鉴别 PVC 和 PE 保鲜膜。

知识应用与技能训练

一、填空题

1. 在中红外光区中，一般把 $4000\sim1350cm^{-1}$ 区域叫做＿＿＿＿＿＿，而把 $1350\sim650cm^{-1}$ 区域叫做＿＿＿＿＿＿。

2. 在振动过程中键或基团的_____不发生变化，就不吸收红外光。

二、选择题

1. 在下面各种振动模式中，不产生红外吸收带的是（　　　）。

    A. 乙炔分子中的—C≡C—对称伸缩振动

    B. 乙醚分子中的 C—O—C 不对称伸缩振动

    C. CO_2 分子中的 C—O—C 对称伸缩振动

    D. HCl 分子中的 H—Cl 键伸缩振动

2. 有一含氧化合物，如用红外光谱判断它是否为羰基化合物，主要依据的谱带范围为（　　　）。

    A. $3500 \sim 3200 cm^{-1}$　　　　　　　B. $1950 \sim 1650 cm^{-1}$

    C. $1500 \sim 1300 cm^{-1}$　　　　　　　D. $1000 \sim 650 cm^{-1}$

三、应用

1. 说明压片制备固体试样的方法要点，以及这种方法的适用范围。

2. 某化合物化学式为 C_8H_8O，测得其红外光谱如图 4-12，试推测其结构。

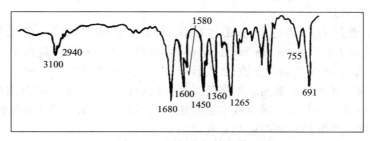

图 4-12　测得的红外光谱图

实验任务指导书

苯甲酸的红外吸收光谱测定（压片法）

1. 实验任务

① 掌握一般固体样品的制样方法以及压片机的使用方法；

② 了解红外光谱仪的工作原理；

③ 掌握红外光谱仪的一般操作。

2. 仪器与试剂

Perkin Elmer Spectrum RX I FT-RT 或其他型号的红外吸收光谱仪；压片机、模具和样品架；玛瑙研钵、不锈钢药匙、不锈钢镊子、红外灯。

3. 主要试剂

分析纯的苯甲酸，光谱纯的 KBr 粉末，分析纯的无水乙醇，擦镜纸。

4. 操作规程

（1）准备工作

① 开机：打开红外吸收光谱仪主机电源，打开显示器的电源，仪器预热 20min；恢复工厂设置（揿 restore＋setup＋factory）；打开计算机，点击 Spectrum V3.01 工作软件图标。

② 用分析纯的无水乙醇清洗玛瑙研钵，用拆镜纸擦干后，再用红外灯烘干。

（2）试样的制备　取 $2 \sim 3mg$ 苯甲酸与 $200 \sim 300mg$ 干燥的 KBr 粉末，置于玛瑙研钵中，在红外灯下混匀，充分研磨（颗粒粒度 $2\mu m$ 左右）后，用不锈钢药匙取约 $70 \sim 80mg$ 于压片机模具的两片压舌下。将压力调至 28kgf（1kgf＝9.8N）左右，压片，约 5min 后，用不锈钢镊子小心取出压制好的试样薄片，置于样品架中待用。

（3）试样的分析测定

① 背景的扫描　在未放入试样前，扫描背景 1 次（在仪器键盘上揿 scan＋backg＋1；或在工作软件上点击 "instrument" 下拉菜单的 "scan sample"，设置扫描参数，单击 OK；或者直接点击 Bkgrd 图标）。

② 试样的扫描　将放入试样薄片的样品架置于样品室中，扫描试样 1 次（揿 scan X or Y or Z＋1；或在工作软件上点击 "instrument" 下拉菜单的 "scan sample"，设置扫描参数，点击 OK；或者直接点击 scan 图标）。

（4）结束工作

① 关机　实验完毕后，先关闭红外工作软件，然后回复工厂设置，关闭显示器电源，关闭红外吸收光谱仪的电源。

② 用无水乙醇清洗玛瑙研钵、不锈钢药匙、镊子。

③ 清理台面，填写仪器使用记录。

5. 数据记录及处理

（1）对基线倾斜的谱图进行校正（在仪器键盘上揿 "flat"，在工作软件上点击 "process" 下拉菜单里的 "base line correction"），噪声太大时对谱图进行平滑处理（在仪器键盘上揿 "smooth"，在工作软件上点击 "process" 下拉菜单里的 "smooth"）；有时也需要对谱图进行 "abex" 处理，使谱图纵坐标处于百分透射比为 0～100％ 的范围内。

（2）标出试样谱图上各主要吸收峰的波数值，然后打印出试样的红外吸收光谱图。

（3）选择试样苯甲酸的主要吸收峰，指出其归属。

6. 相关原理

不同的样品状态（固体、液体、气体以及黏稠样品）需要相应的制样方法。制样方法的选择和制样技术的好坏直接影响谱带的频率、数目和强度。

对于像苯甲酸这样的粉末样品常采用压片法。实际方法是：将研细的粉末分散在固体分质中，并用压片机压成透明的薄片后测定。固体分散介质一般是金属卤化物（如 KBr），使用时要将其充分研细，颗粒直径最好小于 $2\mu m$（因为中红外区的波长是从 $2.5\mu m$ 开始的）。

7. 注意事项

（1）在红外灯下操作时，用溶剂（乙醇，也可以用四氯化碳或氯仿）清洗盐片，不要离灯太近，否则，移开灯时温差太大，盐片易破裂。

（2）取出试样薄片时为防止薄片破裂，应用泡沫或其他物质缓冲。

（3）处理谱图时，平滑参数不要选择太高，否则会影响谱图的分辨率。

项目五　气相色谱法

工作项目　利用气相色谱法测定祛斑霜中的氢醌和苯酚。

拓展项目　水性涂料的水分含量测定，工业二甲苯的组成分析，工业用甲醇中乙醇的定性分析，全脂奶粉中植物油的检测，生发剂中斑蝥素的含量测定，液化石油气的组成分析。

任务1　认识气相色谱法

【知识目标】

(1) 了解气相色谱实训室的环境要求、基本布局和管理规范，掌握"5S"管理在实训室管理中的应用；

(2) 熟悉气相色谱仪的构造和各部分的作用，熟悉常用检测器的适用范围；

(3) 理解并掌握气相色谱的基本术语；

(4) 理解并掌握影响色谱柱柱效和分离度的因素。

【能力目标】

(1) 初步具有根据5S现场管理的要求对气相色谱实训室进行整理和综合评价的能力；

(2) 能够对气相色谱的气路进行检漏；

(3) 能够正确开关气相色谱仪，懂得设置各项色谱操作参数。

子任务1　认识气相色谱实训室

课堂活动

教师带领学生参观相关实训室或观看相关视频，引导学生观察实训室的环境布局、相关仪器的摆放以及实验室的相关管理制度，并引导学生根据"5S管理"的内涵对实训室进行整理，培养学生遵守规章制度的良好习惯以及严谨的工作态度。

子任务2　认识和操作气相色谱仪

课堂活动

教师采用现场演示或相关视频、图片相结合方法进行讲解，并引导学生操作气相色谱仪，在此过程中对仪器各组成部分的作用进行介绍。

重点示范及讲解气路系统的安装、检漏和操作，仪器的基本操作（包括 TCD 或 FID 的开关机步骤、操作条件设置），色谱工作站的使用。

子任务3　认识气相色谱分离过程

课堂活动

1. 教师首先通过现场演示并结合动画来描述气相色谱分离的过程，引出色谱分析法的概念，提出以下问题并要求学生回答：

（1）不同物质流出相同色谱柱的时间是否一样？

（2）什么是溶解与解析、吸附与脱附？

（3）物质与固定相之间有没有相互作用？是什么作用？

（4）该作用对物质流出色谱柱的时间有何影响？

2. 学生讨论、教师总结：色谱柱为何可以使性质接近的混合物进行分离？引入分配系数和容量因子的概念，并讲解其在色谱分离中的作用。

3. 教师展示色谱图讲解色谱分离的基本术语，要求学生能够对照图片解释以下术语：色谱图、基线、保留值、调整保留值、峰高、峰宽、半峰宽、峰面积。

4. 教师介绍色谱发展史，归纳总结色谱的分类及其应用，培养学生学习气相色谱分析法的兴趣。

【任务卡】

任务		方案（答案）或相关数据、现象记录	点评	相应技能	相应知识点	自我评价
子任务 1 认识气相色谱实训室	认知实验室的环境布局					
	根据"5S"管理的内涵整理实训室					
	归纳气相色谱实训室的管理制度					
子任务 2 认识和操作气相色谱仪	气相色谱仪的主要部件及其作用					
	气路的安装、检漏和操作					
	开机操作（TCD/FID），设置汽化温度、柱温、检测温度					
	关机					
子任务 3 认识气相色谱分析过程	理解色谱分离过程和原理					
	解释色谱基本术语					
	归纳色谱分析方法的分类					
学会的技能						

⚙ 相关知识

一、色谱分析法及其分类

1. 色谱法的定义

1906 年俄国植物学家 Tswett 用碳酸钙填充竖立的玻璃管，以石油醚洗脱植物色素的提取液，经过一段时间洗脱之后，植物色素在碳酸钙柱中实现分离，由一条色带分散为数条平行的色带。由于这一实验将混合的植物色素分离为不同的色带，因此 Tswett 将这种方法命名为 chromatography（色谱法），石油醚称为流动相，碳酸钙称为固定相。

色谱分析法（chromatography）又称"色谱法"、"层析法"，是根据混合组分在固定相和流动相之间的溶解、吸附或其他亲和作用的差异来实现分离分析的一种方法。当流动相中携带的混合物流经固定相时，其与固定相发生相互作用。由于混合物中各组分在性质和结构上存在差异，它们在固定相中的溶解和解析或吸附和脱附能力也有差异，因此在色谱柱中的滞留时间也就不同，即它们在色谱柱中的运行速度不同。随着载气的不断流过，各组分在柱中两相间经过了反复多次（1000～1000000 次）的分配与平衡过程，当运行一定的柱长以后，样品中的各组分得到了分离。

2. 色谱法的分类

（1）按两相状态分类　流动相为气体的色谱法称为气相色谱法（Gas Chromatography，GC），流动相为液体的色谱法称为液相色谱法（Liquid Chromatography，LC），流动相为超临界流体的称为超临界流体色谱法（Supercritical Fluid Chromatography，SFC）。按照固定相状态不同，气相色谱法又可分为气固色谱法和气液色谱法，液相色谱法又可分为液固色谱法和液液色谱法。

（2）按分离机理分类　利用样品组分在流动相和固定相之间的分离原理不同而分为吸附色谱法、分配色谱法、离子交换色谱法、凝胶色谱法、凝胶渗透色谱法、离子色谱法和超临界流体色谱法等十余种方法。

（3）按色谱技术分类　为提高组分的分离效能和高选择性，采取了许多技术措施，根据这些色谱技术的性质不同将色谱分为程序升温气相色谱法、反应气相色谱法、裂解气相色谱法、顶空气相色谱法、毛细管气相色谱法、多维气相色谱法、制备色谱法等七种方法。

（4）按固定相存在形态分类　根据固定相在色谱分离系统中存在的形状，可分为柱色谱法（其中又含填充柱色谱法和开管柱色谱法）、平板色谱法（其中又含纸色谱法和薄层色谱法）等。

（5）按色谱动力学分类　根据流动相洗脱的动力学过程不同而进行分类的色谱法，例如冲洗色谱法、顶替色谱法和迎头色谱法等。

3. 气相色谱法的特点

（1）分离效能高　色谱法最显著的优点是分离能力极高，远高于其他如蒸馏、萃取、离心等分离技术。在气相色谱法中，填充柱一般具有相当于数千块塔板的分馏塔的分离效能，而毛细管柱甚至具有上百万块塔板的分离效能，因而可以使沸点十分相近的组分和极为复杂的多组分混合物获得分离。

（2）样品用量少　样品用量一般以 μg 计，高灵敏度检测器甚至可以检测出 10^{-13}～$10^{-11} g$ 的物质，因此气相色谱法广泛用于痕量组分和超纯物质的分析。在大气污染物分析中，可以测出 $10^{-12} g$ 的微量组分；在农药残留量的分析中，可以检测出 ppb 级的残留量。

（3）分析速度快　气相色谱分析一般只需花几分钟的时间，长的花几十分钟，某些快速分析则只需花几秒钟，这是一般化学分析所不能及的。

（4）适用范围广　气相色谱法广泛应用于气体和易挥发物或转化为易挥发物的液体和固体样品的定性定量分析工作，易挥发的有机物一般可直接进样分析。

二、气相色谱实验室的设置与管理

1. 气相色谱实验室的要求

色谱室周围不得有强磁场、易燃及强腐蚀性气体。地面一般是水磨石地面和地板，色谱台离墙不少于 0.5m 以便于检修，台面采用水磨石板，上面铺胶皮板，TCD 检测器的尾气要用管线连接到室外。

色谱室要配备样品处理间，样品处理间要有通风橱、上下水、药品柜。

另外要设置室外钢瓶间，一般设三种气路管线（氮气、氢气、空气），由室外钢瓶间进入色谱室内。气路上要加过滤器，进入室内后总管线通过稳压阀分向每一台色谱仪，在连接每一台色谱仪前加针型阀。

色谱室有氢气和燃烧放出的二氧化碳，因此要有良好的通风。环境湿度低于 60%，温度控制在 22～27℃，应采用整体空调，出风口要设在房间的上部，风不能直吹色谱仪。

2. 气相色谱实训室的"5S"管理

一般来说，色谱实训室的药品器具仪器很多，容易存在以下问题：各种物品摆放不整齐；寻找某一物品要花很多时间；药品经常使用一半后不知放到哪里；物资积压，造成很大浪费等。

"5S"是整理（Seiri）、整顿（Seiton）、清扫（Seiso）、清洁（Seikeetsu）和素养（Shitsuke），起源于日本，是一种在工作现场中对人员、机器、材料、方法等生产要素进行有效的管理办法。5 个 S 之间有着密切的内在逻辑关系，前 3 个 S 直接针对现场，其要点是：将不用物品从现场清除，将有用物品定置存放，对现场清扫检查保持清洁；后 2 个 S 则从规范化和人的素养高度巩固 5S 活动效果。

可见，色谱室实行"5S"管理可以使实训室整体布局明朗，技术资料、记录报告等一目了然，样品试剂、设备工具等整齐有序，管理规范、警示标识等清晰明确，从而保证色谱分析结果的可靠、准确和有效。

在实训室开展 5S 管理是一项长期计划性的工作，是促使学生良好工作习惯形成的过程，同时可以促进实训室的各种工作标准化、制度化和规范化。5S 管理工作的开展是一项艰巨的任务，为确保成效，可以在实训室内选择一些重点内容先行推广，以逐步实现管理的标准化，提高实验人员和培养学生的良好职业素养，使实训室的管理能够不断得到改进。

三、气相色谱仪

目前国内外生产的气相色谱仪的型号和种类很多，图 5-1 和图 5-2 分别为国产 GC122 型和美国安捷伦 7890 型的气相色谱仪。无论是何种型号的气相色谱仪，其基本构造都是一样的，均由气路系统、进样系统、分离系统、温控系统和检测记录系统五大部分组成。

图 5-1　国产 GC122 气相色谱仪

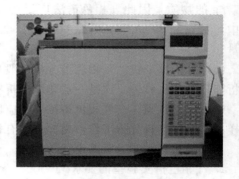

图 5-2　安捷伦 7890 气相色谱仪

1. 气路系统

气相色谱仪的气路系统是一个载气连续运行、管路密闭的系统（图5-3），包括气源、减压阀、净化器、稳压阀、稳流阀和流量计。在气相色谱分析中，载气不仅是柱分离的动力，而且参加组分在色谱柱中的分离过程和在检测器中的检出过程，因此，气路系统的作用是为气相色谱仪提供纯净的、流量准确且稳定的载气和辅助气。

（1）气源　气源系统的作用是为气相色谱仪提供足够压力的载气和辅助气。常用的载气主要有 N_2、H_2、He、Ar，辅助气一般是空气，均储存于相应的高压钢瓶中，也可以由气体发生器产生。使用高压钢瓶时要用减压阀将压力降到 0.5MPa 以下。载气的选择主要根据检测器类型和分析样品来决定，热导检测器（TCD）通常使用 He 或 H_2，氢火焰离子化检测器（FID）用 He

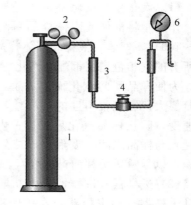

图 5-3　气路系统示意
（引自百度图片）

1—高压气瓶；2—减压阀；3—净化器；
4—稳压稳流阀；5—阻力管；6—流量计

或 N_2，电子捕获检测器（ECD）多用 N_2 或 Ar（混以 5％甲烷气）。另外，FID 和火焰光度检测器（FPD）还要用 H_2 作燃气、空气作助燃气。

（2）减压阀　减压阀的作用是降低高压气瓶中的气体压力，其中用于氢气的称为氢气表，用于氮气、氧气的称为氧气表。顺时针拧紧减压阀可以提高气体的出口压力，逆时针旋松则压力下降。

（3）净化器　净化器的作用是去除气体中水分、烃、O_2 等杂质。水分、烃、O_2 通常存在于气源管路及气瓶中，可导致噪声产生、额外峰和基线"毛刺"，极端情况下还会破坏色谱柱。因此在进入气相色谱仪前，载气必须经过净化。净化在室温下进行，先用硅胶初步脱水、分子筛进一步深脱水，再用活性炭脱除碳氢化合物，最后用脱氧剂脱除 H_2 或 N_2 中的微量 O_2，一般气体净化后纯度要达到 99.99％以上方可使用。

（4）稳压稳流阀　载气流速的变化对柱分离效能及检测器灵敏度的影响非常明显，所以保证载气流速的稳定性对保证色谱定性定量结果可靠性极为重要。气路一般采用稳压阀、稳流阀串联组合来完成流速的调节和稳定，在检测过程必须保证有足够的压力以保证载气流速的稳定性，稳压稳流阀的进出口压力差不应低于 0.05MPa。

（5）气密性检查　气路系统的密闭性直接影响检测结果的准确性和可靠性。气路泄漏不仅直接导致仪器工作不稳定或灵敏度下降，而且还有发生爆炸的危险，因此在每次使用仪器前必须进行气密性检查。

进行气密性检查时，首先听听有没"咝咝"声，如有，则表示管路漏气严重，必须马上进行堵漏处理。如果无"咝咝"声，则表示管路可能无漏气，也可能有微漏。此时可打开色谱柱箱盖，拆除色谱柱，将柱口堵死，然后开启各阀门，打开主机面板上的载气旋钮，观察压力表应有指示。然后关闭载气旋钮，柱前压力表在半小时内压力不应有下降，否则表示有漏。也可用肥皂水依次涂抹在各个接头处，观察是否有气泡产生，如有则表示漏气，如图5-4。检查完毕后将肥皂水擦干。

2. 进样系统

进样系统的作用是将样品（气体、液体或固体）直接或汽化后，快速而定量地引入色谱柱进行分离。进样系统主要包括汽化室和进样器。

（1）汽化室　汽化室位于进样口的下端，出口连接色谱柱，作用是将液体或固体样品瞬间汽化，可控温范围一般在50～400℃。气体、液体和固体样品均可使用汽化室进样，因此所有的气相色谱仪都配有汽化室。

为使样品瞬间汽化而不分解，对汽化室有如下要求：热容量要大；容积较小且内径要细，以利于提高载气在管中的线速度，防止样品汽化后扩散；内壁的光洁度高，具备化学惰性，与样品之间无吸附作用或发生其他反应；无死角或死体积，以尽量避免柱前谱峰变宽。

图 5-4　用肥皂水检漏
有气泡产生表明该连接处漏气

（2）进样器　进样器根据功能可分为手动进样器、液体自动进样器、阀进样器、吹扫捕集进样器、热解吸系统、顶空进样器、热裂解器进样器；根据样品的状态可分为气体进样器、液体进样器。常压气体一般可采用气体注射器或六通阀进样。采用注射器（1～5mL）进样，操作简单灵活，但定量误差大，重复性低，只适用于对分析要求不高的场合。采用六通阀（如图 5-5）定体积进样，不但操作方便迅速，而且所得结果较准确，重复性误差优于 0.5 %，并且可直接用于高压气体的进样。图 5-5(a) 中六通阀处于采样状态，此时样品充满定量管；(b) 为进样状态，载气携带定量管中的样品进入气谱柱。常用的六通进样阀有平面、拉杆、锥形、膜片和防扩散模式六通阀五种。

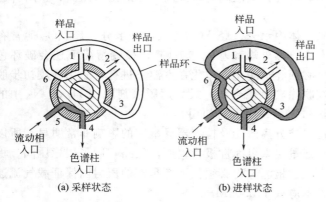

(a) 采样状态　　　　　(b) 进样状态

图 5-5　六通进样阀原理示意

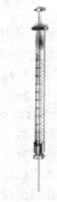

图 5-6　微量注射器

液体样品一般采用微量注射器（图 5-6）进样，常用规格有 $1\mu L$、$5\mu L$、$10\mu L$、$25\mu L$、$50\mu L$ 等，填充柱常用 $10\mu L$，毛细管柱常用 $1\sim5\mu L$。为了保证进样量的准确性，也可使用全自动液体进样器，可以实现自动化操作，降低人为的进样误差，减少人工进样成本，适用于批量样品的分析。

无论是气体还是液体样品，进样时间的长短、进样量的大小都会影响分析结果的准确性和重现性。进样必须注意每次的进样时间应该一致，操作迅速连贯，一般在 1s 之内。进样时间过长，会增大峰宽，谱峰变形。一般液体进样量为 $0.1\sim5\mu L$，气体 $0.1\sim10mL$，进样太多，会使几个峰叠加，分离效果不好。

（3）进样方式　气相色谱分析中，要求样品进样量较少，进样准确快速并有较高的重现性。但在日常分析中，尤其在使用毛细管气相色谱分析时，由于柱容量较小，很难达到以上要求。因此需要选择适当的进样方式，常见的进样方式有 4 种：分流进样、不分流进样、柱头进样和程序升温进样。

① 分流进样　将样品注入到汽化室中，样品瞬间汽化，在大流量的载气吹扫下，样品与载气迅速混合。混合气在经过分流口时，大部分混合气 [>95% （体积）] 经分流管放空，只有少量混合气 [<5% （体积）] 进入到色谱柱中，因此分流进样不适用于痕量组分的分析。这种进样方式不适用于热不稳定性物质的分析，分析重现性也不高。但由于其操作简便，适应性强，分流进样仍是气相色谱分析中最常用的进样方式之一。

② 不分流进样　不分流进样与分流进样的设备相似。样品与载气混合后，由于分流阀关闭，混合气进入色谱柱，20~60s 后开启分流阀，将加热衬管中的微量蒸汽排出，这时样品在较低的柱温下由于溶剂效应而再次富集，以较窄的带宽进行分离。采用这种方式进样的样品几乎全部进入色谱柱，因而适用于痕量组分的分析。为避免进样体积过大引起峰形失真，不分流进样应以较小体积（一般为 $2\mu L$）进样；与分流进样相比，样品在汽化室中停留时间更长，热分解效应更明显，因此也不适用于热不稳定性物质。

③ 柱头进样　将液体样品在不加热的情况下直接注入到色谱柱内，在程序升温的过程中样品的蒸气压不断升高，这时开始分析。柱头进样能将分析样品全部导入色谱柱中，中间不经过汽化过程，适用于痕量组分和热不稳定组分的分析。但由于技术和操作的特殊性，柱头进样还不能广泛应用于日常的分析工作中。

④ 程序升温进样　将样品注入汽化室中处于低温的内衬管后，立即按设定的程序升温步骤，迅速提高汽化室的温度，再实现样品的快速汽化和捕集。这种方式能实现热分流/不分流进样、冷分流/不分流进样、柱头进样和大体积进样，可以用来分析不适用于常用进样技术的样品，如痕量组分和极性溶剂溶解的样品等。

3. 分离系统

分离系统的任务是使样品在加热的色谱柱内运行且同时得到分离，主要部件为柱箱和色谱柱。

（1）柱箱　分离系统的柱箱相当于一个精密的恒温箱，其作用主要是安装色谱柱、维持色谱柱的温度。目前气相色谱仪的柱箱体积一般不超过 15L，操作温度范围一般在室温~450℃，能满足色谱优化分离的需要。

（2）色谱柱　气相色谱仪中起分离作用的是色谱柱，因此有人将色谱柱称为色谱仪的"心脏"。根据色谱柱的内径和长度，可将色谱柱分为填充柱（图 5-7）和毛细管柱（图 5-8）两种。

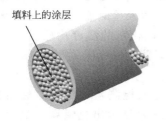

填料上的涂层

图 5-7　填充柱

内壁涂层

图 5-8　毛细管柱

填充柱内部均匀紧密地填装有固定相颗粒，内径一般为 2~4mm，长度为 1~10m，主要由不锈钢材料制成，也有用玻璃和聚四氟乙烯作为材料的，形状有 U 形、W 形和螺旋形的。填充柱制备简单，柱容量较大，可选择的固定相多，但分离效率较毛细管低。毛细管柱是将固定相涂在管内壁的开口管，其中没有填充物，又称为空心柱。柱材质多数为熔融石英，即所谓弹性石英柱，内径一般在 0.1～0.5mm，柱长一般在 25～100m，通常弯成 ϕ10～30cm 的螺旋状。常用毛细管柱有涂壁开管柱、多孔层开管柱、载体涂渍开管柱和键合型开管柱 4 种。与填充柱相比，毛细管柱的渗透性大，传质阻力小，分辨率高（理论塔板数可达 10^6），分析速度快，样品用量少，但对检测器的要求较高。毛细管柱产生的谱峰非常窄，适用于分离非常复杂的混合物，如汽车燃油的色谱峰有 400～500 个。

（3）色谱柱的安装　色谱柱必须正确安装及使用才能发挥其最佳分离性能，延长使用寿命。不正确的安装和使用，不仅会引起装置的泄漏，而且可能造成色谱柱的永久损坏，甚至引起爆炸事故。

在安装色谱柱前，首先检查气体过滤器和进样垫，保证气路通畅有效。然后将螺母和密封垫装在色谱柱上，注意要将色谱柱的两端切平。将色谱柱接到进样口上，其入口应保持在进样口的中下部，然后用扳手将连接螺母拧紧。接通载气，调节到一个合适的流量，然后将色谱柱的出口端插入装有己烷的样品瓶中，此时应有持续稳定的气泡出现；否则，要检查载气和流量控制器是否正确设置，并检查气路有无泄漏。将色谱柱取出，确保柱端口无溶剂残留后，关闭载气，将色谱柱连接到检测器上，然后通入载气，对整个系统进行检漏。

（4）色谱柱的老化　为改善色谱柱的分离性能，需对色谱柱进行老化处理，其目的是除去残留溶剂和易挥发物质，以及促进固定液均匀牢固地分布在载体的表面。老化处理的方法如下：将色谱柱与检测器断开，通氮气，流速为正常使用的一半即可，升温至其最高使用温度，记录并观察基线，当基线稳定后即为老化结束。老化时间可从几十分钟到几小时，一般来说，极性固定相和涂层较厚的色谱柱老化时间长，而弱极性固定相和涂层较薄的色谱柱所需时间较短。初次老化一般要进行 10h 以上。毛细管柱老化无需太长时间。

在实际工作中，存在下述情况时应考虑对色谱柱进行老化：安装柱子之后；更换密封垫或接头之后；维修之后；常规分析复杂的混合物一天之后；注射几次高极性或高沸点的化合物之后；第一次程序升温操作之前；当基线不稳定，色谱图出现"鬼峰"之时。

（5）色谱柱的保存　长时间不使用的色谱柱要正确保存起来，以延长其使用寿命。保存时用进样垫将色谱柱两端封住，并放回原包装内。再次安装时要将色谱柱的两端截去一小段，以保证无进样垫碎屑残留其中。

4. 温控系统

温度参数及温控精度，在气相色谱仪技术中占有十分重要的作用，温度参数的选择及温控精度、尤其是色谱柱（柱箱）温度的控制精度、柱箱有效空间的温度场均匀性以及程序升温的重复性，都直接影响灵敏度、稳定性、色谱组分峰的分离及定性定量分析精度。气相色谱仪中需要进行温度控制的包括汽化室、色谱柱（柱箱）以及检测器。通常柱温等于或稍高于待测物平均沸点，组成复杂的样品应选用程序升温；汽化室的温度比柱温高 10～50℃，保证样品可以瞬间汽化；检测器的温度要略高于柱温，以防止汽化样品的冷凝。

5. 检测记录系统

检测记录系统的作用是将检测色谱柱分离后依次进入检测器的组分，然后按其浓度或质量随时间的变化，转化成电信号并进行放大，记录后显示出色谱图，最后对被分离组分的组成和含量进行鉴定和测量。检测记录系统主要由检测器、放大器和记录器等部件组成。

（1）检测器的性能指标　气相色谱检测器的性能要求通用性强或专用性好、响应范围宽、稳定性好、噪声低、响应快、线性范围宽、操作简便耐用等。检测器通常根据噪声和漂移、灵敏度、检出限、线性范围等几个指标进行性能评价。

① 噪声和漂移　没有样品进入检测器时，由于仪器本身及其他操作条件的影响，基线会在短时间内发生起伏，称为噪声（A），它是检测器的背景信号，是无法消除的，表现为无规则毛刺状。基线随时间朝单方向的缓慢变化称为漂移（M），单位为 mV/h，有正漂移和负漂移两种（图 5-9）。噪声和漂移反映了检测器的稳定性能，良好的检测器的噪声和漂移应该很小。

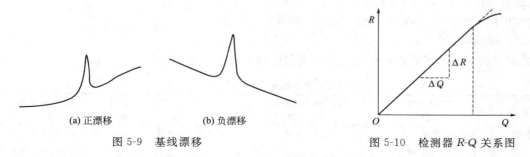

(a) 正漂移　　　　　　(b) 负漂移

图 5-9　基线漂移　　　　　　　　　图 5-10　检测器 R-Q 关系图

② 灵敏度（响应值或应答值）　以进样量 Q 对检测器的响应信号 R 作图，就可以得到一条直线，如图 5-10 所示。灵敏度就是响应信号对进样量的变化率（直线的斜率）：

$$S = \frac{\Delta R}{\Delta Q} \tag{5-1}$$

S 表示单位质量的物质通过检测器时，产生的响应信号的大小。S 值越大，检测器（也即色谱仪）的灵敏度也就越高。不同类型的检测器其响应信号不一样，因此，浓度型检测器的灵敏度单位是（mV/mL）/mg（液体试样）或（mV/mL）/mL（气体试样），而质量型检测器的灵敏度单位是 mV·s/g。

③ 检出限（敏感度）　检出限指检测器恰能产生和噪声相鉴别的信号时，在单位体积或时间需向检测器进入的样品量，以符号 D 表示。从图 5-11 中可以看出：如果要把信号从本底噪声 N 中识别出来，则组分的响应值就一定要高于 N。一般认为响应值为 3 倍噪声水平时的试样浓度（或质量）可以被检测器鉴别，D 值越小说明检测器越敏感。

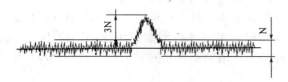

图 5-11　检测器的检出限

灵敏度和噪声都是表示检测器对物质敏感程度的指标，噪声水平决定着能被检测到的浓度（或质量），灵敏度越高，检出限越小。

④ 线性范围　线性范围是指试样量与信号之间保持线性关系的范围，常用最大进样量与最小检出量的比值表示，范围越大，越有利于准确定量。不同的组分的线性范围不同，不同类型检测器的线性范围差别也很大，如氢焰检测器的线性范围可达 10^7，热导检测器则在 10^5 左右。

⑤ 响应时间　指进入检测器的某一组分的输出信号达到其真值的 63% 所需的时间。良好的检测器应能迅速地和真实地反映通过它的物质的浓度变化情况，即要求响应速度快。

（2）常用检测器　气相色谱常用的检测器多达数十种，根据检测原理可分为浓度型和质量型两类。浓度型检测器测量的是载气中组分浓度的瞬间变化，即检测器的响应值正比于组分的浓度，如热导检测器（TCD）、电子捕获检测器（ECD）。质量型检测器测量的是载气中所携带的样品进入检测器的速度变化，即检测器的响应信号正比于单位时间内组分进入检测器的质量。如氢焰离子化检测器（FID）和火焰光度检测器（FPD）。表5-1列出了目前最常用的四种气相色谱检测器的特点和应用范围。

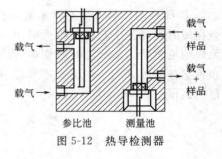

图 5-12　热导检测器

表 5-1　常用检测器的性能特点

检测器	热导检测器 （TCD）	火焰离子化检测器 （FID）	电子捕获检测器 （ECD）	火焰光度检测器 （FPD）
类型	浓度型，通用型	质量型，通用型	浓度型，选择型	质量型，选择型
特点	通用性好，价格便宜，应用范围广，操作维护简单，但灵敏度低	结构简单，稳定性好，灵敏度高，响应迅速	灵敏度高，选择性好，但线性范围较窄	高灵敏度，高选择性，对 P 的响应为线性，对 S 的响应为非线性
载气	H_2（常用），He	Ar，N_2（常用）	N_2（常用），Ar，He，H_2	N_2
灵敏度	$2500mV/(mL \cdot mg)$	$10^{-2}mV \cdot s/g$	$0.8mV \cdot mL/mg$	$0.4mV \cdot s/g$
检出限	$2 \times 10^{-9}g/mL$	$10^{-12}g/g$	$10^{-14}g/mL$	S：$10^{-11}g/g$ P：$10^{-12}g/g$
线性范围	$\geqslant 10^4$	$\geqslant 10^6$	$10^2 \sim 10^4$	S：10^2 P：$10^3 \sim 10^4$
主要用途	适用于各种无机气体和有机物的分析，多用于永久气体的分析	各种有机化合物的分析，对碳氢化合物的灵敏度高	分析电负性有机化合物，多用于含卤素化合物分析	含硫、磷、氮化合物的分析

① 热导检测器（thermal conductivity cell detector，TCD）　TCD 是一种通用的非破坏性浓度型检测器，构造图如图 5-12。理论上说可用于任何气体的分析。其工作原理是基于任何物质与载气的热导率都有差异，这种差异的大小可以通过惠斯通电桥来进行测量。参比池只有纯载气通过，而样品则由载气携带通过测量池。进样前，参比池和测量池中的热丝阻值是相等的，整个电路中没有电流通过。进样后，样品与载气组成混合气体而使通过测量池的气流热导率发生变化，这时，参比池与测量池带走的热量不同，热丝温度的变化也就不同，导致参比池和测量池的热丝阻值不再相同，电桥失去平衡而产生电流，记录器上就有信号产生，即色谱图。

载气、桥电流（I）、热导池温度以及热丝阻值都会对 TCD 的检测灵敏度产生影响。

在使用 TCD 时，一定要先通载气，并确保载气已经通过检测器后，才能接通 TCD 的电源，否则，可能会烧断热丝而使检测器报废；在关机时，必须先关闭 TCD 电源，然后再关载气。此外，当载气中含有氧可使热丝寿命缩短，载气必须彻底除氧，且不要使用聚四氟乙烯作载气输送管。

② 氢火焰离子化检测器（flame ionization detector，FID）　FID 是通用的破坏性质量型检测器，灵敏度高，线性范围宽，广泛应用于有机物的常量和微量检测，但不能用于检测永久性气体、水、一氧化碳、二氧化碳、氮的氧化物、硫化氢等物质（图 5-13）。

FID 是以氢气在空气中燃烧所生成的热量为能源，组分在氢氧焰的高温作用下生成自由基和激态分子，在电场作用下形成离子流，从而在外电路中输出离子电流信号。

FID 通常用 N_2 作载气，H_2 作燃气，空气则是助燃气，使用时需要调整三者的比例关系，使检测器灵敏度达到最佳。一般来说，进行痕量分析时，氮氢比为（1∶1）～（1∶1.5）；测量常量组分时，则应加大 H_2 流速，氮氢比为（1∶1.3）～（1∶2.3）。H_2 与空气的流量比一般为 1∶10。当 H_2 比例过大时，FID 检测器的灵敏度急剧下降。因此在其他操作条件不变的情况下，灵敏度下降时要检查 H_2 和 Air 流速。此外，如果 H_2 和空气中有一种气体不足时，点火时会发出"砰"的一声，随后就灭火，再点还着随后又灭，这种情况一般是 H_2 量不足。

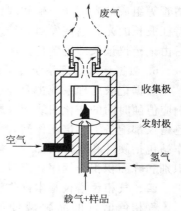

图 5-13　氢火焰离子化检测器

使用 FID 时，应待检测器温度大于 100℃ 后才能通入 H_2，且应及时点火，否则检测器积水而缩短其使用寿命，也得不到平稳的基线。可以通过观察基流值是否变化来判断火焰是否点着，有变化，说明已点着。

③ 电子捕获检测器（electron capture detector，ECD）　ECD 是一种选择性很强的检测器，只对电负性物质（如含卤素、硫、磷、氰等的物质）有响应，电负性愈强，灵敏度愈高（图 5-14）。ECD 是目前分析痕量电负性有机物最有效的检测器，广泛应用于农药残留量、大气及水质污染分析、医学、药物学等领域中。

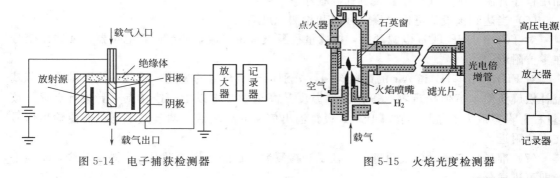

图 5-14　电子捕获检测器　　　　　　图 5-15　火焰光度检测器

ECD 的原理是：检测室内的放射源放出 β-射线粒子（初级电子），与通过检测室的载气碰撞产生次级电子和正离子，在电场作用下，分别向与自己极性相反的电极运动，形成检测室本底电流，当具有负电性的组分（即能捕获电子的组分）进入检测室后，捕获了检测室内的电子，变成带负电荷的离子，由于电子被组分捕获，使得检测室本底电流减少，产生倒的色谱峰信号。

操作条件对 ECD 的影响很大，载气的纯度和流速、检测器温度以及进样量都会影响其灵敏度。ECD 有放射源，使用时要严格遵循实验室有关放射性物质的管理规定，故检测器出口一定要接到室外，最好接到通风出口。

④ 火焰光度检测器（flame photometric detector，FPD）　FPD 是一种高选择性的质量型检测器，对含硫、含磷化合物具有很高的灵敏度，其信号比碳氢化合物几乎高一万倍，又称为硫磷检测器，广泛应用于石油产品中微量硫化合物、大气中痕量硫化物以及农副产品中痕量有机硫磷农药残留量的测定（图 5-15）。

FPD 由两部分组成：前部分为火焰燃烧室，与 FID 相似；后部分是由滤光片、光电倍增管等组成的光度计。硫和磷化合物在富氢火焰中燃烧时，生成化学发光物质，并能发射出特征波长的光，这些发射光经过滤光片后照射到光电倍增管上，将光转化为电信号，经放大后由记录仪记录即得到色谱图。

6. 数据记录处理系统

数据记录处理系统主要经过了记录仪、电子积分仪和色谱工作站三个阶段，其作用是将响应值随时间的变化曲线记录并输出到一定的设备上，并进行数据处理。目前大部分的气相色谱仪都配备了色谱工作站，用来对色谱仪器进行实时控制、自动采集和处理数据。色谱工作站包括硬件和软件两部分，硬件为微型计算机，软件部分则包括色谱仪实时控制程序、峰识别和峰面积积分程序、定量计算程序和报告打印程序。

四、气相色谱仪基本操作流程

气相色谱仪的品牌型号繁多，但操作方法大同小异，下面以上海天美公司生产的 GC7890 T/F 气相色谱仪为例说明仪器的操作规程。

(1) 检查仪器的电路，安装气路，检查气瓶压力是否正常，并对气路进行检漏。

(2) 确认分析项目，检查是否已安装所需色谱柱。

(3) 打开气瓶总阀，调节载气（TCD 用 H_2，FID 用 N_2）至所需压力。

(4) 开气相色谱仪和计算机电源开关，运行 T2000P 色谱工作站。

(5) 确认载气气路柱前压有且正常。分别按【进样】和【检测】设置进样器和检测器（FID $\geqslant 120℃$）温度；待进样器和检测器温度达到设定温度后，按【柱温】设置柱箱温度。如用程序升温，则按【程序】设置柱温程序。

(6) 当达到预设的进样温度、柱温和检测温度后。

对 TCD：打开 TCD 电源开关，按【量程】设置桥电流，调节调零电位器，使输出信号在零位附近。

对 FID：打开 H_2 和 Air 的钢瓶阀门，分别调节至合适的流量。按【基流】键，调节基流补偿旋钮使基流值接近零。等检测器温度升高至 100℃ 以上，按【点火】进行点火，按【量程】设置放大器量程，按【衰减】设置输出信号的衰减值，调节调零电位器使输出信号在零位附近。

(7) 准备灯变绿时，说明进样、柱温和检测温度已经达到预设温度，观察基线，基线平稳即可进样分析。

(8) 进样后马上同时按下【开始】键和数据采集器的按钮，工作站开始采集并自动处理数据。

(9) 待色谱峰全部出完后，按【结束】结束本次样品分析。

(10) 关机，步骤如下。

对 TCD：设置汽化温度、柱温和检测温度在 50℃ 以下，设置桥电流为"0"。待汽化温度、柱温和检测器的温度均降至 80℃ 以下，关闭载气和色谱仪电源开关。关闭计算机。

对 FID：关闭氢气和空气气路，待火焰熄灭后，设置汽化温度、柱温和检测温度在 50℃ 以下，降温，柱温低于 80℃ 以下，关闭载气和色谱仪电源开关。关闭计算机。

五、气相色谱操作注意事项

1. 色谱柱的安装

安装拆卸色谱柱必须在常温下操作，注意色谱柱两头是否用玻璃棉塞好，要防止玻璃棉和填料被载气吹到检测器中。不同的色谱汽化室结构不同，所以色谱柱安装插进的长度也不同，要根据仪器的说明书确定。

2. 使用 FID 的注意事项

检测器温度需大于 100℃后才能通入 H_2，且应及时点火，否则检测器积水而缩短其使用寿命，也得不到平稳的基线。可以通过观察基流值是否变化来判断火焰是否点着，有变化，说明已点着。

3. 使用 TCD 的注意事项

开启 TCD 电源前必须先通入载气，实验结束时先设置桥电流为零，再关闭 TCD 的电源，最后关闭载气；H_2 做载气时尾气必须排到室外，否则有爆炸的危险；未通入载气时不能设置桥电流，必须在仪器温度稳定后、开始进样前进行设置。

4. 进样应注意的问题

（1）使用六通阀采气体样品时，通入样品后应停留一段时间后，再将六通阀旋至进样位置，进完样后要马上旋回采样位置。应注意每次采样的时间长短应该一致。

（2）用注射器时取液体试样的时候，在采样前须用丙酮等溶剂清洗注射器数次，再用少量试样洗涤多次，然后慢慢抽入试样，抽入量要比进样量稍多，针尖朝上，等气泡升至顶部再推动针杆排出气泡。

（3）取好样后要立即进样。进样时，手不要拿注射器针头和有样品部位，注射器与进样品垂直，插穿硅胶垫圈并插到底后迅速注入试样，然后立即拔出注射器。每次进样都要保持相同速度，针尖到汽化室中部开始注射样品。进样时不要将针头弄弯，要及时更换硅橡胶垫圈。

六、气相色谱分离原理

1. 气相色谱分离基本过程

气相色谱分析时，高压钢瓶中的载气（H_2 或 N_2）经过减压阀减压后进入净化器进行净化和干燥，再由稳压阀和针形阀分别调节载气压力和流量，然后通过汽化室进入色谱柱、检测器，最后放空。当加入样品时，样品在汽化室瞬间汽化后由载气带动进入色谱柱进行分离，然后各组分依次进入检测器，检测器依次将各组分的浓度或质量信号转化为电信号并放大，由记录系统记录可得到色谱图，根据各组分的保留值和响应值即可进行定性定量分析（图 5-16）。

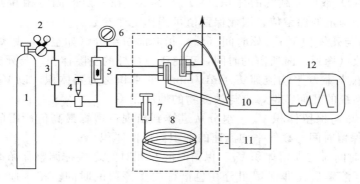

图 5-16　气相色谱仪流程示意

1—载气钢瓶；2—减压阀；3—净化干燥管；4—针形阀；5—流量计；
6—压力表；7—汽化室；8—色谱柱；9—热导检测器；
10—放大器；11—温度控制器；12—记录仪

（1）色谱图（色谱流出曲线）　色谱图是以组分流出色谱柱的时间（t）或载体流出体积（V）为横坐标，以检测器对各组分的电信号响应值（mV）为纵坐标的一条曲线。根据色谱图中的各参数，可以对样品进行定性定量分析以及对色谱柱的分离效能进行评价。

各色谱参数如图 5-17 所示，定义如下。

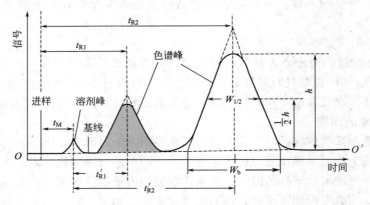

图 5-17　色谱流出曲线

（2）色谱峰　对应于某个组分的色谱流出曲线。

（3）基线　在色谱操作条件下，没有被测组分通过检测器时，记录仪所记录的检测器噪声随时间变化曲线称为基线。从理论上来说，平稳操作条件下的基线应该是一条水平直线。

（4）峰面积 A　色谱流出曲线（色谱峰）与基线构成之面积称峰面积，如图 5-17 中色谱峰 1 阴影部分所对应的面积。峰面积与组分的含量相关，是色谱法中最常用的定量依据。

（5）峰高 h　色谱峰的浓度极大点（即峰顶）与基线间的高度称为峰高。峰高可以作为定量指标，它与操作条件、样品浓度、进样量和检测器的灵敏度有关。

（6）峰底宽 W 与半峰宽 $W_{1/2}$　色谱分离中，色谱峰越窄表明分离效果越好。通常可以用峰底宽或半峰宽来表征色谱过程中峰展宽的程度，评价色谱柱的分离效能。峰底宽是指过色谱峰两侧拐点的切线与基线交点间的距离，又称为基线宽度。峰高一半处的色谱峰宽为半峰宽，一般以 $W_{1/2}$ 表示。W 和 $W_{1/2}$ 越小，表明色谱分离效果越好。

（7）保留值　表示试样中各组分在色谱柱中的滞留时间的数值。通常用将组分带出色谱柱所需要的时间（t）或所需载气的体积（V）来表示。在一定的固定相和操作条件下，任何一种物质都有一确定的保留值，因此保留值可用作定性参数。

① 死时间 t_M 与死体积 V_M　死时间（t_M）指非滞留组分（如空气、甲烷）从开始进样到出现浓度最大值（峰顶）时所需的时间，正比于色谱柱的空隙体积。与死时间对应的载气体积，即死时间 t_M 与载气平均流速 F_0（mL/min）的乘积称为死体积，以 V_M 表示。死体积反映了柱和仪器系统的几何特性，它与被测物的性质无关。

② 保留时间 t_R 与保留体积 V_R　组分从进样到出现色谱峰最高值所需的时间称保留时间，以 t_R 表示。保留时间与载气平均流速的乘积称保留体积。

③ 调整保留时间 t_R' 与保留体积 V_R'　保留时间与死时间之差称调整保留时间，反映了组分被固定相吸附或溶解后比非滞留组分在色谱柱内多停留的时间。相应地，调整保留体积 V_R' 指保留体积与死体积之差。

④ 相对保留值 r_{is}　指某组分 i 与另一组分 s 的调整保留值之比。相对保留值只与柱温和固定相的性质有关，只要柱温与固定相不变，其他条件如柱长、载气流速等的变化不会引起 r_{is} 的变化。

$$r_{is} = \frac{t_{Ri}'}{t_{Rs}'} = \frac{V_{Ri}'}{V_{Rs}'} \neq \frac{t_{Ri}}{t_{Rs}} \neq \frac{V_{Ri}}{V_{Rs}} \tag{5-2}$$

⑤ 选择性因子 α_{21}　指相邻两组分的调整保留值之比。α_{21} 反映了固定相（色谱柱）对难分离组分对的选择性。α_{21} 越大，相邻两组分的 $\Delta t_R'$ 越大，分离得越好；当 $\alpha_{21}=1$ 时，相邻的两组分不能被分离。

$$\alpha_{21}=\frac{t_{R2}'}{t_{R1}'}=\frac{V_{R2}'}{V_{R1}'}\neq\frac{t_{R2}}{t_{R1}}\neq\frac{V_{R2}}{V_{R1}} \tag{5-3}$$

2. 气相色谱基本原理

气相色谱中起分离作用的是色谱柱中的固定相。进入色谱柱中的样品，由于各组分与固定相的相互作用力不同而得以分离。

气固色谱的固定相是多孔、具有较大表面积的吸附剂颗粒。试样由载气携带进入色谱柱后立即被其中的吸附剂吸附。载气不断地从色谱柱中流过，将吸附在吸附剂上的组分洗脱下来。这种现象称为脱附。脱附的组分随着载气继续前进时，又被前面的吸附剂所吸附。随着载气的流动，各组分在吸附剂表面进行反复的吸附、脱附。由于试样中各组分的性质不同，它们与吸附剂间的吸附力就不一样，较难被吸附的组分容易被脱附，较快地移向前面。容易被吸附的组分则不易被脱附，向前移动得慢些。经过一定时间，即一定量的载气渡过色谱柱后，试样中的各个组分就彼此分离而先后流出色谱柱。

气液色谱固定相是涂布在载体表面的一层液膜，称为固定液。在气液色谱的分离原理与气固色谱分离相似，只不过试样中混合组分的分离是基于各组分在固定液中溶解度的不同。

因此，气相色谱分离的实质是样品组分在固定相和流动相之间反复多次的分配平衡，实际工作中常用分配系数 K 来描述这种分配。分配系数 K 是指在一定的温度下，组分在两相之间达到分配平衡时的浓度比。

$$K=\frac{\text{组分在固定相中的浓度}}{\text{组分在流动相中的浓度}}=\frac{c_s}{c_m} \tag{5-4}$$

K 值主要取决于组分的性质和固定相的热力学性质，在同一固定相中，不同组分的 K 值不同；在不同的固定相中，同一组分的 K 值不同。当试样在色谱柱中达到分配平衡时，K 值越大的组分在固定相中的浓度越大，即其与固定相的作用力越大，被保留的时间较长，因此流出色谱柱的时间越迟，反之 K 值越小则越早流出色谱柱。可见，试样中的各组分具有不同的 K 值是分离的基础，两组分的 K 值相差越大，两者的色谱峰分离得越好；当组分的 $K=0$ 时，即不被固定相保留，最先流出。K 值随柱温和柱压变化，与柱中的两相体积无关，选择适宜的固定相可改善分离效果。

在一定温度和压力下，组分在两相分配平衡时的质量比则称为分配比，用 k 表示。分配比与分配系数之间的关系如式 5-5 所示。

$$k=\frac{\text{组分在固定相中的质量}}{\text{组分在流动相中的质量}}=\frac{m_s}{m_m}=\frac{c_s V_s}{c_m V_m}=K\frac{V_s}{V_m} \tag{5-5}$$

对于一给定的色谱体系，k 值越大，组分在固定相中的量越大，即柱容量越大，因此分配比又称为容量比或容量因子，它反映了色谱柱对组分的保留能力。

分配系数 K 与分配比 k 都是衡量色谱柱对组分保留能力的参数，数值越大，该组分的保留时间越长。

3. 色谱柱分离效能指标及其影响因素

气相色谱分析首先要解决的问题是两相邻组分必须要分开，即 $\Delta t_R'$ 必须足够大，其次是峰宽要足够窄。也就是说，难分离物质对的分离程度受色谱过程中两种因素的综合影响：保留值之差和区域宽度，前者由色谱过程的热力学因素控制，后者由动力学因素控制。以热力学平衡为基础的塔板理论和以动力学为基础的速率理论相结合，提出了计算和评价色谱柱分离效能指标的一些参数，以及提高和改进色谱柱分离效能的方向。

(1) 塔板理论——柱分离效能指标　塔板理论将色谱柱比作蒸馏塔，把一根连续的色谱柱设想成由许多小段组成，在每一小段内，一部分空间为固定相占据，另一部分空间充满流动相，这样一个小段称作一个理论塔板，一个理论塔板的长度称为理论塔板高度 H。组分随流动相进入色谱柱后，就在两相间进行分配并很快地达到平衡，然后继续随流动相一个一个塔板地向前移动，经过多次分配平衡，各组分先后离开蒸馏塔。由于色谱柱内的塔板数相当多，因此即使各组分的分配系数只有微小差异，仍然可以获得很好的分离效果。

对于一根长为 L 的色谱柱，组分在柱内达到分配平衡的次数为：

$$n = \frac{L}{H} \tag{5-6}$$

n 称为理论塔板数，n 与色谱参数之间的关系为：

$$n = 5.54 \left(\frac{t_R}{W_{1/2}} \right)^2 = 16 \left(\frac{t_R}{W_b} \right)^2 \tag{5-7}$$

由式(5-6)和式(5-7)得知，保留时间一定时，峰宽越小，则 n 越大，对给定的色谱柱而言，塔板高度 H 越小，组分在柱内被分配的次数越多，则柱效越高。因此 n 和 H 可作为描述柱效能的指标。

在实际应用中，常常出现计算得到的 n 很大但柱效却不高的现象，这是因为式中保留时间包含了死时间 t_M，而 t_M 不参与柱内分配，因此 n 和 H 并不能真实地反映柱分离效能的好坏，所以有必要引入有效理论塔板数和有效理论塔板高度。

$$n_{有效} = 5.54 \left(\frac{t_R'}{W_{1/2}} \right)^2 = 16 \left(\frac{t_R'}{W_b} \right)^2 \tag{5-8}$$

$$H_{有效} = \frac{L}{n_{有效}} \tag{5-9}$$

需要注意的是，物质在给定色谱柱上的 $n_{有效}$ 越大，只说明了该物质在柱中分配平衡的次数越多，对分离有利，但不能表示该物质的实际分离效果。混合组分在色谱柱上能否分离，取决于各组分分配系数 K 值的差异。如果两组分 K 值相同，则无论 $n_{有效}$ 多大，它们也是不能分开的。

(2) 速率理论——影响柱效的因素　塔板理论提出了评价柱分离效能的指标 n 和 H，但不能解释造成色谱峰展宽的原因以及影响柱效的因素。速率理论将色谱过程与组分在两相间的扩散和传质过程等动力学因素联系起来，阐明了色谱峰变宽的因素，总结出影响塔板高度 H 的各种因素，指出了提高和改进色谱柱效能的方向。速率理论用范特姆特方程式(5-10)描述了影响 H 的各种因素。

$$H = A + \frac{B}{u} + Cu \tag{5-10}$$

式中，H 为塔板高度；A 为涡流扩散项；B 为分子扩散项；C 为传质阻力项；u 为载气流速。

速率理论认为色谱分离过程受到三种动力学因素影响：涡流扩散项 A、纵向分子扩散项 B/u 和传质阻力项 Cu，要降低 H，提高柱效，必须减小这三个分量，否则，色谱峰将会展宽，柱效能下降。

① 涡流扩散项 A　样品的组分分子随流动相进入色谱柱朝柱出口方向移动时，和固定

相发生碰撞而形成紊乱的"涡流"，从而引起色谱峰的峰形扩张。采用粒度小、颗粒均匀的载体并尽量填充均匀，可以降低涡流扩散项，有助于降低板高 H，提高柱效。对于空心毛细管，固定液是涂布在管壁上，因此不存在涡流扩散项，$A=0$。

② 分子扩散项 B/u　组分在柱内流动时存在浓度梯度，分子沿色谱柱轴向扩散而使色谱峰扩张，板高 H 增大。降低柱温、采用相对分子质量较大的载气、提高载气流速均可减轻分子扩散程度，有利于提高柱效。

③ 传质阻力项 Cu　组分分子沿色谱柱移动、在两相间进行溶解（或吸附）、扩散、分配的传质过程中所需要的时间实际上是不均匀的，这造成了色谱峰的展宽。减小载体粒度、选择相对分子质量小的气体作载气以及降低载气速率，均可降低传质阻力。

速率理论说明了组分分子在柱内运行的涡流扩散、浓度梯度所造成的分子扩散及传质阻力使气液两相间的分配平衡不能瞬间达到等因素是造成色谱峰展宽和柱效下降的主要原因。各种影响因素相互制约，如载气流速增大，分子扩散项的影响减小，使柱效提高，但同时传质阻力项的影响增大，又使柱效下降；柱温升高，有利于传质，但又加剧了分子扩散的影响。选择最佳条件，如通过选择适当的固定相粒度、载气种类、液膜厚度及载气流速等，可以提高柱效。

（3）总分离效能指标，分离度 R——对相邻两色谱峰分离程度的量度　在实际工作中，塔板理论和速率理论都难以描述难分离物质对的实际分离程度，即柱效为多大时，相邻两组分能够被完全分离。相邻两组分在气相色谱分离时常出现如图 5-18 的情况：①两色谱峰相距较远且峰形很窄，说明既有良好的选择性，又有高的柱效能；②虽然两色谱峰相距较远，能较好分离，但峰形宽，表明选择性好，但柱效能低；③ 两色谱距离近且峰形宽，相互

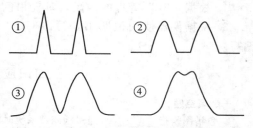

图 5-18　常见相邻组分的分离效果示意图

重叠，选择性和柱效都较差；④ 两色谱峰严重重叠，说明选择性和柱效能很差，两组分完全不能分离。

由此可见，要使相邻两组分得以分离，必须同时满足两个条件：两组分的色谱峰之间的距离足够大，两色谱峰的宽度足够窄。为了判断相邻两组分在色谱柱中的分离情况，需引入一个能同时反映柱效和选择性的指标作为色谱柱的总分离效能指标——分离度 R，又称分辨率，定义为相邻两组分的色谱峰保留值之差与峰底宽总和的一半的比值，计算公式如下。

$$R=\frac{2(t_{R2}-t_{R1})}{W_1+W_2} \tag{5-11}$$

R 值越大，说明相邻两组分分离越彻底。从理论上能够证明：对于正态分布的对称峰，$R=0.8$ 时，分离程度为 89%；$R=1.0$ 时，分离程度可达 98%；$R=1.5$ 时，分离程度达 99.7%，是相邻两峰完全分离的标志。

R 受柱效能 n、选择因子 α 和容量因子 k 的控制，它们之间的关系如式（5-12）所示：

$$R=\frac{\sqrt{n}}{4}\left(\frac{\alpha-1}{\alpha}\right)\left(\frac{k}{k+1}\right) \tag{5-12}$$

式（5-12）称为基本色谱分离方程。实际工作中通常用 $n_{有效}$ 代替 n：

因为

$$n_{有效}=n\left(\frac{k}{k+1}\right) \tag{5-13}$$

所以
$$R=\frac{\sqrt{n_{有效}}}{4}\left(\frac{\alpha-1}{\alpha}\right) \qquad (5-14)$$

$$n_{有效}=16R^2\left(\frac{\alpha}{\alpha-1}\right)^2 \qquad (5-15)$$

【例 5-1】 在一定条件下，两个相邻组分的调整保留时间分别为 85s 和 100s，试计算需要多少块有效塔板才能使两组分达到完全分离。若填充柱的塔板高度为 0.1cm，柱长是多少？

解 (1) 根据题意，已知 $t'_{R1}=85s$，$t'_{R2}=100s$，$R=1.5$，由式(5-3)得

$$\alpha=\frac{t'_{R2}}{t'_{R1}}=\frac{100}{85}=1.18$$

由式(5-15)得：

$$n_{有效}=16R^2\left(\frac{\alpha}{\alpha-1}\right)^2=16\times1.5^2\times\left(\frac{1.18}{1.18-1}\right)^2=1547（块）$$

(2) 根据题意，已知 $H_{有效}=0.1cm$，则

$$L=n_{有效}H_{有效}=1547\times0.1=154.7（cm）$$

拓展任务

1. 根据 "5S" 管理的内涵，对气相色谱实训室进行管理和评价。

2. 根据仪器使用说明书，写出 GC122A 的操作规程（或根据实训室的仪器型号进行编写）。

知识应用与技能训练

一、填空题

1. 色谱图是指_____通过检测器系统时所产生的_____对_____或_____的曲线。

2. 一个组分的色谱峰，其峰位置（即保留值）可用于_____，峰高或峰面积可用于_____。

3. 色谱分离的基本原理是_____通过色谱柱时与_____之间发生相互作用，这种相互作用大小的差异使用_____互相分离而按先后次序从色谱柱后流出，这种在色谱柱内_____、起_____作用的填料称为固定相。

4. 色谱法的核心部件是_____，它决定了色谱_____性能的高低。

5. 为获得较高的柱效，在制备填充柱时，除选择适当的固定液和确定其用量外，涂渍固定液时还要力求涂得_____，装柱时要_____。

二、选择题

1. 俄国植物学家茨维特在研究植物色素成分时，所采用的色谱方法是（　　）。

　　A. 液-液色谱法　　　　　　　　B. 液-固色谱法

　　C. 尺寸排阻色谱法　　　　　　　D. 离子交换色谱法

2. 在气液色谱中，首先流出色谱柱的组分是（　　）。

　　A. 吸附能力大的　　　　　　　　B. 吸附能力小的

　　C. 挥发性大的　　　　　　　　　D. 溶解度大的

3. 下列（　　）发生后，应对色谱柱进行老化。

　　A. 每次安装了新的色谱柱后　　　B. 色谱柱使用了一段时间后

　　C. 更换了载气或燃气　　　　　　D. 分析完一个样品，准备分析其他样品之前

4. 评价气相色谱检测器性能好坏的指标有（　　）。

　　A. 基线噪声与漂移　　　　　　　B. 灵敏度与检出限

　　C. 检测器的线性范围　　　　　　D. 检测器体积的大小

5. 测定以下各种样品时，宜选用何种检测器？

1）从野鸡肉的萃取液中分析痕量的含氯农药（　　）；

2）测定有机溶剂中微量的水（　　）；

3）啤酒中微量硫化物（　　）；

4）石油裂解气的分析（　　）；

    A. TCD　　B. FID　　C. ECD　　D. FPD

三、应用

1. 一条 1m 的色谱柱有效塔板数为 3600。在一定条件下，相邻两个组分的保留时间分别为 12.2s 和 12.8s，试计算分离度。要使该两组分完全分离，应选用多长的色谱柱？

2. 请对图 5-19 中三种色谱分离情况进行分析并提出解决的对策（提示：从 R 与 n、α 和 k 之间的关系考虑）。

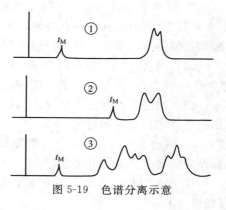

图 5-19　色谱分离示意

任务 2　气相色谱条件的确定

【知识目标】

1. 掌握气相色谱分析方法的建立步骤；

2. 了解常用检测器的适用范围，熟悉 TCD 和 FID 的使用注意事项；

3. 掌握常见有机物用气相色谱分析时的色谱柱柱型、柱长以及固定相的选择方法；

4. 掌握气相色谱的各种操作条件的选择。

【能力目标】

1. 能够根据分析项目及其要求正确建立气相色谱分析方法；

2. 能够操作气相色谱仪；

3. 初步具备对气相色谱条件进行优化的能力。

子任务 1　确定仪器基本配置

课堂活动

1. 教师提出工作任务：设计一个检测方案来测定甲醇和乙醇混合物中甲醇及乙醇的质量分数（可在上次课程结束时布置该任务）。

2. 由学生分组讨论，然后推荐一名同学到讲台讲解，教师总结归纳气相色谱分析方法的建立步骤。

3. 教师通过提出问题引入课程：色谱分析的首要任务是什么？如何实现？对仪器方面要求如何？

4. 教师通过图片或动画讲解如何根据试样的性质和分析要求确定色谱仪器的基本配置，重点讲解检测器和载气种类的选择、固定相以及色谱柱的选择原则，要求学生根据所学知识选择适用于本次任务的检测器、载气、色谱柱。

子任务 2　选择和优化色谱条件

课堂活动

1. 教师展示几张典型的不同分离效果的色谱图，引导学生进行知识回顾：如何评价色谱分离效果？怎样才能获得理想的分离效果？

　　2.将学生分成三组,各组分别进行以下实训操作。

　　(1)分别测定在一定载气流速下,不同柱温(70℃、80℃、90℃、100℃、110℃)下甲醇和乙醇的分离情况,并进行记录和讨论,得出最佳的柱温,总结柱温的选择原则。

　　(2)分别测定在一定柱温下不同载气流速(30mL/min、40mL/min、50mL/min、60mL/min、80mL/min)的甲醇和乙醇的分离情况,并进行记录和讨论。

　　(3)测定在不同进样量(0.5μL、1.0μL、5.0μL、10μL、20μL)的甲醇和乙醇的分离情况,并进行记录和讨论。

　　3.结合学生的讨论结果,教师总结载气流速、柱温、汽化温度、检测温度、进样量等操作条件的选择原则和方法。

　　4.学生讨论、总结,建立本工作任务的分析方法,并进行验证。

【任务卡】

任务		方案(答案)或相关数据、现象记录	点评	相应技能	相应知识点	自我评价
子任务 1 根据分析项目确定检测器类型	建立分析方法的基本步骤					
	确定检测器类型					
子任务 2 选择和优化色谱分离条件	选择载气种类					
	选择色谱柱类型和柱长,确定进样方式					
	选择固定相					
	确定载气流速					
	确定柱温及升温方式					
	确定进样量、汽化温度和检测温度					
	最佳色谱条件的验证					
学会的技能						

相关知识

一、气相色谱分析的基本步骤

1.分析样品性质,选择样品制备方法

　　GC 的样品要求是在汽化温度下能够汽化的物质,一般而言,对于组成不复杂的气体和液体样品可以直接进样分析,而固体样品应先溶解在适当的溶剂中。如果样品成分复杂,含有不能用 GC 直接分析的组分或者浓度太低,就必须进行必要的预处理,以排除杂质的干扰,保护色谱系统,并将要分析的组分富集到色谱能检测的浓度。

2.根据分析项目和分析要求,确定 GC 的基本配置

　　根据分析样品组分的性质和浓度,确定气相色谱仪的检测器和载气种类、色谱柱类型和柱长、固定相、进样装置等。

3.选择色谱分离条件

　　仪器准备好,且样品进行了适当的预处理后,还要选择色谱分离的条件,主要包括载气流速、柱温、进样量、汽化温度和检测温度。

4. 进样分析，得到色谱图

当前面的各种色谱条件都确定后，就可以启动仪器进样分析了，并得到样品的色谱图。

5. 分离条件优化

根据 GC 分析结果并对分离条件进行优化，以使组分的分离效果达到分析精度的要求。

6. 进样分析

按照优化后的分离条件再次进行分析，或结果不符合要求，应重新进行分离条件优化。

7. 数据处理，出具分析报告

二、确定气相色谱仪的基本配置

1. 检测器和载气种类的选择

检测器要根据样品的性质以及浓度进行确定（表 5-1）。有机化合物可以选择 TCD 或 FID，如果待测组分含量较低，对检测灵敏度要求高的话，则应选择 FID，如果含有非碳氢组分时且对检测灵敏度要求不高时，可选择 TCD；对含电负性物质（如卤素）多且碳氢组分含量较低的样品可选择 ECD；分析硫磷组分应选择 FPD。

载气的选用通常根据检测器类型而定。常用载气包括 H_2、He、N_2、Ar 等，TCD 需要使用热导率大的 H_2 以利于检测灵敏度的提高，N_2 则是 FID 的首选，气质联用仪通常选用 He 作为载气。H_2、He 相对分子质量较小，常作为填充柱的载气；N_2 的相对分子质量较大，通常用于毛细管柱气相色谱。表 5-2 列出了一些常用载气和辅助气的适应范围，表 5-3 列出了常用检测器使用不同载气时的优缺点。

表 5-2　常用载气和辅助气

载气种类	相对分子质量	热导率	可适用的检测器	钢瓶颜色
氢(H_2)	2.016	45.87	FID、TCD、GDD 等	深绿底红字
氦(He)	4.003	36.86	TCD、RID、GDD 等	银灰底深绿字
氮(N_2)	28.013	6.406	FID、RID、TCD、GDD	黑底黄字
氧(O_2)	31.998	6.591	—	蓝底黑字
氖(Ne)	20.183	11.819	TCD、RID	银灰底深绿字
氩(Ar)	39.948	4.422	TCD、RID	银灰底深绿字
氪(Kr)	83.80	2.356	RID	银灰底深绿字
氙(Xe)	131.30	—	RID、TCD	银灰底深绿字
空气(Air)	28.96	6.422	FID、TCD、RID	黑底白字
一氧化碳(CO)	28.010	5.992	FID	银灰底红字
二氧化碳(CO_2)	44.01	4.174	FID、TCD、GDD	铝白色底黑字
甲烷(CH_4)	16.043	8.554	TCD、FID	棕底白字

表 5-3　常用检测器使用不同载气时的优缺点

检测器	H_2	He	N_2	Ar
TCD	灵敏度高，成本低，危险性大	灵敏度中等，安全，成本高	大多数样品灵敏度低，易出"N""W"峰，成本低	峰形好，灵敏度低，成本低
FID	分析周期短，成本低，危险性大	安全，分析周期短，成本高	峰形好，可调流量范围窄，安全，成本低	高纯度时，比氮气成本高
ECD	氚源有损寿命，基流大，不宜用	需加甲烷运行，成本高，麻烦，但运行时间短	流量范围选择窄，但有利于提高分离度，成本低	需加甲烷，麻烦，成本高

除了种类外，载气和辅助气的纯度也有一定要求，在满足分析要求的前提下，应尽可能选用纯度较高的气体。在常规分析下，TCD 要求载气（H_2 或 N_2）的纯度大于 99.995%；FID 对气体的纯度要求是：$N_2 > 99.998\%$，$H_2 > 99.5\%$，高纯空气。

2. 色谱柱的选择

多组分复杂混合物进行色谱分析时，往往有一对或几对难分离组分，而难分离组分对又往往是主要分析对象，因此，一般针对难分离组分选择色谱柱。

（1）色谱柱类型　一般来讲，填充柱能分离的样品使用同样极性的毛细管柱也能分离。填充柱进样量大，毛细管柱子进样小，毛细管柱子的分离效率比填充柱要高。分离容易、检测也容易的样品，选什么都可以，但目前倾向于选用毛细管柱，如测定空气组成和常量永久气体；分离容易、检测困难的样品，选用填充柱比较好，如分析永久气体中痕量 CO 和 CO_2；分离困难、检测容易的样品，选用毛细管柱较好，如混合碳四的组成；分离困难、检测也困难的样品，多选用宽口径毛细管柱，如分析高纯度丙烯中的痕量杂质。

一般用途的毛细管柱大多使用石英玻璃。填充柱一般使用不锈钢管材料，对于有反应性易分解或具有腐蚀性的样品可使用玻璃或聚四氟乙烯管材料。

（2）柱尺寸的选择　柱长越大，分离效果越好。但柱过长，除分析时间增加外，还可能加剧扩散而使峰宽增大，所以，在能使待测组分达到预期的分离效果的前提下，尽可能使用较短的色谱柱。

色谱柱的内径要与定性定量分析所需的样品量相适应，尽可能采用小内径柱管。小内径柱管的色谱柱有较高的线速，有利于快速分析，适应高灵敏度检测器的分析，而且，在程序升温色谱分析时，柱温容易达到程序升温平衡。

填充柱在分离 10 个组分以下的样品时，常用内径为 2mm，长度为 1～3m。毛细管柱常用内径为 0.23～0.53mm，分离 40 个组分左右的样品一般用 20m 的柱长，只有当样品十分复杂的时候才会选用 50m 或以上的长柱。

表 5-4　常用吸附剂及其用途

吸附剂	最高使用温度/℃	极性	特　点	活化方法	适用范围
活性炭	<300	非极性	表面活性大而不均一	粉碎过筛，用苯浸泡几次，350℃下通入水蒸气，吹至乳白色物质消失为止，180℃烘干备用	分离永久性气体及低沸点烃类，不适于分离极性化合物
石墨化炭黑	>500	非极性	表面均匀，活化点少，主要靠色散力起作用	粉碎过筛，用苯浸泡几次，350℃下通入水蒸气，吹至乳白色物质消失为止，180℃烘干备用	分离气体及烃类对高沸点有机化合物也能获得较对称峰形
硅胶	<400	氢键型	非极性强，表面活化点少，疏水性强，柱效高，耐腐蚀，耐辐射，寿命长	粉碎过筛，6mol/L HCl 浸泡 1～2h，用蒸馏水洗到没有氯离子，180℃烘箱中烘 6～8h。使用前在 200℃下通载气活化 2h	分离永久性气体及低级烃，而且可以分离臭氧
氧化铝	<400	弱极性	热稳定性好，机械强度高，活性遇到含水会发生变化	200～1000℃下烘烤活化	分离烃类及有机异构物，在低温下可分离氢的同位素，不能分析臭氧
分子筛	<400	极性	具有几何选择性，对极性分子和可形成氢键的化合物有很强的作用力	粉碎过筛，350～550℃ 下活化 3～4h，或在 350℃真空下活化 2h	适用于永久性气体和惰性气体的分离
多孔微球（GDX）	<200	极性不同	球形，大小均匀，疏水性很强，有利于色谱柱的填充，提高了柱效，可改变 GDX 的极性和孔径	170～180℃下烘去微量水分后，在 H_2 或 N_2 气中活化处理 10～20h	分离气体和液体中水，CO，CO_2，CH_4；低级醇以及 H_2S，SO_2，NH_3，NO_2 等

（3）固定相的选择 色谱分析中组分的分离取决于柱效能和选择性，而后者由固定相决定。因此固定相选择是否正确是组分能否分离的关键。气固色谱中固定相为固体吸附剂，主要用来分离常温常压下为气体和低沸点的化合物。气液色谱的固定相由载体和固定液组成，选择性较好，应用广泛。

① 气固色谱的固定相 气固色谱固定相是固体吸附剂，包括无机吸附剂如炭黑等和人工合成的高分子多孔微球，主要根据它们对各种气体的吸附能力的不同来进行选择。表 5-4 列出了一些常用的吸附剂及其用途。

② 气液固定相 气液色谱固定相由载体和固定液构成，载体为固定液提供一个大的惰性表面，以承担固定液，使它能在表面展成薄而均匀的液膜。

a. 载体 载体一般要求比表面积大，有良好的缝隙结构（分布均匀），固定液能均匀地展成液膜；具有化学惰性，不与分离组分发生作用，不参与分配平衡；粒度均匀，成球型。气相色谱用的载体大致可分为硅藻土和非硅藻土两大类，硅藻土载体因处理方法不同又可分为红色载体和白色载体。非硅藻土类载体有聚四氟乙烯载体、玻璃微球和高分子多孔微球等（表 5-5）。

表 5-5 常用载体

载体类型	特 点	适 用 范 围	
红色硅藻土载体	表面孔穴密集、孔径较小、表面积大，表面有吸附活性中心	6201 载体 301 载体、釉化载体	弱极性组分 中等极性组分
白色硅藻土载体	颗粒疏松，机械强度较差；孔径较大、表面积较小；表面极性中心少，吸附性小	101、102 白色载体 101 硅烷化白色载体 102 硅烷化白色载体	极性或碱性组分 高沸点组分 氢键型组分
非硅藻土载体	玻璃微球的表面积较小，柱负荷量小，能在较低柱温下分析高沸点物质；聚四氟乙烯载体的吸附性小，耐腐蚀性强，但表面积较小，机械强度低	玻璃球载体	分析高沸点组分
		聚四氟乙烯载体	分析强极性物质

载体表面不是完全惰性的，往往有催化活性和吸附活性，造成色谱峰拖尾。因此，载体在使用前要进行化学处理，以改进孔隙结构，屏蔽活性中心。处理方法有酸洗、碱洗、硅烷化及添加减尾剂等。

载体的选择要根据分析对象、固定相的性质和涂渍量的情况来决定。一般情况，当涂渍量大于 5% 时选用白色或红色硅藻土载体，小于 5% 时选择处理过的硅烷化载体；酸性样品选择酸洗载体，碱性样品选择碱洗载体，高沸点样品用玻璃微球载体，强腐蚀性样品用聚四氟乙烯载体。

b. 固定液 在气液色谱固定相中，对分离起决定作用的是固定液。因此，一般要求固定液在操作温度下呈液态，稳定性好，对组分有足够的溶解能力，且对试样具有化学惰性；挥发性小，在操作温度下蒸气压较低；黏度小，对载体表面浸润性好，易涂布均匀。可见，固定液一般都是高沸点的有机化合物，而且都有各自的使用温度范围和最高使用温度极限。

固定液种类多，组成和用途各不相同，一般根据其相对极性进行分类。表 5-6 列出了常用固定液及其用途。

目前对固定液的选择尚无严格规律可循，主要凭经验及由实践归纳出的一般规律，通常按"相似相溶"原则来选择，即按组分的极性或官能团与固定液相似的原则来选择。性质相似，则分子间作用力就强，组分在固定液中的溶解度大，分配系数大，有利于分离。在应用时，可参考以下基本规律。

表 5-6　常用固定液及其用途

固定液名称	型号	相对极性	最高使用温度/℃	常用溶剂	分析物质
角鲨烷	SQ	0	150	乙醚	标准非极性固定液,烃类及非极性化合物
阿皮松	APL	—	240～300	苯,氯仿	各类高沸点有机化合物
硅油 1	OV101	+1	300	丙酮,氯仿	非极性和弱极性有机化合物
二甲基硅橡胶	SE-30	+1	300	氯仿＋丁醇(1+1)	高沸点弱极性有机化合物,如多核芳香族化合物、高级脂肪酸及酯、酚等
苯基 10％甲基聚硅氧烷	OV-3	+1	350	甲苯	各种高沸点化合物,对芳香族和极性化合物保留值增大
苯基 20％甲基聚硅氧烷	OV-7	+2	300	甲苯	
苯基 50％甲基聚硅氧烷	OV-17	+2	300	甲苯	
苯基 60％甲基聚硅氧烷	OV-22	+2	300	甲苯	
邻苯二甲酸二壬酯	DNP	+2	130	乙醚,甲醇	烃,醇醛、酮、酯酸、各类有机化合物
邻苯二甲酸二丁酯	Nujol	+2	100	甲醇,乙醚	烃,醇醛、酮、酯酸、各类有机化合物
磷酸邻三甲苯酯	DDP	+3	100	甲醇	烃类,芳烃和酯类异构体,卤化物
有机皂土 34		+4	300	甲苯	芳烃,二甲苯异构体
β,β'-氧二丙腈	ODPN	+5	100	甲醇＋丙醇	低级含氧化合物如醇,伯胺、仲胺、不饱和烃,环烷烃,芳烃等极性化合物
聚乙二醇	PEG20M	氢键型	250	乙醇,氯仿,丙酮	醇、醛、酮、脂肪酸、酯及含氮官能团等极性化合物
三乙醇胺		氢键型	160	氯仿＋丁醇(1+1)	低级胺类、醇类,吡啶及其衍生物

　　分离非极性物质选用非极性固定液。这时试样中各组分按沸点次序流出,沸点低的先流出,沸点高的后流出。如果样品中同时含有沸点接近的极性组分和非极性组分,极性组分先出峰,非极性组分后出峰。如果样品是同系物,则碳数低的组分先出峰。

　　分离极性物质选用极性固定液,试样中各组分按极性次序分离,极性小的先流出,极性大的后流出。

　　分离非极性和极性混合物,即可选用非极性固定液,也可选用极性固定液,还可选择混合固定液。实际应用时一般选择极性固定液,这时非极性组分先流出,极性组分后流出。

　　分离能形成氢键的试样选用极性或氢键型固定液。试样中各组分按与固定液分子间形成氢键能力大小先后流出,不易形成氢键的先流出,最易形成氢键的最后流出。

　　有时按照"相似相溶原则"选择固定液时并不能达到满意的分离效果,此时应该选择混合固定液,即两种或两种以上性质各不相同、按一定比例混合的固定液,使分离达到预期效果,而分析时间又不致延长而造成峰扩展。在实际工作中,往往是参考资料或文献介绍来选择固定液的。

　　(4) 涂渍量的选择　载体的表面积越大,固定液用量可以越高,允许的进样量也就越多。为了改善液相传质,应使液膜薄一些。固定液液膜薄,柱效能提高,并可缩短分析时间。但固定液用量太低,液膜太薄,允许的进样量也就越少。因此固定液的用量要根据具体情况决定，常用的液担比为 5%～25%。

3. 进样系统的选择

气相色谱分析要求进样量较少，进样准确快速，并有较高的重现性。GC 进样方式有多种，如分流/不分流进样、冷柱上进样、大体积进样、阀进样、顶空进样、裂解进样等，并有相对应的进样系统。

填充柱进样系统是最常用、最简单、最易操作的进样系统，样品负载能力强，适用于各种可挥发性样品。

毛细管 GC 最常用的是分流/不分流进样系统，分流进样一般是用于常量分析，适用于大部分可挥发性样品，包括气体和液体样品，是毛细管柱的首选进样方式。不分流进样的灵敏度明显高于分流进样，一般用在环境分析、农残分析以及临床和药物分析等。

4. 选择分离操作条件

一台色谱仪应能分析多种性质不同的样品，根据样品的不同选择合适的固定相，并在一定的分离条件下进行分析。所以除了正确选择固定相外，色谱操作条件也是色谱分析的关键问题。

（1）载气流速的选择　　载气流速是决定色谱分离的重要原因之一，要求流速平稳且大小适当。载气流速高，组分出峰快且色谱峰窄，反之出峰慢且谱峰宽，但流速过高或过低对分离都有不利的影响。测定不同载气流速 u 时色谱柱的塔板高度 H，以 H 对 u 作图可得到其关系图（图 5-20）。从图 5-20 可知，在曲线的最低点塔板高度 H 有最小值（H_{min}），这时柱效最高。H_{min} 所对应的载气线速度（载气流量）即为最佳流速 u_{opt}。在实际工作中，选用的流速往往比最佳流速要稍高些，这样可以缩短分析时间。填充柱的常用载气流速约为 10～50mL/min；细径毛细柱约为 1～3mL/min；粗径毛细柱的载气流速约为 3～10mL/min。

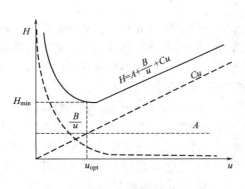

图 5-20　H-u 关系图

图 5-21　皂膜流量计

载气流量通常用皂膜流量计（图 5-21）进行测量。皂膜流量计是由带有体积刻度的玻璃管和装有皂液的橡皮滴头组成。用橡皮管把流量计入口与载气出口相连接，当有气体流出时，挤一下橡皮滴头，使皂液面高过入气口，则会形成一个皂膜，在气体的推动下，皂膜向上移动，测定皂膜移动一定刻度所需要的时间，即可算出相应的气体流速。皂膜流量计是测量气体流速比较准确的方法，精度可达 1%。使用时，要注意流量计的清洁和湿润，使用澄清的肥皂水或其他能起泡的液体。

（2）柱温的选择　　分配系数 K 和组分在两相中的扩散系数等均与温度有关，因此柱温是气相色谱操作中最重要的参数之一。提高柱温可以使保留时间减少，加快分析速度，使样品中组分完全流出，但是分离效果不好；降低柱温，样品有较大的分配系数，选择性高，有利于分离，但温度过低，容易造成峰拖尾或前伸，并延长分析时间。

选择柱温要考虑样品的沸点范围、固定液的配比和允许使用温度以及检测器的灵敏度。柱温不能高于固定液的最高使用温度，否则会导致固定液的流失。从分离的角度出发应选择低柱温，即在使最难分离的组分尽可能分离的前提下，尽量采取较低的柱温，但以保留时间适宜、峰形不拖尾为度。具体操作条件的选择应根据不同的实际情况而定，并与固定液用量、载体的种类相配合。

① 恒温方式　无论是填充柱色谱还是毛细管色谱，如果样品的沸程不宽，应尽可能采取恒温方式，可以节省降温时间，具体选择可参考以下经验。

a. 对于气体、气态烃等低沸点样品，柱温可选择在样品组分平均沸点附近或沸点以上，常在室温或 50℃ 以下分析。固定液含量一般在 15%～25%。

b. 对于沸点不太高（100～200℃）的样品，柱温可选择比平均沸点低约 50℃，固定液含量为 10%～15%。

c. 对于较高沸点（200～300℃）的混合物，柱温比平均沸点低 50～100℃，在 150～180℃左右为宜，固定液含量为 5%～10%。

d. 高沸点的混合物（300～450℃），柱温宜低于平均沸点 100～200℃，即在 200～250℃。可用低固定液含量（1%～3%），使液膜薄一些；但此时允许最大进样量将减小，因此要用高灵敏度的检测器。

② 程序升温　当样品的组分多、沸程宽时，应当采取程序升温方式，即柱温按预定的加热速度，随时间作线性或非线性的增加。

a. 初始温度　初始温度不能低于固定液的最低使用温度，一般可以比最早流出组分的沸点低 30～50℃。如果低沸点组分较少（表现为色谱峰较疏），则可适当提高初始温度，或减少初温的持续时间。

b. 升温速率　组分越多的样品升温速率应越小，否则会降低分离度。对于组分少但沸程宽的样品应该提高初始温度而不是提高升温速率，高的升温速率可能会造成较大的基线漂移。另外，可以根据沸程的范围、组分出峰的疏密和分离情况，采取二阶或多阶的升温程序。

c. 终止温度　根据组分的最高沸点或固定液的最高使用温度而定。

在进行程序升温时，由于柱阻力增大而导致载气平均线速率下降，因此要适当提高载气流速。

（3）汽化温度的选择　组分的汽化时间影响组分的峰宽，汽化时间越短，峰越窄，柱效越高。汽化温度一般根据样品的挥发性、稳定性、沸点及极性等进行选择。在保证样品不分解的情况下，适当提高汽化温度对分离及定量分析有利，尤其当进样量较大时更是如此。一般色谱进样量小，通常汽化温度高于柱温 30～70℃或稍高于样品组分中的最高沸点，以保证样品迅速、完全汽化且不分解。但对于某些高沸点组分或热稳定性差的组分，在其沸点附近分析可能会发生分解，此时应减少进样量，采用高灵敏度检测器，并选用其他低温进样方式。

（4）检测温度的选择　为了防止色谱柱的流出组分在检测器冷凝，检测温度应当比柱温高 30～50℃或等于汽化温度。若检测器为 TCD，检测温度高会降低其灵敏度，故应尽量选择较低的检测温度。若使用 FID，检测温度应大于 120℃。

（5）进样时间和进样量的选择　气相色谱要求进样速度必须很快。一般使用微量注射器或六通进样阀进样时，进样时间都在 1s 之内。

进样量的大小会影响色谱峰的宽度。进样量越大，色谱峰也越宽，不利于分离。因此，在检测器灵敏度足够的前提下，尽量减少进样量。对于填充柱，气体样品进样量一般为 0.1～10mL，液体样品应小于 4μL（TCD）或小于 1μL（FID）。毛细管柱可用分流进样，分流后的进样量为填充柱的 1‰～10‰。进样量太多，会使色谱峰重叠，分离效果不好。但是进样量太少，又会使含量较低的组分因检测器灵敏度不够而不出峰，即不能检出。最大允许进样量应控制在峰面积或峰高与进样量成正比的范围内。

拓展任务

DNP-有机皂土/101 白色载体填充柱的制备。

知识应用与技能训练

一、填空题

1. 对于沸程较宽的样品，宜采用_____，即柱温按预定的加热速度，随时间作线性或非线性的增加。

2. 减少涡流扩散，提高柱效的有效途径是使用适当_____粒度和颗粒_____的载体，并尽量填充_____。

3. 载气与试样的热导系数相差_____，_____检测器的灵敏度_____，在常见气体中，_____气的热导系数最大，传热好，作为载气时，检测器灵敏度较高。

4. 当载气流速较高时，分子扩散项是影响柱效的主要因素，此时流速越大，柱效_____；载气流速较低时，_____项是柱效的主要影响因素，此时流速越大，柱效越_____。

5. 选择高的柱温时，传质快，柱效_____，色谱峰宽_____，分配系数_____，分离度_____，_____组分易重叠；柱温降低，分离度_____，分析时间_____，色谱峰_____。

二、选择题

1. 以下（　　）因素不影响两组分的相对保留值。
   A. 载气流速　　　　B. 柱温　　　　C. 检测器类型　　　　D. 固定液性质

2. 下列途径（　　）不能提高柱效。
   A. 降低载体粒度　　　　　　B. 减小固定液液厚膜厚度
   C. 调节载气流速　　　　　　D. 将试样进行预分离

3. 色谱柱温升高的结果是（　　）。
   A. 组分在固定液中的溶解度增大　　B. 两组分的相对保留值不变
   C. 组分的保留体积减小　　　　　　D. 两组分的分离度增加

4. 气相色谱实验过程中，载气流量指示突然增大，主要原因可能是（　　）。
   A. 进样胶垫漏气　　　　　　B. 钢瓶漏气
   C. 稳压阀漏气　　　　　　　D. 检测器接口漏气

三、应用

胶黏剂中可能会含有苯、甲苯、二甲苯、正己烷和三氯乙烯，若要用气相色谱测定这些物质的含量，请确定所需色谱条件。

任务 3 祛斑霜中氢醌和苯酚的测定——气相色谱定性和定量分析

【知识目标】

（1）了解气相色谱各种定性方法的原理；

（2）掌握利用保留值进行定性和定量的方法。

【能力目标】

(1) 能够设置气相色谱仪的各项参数并进行正确操作；

(2) 能够利用色谱工作站进行 GC 操作；

(3) 能够正确编写分析报告。

子任务 1　确定色谱条件，建立色谱工作站分析方法

课堂活动

1. 学生讨论待测样品的性质，查阅文献资料，在教师指导下确定样品的前处理方法和色谱配置，并选择初始操作条件，打开色谱仪，进行色谱操作参数设置。

色谱参考条件如下。

检测器：FID。

色谱柱：硬质玻璃柱，内径 3mm，长 2m。

载体：Chromosorb WAW DMCS 60～80 目；固定液：10％SE-30。

气体流速：载气为 N_2，30mL/min；H_2，50mL/min；空气，500mL/min。

柱温：220℃；汽化温度：280℃；检测温度：250℃。

2. 运行色谱工作站，建立祛斑霜蒽醌和苯酚分析方法，建立标样和样品项。

子任务 2　标样和样品的制备

课堂活动

1. 教师提出问题：对于 FID，物质的检测限是多少？如果将氢醌和苯酚从化妆品的其他成分中检出，其浓度是否只要达到以上检测限即可？

2. 教师讲解：苯酚和氢醌的主要工业用途、在化妆品上的应用及其毒副作用，我国《化妆品卫生规范》中对有关化妆品中苯酚和氢醌的使用规定。

3. 在教师指导下，学生配制标准溶液，并对祛斑霜进行样品预处理。

子任务 3　标准样品分析，分离条件优化

课堂活动

在教师的指导下，学生进行以下操作。

1. 氢醌标准溶液和苯酚标准溶液分别稀释 5 倍作为工作溶液。

2. 用 10μL 微量注射器准确取 2.0μL 氢醌工作液注入氢相色谱仪中，迅速同时按下工作站数据采集器上的采集开关和色谱仪操作面板下【开始】键，待氢醌组分全部流出后，点击工作站中的停止进样图标，此时系统停止进样，并对谱图进行处理，到氢醌标样的色谱图。

同样操作得到苯酚标样的色谱图。

3. 将氢醌和苯酚工作液等体积混匀，准确吸取 2μL 混合液注入色谱仪中，采集并进行数据处理，得到氢醌和苯酚标样的色谱图，记录两组分的保留时间。

4. 分析色谱图，若两组分未达到预期的分离效果，对色谱操作条件进行适当调整后，重复上一步操作，直至两组分取得较好的分离。

子任务 4　样品定性分析及数据处理

课堂活动

教师指导学生进行祛斑霜样品的测定，准确吸取样品溶液 2μL 注入色谱仪中，采集并

进行数据处理，得到样品的色谱图。

子任务5　祛斑霜中氢醌和苯酚的含量测定——外标法定量

课堂活动

1. 在教师的指导下，学生进行以下操作。

（1）开启气相色谱仪，按照任务3优化得到的色谱条件设置相关参数。

（2）准备氢醌和苯酚标准溶液，进行祛斑霜样品预处理参照任务3进行。

（3）制备氢醌和苯酚标准曲线具体操作步骤参照实验任务指导书。

（4）样品测定，用微量进样器准确吸取 $2.0\mu L$ 样品溶液，注入色谱仪。每个样品重复测定三次，量取峰高或峰面积计算平均值。

（5）祛斑霜样品中氢醌或苯酚含量计算见实验任务指导书中式(5-28)。

2. 教师根据学生的测定结果，引导学生对样品中的氢醌和苯酚组分进行定性定量分析，并讲解定量方法的相关知识。

子任务6　结束工作，编写分析报告

课堂活动

1. 教师指导学生正确关闭气相色谱仪，并按"5S管理"要求对实训室进行整理。

2. 教师讲解 GC 定性方法，指导学生将标准样品和祛斑霜样品的色谱图进行比对，判断样品中是否含有蒽醌和苯酚，并按规定编写分析报告。

【任务卡】

任务		方案(答案)或相关数据、现象记录	点评	相应技能	相应知识点	自我评价
子任务 1　确定色谱条件,建立色谱工作站分析方法	确定仪器配置					
	确定初始操作条件					
	建立工作站分析方法项					
	建立标样项					
	建立样品项					
子任务 2　标样和样品制备	标准溶液配制					
	样品溶液制备					
子任务 3　标准样品分析,分离条件优化	绘制氢醌和苯酚标样的色谱图					
	优化分离条件					
子任务 4　样品分析及数据处理	绘制样品 GC 色谱图					
	正确关闭色谱仪,整理实训室					
	熟悉 GC 定性方法,判断样品中是否含氢醌和苯酚					
	编写分析报告					
学会的技能						

 相关知识

一、色谱工作站的使用

色谱工作站是一种与色谱仪相配套、辅助色谱仪采样、收集检测器输出的信号数据并进行分析处理的辅助系统。目前较高档的进口 GC 都配置了工作站进行样品信号采集和仪器操作控制，国产工作站则大多没有控制 GC 的功能。不同品牌和型号的 GC 使用的工作站不同，但其操作方法是基本相同的。下面以适用于上海天美的 GC7890 系列气相色谱仪的 T2000P 工作站为例，介绍工作站的使用。

1. 运行 T2000P 工作站

单击开始菜单，选择程序中的天美色谱工作站，点击色谱工作站。或双击桌面上的 T2000P 色谱工作站图标，启动 T2000P 色谱工作站。出现图 5-22 所示。

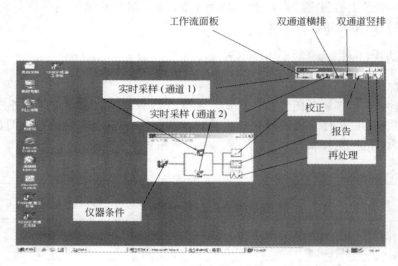

图 5-22　运行色谱工作站
（引自上海天美）

2. 设置仪器条件

点击"操作步骤"菜单，选择"第 1 步：仪器条件"，如图 5-23；也可双击仪器条件图标。仪器条件设定界面如图 5-24。填写实际仪器条件（图 5-25），完成后按【确定】键。根据仪器连接的通道选择点击相应的通道按钮如"通道 1"，然后点击【更新为】更新仪器条件（图 5-26）。点击【关闭】，退出仪器条件设置。

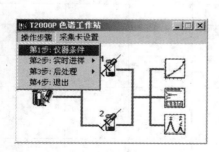

图 5-23　设定仪器条件
（引自上海天美）

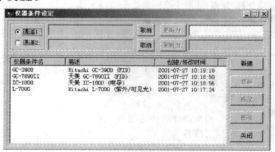

图 5-24　仪器条件设定界面
（引自上海天美）

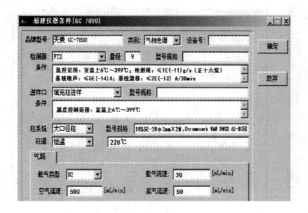

图 5-25　填写仪器条件
（参考上海天美）

图 5-26　更新仪器条件
（引自上海天美）

3．建立方法

工作站中没有定性方法的设置，只能建立定量方法，系统自动套取组分的保留时间进行定性鉴定。以下以外标法为例说明"检测祛斑霜中氢醌和苯酚"的方法建立。

（1）点击操作面板 上通道 1 的图标（黑框内），进入通道面板（图5-27）。点击菜单栏上的 方法 ，进入已有方法列表，点击【新建】，进入新建方法，输入方法名称（图5-28）。点击【确定】进入新建方法向导。

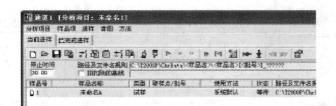

图 5-27　通道面板
（引自上海天美）

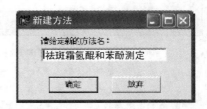

图 5-28　建立新方法
（参考上海天美）

（2）"峰宽"和"噪声"设为自动，点击【下一步】，进行参数设置（图5-29）。选择定量基准为"面积"，定量方法为"外标法"，点击【下一步】，在组分表中输入组分名"氢醌"和"苯酚"，完成后点击【确定】【下一步】，进入分析报告风格设定界面。

（3）报告风格一般使用系统默认风格，点击【下一步】，系统给出提示和"注意"说明，按【完成】确认方法设置，至此，就完成了"祛斑霜中氢醌和苯酚测定"方法的建立。

4．建立标样项

（1）在通道界面，点击菜单栏【样品项】，在下拉菜单中点击【添加】进入样品项设置界面。

（2）点击【新建】进入样品设置向导，按向导旁边提示，输入样品名称，选择样品类型为"标样"，组分含量单位 mg/mL，进样体积 2μL（图5-30）。点击【下一步】，进入方法选择界面，选择方法"祛斑霜中氢醌和苯酚测定"（图5-31）。

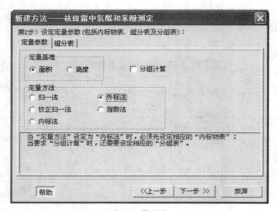

(a) 设定定量基准   (b) 设定组分表

图 5-29　定量参数设定

（引自上海天美）

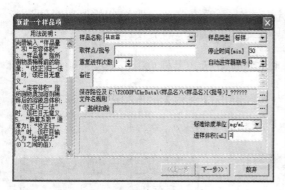

图 5-30　样品设置向导

（参考上海天美）

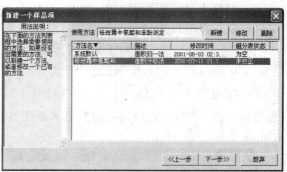

图 5-31　选择方法

（参考上海天美）

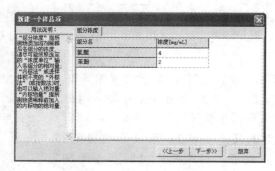

图 5-32　输入标样浓度

（引自上海天美）

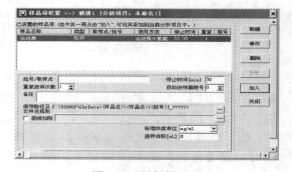

图 5-33　添加样品项

（引自上海天美）

（3）点击【下一步】，输入组分浓度（图 5-32），输入后点击【下一步】完成标样项建立。系统回到添加样品项界面（图 5-33）。点击【加入】【关闭】将所建立的标样项加入到快速通道中。此时，标样项已经建立。

5. 建立样品项

样品项的建立方法和标样项建立方法相同，只是在设置样品时应选择"样品类型"为

"试样"（图 5-30）。

二、气相色谱定性分析方法

色谱峰是组分在色谱柱运行的结果，它是判断组分是什么物质及其含量的依据。色谱定性分析的任务是确定色谱图上的色谱峰所代表的物质。物质在一定的色谱条件下其保留值是一个定值，也就是说，相同物质具有相同保留值的色谱峰。但是应该注意的是，具有相同保留值的色谱峰不一定代表同一种物质。因此，要确定某个色谱峰代表什么物质，还经常结合其他手段来定性，例如采用气相色谱和质谱或光谱联用，使用选择性的色谱检测器，用化学试剂检测和利用化学反应等。

1. 利用保留值定性

在色谱分析中利用保留值定性是最基本和最常用的定性方法，其依据是基于在相同的色谱条件下，同一组分的保留值是一个定值。有以下几种定性方法。

利用纯物质直接对照进行定性：利用已知物直接对照定性是最简单的定性方法，通常用于已备有已知标准物质的情况下。将已知标准物和样品在同一根色谱柱上，在同样的色谱条件下进行分析，并得到各自的色谱图。对两张色谱图进行对照比较，如果样品中某峰的保留时间和标准物质重合，则该组分可能是已知物；反之，该组分肯定不是该已知物。这种利用保留时间直接比较的方法最简单，应用最广泛，要求载气流速、载气温度和柱温一定要恒定，其微小波动都会使保留值改变，从而影响定性分析结果。具体可采用以下方法避免这种影响。

① 利用相对保留值定性　由于相对保留值只受柱温和固定相性质的影响，而不受柱长、固定相和载气流速的影响，因此在柱温和固定相一定时相对保留值为定值，可作为定性分析的较可靠参数。这种方法一般选用苯、正丁烷、环己烷等作为基准物，所选基准物的保留值要尽量接近组分的保留值。具体方法是，在已知标准物和样品中加入同一种基准物进行分析，然后比较它们的 r_{is} 来确定两者是否同一物质。

② 增加峰高法　通过保留值直接对照，初步判断组分可能是已知标准物，然后在样品中加入一定量的已知标准物，再在相同色谱条件下重新测定色谱图。如果该组分的色谱峰增高了，说明该组分是加入的标准物。该方法可避免载气流速波动对保留时间的影响，并能准确测定复杂色谱图中组分色谱峰的保留时间，是确认某一复杂样品中是否含某组分的最好方法。

③ 利用保留指数进行定性　保留指数又称为 Kovats 指数，与其他保留数据相比，是一种重现性较好的定性参数，是使用最广泛并被国际上公认的定性指标，具有重现性好、标准物统一及温度系数好等优点。其定义式为：

$$I_i = 100 \times \left(\frac{\lg t'_i - \lg t'_z}{\lg t'_{z+1} - \lg t'_z} + Z \right) t \tag{5-16}$$

式中，I_i 为被测组分的保留指数；t'_i 为待测组分的调整保留时间；t'_{z+1}、t'_z 分别为含（$Z+1$）和 Z 个碳原子的正构烷烃的调整保留时间。

根据文献给出的色谱条件分析样品，并计算待测组分的保留指数，然后与文献中给出的保留指数值进行对比，从而进行待测组的定性鉴定。使用这种方法进行定性分析时，如果样品分析的色谱条件与文献列出的不一致，则分析结果是毫无意义的。而且该方法和利用纯物质直接对照定性方法一样，分析结果需要利用其他方法作进一步确认，且不能用于一些多官能团的化合物和结构比较复杂的天然产物。

2. 利用双检测器体系对物质进行定性

　　GC 检测器是有选择性的，是利用被检测物质的某些特性进行测定的。同一检测器对不同种类的化合物的响应值不同，而不同检测器对同一物质的响应也是不同的。当某物质同时被两种或两种以上检测器检测时，检测器对被测物质的响应灵敏度比值与待测物质性质密切相关，因而可以用来对待测物质进行定性分析研究。

　　3. 与其他仪器分析方法相结合进行定性

　　质谱、红外光谱、紫外光谱和核磁共振波谱法对有机化合物具有很强的定性分析能力，尤其适用于单组分（纯物质）的定性。将通过 GC 分离后的每一组分，通过适当的接口送到上述仪器中就可以进行定性分析。目前，已商品化的联用仪器气相色谱-质谱联用仪（GC-MS）、气相色谱-傅里叶变换红外光谱联用仪（GC-FTIR）等。

三、定量分析的方法

　　色谱定量分析就是要确定样品中某一组分的确切含量。在给定的色谱条件下，检测器的响应值（色谱峰的峰面积或峰高）与组分的量（质量或其在流动相中的浓度）成正比，即：

$$m_i = f_i^A A_i \quad 或 \quad c_i = f_i^A A_i \tag{5-17}$$

$$m_i = f_i^h h_i \quad 或 \quad c_i = f_i^h h_i \tag{5-18}$$

　　上述两式是色谱定量分析的依据。

　　式中，m_i 是组分的质量；c_i 是组分的浓度；f_i^A 是组分的峰面积校正因子，f_i^h 是组分的峰高校正因子；A_i 是峰面积，h_i 是峰高。

　　峰面积和峰高是色谱定量分析的基本数据，其测量精度直接影响定量分析结果的精度，一般可由色谱工作站自动测量。峰高受载气流速、柱温、进样速度等因素的影响较大，一般对于较狭窄的对称峰才使用峰高进行定量。在实际工作中，常用峰面积进行定量测定，因为峰面积受操作条件的影响不大，更适宜于作为定量分析的参数。

　　1. 校正因子的测定

　　由于同一个检测器对于同一种物质的响应值只与该物质的质量或浓度有关，但其对于等量的不同物质其响应值是不一样的，为使峰面积能更准确地反映组分的量，在定量分析时需要对其进行校正，因此引入定量校正因子。

　　2. 绝对校正因子

　　绝对校正因子表示单位峰面积或单位峰高所代表的物质的质量，即：

$$f_i = \frac{m_i}{A_i} \tag{5-19}$$

$$f_i = \frac{m_i}{h_i} \tag{5-20}$$

　　准确称取一定量（或配制一定浓度）的纯物质进行色谱分析，准确测量其峰面积或峰高，代入式(5-19) 或式(5-20) 中就可计算得到绝对校正因子。

　　绝对校正因子的测定要求纯物质的称量、峰面积或峰高的测量都要精确，并且要严格控制操作条件，在实际工作中是比较难做得到的。另外，绝对校正因子只适用于一个检测器，当检测器由于使用时间长、操作条件发生变化或者进行了更换，其灵敏度都会发生变化，此时必须重新测定绝对校正因子，这使得绝对校正因子的使用受到很大的局限。在实际工作当中往往使用相对校正因子。

　　3. 相对校正因子

　　相对校正因子是指组分 i 与另一标准物 s 的绝对校正因子之比，用 f_i' 表示。

$$f_i' = \frac{f_i}{f_s} = \frac{m_i A_s}{m_s A_i} \tag{5-21}$$

式中，f_i'、f_i、f_s 分别是组分的相对校正因子、绝对校正因子和基准物的绝对校正因子。常用的基准物随检测器不同而不同，TCD 常用苯作基准物，而 FID 则常用正庚烷。

由于绝对校正因子在实际测量中很少用，因此一般文献所指的校正因子是指相对校正因子。相对校正因子只与试样、基准物和检测器有关，与色谱操作条件、固定相性质等因素无关，具有通用性。

4. 相对校正因子的实验测定方法

准确称取色谱纯（或已知准确含量）的被测组分和基准物质，配制成已知准确浓度的样品，在已定的色谱实验条件下，取一定体积的样品进样，准确测量所得组分和基准物质的色谱峰峰面积，根据式(5-21) 就可以计算出该组分的相对校正因子。

除可通过实验测定校正因子外，也可通过文献资料查找一些物质在 TCD 或 FID 上的校正因子。使用峰高进行定量时要用峰高定量校正因子，由于峰高受操作条件的影响较大，峰高校正因子一般不能直接引用文献值，必须在操作条件下用标准纯物质进行测定。

四、定量分析方法的选择

气相色谱分析中常用的定量方法有外标法、内标法和归一化法，根据定量参数又可分为峰面积法和峰高法。每种定量方法都有优缺点和适用范围，如果选用的定量方法不适当，所得到的定量结果会出现很大误差。

1. 定量参数的选择

峰高和峰面积都可以作为定量参数，一般可以根据检测器在线性范围内峰高和峰面积测量的准确性和重复性确定选用峰高还是峰面积进行定量分析。

当分离度较好，峰面积可以准确测量时选用峰面积进行定量较好，程序升温一般选用峰面积进行定量。当分离度不好、峰形不对称（如前延或拖尾等），此时峰面积的测量存在较大误差，应选用峰高进行定量。保留时间短的色谱峰峰形较尖较窄，峰高测量的准确性高于峰面积，宜用峰高定量；保留时间长的色谱峰峰宽较宽，峰面积测量的准确性较峰高要好，应选择峰面积定量。

2. 外标法

外标法也称为标准曲线法，是色谱分析中常用的一种绝对定量方法。使用外标法定量的方法和分光光度法中的标准曲线法相类似，主要步骤如下。

（1）绘制标准曲线　用色谱纯基准物配成不同浓度的标准系列，在一定的色谱条件下，等体积准确进样，测量各组分峰的峰面积或峰高，以峰面积或峰高对样品质量（或浓度）绘制标准曲线，标准曲线的斜率就是绝对校正因子。从理论上来说，标准曲线应该是一条过原点的直线；否则，说明测定方法存在系统误差。

（2）样品分析　在完全一致的操作条件下，将预处理好的样品，按标准曲线的进样量进行色谱分析，根据样品组分峰的峰面积或峰高在标准曲线上查得相应的含量。当已知待测组分在样品中的大概含量并且含量变化不大时，可以不绘制标准曲线而采用单点校正法，即直接将样品与一个和待测组分浓度接近的基准物进行比较定量：

$$w_i = w_s \frac{A_i}{A_s} \tag{5-22}$$

外标法操作简便快速，不需要测定校正因子，绘制好标准曲线后可以直接从标准曲线上读出待测组分的含量，因此特别适用于日常生产控制和大量样品的分析。标准曲线可以使用一段时间，在此段时间内只要用一个基准样品对其进行单点校正即可。

外标法定量要求每次样品分析的色谱条件完全一致。在实际工作中，操作条件如载气流速、柱温、进样量等可能出现波动，而且实际样品的组成变化较大，从而给定量分析带来较大误差。

3. 内标法

选择一种与待测组分性质接近的物质作为参比物，定量加入样品中进行色谱分析，根据待测组分和参比物的峰面积或峰高之比和参比物的加入量进行定量分析。

$$\frac{m_i}{m_s} = \frac{f_i A_i}{f_s A_s} \Rightarrow m_i = \frac{f_i A_i}{f_s A_s} \times m_s \tag{5-23}$$

【例 5-2】 用气相色谱法测定样品中的乙酸含量。称取 0.0186g 内标物加入到 3.125g 试样中进行色谱分析，测得乙酸和内标物的峰面积分别是 135mm² 和 162mm²。已知乙酸和内标物的响应因子分别是 0.55 和 0.58，试计算试样中乙酸的含量。

解 根据式(5-23)，

$$w_i = \frac{m_i}{m} \times 100\% = \frac{f_i A_i m_s}{f_s A_s m} \times 100\% = \frac{0.55 \times 135 \times 0.0186}{0.58 \times 162 \times 3.125} \times 100\% = 0.47\%$$

答：试样中乙酸含量为 0.47%。

使用内标法定量的关键是选择合适的内标物。内标物应是样品中不存在的纯物质，性质和待测组分接近，与样品不起化学反应，并且可以和样品均匀混合；内标物的组分峰要求尽可能接近待测组分，必须和样品中其他的组分峰完全分离；分析时加入的内标物的量应和待测组分的含量接近。

内标法克服了外标法中由于色谱条件的波动而引起的定量误差，使定量分析的准确度提高。由于样品和参比物同时进行色谱分析，消除了由于进样量不准确而产生的误差。内标物可以在样品预处理前加入，与样品同时进行预处理，可以部分补偿待测组分在预处理时产生的损失。应用内标法的最大缺点是选择合适的内标物比较困难，称量必须十分准确，而且操作较麻烦。当对样品的情况不了解、样品的组成很复杂或不需要测定样品中所有组分时，采用内标法比较合适。

当选择不到合适的内标物时，可以用待测组分的纯物质作为内标物，加入到待测样品中，在相同的色谱条件下分别测定纯物质加入前后样品中待测组分的峰面积或峰高，然后进行比较定量。标准加入法是一种相对测量法，不需要另外的基准物，要求两次进样的色谱条件相同。组分含量按式(5-24) 和式(5-25) 计算

$$w_i = \frac{m_s A_i}{m(A_{i+s} - A_i)} \times 100\% \tag{5-24}$$

$$w_i = \frac{m_s h_i}{m(h_{i+s} - h_i)} \times 100\% \tag{5-25}$$

上面两式中，w_i 是待测组分的含量，A_i、A_{i+s} 分别为样品中待测组分的峰面积和加入纯物质后待测组分的峰面积；h_i、h_{i+s} 分别为样品中待测组分的峰面积和加入纯物质后待测组分的峰面积；m_s 为加入的纯物质的质量，m 为样品的质量。

【例 5-3】 用标准加入法测定甲苯中微量苯。称取 2.6723g 甲苯试样于样品瓶中，准确称取 0.0252g 苯标样于该样品瓶中，混合均匀。在完全相同的色谱条件下，分别吸取 2.0μL 甲苯试样和 2.0μL 加入苯标样后的甲苯试样进行色谱分析，测得相应苯的峰高分别为 145mm² 与 587mm²。求甲苯试样中苯的质量分数。

解 $$w_i = \frac{m_s A_i}{m(A_{i+s} - A_i)} \times 100\% = \frac{0.0252 \times 145}{2.6723 \times (587 - 145)} \times 100\% = 0.31\%$$

答：甲苯试样中苯的质量分数为 0.31%。

4. 归一化法

归一化法是将所有组分的量之和作为 100%，然后计算每个组分的百分含量。如果试样中所有组分均能流出色谱柱，并在检测器上都有响应信号，都能出现色谱峰，可用归一化法计算各待测组分的含量。

$$w_i = \frac{m_i}{m} \times 100\% = \frac{f'_i A_i}{\sum\limits_{i=11}^{n} f'_i A_i} \times 100\% \tag{5-26}$$

$$w_i = \frac{m_i}{m} \times 100\% = \frac{f''_i h_i}{\sum\limits_{i=11}^{n} f''_i h_i} \times 100\% \tag{5-27}$$

归一化法简单、准确，即使进样量不准，对结果无影响，操作条件的变化对结果影响也较小。但如果样品中组分不能全部出峰，则不能应用此法。

【例 5-4】 某试样中含对、邻、间甲基苯甲酸及苯甲酸，并且四种组分全部在色谱图上出峰，相对质量校正因子和峰面积如下表。

项目	苯甲酸	邻甲苯甲酸	对甲苯甲酸	间甲苯甲酸
f'	1.20	1.30	1.50	1.40
A	375	60.0	110	75.0

用归一化法求出各组分的质量分数。

解 $\sum f'_i A_i = 1.20 \times 375 + 1.30 \times 60.0 + 1.50 \times 110 + 1.40 \times 75.0 = 798$

由式（5-26）得：

$$w_{苯甲酸} = \frac{m_{苯甲酸}}{m} \times 100\% = \frac{f'_i A_i}{\sum\limits_{i=11}^{n} f'_i A_i} \times 100\% = \frac{1.20 \times 375}{798} \times 100\% = 56.4\%$$

$$w_{邻甲苯甲酸} = \frac{m_{邻甲苯甲酸}}{m} \times 100\% = \frac{f'_i A_i}{\sum\limits_{i=11}^{n} f'_i A_i} \times 100\% = \frac{1.30 \times 60.0}{798} \times 100\% = 9.8\%$$

$$w_{对甲苯甲酸} = \frac{m_{对甲苯甲酸}}{m} \times 100\% = \frac{f'_i A_i}{\sum\limits_{i=11}^{n} f'_i A_i} \times 100\% = \frac{1.50 \times 110}{798} \times 100\% = 20.7\%$$

$$w_{间甲苯甲酸} = \frac{m_{间甲苯甲酸}}{m} \times 100\% = \frac{f'_i A_i}{\sum\limits_{i=11}^{n} f'_i A_i} \times 100\% = \frac{1.40 \times 75.0}{798} \times 100\% = 13.1\%$$

五、色谱分析的实验记录和报告

检验记录是检验过程及一些检测数据的真实反映，是出具检验报告书的依据，是进行科学研究和技术总结的原始资料，因此检验记录必须要记录原始真实、内容完整齐全、书写清晰整洁。色谱分析记录各有各的格式，但必须把条件、方法、所观察到的现象、存在问题和结论等记录下来，主要包括以下内容。

1. 色谱柱的信息

检验记录应当包括固定相、载体和溶剂的详细信息：固定相应当包括名称、颜色、状态、厂家、批号，固体吸附剂或高分子多孔微球等则还应注明目数、密度、比表面等；载体包括名称、厂家、批号、目数、密度和比表面等；溶剂的名称、级别、厂家、批号。

另外还要记录固液比、色谱柱的制备方法（包括固定液和载体重量、溶剂量、涂布方法和条件等）。

2. 色谱分析记录和报告

首先要如实记录测试日期，待测样品的名称、来源、具体物性和预处理的方法步骤，以及色谱分析条件。

色谱分析条件包括：气相色谱仪型号和厂家；色谱柱的长度、内径、形状和材质；检测器的类型、工作电流和电压；色谱柱填料所用的有关试剂名称、规格用量、制备方法等；汽化温度、柱温和检测温度等；各种气体如氮气、氢气、空气或其他气体的流速和压力；进样装置、进样量以及灵敏度挡、衰减等其他条件。

对于定性分析，检验报告还应包括定性方法、标准物（名称、规格、处理方式和制备步骤等）以及色谱图。

对于定量分析，则要包括定量方法、标准物纯度、校正因子值，检测限等。

此外，分析记录报告还包括测试过程中出现的现象、存在问题和注意事项，计算公式、定量结果及其精密度和准确度、合格标准、结果判定和签名（试验人、复核人）等内容，以及讨论和说明，结论、现象、问题、注意事项等。

拓展任务

1. 工业用甲醇中乙醇的定性分析，并设计气相色谱分析原始记录表格。
2. 判断全脂奶粉中是否含有植物油，并设计气相色谱分析原始记录表格。
3. 水性涂料中水分含量的测定。
4. 对液化石油气进行组成分析。

知识应用与技能训练

一、填空题

1. 利用_____定性是色谱定性分析最基本的方法。它反映了各组分在两相间的分配情况，由色谱过程的_____因素所控制。

2. 色谱定量分析中，使用归一化法的前提条件是_____。

3. 在标准曲线的线性范围内，进样量越大，峰面积越_____，峰高_____，半峰宽_____。

4. 内标法的优点是对进样量的要求_____。

5. 内标物应与待测组分的性质_____，出峰位置应与待测组分的出峰位置_____，产生的色谱峰面积不应与待测组分_____。

二、选择题

1. 为了测定某组分的保留指数，气相色谱法一般采用的基准物是（　　）。

　　A. 苯　　　　　　B. 正庚烷　　　　　C. 正构烷烃　　　　　D. 正丁烷和丁二烯

2. 气相色谱中，可用来进行定性的色谱参数是（　　）。

　　A. 峰面积　　　　B. 峰高　　　　　　C. 保留值　　　　　　D. 半峰宽

3. 影响组分调整保留时间的主要因素有（　　）。

　　A. 固定液性质　　B. 柱温　　　　　　C. 柱长　　　　　　　D. 载气流速

4. 在气相色谱中，影响相对校正因子的因素有（　　）。

　　A. 柱温　　　　　B. 载气种类　　　　C. 标准物　　　　　　D. 固定液性质

5. 某试样为纯物质，用归一化法测定的结果却为含量 70%，其最可能的原因是（　　）。

　　A. 计算错误　　　B. 试样分解为多个峰　　C. 固定液流失　　　　D. 检测器损坏

6. 某试样中含有不挥发组分，不能采用以下定量方法（　　　）。

  A. 内标法　　　　　B. 外标法　　　　　C. 内标标准曲线法　　　　　D. 归一化法

三、计算题

1. 使用纯物质苯、甲苯、乙苯和邻二甲苯测定相对峰高校正因子，在一定色谱条件下测定色谱图，各组分的峰如下。

项目	苯	甲苯	乙苯	邻二甲苯
m/g	0.5967	0.5478	0.6120	0.6680
h/mm	180.1	84.4	45.2	49.0

求各组分的峰高校正因子。

2. 一试样含甲酸、乙酸、丙酸和其他物质。称取试样 1.132g，以环己酮为内标，称取环己酮 0.2038g 加入试样中混合，进样 $2.00\mu L$，得色谱数据如下。

项目	甲酸	乙酸	丙酸	环己酮
f'	0.261	0.562	0.938	1.00
A	10.5	69.3	30.4	128

✿ 实验任务指导书

一、祛斑霜中氢醌和苯酚的测定

1. 实验任务

选择某品牌的祛斑霜，以乙醇提取其中的氢醌和苯酚，用气相色谱法分析，以保留时间定性，判断祛斑霜中是否含有氢醌和苯酚；以峰面积或峰高进行定量分析，测定祛斑霜中氢醌和苯酚的含量（参照化妆品卫生规范 2007 版）。

2. 主要仪器与用具

（1）电子天平，精确到 0.1mg，1 台。

（2）气相色谱仪（配色谱工作站或数据处理机），1 台，色谱参考条件如下。

检测器：FID。

色谱柱：硬质玻璃柱，内径 3mm，长 2m。

载体：Chromosorb WAW DMCS 60～80 目；固定液：10% SE-30。

气体流速：载气为 N_2，30mL/min；H_2，50mL/min；Air，500mL/min。

柱温：220℃；汽化温度：280℃；检测温度：250℃。

（3）$10\mu L$ 微量进样器

（4）50mL 烧杯，4 个；100mL 容量瓶，14 个；5mL 移液管，2 根；10mL 具塞比色管，1 个。

3. 主要试剂

（1）乙醇：$\phi=99.9\%$。

（2）氢醌标准溶液：$\rho=4g/L$。准确称取色谱纯氢醌 0.400g 于烧杯中，用少量乙醇溶解后移至 100mL 容量瓶中，用乙醇稀释至刻度。此标准溶液可稳定 1 个月。

（3）苯酚标准溶液：$\rho=2g/L$。准确称取色谱纯苯酚 0.200g 于烧杯中，用少量乙醇溶解后移至 100mL 容量瓶中，用乙醇稀释至刻度。此标准溶液可稳定 1 个月。

4. 操作规程

（1）样品制备　称取样品约 1.0g 于 10mL 具塞比色管中，用乙醇溶解，超声振荡 1min，用乙醇稀释至刻度，静止后取上清液备用。

（2）定性　用 $10\mu L$ 微量注射器准确取 $0.5\mu L$ 氢醌标准液注入氢相色谱仪中，迅速同时按下工作站数据采集器上的采集开关和色谱仪操作面板下【开始】键，待氢醌组分全部流出后，点击工作站中的停止进样图标，此时系统停止进样，并对谱图进行处理，到氢醌标样的色谱图。同样操作得到苯酚标样的色谱图。分别记录氢醌和苯酚的保留时间。

准确吸取样品溶液 $2\mu L$ 注入色谱仪中，采集并进行数据处理，得到样品的色谱图。将样品色谱图与氢醌和苯酚标样的色谱图进行比对，如果样品色谱图中有色谱峰与氢醌或苯酚标样的保留时间吻合，则可初步判断样品中含有氢醌或苯酚。

（3）定量

① 标准曲线绘制　用 5mL 移液管分别准确移取 4g/L 的氢醌标准溶液 0mL、1.50mL、2.00mL、2.50mL、3.00mL 于 10mL 容量瓶中，用无水乙醇定容至刻度，配制成分别为 0g/L、0.60g/L、0.80g/L、1.00g/L 和 1.20g/L 的氢醌标准系列。

用 5mL 移液管分别准确移取 2g/L 的苯酚标准溶液 0mL、0.50mL、1.00mL、2.00mL、3.00mL、4.00mL、5.00mL 于 10mL 容量瓶中，用无水乙醇定容至刻度，配制成分别为 0g/L、0.10g/L、0.20g/L、0.40g/L、0.60g/L、0.80g/L 和 1.00g/L 的苯酚标准系列。

用 $10\mu L$ 微量进样器分别准确取氢醌和苯酚标准系列 $2.0\mu L$ 注入色谱仪。以氢醌或苯酚含量（g/L）为横坐标，峰高或峰面积为纵坐标绘制标准曲线。

② 样品测定　用微量进样器准确吸取 $2.0\mu L$ 样品溶液，注入色谱仪。每个样品重复测定 3 次，量取峰高或峰面积计算平均值。

5. 数据记录及处理

祛斑霜样品中氢醌或苯酚含量计算

$$w_{氢醌或苯酚}=\frac{\rho\times V\times 100}{m} \tag{5-28}$$

式中，w（氢醌或苯酚）为样品中氢醌或苯酚的质量分数，$\mu g/g$；ρ 为从校准曲线上查出的待测溶液中氢醌、苯酚的质量浓度，g／L；V 为祛斑霜样品定容体积，mL；m 为祛斑霜样品取样量，g。

6. 相关原理

苯酚主要用于工业生产酚醛树脂、双酚 A 等，氢醌主要用作照相的显影剂。由于苯酚和氢醌具有美白作用，但对皮肤具有一定毒性，长期接触皮肤可引起白血病或心脏病等。我国《化妆品卫生规范》规定：苯酚和氢醌在祛斑类化妆品中为禁用物质，但可以染发剂和香波中限量使用，染发剂中氢醌限量为 2%，香波中酚限量为 1%。对于以上色谱参考条件，苯酚的检出限为 $0.03\mu g$，氢醌为 $0.05\mu g$。如取 1g 样品测定，可以检出苯酚浓度为 $150\mu g/g$，氢醌为 $250\mu g/g$。

二、工业用甲醇中乙醇的定性分析

1. 实验任务

测定工业级甲醇的气相色谱图，并通过保留时间定性鉴定是否含有乙醇（参照国标 GB 338—2004）。

2. 主要仪器与用具

（1）气相色谱仪（配色谱工作站或数据处理机），1台，色谱参考条件如下。

检测器：FID。

色谱柱：不锈钢柱，内径3mm，柱长5～6m。

载体：酸洗6201型载体，0.18～0.25mm；固定液：山梨醇。

气体流速：载气为He，30mL/min；H_2，40mL/min；空气，500mL/min。

柱温：100℃；汽化温度：150℃；检测温度：150℃。

（2）微量注射器：10μL，100μL各1支。

3. 主要试剂

（1）乙醇，色谱纯。

（2）甲醇，色谱纯。

（3）山梨醇，分析纯。

（4）酸洗6201型载体，0.18～0.25mm。

4. 操作规程

（1）色谱柱制备　称取30g山梨醇，置于600mL烧杯中，加入300mL甲醇溶解。将烧杯放在水浴上微热，待山梨醇完全溶解后，加入70g酸洗6201型载体，轻微搅拌，待甲醇溶剂蒸发后，放入烘箱中干燥后筛分备用。

将预处理过的色谱柱一端用玻璃纤维和铜丝网塞紧，接真空泵减压抽空，在另一端慢慢加入制备好的固定相，边加边用小木棒轻轻敲打色谱柱，使固定相均匀紧密装入色谱柱内。将填充好的色谱柱与氮气入口连接。通入氮气（15mL/min），慢慢升高至180℃（1h内），老化4～8h直至基线平稳，说明老化处理完毕，可用于测定。老化完毕后在氮气流中逐渐降温，以防止载体结块。

（2）乙醇标样的色谱图测定　用10μL微量注射器准确取0.5μL色谱纯乙醇注入气相色谱仪中，迅速同时按下工作站数据采集器上的采集开关和色谱仪操作面板下【开始】键，待乙醇组分全部流出后，点击工作站中的停止进样图标，此时系统停止进样，并对谱图进行处理，到乙醇标样的色谱图。

同样操作得到色谱纯甲醇标样的色谱图。

将色谱纯甲醇和乙醇混匀，两者的体积比应和样品（工业用甲醇）中的比例接近。准确吸取0.5μL混合液注入色谱仪中，采集并进行数据处理，得到标样混合物的色谱图，记录两组分的保留时间。

（3）样品（工业用甲醇）的色谱图测定　准确吸取1μL样品注入色谱仪中，采集并进行数据处理，得到工业用甲醇的色谱。

5. 数据记录及处理

将样品色谱图与标样混合物色谱图进行对比，如果样品色谱图中有色谱峰的保留时间与标样色谱图中乙醇峰的保留时间一致，说明样品中含有乙醇。

6. 相关原理

工业甲醇可以以煤、焦油、天然气、轻油、重油为原料合成，主要用于化学工业、医药工业、农药行业，也可作为燃料使用。选择适当的气相色谱条件下，可使甲醇中的乙醇等杂质分离开来，通过保留时间进行定性，可使用异丙醇作为内标物进行定量分析。

三、水性涂料中水分含量测定

1. 实验任务

测定市售某品牌的水性涂料的含水量（参照国标GB 18582—2001）。

2. 主要仪器与用具

(1) 气相色谱仪（配色谱工作站或数据处理机），1 台。色谱条件参考如下。

检测器 TCD。

色谱柱外径 3.2mm，柱长 1m 的不锈钢柱；固定相 60～80 目 GDX-104。

气体流速载气 H_2，30mL/min。

柱温 140℃，在异丙醇完全出峰后，柱温升至 170℃时，待 DMF 峰出完后，再将柱温降到 140℃，则可再次进行测试；汽化温度 200℃；检测温度 200℃。

桥电流 150mA。

(2) 微量进样器 1μL。

(3) 具塞玻璃瓶 10mL。

3. 主要试剂

(1) 蒸馏水三级水。

(2) 无水二甲基甲酰胺（DMF）分析纯，经 5A 分子筛脱水。

(3) 无水异丙醇内标物，分析纯，经 5A 分子筛脱水。

4. 操作规程

(1) 测定水的校正因子 $f_{水/异丙醇}$　在同一具塞玻璃瓶中称 0.2g 左右的蒸馏水和 0.2g 左右的异丙醇（分别精确至 0.1mg），加入 2mL DMF，混匀。吸取 1μL 标准混合样注入气相色谱仪中，记录其色谱图。按下式计算水的校正因子 $f_{水/异丙醇}$：

$$f_{水/异丙醇} = \frac{m_{异丙醇} A_水}{m_水 A_{异丙醇}} \tag{5-29}$$

式中，$f_{水/异丙醇}$ 为水对异丙醇的相对质量校正因子；$m_水$ 和 $m_{异丙醇}$ 分别为水和内标物无水异丙醇的称样量；$A_水$ 和 $A_{异丙醇}$ 分别为水和异丙醇的峰面积。

(2) 样品制备　将涂料搅拌均匀后，于 10mL 样品瓶中准确称取 0.6000g 样品和 0.2000g 无水异丙醇，加入 2mL 无水二甲基甲酰胺，密封，剧烈振荡 10min，放置 5min，使其沉淀。以不加涂料的无水异丙醇和无水二甲基甲酰胺的混合液为空白。

(3) 样品分析　吸取 1μL 上清液，注入色谱仪中，记录色谱图和峰面积。

5. 数据记录及处理

按式(5-30)计算涂料中的含水量。

$$w_水 = \frac{(A_水 - A_0) m_{异丙醇} \times 100}{A_{异丙醇} m_{涂料} f_{水/异丙醇}} \tag{5-30}$$

式中，$w_水$ 为涂料中水分的质量分数，%；$f_{水/异丙醇}$ 为水对异丙醇的相对质量校正因子；$m_水$ 和 $m_{异丙醇}$ 分别为水和内标物无水异丙醇的称样量，g；$A_水$、$A_{异丙醇}$ 和 A_0 分别为水、无水异丙醇和空白样水峰的峰面积。

6. 相关原理

根据国家标准，用于室内装修的内墙涂料中挥发性有机物（VOC）含量不大于200g/L，为了控制 VOC 含量，必修准确测定内墙涂料含水量。内墙涂料含水量约 40%，可用气相色谱法测定。于混合均匀的试样中加入适量的内标物，用少许二甲基甲酰胺（DMF）稀释、摇匀后，取上层清液（0.3μL）注入气相色谱仪，样品被载气（H_2）带入色谱柱，在色谱柱中将水与样品中的其他挥发物分离开，用热导池检测器并记录色谱图，用内标法计算试样的含水量。

任务 4 气相色谱仪的维护保养

【知识目标】

（1）熟悉气相色谱仪的日常维护保养方法；

（2）了解气相色谱分析中常见异常情况。

【能力目标】

（1）正常操作和维护气相色谱仪；

（2）能够对色谱分析中出现的异常情况进行判断、分析，并提出解决的方法。

子任务 1 气相色谱仪的日常维护和保养

课堂活动

教师组织学生将前几次使用和操作气相色谱仪的心得体会记录下来，并进行讨论，归纳总结气相色谱仪的使用注意事项，并重点讲解日常维护保养要点。

子任务 2 常见异常问题的处理

课堂活动

教师组织学生将完成工作项目中遇到的各种异常情况记录下来，进行讨论，将异常情况进行讨论，引导学生思考解决的方法。

【任务卡】

任务		方案（答案）或相关数据、现象记录	点评	相应技能	相应知识点	自我评价
子任务 1 气相色谱仪的日常维护和保养	日常维护保养					
	清洗					
	老化					
子任务 2 常见异常情况的处理	判断是否有异常					
	判断异常出现的可能原因					
	提出可能解决异常的方法					
学会的技能						

 **相关知识**

一、气相色谱的日常维护与保养

气相色谱仪是一般实验室常用的仪器，经常用于有机物的定性定量分析，在使用过程中极易被污染可造成仪器部件堵塞，致使仪器不能正常工作。正确的维护和保养仪器不仅能够使仪器始终处于正常工作状态，而且可以增加仪器的使用寿命，保障分析工作的顺利进行。

1. 日常使用和维护气相色谱仪的要求

（1）气相色谱仪应严格地在规定的条件下工作，当某些条件不符合规定时，必须采取相应的措施。

（2）严格按照说明书和操作规程进行规范操作，严禁油污、有机物及其他物质进入检测器及管道，避免造成管道堵塞或气相色谱仪性能恶化。

（3）使用高纯载气、纯净的氢气和压缩空气，尽量不用氧气代替空气。经常检查气源压力，压力过低，气体流量不稳，应及时更换新钢瓶，保证气源压力充足稳定。

（4）仪器开机时必须先通载气，然后才能开机升温，避免损坏色谱柱并污染检测器。仪器关机时必须先关氢气（使用 FID、NPD、FPD 时），待检测器熄火后，再降温，最后才能关断载气。

（5）经常对气路（包括进样垫）进行检漏，确保整个气路系统不漏气。

（6）柱温严禁超过固定液使用允许使用温度，避免色谱柱流失，损坏色谱柱并污染检测器。在进行高灵敏度操作时，柱温应更低。

（7）对新填充的色谱柱，一定要老化充分，避免固定液流失，产生噪声。OV-101、OV-107、OV-225 等试剂级固定液，老化时间不应少于 24h；SE-30、QF-1 等工业级的固定液应纯度低，老化不应少于 48h。

（8）在必要的时候，除色谱柱外还应该对进样器、检测器等进行老化，以避免不必要的所谓故障出现。

（9）保持检测器的清洁畅通，使用 FID、NPD 和 FPD 时，必须待检测器温度超过100℃后才能点火，避免检测器积水。检测器的温度可适当设置高点，并用乙醇、丙酮和专用金属丝经常清洗和疏通。

（10）注射器要经常用溶剂（如丙酮）清洗。试验结束后，立即清洗干净，以免被样品中的高沸点组分污染。

（11）试验结束后，可用适量的溶剂（如丙酮等）冲洗一下柱子和检测器。

2. 日常进样系统维护

经过多次进样后，进样口的硅橡胶垫可能漏气，引起基线波动，结果重现性变差。硅橡胶垫碎屑进入汽化室，高温时会影响基线稳定和形成鬼峰，因此要经常更换密封垫和检查汽化室的气密性。

汽化室和衬管常聚集大量高沸点物质，当分析高沸点物质时会逸出多余的峰，影响分析准确性，因此要常用有机溶剂清洗汽化室和衬管，方法是：卸掉色谱柱，在加热和通气的情况下，由进样口注入无水乙醇或丙酮，反复几次，最后加热通气干燥。

进样器的老化：在载气进入进样器的情况下，将进样器温度设置在 200℃ 以上进行数小时的老化。

3. 日常色谱柱维护

新的色谱柱在使用前要进行老化，老化的最高温度不能超过柱子的最高使用温度。为了安全，老化时不要用氢气作载气！

安装色谱柱要正确安装，装好后要进行检漏。

长期不使用的色谱柱可拆下，两端用螺帽或密封垫封住，包好保存。

色谱仪关机前要先将柱温降低到 50℃ 以下。

4. 日常检测器维护

不同的检测器的操作方法不同，要根据说明书进行规范操作。

TCD 的维护从延长热丝的使用寿命方面进行，应尽量使用高纯气源，若载气中有氧，会造成热丝的永久损伤。TCD 在使用过程中可能会被污染，出现基线抖动和噪声增加，此时应该进行清洗。清洗时拆下色谱柱，换上一根空的短色谱柱，通载气，升高柱温和检测温

表 5-7　气相色谱常见异常情况及处理

异常情况描述	可能原因	检查及处理方法
进样后不出峰	1)放大器电源断开 2)离子线断 3)没有载气流过 4)积分仪/色谱工作站信号线接触不良 5)积分仪/色谱工作站故障 6)进样器温度太低,样品没有汽化 7)微量注射器堵塞 8)进样器硅胶垫漏气 9)色谱柱安装连接不规范 10)FID 未点着火 11)FID 极化电压未接或接触不良	1)检查放大器,保险丝 2)检查离子线 3)检查流路是否阻塞,气源是否完 4)检查积分仪/色谱工作站接线 5)排除积分仪/色谱工作站故障 6)提高进样器温度 7)更换注射器 8)更换进样器硅胶垫 9)重新安装、拧紧色谱柱 10)重新点火 11)接上极化电压,排除接触不良
保留时间正常但灵敏度下降	1)衰减太大 2)没有足够的样品量 3)样品进样过程中损耗 4)注射器漏或堵 5)载气漏气 6)氢气和空气流量选择不当 7)FID 极化电压不正常	1)减少衰减值,增加量程范围 2)增加进样量 3)保证样品全部进入系统 4)更换注射器 5)检漏并排除漏气 6)调整氢气和空气流量 7)检查并排除极化电压故障
拖尾峰	1)进样温度太低 2)进样器汽化管污染或进样垫残留 3)进样技术太差 4)色谱柱温度太低 5)色谱柱选择不当	1)重新调节进样器温度 2)清洗进样器或清除进样垫的残留 3)升高色谱柱温度 4)改进进样技术 5)选择适当的色谱柱
前沿峰	1)进样量过大,色谱柱过载 2)样品凝聚在系统中	1)降低样品量 2)升高温度老化系统
色谱峰分离不好	1)色谱柱温太高 2)色谱柱长度不足 3)载气流速太高 4)色谱柱选择不当	1)降低柱温 2)选择较长的色谱柱 3)降低载气流速 4)选择适当的色谱柱
平顶峰	1)放大器饱和 2)积分仪/色谱工作站故障	1)降低进样量或降低放大器灵敏度 2)排除积分仪/色谱工作站故障
只有溶剂峰	1)注射器漏或堵 2)载气流速太低 3)进样量太低 4)柱温过高 5)柱不能从溶剂峰中解析出组分 6)载气泄漏 7)样品被柱或进样器衬套吸附	1)更换注射器 2)提高载气流速 3)提高灵敏度或加大进样量 4)降低柱温 5)更换适当的色谱柱 6)检漏,并处理泄漏 7)更换衬套
假峰	1)色谱柱被样品污染 2)注射器污染 3)进样量过大 4)进样技术差,进样太慢	1)更换衬管。如不能解决问题,就从柱进口端去掉 1~2 圈,再重新安装 2)清洗注射器 3)减少进样量 4)加快进样速度
基线不规则波动	1)仪器接地不好 2)检测器污染 3)气流量选择不当 4)放大器有问题	1)改善接地 2)清洗检测器 3)选择合适的气流量 4)检查放大器
基线噪声大	1)色谱柱污染 2)气体不纯 3)接地不良 4)检测器污染 5)检测器电缆接触不良	1)更换色谱柱 2)净化气体使达到要求 3)改善接地 4)清洗检测器 5)更换或修复电缆
基线单方向漂移	1)载气压力不足 2)系统漏气	1)更换气瓶 2)检漏,并处理泄漏

度至 200～250℃，从进样口注入 2mL 有机溶剂，重复数次，通气至干燥。在清洗时要注意，不能通电桥电流，否则会损坏检测器。

使用 FID 时，H_2 燃烧生成水，所以 FID 的检测温度不能低于 100℃。长期使用 FID 可能会造成喷嘴堵塞，此时应清洗喷嘴。方法如下：拆下 FID 外罩，取下电极和绝缘垫圈，用丙酮或乙醇清洗外罩、电极和绝缘垫圈等，然后烘干。若污染严重，可以先经超声波清洗后再用清水淋洗，然后用乙醇清先并烘干。如果是柱固定液流失污染检测器，应先用能溶解固定液的溶剂进行溶解后再按上述方法进行清洗。

检测器的一般老化方法：在载气通入检测器的情况下，将温度设置在此 200℃ 以上进行数小时的老化。

5. 日常净化器的活化

为保证净化效果，净化管中的 5A 分子筛和活性碳要定期（三个月到半年一次）进行更换或活化。活化时将 5A 分子筛和活性碳从净化管中倒出，置于烘箱内进行烘烤活化，活化温度为 260 ℃，活化时间为 24h。

二、气相色谱分析常见异常情况及处理

气相色谱仪由于结构复杂、条件设置多、恢复准备时间长等原因，在使用过程中经常会出现各种异常情况。如果不针对病因进行维护，会导致严重的后果。表 5-7 为气相色谱仪在使用中易发生的异常情况及其处理方法。

项目六   高效液相色谱法

工作项目   利用高效液相色谱法对祛斑霜中苯甲酸、山梨酸等 11 种防腐剂进行定性和定量分析。

拓展项目   利用高效液相色谱法对婴幼儿奶粉中的三聚氰胺进行检测。

任务1   认识液相色谱实训室和高效液相色谱仪的操作

【知识目标】

(1) 熟悉高效液相色谱仪对环境的要求；

(2) 掌握高效液相色谱法的基本流程、特点、用途等；

(3) 熟悉液相色谱仪的基本构造；

(4) 掌握高效液相色谱仪的操作及性能检查的方法。

【能力目标】

(1) 能熟练对液相色谱仪进行操作及性能检查；

(2) 能对仪器进行保养和简单的维护。

子任务1   认识高效液相实验室

课堂活动

1. 教师先提出以下问题：气相色谱法适合分析哪些样品？有何局限性？

根据学生的讨论和回答结果，教师进行归纳总结，让学生了解、认识高效液相色谱法。

2. 教师带领学生参观相关实训室或观看相关视频，引导学生观察实训室的环境布局、相关仪器的摆放以及实验室的相关管理制度。教师提出以下问题：

(1) 实训室的基本装备（含仪器设备、辅助设备等）；

(2) 实训室的水、电设施；

(3) 实训室的通风设施、实训室的温度控制；

(4) 实训台；

(5) 实训室的安全防护设施（如容器的密封、卫生急救箱等）；

(6) 如何设置实训室适宜的环境条件。

并引导学生根据"5S管理"的内涵对实训室进行整理，并请学生对现有的实训室管理规范进行讨论并提出自己的观点。培养学生遵守规章制度的良好习惯以及严谨的工作态度。

子任务2   高效液相色谱仪的操作

课堂活动

教师采用现场演示或相关视频、图片相结合方法进行讲解。教师首先展示液相色谱仪操作的整个过程，并引导学生总结液相色谱法的分析流程。然后根据实验室的实际情况，安排学生分组知识应用与技能训练。在此过程中对仪器各组成部分的作用进行介绍。(结合相关知识点)，期间教师提出以下问题。

(1) 高效液相色谱法和气相色谱法有什么区别和联系？

(2) GC 和 HPLC 的仪器构造、有何不同？

要求学生归纳总结出高效液相色谱法和气相色谱法的区别和联系，并能够熟练的操作仪器。

子任务 3　对高效液相色谱仪进行性能检查和日常维护保养

1. 教师首先提出问题：为什么要对仪器进行校验？

2. 学生以小组为单位根据所学的仪器的相关知识讨论高效液相色谱仪校验哪些项目。

3. 结合学生讨论确定校验项目，并要求学生按照仪器说明书要求对相关项目进行校验(结合相关知识部分的知识点)。

【任务卡】

任 务		方案(答案)或相关数据、现象记录	点评	相应技能	相应知识点	自我评价
子任务 1　认识气相色谱实训室	认知实验室的环境布局					
	根据"5S"管理的内涵整理实训室					
	归纳高效液相色谱实训室的管理制度					
	高效液相色谱仪对实训室环境的要求					
子任务 2　认识和操作高效液相色谱仪	高效液相色谱仪的主要部件及其作用					
	高效液相色谱仪的分析流程					
	高效液相色谱法和气相色谱法有什么区别和联系					
学会的技能						

相关知识

一、认识高效液相色谱法

在所有色谱技术中，液相色谱法（LC）是最早（1903 年）发明的，但其初期发展比较慢，在液相色谱普及之前，纸色谱法、气相色谱法和薄层色谱法是色谱分析法的主流。到了20 世纪 60 年代后期，将已经发展得比较成熟的气相色谱的理论与技术应用到液相色谱上来，使液相色谱得到了迅速的发展。特别是填料制备技术、检测技术和高压输液泵性能的不断改进，使液相色谱分析实现了高效化和高速化。具有这些优良性能的液相色谱仪于 1969年商品化。从此，这种分离效率高、分析速度快的液相色谱就被称为高效液相色谱法（HPLC），HPLC 还可称为高压液相色谱、高效液相色谱、高分离度液相色谱或现代液相色谱，与经典液相（柱）色谱法比较，HPLC 能在短的分析时间内获得高柱效和高分离度能力，具体比较见表 6-1。

表 6-1　高效液相色谱法与经典液相（柱）色谱法的比较

项　　目	高效液相色谱法	经典液相（柱）色谱法
色谱柱：柱长/cm	$10\sim25$	$10\sim200$
柱内径/mm	$2\sim10$	$10\sim50$
固定相粒度：粒径/μm	$5\sim50$	$75\sim600$
筛孔/目	$2500\sim300$	$200\sim30$
色谱柱入口压力/MPa	$2\sim20$	$0.001\sim0.1$
色谱柱柱效/（理论塔板数/m）	$2\times10^2\sim5\times10^4$	$2\sim50$
进样量/g	$10^{-6}\sim10^{-2}$	$1\sim10$
分析时间/h	$0.05\sim1.0$	$1\sim20$

通过项目五的学习我们已经知道气相色谱是一种良好的分离分析技术，可以对占全部有机物约 20% 的具有较低沸点且加热不易分解的样品进行分离且分离效果良好。但是，对沸点高、相对分子质量大、受热易分解的有机化合物、生物活性物质以及多种天然产物（它们约占全部有机物的 80%），气相色谱法却无能为力，而用液相色谱法则可达到分离分析的目的。

高效液相色谱法只要求样品能制成溶液，不受样品挥发性的限制，流动相可选择的范围宽，固定相的种类繁多，因而可以分离热不稳定和非挥发性的、离解的和非离解的以及各种相对分子质量范围的物质。与试样预处理技术相配合，HPLC 所达到的高分辨率和高灵敏度，可以分离和同时测定性质上十分相近的物质。随着固定相的发展，有可能实现在充分保持生化物质活性的条件下完成其分离。HPLC 被广泛应用到生物化学、食品分析、医药研究、环境分析、无机分析等各种领域。

同其他分离技术相比较，HPLC 方法的主要特点如下。

（1）高压　液相色谱法以液体为流动相（称为载液），液体流经色谱柱，受到阻力较大，为了迅速地通过色谱柱，必须对载液施加高压。一般可达 $(150\sim350)\times10^5$ Pa。

（2）高速　流动相在柱内的流速较经典色谱快得多，一般可达 $1\sim10$ mL/min。高效液相色谱法所需的分析时间较之经典液相色谱法少得多，一般少于 1h。

（3）高效　近来研究出许多新型固定相，使分离效率大大提高。

（4）高灵敏度　高效液相色谱已广泛采用高灵敏度的检测器，进一步提高了分析的灵敏度。如荧光检测器灵敏度可达 10^{-11} g。另外，用样量小，一般为几个微升。

（5）适应范围宽　气相色谱法与高效液相色谱法的区别可归纳如下（表 6-2）。

对于高沸点、热稳定性差、相对分子质量大（大于 400 以上）的有机物（这些物质几乎占有机物总数的 75%～80%）原则上都可应用高效液相色谱法来进行分离、分析。据统计，在已知化合物中，能用气相色谱分析的约占 20%，而能用液相色谱分析的约占 70%～80%。

二、高效液相色谱仪

高效液相色谱仪是实现液相色谱分析的仪器设备，自 1967 年问世以来，由于使用了高压输液泵、全多孔微粒填充柱和高灵敏度检测器，实现了对样品的高速、高效和高灵敏度的分离测定。20 世纪 70～80 年代，高效液相色谱仪获得快速发展，由于吸取了气相色谱仪的研制经验，并引入微处理技术，极大地提高了仪器的自动化水平和分析精度。

表 6-2　高效液相色谱法与气相色谱法的比较

项　目	高效液相色谱法	气相色谱法
进样方式	样品制成溶液	样品需要热汽化或裂解
流动相	(1)液体流动相可为离子型、极性、弱极性、非极性溶液,可与被分析样品产生相互作用,并能改善分离的选择性;(2)液体流动相动力黏度为 $10^{-3}\,Pa\cdot s$,输送流动相压力高达 $2\sim20MPa$	(1)气体流动相为惰性气体,不与被分析的样品发生相互作用;(2)气体流动相动力黏度为 10^{-5} $Pa\cdot s$,输送流动相压力仅为 $0.1\sim0.5MPa$
固定相	(1)分离机理:可依据吸附、分配、筛析、离子交换、亲和等多种原理进行样品分离,可供选用的固定相种类繁多;(2)色谱柱:固定相粒度大小为 $5\sim10\mu m$;填充柱内径为 $3\sim6mm$,柱长 $10\sim25cm$,柱效为 $10^{3}\sim10^{4}$;毛细管柱内径为 $0.01\sim0.03mm$,柱长 $5\sim10m$,柱效为 $10^{4}\sim10^{5}$;柱温为常温	(1)分离机理:可依据吸附、分配两种原理进行样品分离,可供选用的固定相种类繁多;(2)色谱柱:固定相粒度大小为 $0.1\sim0.5\mu m$;填充柱内径为 $1\sim4mm$,柱效为 $10^{2}\sim10^{3}$;毛细管柱内径为 $0.1\sim0.3mm$,柱长 $10\sim100m$,柱效为 $10^{3}\sim10^{4}$,柱温为常温
检测器	通用性检测器:ELSD,RID 选择性检测器:UVD、PDAD、FD、ECD	通用性检测器:TCD,FID 选择性检测器:ECD、FPD、NPD
应用范围	可分析低相对分子质量、低沸点样品;高沸点、中相对分子质量、高相对分子质量有机化合物(包括非极性、极性);离子型无机化合物;热不稳定,具有生物活性的生物分子	可分析低相对分子质量、低沸点有机化合物;永久性气体;配合程序升温可分析高沸点有机化合物;配合裂解技术可分析高聚物
仪器组成	溶质在液相的扩散系数($10^{-5}\,cm^2/s$)很小,因此在色谱柱以外的死空间应尽量小,以减少柱外效应对分离效果的影响	溶质在气相的扩散系数($0.1cm^2/s$)大,柱外效应的影响较小,对毛细管气相色谱应尽量减小柱外效应对分离效果的影响

注: UVD—紫外吸收检测器; PDAD—光电二极管阵列检测器; FD—荧光检测器; ECD—电化学检测器; RID—折光指数检测器; ELSD—蒸发激光散射检测器; TCD—热导池检测器; FID—火焰离子化检测器; ECD—电子捕获检测器; FPD—火焰光度检测器; NPD—氮磷检测器。

1. 高效液相色谱法分析流程

输液泵将流动相以稳定的流速（或压力）输送至分析体系，在色谱柱之前通过进样器将样品导入，流动相将样品带入色谱柱，在色谱柱中各组分因在固定相中的分配系数或吸附力大小的不同而被分离，并依次随流动相流至检测器，检测到的信号送至数据系统记录、处理或保存，如图 6-1 所示。

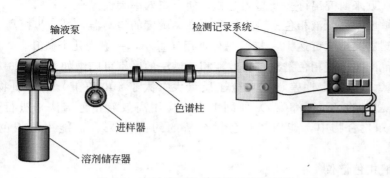

输液泵　　检测记录系统　　色谱柱　　进样器　　溶剂储存器

图 6-1　高效液相色谱的分析流程示意

2. 仪器构造及日常维护保养

高效液相色谱仪主要有进样系统、输液系统、分离系统、检测系统和数据处理系统，图 6-2 是普通配置的带有预柱的 HPLC 的结构。

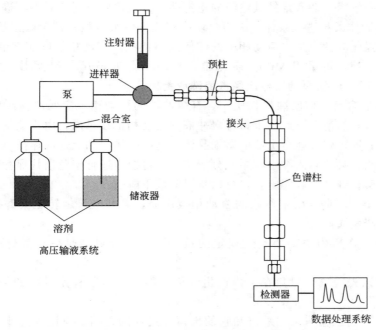

图 6-2　普通配制的带有预柱的 HPLC 的结构

（1）**高压输液系统**　高压输液系统一般包括储液器、高压输液泵、过滤器、梯度洗脱装置等。

① **储液器**　储液器主要用来提供足够数量的符合要求的流动相以完成分析工作，对于储液器的要求是：

a. 必须有足够的容积，以备重复分析时保证供液；

b. 脱气方便；

c. 能耐一定的压力；

d. 所选用的材质对所使用的溶剂都是惰性的。

储液器一般是以不锈钢、玻璃、聚四氟乙烯或特种塑料聚醚醚酮（PEEK）衬里为材料，容积一般为 0.5～2L 为宜。

所有溶剂在放入储液罐之前必须经过 $0.45\mu m$ 滤膜过滤，除去溶剂中的机械杂质，以防输液管道或进样阀产生阻塞现象。

所有溶剂在使用前必须脱气。因为色谱柱是带压力操作的，而检测器是在常压下工作。若流动相中所含有的空气不除去，则流动相通过柱子时其中的气泡受到压力而压缩，流出柱子后到检测器时因常压而将气泡释放出来，造成检测器噪声增大，基线不稳，仪器不能正常工作，这在梯度洗脱时尤其突出。

② **高压输液泵**　输液泵是 HPLC 系统中最重要的部件之一。泵的性能好坏直接影响到整个系统的质量和分析结果的可靠性。输液泵应具备如下性能：a. 流量稳定，其 RSD 应小于 0.5%，这对定性定量的准确性至关重要；b. 流量范围宽，分析型应在 0.1～10mL/min 范围内连续可调，制备型应能达到 100mL/min；c. 输出压力高，一般应能达到 150～300kg/cm²；d. 液缸容积小；e. 密封性能好，耐腐蚀。

目前高效液相色谱仪普遍采用的是往复式恒流泵，特别是双柱塞型往复泵。恒压泵在高效液相色谱仪发展初期使用较多，现在主要用于液相色谱柱的制备。

　　为了延长泵的使用寿命和维持其输液的稳定性，必须按照下列注意事项进行操作。

　　a. 防止任何固体微粒进入泵体，因为尘埃或其他任何杂质微粒都会磨损柱塞、密封环、缸体和单向阀，因此应预先除去流动相中的任何固体微粒。流动相最好在玻璃容器内蒸馏，而常用的方法是过滤，可采用 Millipore 滤膜（$0.2\mu m$ 或 $0.45\mu m$）等滤器。泵的入口都应连接砂滤棒（或片）。输液泵的滤器应经常清洗或更换。

　　b. 流动相不应含有任何腐蚀性物质，含有缓冲液的流动相不应保留在泵内，尤其是在停泵过夜或更长时间的情况下。如果将含缓冲液的流动相留在泵内，由于蒸发或泄漏，甚至只是由于溶液的静置，就可能析出盐的微细晶体，这些晶体将和上述固体微粒一样损坏密封环和柱塞等。因此，必须泵入纯水将泵充分清洗后，再换成适合于色谱柱保存和有利于泵维护的溶剂（对于反相键合硅胶固定相，可以是甲醇或甲醇-水）。

　　c. 泵工作时要留心防止溶剂瓶内的流动相被用完，否则空泵运转也会磨损柱塞、缸体或密封环，最终产生漏液。

　　d. 输液泵的工作压力决不要超过规定的最高压力，否则会使高压密封环变形，产生漏液。

　　e. 流动相应该先脱气，以免在泵内产生气泡，影响流量的稳定性，如果有大量气泡，泵就无法正常工作。

　　③ 过滤器　在高压输液泵的进口和它的出口与进样阀之间，应设置过滤器。高压输液泵的活塞和进样阀阀芯的机械加工精密度非常高，微小的机械杂质进入流动相，会导致上述部件的损坏；同时机械杂质在柱头的积累，会造成柱压升高，使色谱柱不能正常工作。因此管道过滤器的安装是十分必要的。

　　过滤器的滤芯是用不锈钢烧结材料制造的，孔径为 $2\sim3\mu m$，耐有机溶剂的侵蚀。若发现过滤器堵塞（发生流量减小的现象），可将其浸入稀 HNO_3 溶液中，在超声波清洗器中用超声波振荡 $10\sim15min$，即可将堵塞的固体杂质洗出。若清洗后仍不能达到要求，则应更换滤芯。

　　④ 梯度洗脱装置　HPLC 有等强度和梯度洗脱两种方式。等度洗脱是在同一分析周期内流动相组成保持恒定，适合于组分数目较少，性质差别不大的样品。

　　在进行多组分的复杂样品的分离时，经常会碰到一些问题，如前面的一些组分分离不完全，而后面的一些组分分离度太大，且出峰很晚或峰型较差。为了使保留值相差很大的多种组分在合理的时间内全部洗脱并达到相互分离，往往要用到梯度洗脱技术。梯度洗脱是在一个分析周期内程序控制流动相的组成，如溶剂的极性、离子强度和 pH 值等，用于分析组分数目多、性质差异较大的复杂样品。采用梯度洗脱可以缩短分析时间，提高分离度，改善峰形，提高检测灵敏度，但是常常引起基线漂移和降低重现性。

　　在进行梯度洗脱时，由于多种溶剂混合，而且组成不断变化，因此带来一些特殊问题，必须充分重视以下问题。

　　a. 要注意溶剂的互溶性，不相混溶的溶剂不能用作梯度洗脱的流动相。有些溶剂在一定比例内混溶，超出范围后就不互溶，使用时更要引起注意。当有机溶剂和缓冲液混合时，还可能析出盐的晶体，尤其使用磷酸盐时需特别小心。

　　b. 梯度洗脱所用的溶剂纯度要求更高，以保证良好的重现性。进行样品分析前必须进行空白梯度洗脱，以辨认溶剂杂质峰，因为弱溶剂中的杂质富集在色谱柱头后会被强溶剂洗脱下来。用于梯度洗脱的溶剂需彻底脱气，以防止混合时产生气泡。

　　c. 混合溶剂的黏度常随组成而变化，因而在梯度洗脱时常出现压力的变化。例如甲醇和水黏度都较小，当两者以相近比例混合时黏度增大很多，此时的柱压大约是甲醇或水为流动相时的 2 倍。因此要注意防止梯度洗脱过程中压力超过输液泵或色谱柱能承受的最大压力。

　　d. 每次梯度洗脱之后必须对色谱柱进行再生处理，使其恢复到初始状态。需让 10～30 倍柱容积的初始流动相流经色谱柱，使固定相与初始流动相达到完全平衡。

　　(2) 进样系统　　进样器是将样品溶液准确送入色谱柱的装置，要求密封性好，死体积小，重复性好，进样引起色谱分离系统的压力和流量波动要很小。常用的进样器有以下两种。

　　① 六通阀进样器　　现在液相色谱仪所采用的手动进样器几乎都是耐高压、重复性好和操作方便的阀进样器。六通阀进样器是最常用的，进样体积由定量管确定，常规高效液相色谱仪中通常使用的是 $10\mu L$ 和 $20\mu L$ 体积的定量管。六通阀进样器的结构如图 6-3 所示。

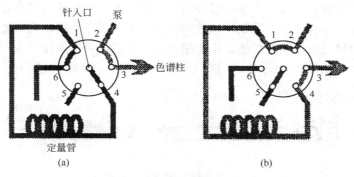

图 6-3　六通阀进样器原理示意图

　　六通阀进样器是高效液相色谱系统中最理想的进样器，它是由圆形密封垫（转子）和固定底座（定子）组成。美国 Rheodyne 公司的六通阀进样器最为通用，各大 HPLC 仪器制造商均以此产品作为仪器的进样器。其工作原理如下。

　　操作时先将阀柄置于图 6-3(a) 所示的取样位置，这时进样口只与定量管接通，处于常压状态。用平头微量注射器（体积应约为定量管体积的 4～5 倍）注入样品溶液，样品溶液停留在定量管中，多余的样品溶液从 6 处溢出。将进样器阀柄顺时针转动 60° 至图 6-3(b) 所示的进样位置时，流动相与定量管接通，样品被流动相带到色谱柱中进行分离分析。

　　虽然六通阀进样器具有结构简单、使用方便、寿命长、日常无需维修等特点，但正确的使用和维护将能增加使用寿命，保护周边设备，同时增加分析准确度。如使用得当的话，六通阀进样器一般可连续进样 3 万次而无需维修。

　　六通阀使用和维护注意事项：样品溶液进样前必须用 $0.45\mu m$ 滤膜过滤，以减少微粒对进样阀的磨损；转动阀芯时不能太慢，更不能停留在中间位置，否则流动相受阻，使泵内压力剧增，甚至超过泵的最大压力，再转到进样位时，过高的压力将使柱头损坏；为防止缓冲盐和样品残留在进样阀中，每次分析结束后应冲洗进样阀。通常可用水冲洗，或先用能溶解样品的溶剂冲洗，再用水冲洗。

　　② 自动进样器　　自动进样器是由计算机自动控制定量阀，按预先编制的注射样品操作程序进行工作。取样、进样、复位、样品管路清洗和样品盘的转动，全部按预定程序自动进

行，一次可进行几十个或上百个样品的分析。

自动进样器的进样量可连续调节，进样重复性高，适合于大量样品的分析，节省人力，可实现自动化操作。但此装置一次性投资很高，目前在国内尚未得到广泛应用。

（3）色谱柱　色谱是一种分离分析手段，分离是核心，因此担负分离作用的色谱柱是色谱系统的心脏。对色谱柱的要求是柱效高、选择性好，分析速度快等。市售的用于 HPLC 的各种微粒填料如多孔硅胶以及以硅胶为基质的键合相、氧化铝、有机聚合物微球（包括离子交换树脂）、多孔碳等，其粒度一般为 $3\mu m$、$5\mu m$、$7\mu m$、$10\mu m$ 等，柱效理论值可达 $5000 \sim 16000$ 块/m。对于一般的分析只需 5000 塔板数的柱效；对于同系物分析，只要 500 即可；对于较难分离物质对则可采用高达 2 万的柱子，因此一般 $10 \sim 30cm$ 左右的柱长就能满足复杂混合物分析的需要。

① 柱的构造　色谱柱由柱管、压帽、卡套（密封环）、筛板（滤片）、接头、螺丝等组成，其结构如图 6-4 所示。柱管多用不锈钢制成，压力不高于 $70kg/cm^2$（7MPa）时，也可采用厚壁玻璃或石英管，管内壁要求有很高的光洁度。为提高柱效，减小管壁效应，不锈钢柱内壁多经过抛光。也有人在不锈钢柱内壁涂覆氟塑料以提高内壁的光洁度，其效果与抛光相同。还有使用熔融硅或玻璃衬里的，用于细管柱。色谱柱两端的柱接头内装有筛板，是烧结不锈钢或钛合金，孔径 $0.2 \sim 20\mu m$，取决于填料粒度，目的是防止填料漏出。

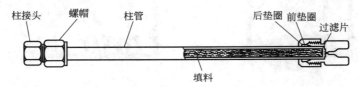

图 6-4　色谱柱的结构示意图

此外，色谱柱在装填料之前是没有方向性的，但填充完毕的色谱柱是有方向的，即流动相的方向应与柱的填充方向（装柱时填充液的流向）一致。色谱柱的管外都以箭头显著地标示了该柱的使用方向（而不像气相色谱那样，色谱柱两头标明接检测器或进样器），安装和更换色谱柱时一定要使流动相能按箭头所指方向流动。

② 色谱柱的类型　色谱柱按用途可分为分析型和制备型两类，尺寸规格也不同：a. 常规分析柱（常量柱），内径 $2 \sim 5mm$（常用 $4.6mm$，国内有 $4mm$ 和 $5mm$），柱长 $10 \sim 30cm$；b. 窄径柱（narrow bore，又称细管径柱、半微柱），内径 $1 \sim 2mm$，柱长 $10 \sim 20cm$；c. 毛细管柱（又称微柱 microcolumn），内径 $0.2 \sim 0.5mm$；d. 半制备柱，内径大于 $5mm$；e. 实验室制备柱，内径 $20 \sim 40mm$，柱长 $10 \sim 30cm$；f. 生产制备柱内径可达几十厘米。柱内径一般是根据柱长、填料粒径和折合流速来确定，目的是为了避免管壁效应。

③ 柱的填充和性能评价　色谱柱的性能除了与固定相性能有关外，还与填充技术有关。在正常条件下，填料粒度大于 $20\mu m$ 时，干法填充制备柱较为合适；颗粒小于 $20\mu m$ 时，湿法填充较为理想。填充方法一般有 4 种：高压匀浆法，多用于分析柱和小规模制备柱的填充；径向加压法，Waters 专利；轴向加压法，主要用于装填大直径柱；干法，柱填充的技术性很强，大多数实验室使用已填充好的商品柱。

一支色谱柱的好坏要用一定的指标来进行评价。无论是自己装填的还是购买的色谱柱，使用前都要对其性能进行考察，使用期间或放置一段时间后也要重新检查。一份合格的色谱柱评价报告应给出柱的基本参数，如柱长、内径、填料的种类、粒度、色谱柱的柱效、不对称度和柱压降等。表 6-3 列出了评价各种液相色谱柱的样品及操作条件。

表 6-3　评价各种液相色谱柱的样品及操作条件

色谱柱	样品	流动相(体积比)	进样量/μg	检测器
烷基键合相柱	苯、萘、联苯、菲	甲醇-水(83:17)	10	UV254nm
	苯、萘、联苯、菲			
苯基键合相柱	三苯甲醇、苯乙醇、苯甲醇	甲醇-水(57:43)	10	UV254nm
氰基键合相柱	苯、萘、联苯、菲	正庚烷-异丙醇(93:7)	10	UV254nm
氨基键合相柱(极性固定相)	核糖、鼠李糖、木糖、果糖、	正庚烷-异丙醇(93:7)	10	UV254nm
	葡萄糖			
氨基键合相(弱阴离子交换剂)	阿司匹林、咖啡因、非那西汀	水-乙腈(98.5:1.5)	10	示差折光
SO_3H 键合相柱(强阳离子交换剂)	尿苷、胞苷、脱氧胸腺苷、	0.05mol/L 甲酸胺-乙醇(90:10)	10	UV254nm
	腺苷、脱氧腺苷			
R_4NCl 键合相柱(强阴离子交换剂)	苯、萘、联苯、菲	0.1mol/L 硼酸盐溶液(加 KCl)	10	UV254nm
硅胶柱		正己烷	10	UV254nm

④ 柱的使用和维护注意事项　色谱柱的正确使用和维护十分重要，稍有不慎就会降低柱效、缩短使用寿命甚至损坏。在色谱操作过程中，需要注意下列问题，以维护色谱柱。

a. 避免压力和温度的急剧变化及任何机械震动。温度的突然变化或者使色谱柱从高处掉下都会影响柱内的填充状况；柱压的突然升高或降低也会冲动柱内填料，因此在调节流速时应该缓慢进行，在阀进样时阀的转动不能过缓（如前所述）。

b. 应逐渐改变溶剂的组成，特别是反相色谱中，不应直接从有机溶剂改变为全部是水，反之亦然。

c. 一般说来色谱柱不能反冲，只有生产者指明该柱可以反冲时，才可以反冲除去留在柱头的杂质。否则反冲会迅速降低柱效。

d. 选择使用适宜的流动相（尤其是 pH 的范围），以避免固定相被破坏。有时可以在进样器前面连接一预柱，分析柱是键合硅胶时，预柱为硅胶，可使流动相在进入分析柱之前预先被硅胶"饱和"，避免分析柱中的硅胶基质被溶解。

e. 避免将基质复杂的样品尤其是生物样品直接注入柱内，需要对样品进行预处理或者在进样器和色谱柱之间连接一保护柱。保护柱一般是填有相似固定相的短柱。保护柱可以换并且应该经常更换。

f. 经常用强溶剂冲洗色谱柱，清除保留在柱内的杂质。在进行清洗时，对流路系统中流动相的置换应以相混溶的溶剂逐渐过渡，每种流动相的体积应是柱体积的 20 倍左右，即常规分析需要 50～75mL。

g. 保存色谱柱时应将柱内充满乙腈或甲醇，柱接头要拧紧，防止溶剂挥发干燥。绝对禁止将缓冲溶液留在柱内静置过夜或更长时间。

h. 色谱柱使用过程中，如果压力升高，一种可能是烧结滤片被堵塞，这时应更换滤片或将其取出进行清洗；另一种可能是大分子进入柱内，使柱头被污染；如果柱效降低或色谱峰变形，则可能柱头出现塌陷，死体积增大。

通常色谱柱寿命在正确使用时可达 2 年以上。以硅胶为基质的填料，只能在 pH 为 2～9 范围内使用。柱子使用一段时间后，可能有一些吸附作用强的物质保留于柱顶，特别是一些有色物质更易看清被吸着在柱顶的填料上。新的色谱柱在使用一段时间后柱顶填料可能塌陷，使柱效下降，这时也可补加填料使柱效恢复。

每次工作完后，最好用洗脱能力强的洗脱液冲洗。当采用盐缓冲溶液作流动相时，使用完后应用无盐流动相冲洗。含卤族元素（氟、氯、溴）的化合物可能会腐蚀不锈钢管道，不宜长期与之接触。装在 HPLC 仪上柱子如不经常使用，应每隔 4～5 天开机冲洗 15min。

（4）检测系统　检测器是 HPLC 仪的三大关键部件之一。HPLC 检测器是用于连续监测被色谱系统分离后的柱流出物组成和含量变化的装置。其作用是把洗脱液中组分的量转变为电信号。HPLC 的检测器要求灵敏度高、噪声低（即对温度、流量等外界变化不敏感）、线性范围宽、重复性好和适用范围广。

① 分类

a. 按原理可分为光学检测器（如紫外、荧光、示差折光、蒸发光散射）、热学检测器（如吸附热）、电化学检测器（如极谱、库仑、安培）、电学检测器（电导、介电常数、压电石英频率）、放射性检测器（闪烁计数、电子捕获、氦离子化）以及氢火焰离子化检测器。

b. 按测量性质可分为通用型和专属型（又称选择性）。通用型检测器测量的是一般物质均具有的性质，它对溶剂和溶质组分均有反应，如示差折光、蒸发光散射检测器。通用型的灵敏度一般比专属型的低。专属型检测器只能检测某些组分的某一性质，如紫外、荧光检测器，它们只对有紫外吸收或荧光发射的组分有响应。

c. 按检测方式分为浓度型和质量型。浓度型检测器的响应与流动相中组分的浓度有关，质量型检测器的响应与单位时间内通过检测器的组分的量有关。

d. 检测器还可分为破坏样品和不破坏样品的两种。

② 性能指标　常见检测器的性能指标见表 6-4。

表 6-4　检测器性能指标

性　　能	检　测　器			
	可变波长紫外吸收	折射率（示差折光）	荧光	电导
测量参数	吸光度（AU）	折射率（RIU）	荧光强度（AU）	电导率
池体积/μL	1～10	3～10	3～20	1～3
类型	选择型	通用型	选择型	选择型
线性范围	10^5	10^4	10^3	10^4
最小检出浓度/(g/mL)	10^{-10}	10^{-7}	10^{-11}	10^{-3}
最小检出量	约 1ng	约 1μg	约 1pg	约 1mg
噪声（测量参数）	10^{-4}	10^{-7}	10^{-3}	10^{-3}
用于梯度洗脱	可以	不可以	可以	不可以
对流量敏感性	不敏感	敏感	不敏感	敏感
对温度敏感性	低	10^{-4}℃	低	2%/℃

③ 几种常见的检测器　用于液相色谱的检测器大约有三四十种。以下简单介绍目前在液相色谱中使用比较广泛的紫外-可见光检测器、折光指数检测器、荧光检测器以及近年来出现的蒸发激光射检测器。

a. 紫外检测器　UV 检测器是 HPLC 中应用最广泛的检测器，当检测波长范围包括可见光时，又称为紫外-可见检测器。它灵敏度高，噪声低，线性范围宽，对流速和温度均不敏感，可用于制备色谱，还能用于梯度淋洗。一般的液相色谱仪都配置有 UV-VIS 检测器。

紫外检测器使用于大部分常见具有紫外吸收有机物质和部分无机物质。紫外检测器对占物质总数约 80% 的有紫外吸收的物质均可检测，既可测 190～350nm 范围的光吸收变化，也可向可见光范围 350～700nm 延伸。

为得到高的灵敏度，常选择被测物质能产生最大吸收的波长作检测波长，但为了选择性或其他目的也可适当牺牲灵敏度而选择吸收稍弱的波长，另外，应尽可能选择在检测波长下没有背景吸收的流动相，即流动相的截止波长应小于检测波长。

紫外检测器的工作原理是 Lambert-Beer 定律，即当一束单色光透过流动池时，若流动相不吸收光，则吸收度 A 与吸光组分的浓度 c 和流动池的光径长度 L 成正比。其基本构造与一般的紫外-可见分光光度计是相同的。

二极管阵列检测器（diode-array detector，DAD）：以光电二极管阵列（或 CCD 阵列，硅靶摄像管等）作为检测元件的 UV-VIS 检测器（图 6-5）。它可构成多通道并行工作，同时检测由光栅分光，再入射到阵列式接受器上的全部波长的信号，然后，对二极管阵列快速扫描采集数据，得到的是时间、光强度和波长的三维谱图。与普通 UV-VIS 检测器不同的是，普通 UV-VIS 检测器是先用单色器分光，只让特定波长的光进入流动池。而二极管阵列 UV-VIS 检测器是先让所有波长的光都通过流动池，然后通过一系列分光技术，使所有波长的光在接受器上被检测。

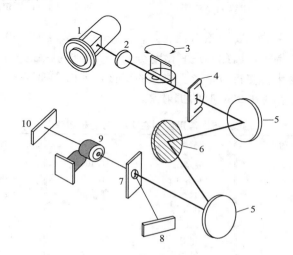

图 6-5 紫外可见光检测器光学系统

1—光源；2—聚光透镜；3—滤光片；4—入口狭缝；5—平面反射镜；
6—光栅；7—光分束器；8—参比光电二极管；
9—流通池；10—样品光电二极管

图 6-6 是单光束二极管阵列检测器的光路图。光源发出的光先通过检测池，透射光由全息光栅色散成多色光，射到阵列元件上，使所有波长的光在接收器上同时被检测。阵列式接收器上的光信号用电子学的方法快速扫描提取出来，每幅图像仅需要 10ms，远远超过色谱流出峰的速度，因此可随峰扫描。

光电二极管阵列检测器在实际应用中可以同时检测出多个波长的色谱图，如图 6-7，宽谱带检测并计算不同波长的相对吸光度，所以一次进样就能将所有样品组分信息检测出来，得到的三维立体谱图可直观、形象地显示组分的分离情况及各组分的紫外-可见吸收光谱。由于每个组分都有全波段的光谱吸收图，因此可以利用色谱保留值规律及光谱特征吸收曲线综合进行定性定量分析。

b. 折光指数检测器 折光指数检测器又称示差折射仪，是通过测定流动相折射率的改变来检测其中所含有的溶质。我们知道任何溶质溶于一种溶剂后，只要该溶质与溶剂的折射率不一样，就能使溶剂的折射率发生变化。这种折射率的改变与溶剂中该溶质的浓度成正比。因此通过测定洗脱液折射率的改变，就可以对洗脱液中的溶质进行测定。这种检测器几乎使用于任何一种溶质，故称为万用检测器。

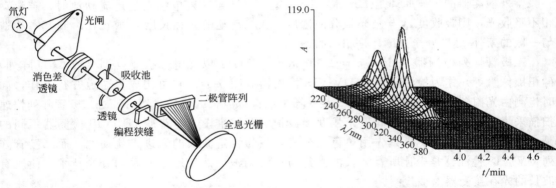

图 6-6 单光束二极管阵列检测器的光路图   图 6-7 PAD 测定菲的色谱光谱图

限制示差检测器应用的主要因素有两个，一是它的灵敏度低，检测下限为 10^{-7} g/mL，比以上两种检测器都低得多，因此不适宜微量分析；二是折射率的变化受温度影响较大，更重要的是溶剂组成的变化会使折射率产生很大的变化，因而在梯度洗脱时无法使用。

表 6-5 列出了常用溶剂在 20℃时的折射率。

表 6-5 常用溶剂在 20℃时的折射率

溶剂	折射率	溶剂	折射率	溶剂	折射率
水	1.333	异辛烷	1.404	乙醚	1.353
乙醇	1.362	甲基异丁酮	1.394	甲醇	1.329
丙酮	1.358	氯代丙烷	1.389	乙酸	1.329
四氢呋喃	1.404	甲乙酮	1.381	苯胺	1.586
乙烯乙二醇	1.427	苯	1.501	氯代苯	1.525
四氯化碳	1.463	甲苯	1.496	二甲苯	1.500
氯仿	1.446	己烷	1.375	二乙胺	1.387
乙酸乙酯	1.370	环己烷	1.462	溴乙烷	1.424
乙腈	1.344	庚烷	1.388		

c. 荧光检测器（FD） 许多化合物，如芳香族化合物、有机胺、维生素、激素、酶等被入射的光照射后，能吸收一定波长的光，使原子中的某些电子从基态中的最低振动能级跃迁到较高电子能态的某些振动能级，之后，由于电子在分子中的碰撞，消耗一定的能量而下降到第一电子激发态的最低振动能级，再跃迁回到基态中的某些不同振动能级，同时发射出比原来所吸收的光频率较低、波长较长的光，即荧光，被这些物质吸收的光称为激发光（λ_{ex}）。荧光的强度与入射光强度、样品浓度成正比。荧光检测器是通过测量化合物的荧光强度进行检测的液相色谱检测器。

荧光检测器由激发光源、激发光单色器、样品池、发射光单色器和检测发光强度的光电检测器组成，图 6-8 是一种双光路固定波长荧光检测器示意。

因为不是所有化合物在选择的条件下都能发生荧光，所以荧光检测器不属于通用型检测器。与紫外-可见光检测器相比应用范围较窄。荧光检测器是最灵敏的液相色谱检测器，特别适用于痕量分析，最小检测量可达 10^{-13} g，其良好的选择性可以避免不发荧光的成分的干扰，成为荧光检测的独特优点只要流动相不发射荧光，荧光检测器就能适用于梯度洗脱。现在荧光检测器主要应用于药物生化分析、环境及生物科学等领域并起着不可替代的作用。

d. 蒸发光散射检测器 蒸发光散射检测器（ELSD）是 20 世纪 90 年代出现的最新型

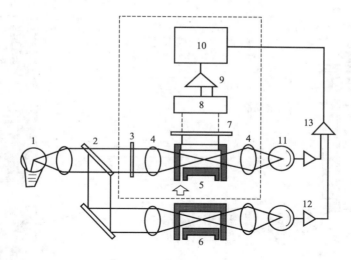

图 6-8　荧光检测器示意

1—中压汞灯光源；2—10％反射棱镜；3—激发光滤光片；4—透镜；5—测量池；
6—参比池；7—发射光滤光片；8—光电倍增管；9—放大器；10—记录仪；
11—光电管；12—对数放大器；13—线性放大器

的通用检测器，蒸发光散射检测器的出现为没有紫外吸收的样品的样品组分的检测提供了新的手段。ELSD 最大的优越性在于能检测不含发色团的化合物，如碳水化合物、脂类、聚合物、未衍生脂肪酸和氨基酸、表面活性剂、药物，尤其对于一些较难分析的样品，如磷脂、皂苷、生物碱、甾族化合物等无紫外吸收或紫外末端吸收的化合物更具有其他 HPLC 检测器无法比拟的优越性。并在没有标准品和化合物结构参数未知的情况下检测未知化合物，且灵敏度要高于低波长紫外检测器和折光指数检测器，检测限可低至 10^{-10} g。

ELSD 一般都是由三部分组成，即雾化器、加热漂移管和光散射池，如图 6-9 所示。雾化器与色谱柱出口直接相连，柱洗脱液进入雾化器针管，在针的末端，洗脱液和充入的气体（通常为氮气）混合形成均匀的微小液滴，可通过调节气体和流动相的流速来调节雾化器产生的液滴的大小。漂移管的作用在于使气溶胶中的易挥发组分挥发，流动相中的不挥发成分经过漂移管进入光散射池。在光散池中，样品颗粒散射光源发出的光经检测器检测产生光电信号。

④ 检测器的日常维护保养　检测器的类型众多，下面以在高效液相色谱系统使用最为常用的紫外-可见光检测器为例说明其日常维护，其他类型检测器的日常维护可查阅相关仪器的使用说明书。

a. 检测池的清洗　将检测池中的零件（压环、密封垫、池玻璃、池板）拆出，并对它们进行清洗，一般先用硝酸溶液（1＋4）进行超声波清洗，然后再分别用纯水和甲醇溶液清洗，接着重新组装（注意，密封垫、池玻璃一定要改正，以免压碎池玻璃，造成检测池泄漏）并将检测池池体推入池腔内，拧紧固定螺杆。

b. 更换氘灯

关机，拔掉电源线（注意：不可带电操作！），打开机壳，待氘灯冷却后，用十字螺丝刀将氘灯的三条连线从固定架上取下（记住红线的位置），将固定灯的两个螺丝从灯座上取下，轻轻将旧灯拉出。

戴上手套，用酒精擦去新灯上灰尘及油渍，将新灯轻轻放入灯座（红线位置与旧灯一

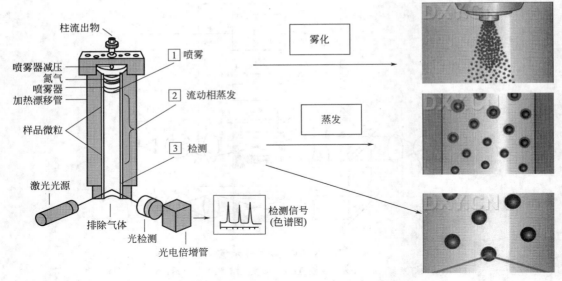

图 6-9　蒸发激光散射检测器检测原理示意图

致），将固定灯的两个螺丝拧紧，将三条连线拧紧在固定架上。

检查灯线是否连接正确，是否与固定架上引线连接（红-红相接），合上机壳。

c. 更换钨灯

关机，拔掉电源线（注意，不可带电操作！），打开机壳。

从钨灯端拔掉灯连线，旋松钨灯固定压帽，将旧灯从灯座上取下。

将新灯轻轻插入灯座（操作时要戴上干净手套，以免手上汗渍沾污钨灯石英玻璃壳；若灯已被沾污，应使用乙醇清洗并用擦镜纸擦净后再安装），拧紧压帽，灯连线插入灯连接点（注意：带红色套管的引线为高压线，切不可接错，否则极易烧毁钨灯！），合上机壳。

（5）馏分收集器　如果所进行的色谱分离不是为了纯粹的色谱分析，而是为了做其他波谱鉴定，或获取少量试验样品的小型制备，馏分收集是必要的。

现代的馏分收集器，可以按样品分离后组分流出的先后次序，或按时间、或按色谱峰的起止信号，根据预先设定好的程序，自动完成收集工作。如图 6-10 所示是馏分收集器的结构流程示意。

（6）色谱工作站　高效液相色谱的分析结果除可用记录仪绘制谱图外，现已广泛使用色谱数据处理机和色谱工作站来记录和处理色谱分析的数据。下面简单地介绍一下色谱工作站的特点。

色谱工作站多采用 16 位或 32 位微型计算机，如 HP1100 高效液相色谱仪配备的色谱工作站，要求计算机的最低配置为：CPU P Ⅲ 450，内存 64MB，3.0～6.4GB 的硬盘及打印机，其主要功能如下。

① 自行诊断功能　可对色谱仪的工作状态进行自我诊断，并能用模拟图形显示诊断结果，可帮助色谱工作者及

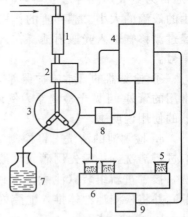

图 6-10　馏分收集器

1—色谱柱；2—检测器；3—切换阀；
4—程序控制器；5—收集试管；6—试
管放置盘；7—冲洗液回收瓶；
8，9—电动机

时判断仪器故障并予以排除。

② 全部操作参数控制功能 色谱仪的操作参数，如柱温、流动相流量、梯度洗脱程序、检测器灵敏度、最大吸收波长、自动进样器的操作程序、分析工作日程等，全部可以预先设定，并实现自动控制。

③ 智能化数据处理和谱图处理功能 可由色谱分析获得色谱图，打印出各个色谱峰的保留时间、峰面积、峰高、半峰宽，并可按归一化法、内标法、外标法等进行数据处理，打印出分析结果。谱图处理功能包括谱图的放大、缩小。峰的合并、删除、多重峰的叠加等。

④ 进行计量认证的功能 工作站储存有色谱仪器性能进行计量认证的专用程序，可对色谱柱控温精度、流动相流量精度、氘灯和氙灯的光强度及使用时间、检测器噪声等进行监测、并可判定是否符合计量认证标准。

此外，该工作站还具有控制多台仪器的自动化操作功能、网络运行功能，还可运行多种色谱分离优化软件、多维色谱系统操作参数控制软件等，详细情况可参阅相关色谱工作站使用说明书。

色谱工作站的出现，不仅大大提高了色谱分析的速度，也为色谱分析工作者进行理论研究、开拓新型分析方法创造了有利的条件。

(7) 高效液相色谱仪对实验室的要求

① 环境 干燥、清洁、防潮、防尘，建议配置空调。

② 电源 电压稳定，配有地线，至少 5 个插孔以上的多功能插座需 2 个，建议配置 UPS 电源 (1000W 以上)。

③ 实验台 按一般实验室要求。

④ 试剂 甲醇、乙腈等为色谱纯或 HPLC 级，其他试剂为分析纯，水为蒸馏水或双蒸水，最好为超纯水。

3. 常用高效液相色谱仪的操作

目前常见的 HPLC 仪生产厂家国外有 Waters 公司、Agilent 公司（原 HP 公司）、岛津公司等，国内有大连依利特公司、上海分析仪器厂、北京分析仪器厂等。常见的 HPLC 仪器型号有大连依利特公司的 P200 型、浙江温岭福立公司的 FL-2200 型、美国惠普公司的 HP1100 与 HP1200 系列、美国 PE 公司的 200 系列、美国瓦里安公司的 Pro Star 型、美国 Waaters 公司的 1500 系列与 Acquity UPLC 系列、日本岛津公司的 LC-10A 与 LC-2010 HT 等，品种齐全、种类繁多，使用者可根据需要选购合适的仪器型号。

HPLC 仪器的型号虽然繁多，但实际操作步骤却几乎都是一致的。因此，下面以美国 Agilent 1200 HPLC 高效液相色谱为例，说明其使用方法。

(1) Agilent 1200 HPLC Agilent 1200 HPLC 高效液相色谱仪的基本情况如下。

流速范围：$0.001 \sim 5.0 \text{mL/min}$，$0.001 \text{mL/min}$ 步进；压力范围：$0 \sim 40 \text{MPa}$ [$0 \sim 400 \text{bar}(1 \text{bar} = 10^5 \text{Pa})$，$0 \sim 5880 \text{psi}$]；梯度组成精密度：大于 0.15% SD(1mL/min)。

可测项目：可用于痕量分析，其检测限为 ppb～ppm 级。

样品要求：样品一般需预处理。

其主要操作规程如下。

① 开机

a. 将待测样品按要求前处理，准备 HPLC 所需流动相，检查线路是否连接完好、废液瓶是否够用等。

b. 开机。打开电脑、HPLC 各组件电源、打开软件。打开 1200 LC 各模块电源。待各模块自检完成后，双击"仪器 1 联机"图标，或（点击屏幕左下角的"开始"，选择"程序"，选择"Agilent Chemstation"，选择"仪器 1 联机"）化学工作站自动与 1200LC 通信。

c. 打开工作界面，按操作要求赶流动相气泡。〔排气：打开"Purge"阀，点击"Pump"图标，点击"Setup pump"选项，进入泵编辑画面，设 Flow：3～5mL/min，点击"OK"。点击"Pump"图标，点击"Pump control"选项，选中"On"，点击"OK"，则系统开始 Purge，直到管线内（由溶剂瓶到泵入口）无气泡为止，切换通道（A-B-C）继续 Purge，直到所有要用通道无气泡为止。点击"Pump"图标，点击"Pump Control"选项，选中"Off"，点击"Ok"关泵，关闭 Purge valve。点击"Pump"图标，点击"Setup-pump"选项，设 Flow：1.5mL/min。〕

d. 配置仪器（配置 1200 系统模块，根据需要配置）

e. 建立平衡柱子分析方法，保存并运行。

② 编辑方法及样品分析

a. 方法信息　从"Method"菜单中选择"Edit entire method"项，如上图所示选中除"Data analysis"外的三项，点击"Ok"，进入下一个画面。在"Method Comments"中写入方法的信息。点击"Ok"进入下一个画面。

b. 自动进样器参数设定　选择合适的进样方式，"Standard Injection"——只能输入进样体积，此方式无洗针功能。"Injection with Needle Wash"——可以输入进样体积和洗瓶位置，此方式针从样品瓶抽完样品后，会在洗瓶中洗针。"Use injector program"——可以点击"Edit"键进行进样程序编辑。点击"Ok"进入下一画面。

c. 泵参数设定　（以四元泵为例）在"Flow"处输入流量，如 1.5mL/min，在"SolventB"处输入 70，（A=100-B-C-D），也可 Insert 一行"Timetable"，编辑梯度。在"Pressure Limits Max"处输入柱子的最大耐高压，以保护柱子。点击"Ok"进入下一画面。

d. 柱温箱参数设定　在"Temperature"下面的空白方框内输入所需温度，并选中它。

e. DAD 检测器参数设定　检测波长：一般选择最大吸收处的波长。样品带宽 BW：一般选择最大吸收值一半处的整个宽度。参比波长：一般选择在靠近样品信号的无吸收或低吸收区域。参比带宽 BW：至少要与样品信号的带宽相等，许多情况下用 100nm 作为缺省值。Peak width（Response time）：其值尽可能接近要测的窄峰峰宽。Slit-狭缝窄，光谱分辨率高；宽时，噪声低。同时可以输入采集光谱方式，步长，范围，阈值。选中所用的灯。

f. FLD 检测器参数设定　Excitation A：激发波长：200～700nm，步长为 1nm，或 Zero Order。Emission：发射波长：280～900nm，步长为 1nm，或 Zero Order。同时可以输入范围 Range、步长 step、采集光谱。

g. 运行序列　新建序列，在序列参数中输入样品信息，在序列表中输入样品位置、方法等，运行该序列，等仪器显示 ready，可运行样品。

③ 数据分析

a. 从"View"菜单中，点击"Data analysis"进入数据分析画面。

b. 从"File"菜单选择"Load signal"，选中您的数据文件名，则数据被调出。

c. 从"Integration"菜单中选择"Integration Events"选项，如下图所示。选择合适的"Slope sensitivity"，"Peak width"，"Area reject"，"Height reject"。

d. 从"Integration"菜单中选择"Integrate"选项，则数据被积分。

e. 如积分结果不理想，则修改相应的积分参数，直到满意为止。

④ 关机

a. 关机前，先关灯，用相应的溶剂充分冲洗系统。

b. 退出化学工作站，依提示关泵，及其他窗口，关闭计算机（用 shut down）。

c. 关闭 Agilent 1200 各模块电源开关。

（2）岛津 LC-10AT 型高效液相色谱仪　主要由以下部件构成：2 个 LC-10ATvp 溶剂输送泵（分主/A 泵和副/B 泵）、Rheodyne 7725i 手动进样阀、SPD-10Avp 紫外-可见检测器、N2000 色谱数据工作站和电脑等组成，另外还包括打印机、不间断电源等辅助设备。主要操作规程如下。

① 准备　准备所需的流动相，用合适的 $0.45\mu m$ 滤膜过滤，超声脱气 20min。

根据待检样品的需要更换合适的洗脱柱（注意方向）和定量环。

配制样品和标准溶液（也可在平衡系统时配制），用合适的 $0.45\mu m$ 滤膜过滤。

检查仪器各部件的电源线、数据线和输液管道是否连接正常。

② 开机　接通电源，依次开启不间断电源、B 泵、A 泵、检测器，待泵和检测器自检结束后，打开打印机、电脑显示器、主机，最后打开色谱工作站。

③ 参数设定

a. 波长设定：在检测器显示初始屏幕时，按［func］键，用数字键输入所需波长值，按［Enter］键确认。按［CE］键退出到初始屏幕。

b. 流速设定：在 A 泵显示初始屏幕时，按［func］键，用数字键输入所需的流速（柱在线时流速一般不超过 1mL/min），按［Enter］键确认。按［CE］键退出。

c. 流动相比例设定：在 A 泵显示初始屏幕时，按［conc］键，用数字键输入流动相 B 的浓度百分数，按［Enter］键确认。按［CE］键退出。

d. 梯度设定　在 A 泵显示初始屏幕时，按［edit］键，［Enter］键；用数字键输入时间，按［Enter］键，重复按［func］键选择所需功能（FLOW 设定流速，BCNC 设定流动相 B 的浓度），按［Enter］键，用数字键输入设定值，按［Enter］键；重复上一步设定其他时间步骤；用数字键输入停止时间，重复按［func］键直至屏幕显示 STOP，按［Enter］键。按［CE］键退出。

④ 更换流动相并排气泡

a. 将 A/B 管路的吸滤器放入装有准备好的流动相的储液瓶中；

b. 逆时针转动 A/B 泵的排液阀 180°，打开排液阀；

c. 按 A/B 泵的［purge］键，pump 指示灯亮，泵大约以 9.9mL/min 的流速冲洗，3min（可设定）后自动停止；

d. 将排液阀顺时针旋转到底，关闭排液阀。

e. 如管路中仍有气泡，则重复以上操作直至气泡排尽。

f. 如按以上方法不能排尽气泡，从柱入口处拆下连接管，放入废液瓶中，设流速为 5mL/min，按［pump］键，冲洗 3min 后再按［pump］键停泵，重新接上柱并将流速重设为规定值。

⑤ 平衡系统

a. 按《N2000 色谱数据工作站操作规程》打开"在线色谱工作站"软件，输入实验信息并设定各项方法参数后，按下"数据收集"页的［查看基线］按钮。

b. 等度洗脱方式　按 A 泵的［pump］键，A、B 泵将同时启动，pump 指示灯亮。用检验方法规定的流动相冲洗系统，一般最少需 6 倍柱体积的流动相。

检查各管路连接处是否漏液，如漏液应予以排除。

观察泵控制屏幕上的压力值，压力波动应不超过 1MPa。如超过则可初步判断为柱前管路仍有气泡，按"④更换流动相并排气泡"下第 6 条操作。

观察基线变化。如果冲洗至基线漂移小于 0.01mV/min，噪声为小于 0.001mV 时，可认为系统已达到平衡状态，可以进样。

c. 梯度洗脱方式　以检验方法规定的梯度初始条件，按"b. 等度洗脱方式"项下方法平衡系统。

在进样前运行 1～2 次空白梯度。方法：按 A 泵的［run］键，prog. run 指示灯亮，梯度程序运行；程序停止时，prog. run 指示灯灭。

⑥ 进样　进样前按检测器［zero］键调零，按软件中［零点校正］按钮校正基线零点，再按一下［查看基线］按钮使其弹起。

用试样溶液清洗注射器，并排除气泡后抽取适量。

4. 高效液相色谱仪常见故障的排除

高效液相色谱仪在运行过程中出现故障，其现象是多种多样的，这里只描述基本故障的症状，及排除时所要采取的措施（更详细的内容请参考相关资料和文献）。如果以下方法不能解决问题，请与产品公司或相关代理商联系。

（1）高压输液泵　高压输液泵是高效液相色谱仪的重要组成部件，也是液相色谱系统最容易出现故障的部件。表 6-6 列出了高压输液泵的常见故障及对应处理方法。

（2）检测器　检测器也是液相色谱系统容易出现故障的部件。表 6-7 列出了检测器的常见故障及对应处理方法。

表 6-6　高压输液泵常见故障及处理方法

故障现象	故障原因	排除方法
1. 输液不稳，压力波动较大	(1)泵头内有气泡 (2)原溶液仍留在泵腔内 (3)气泡存于溶液过滤头的管路中 (4)单向阀不正常 (5)柱塞杆或密封圈漏液 (6)管路漏液 (7)管路阻塞	(1)通过放空阀排出气泡或用注射器通过放空阀抽出气泡 (2)加大流速并通过放空阀彻底更换旧溶剂 (3)振动过滤头以排除气泡；若过滤头有污物，用超声波清洗；若超声波清洗无效，更换过滤头；流动相脱气 (4)清洗或更换单向阀 (5)更换柱塞杆密封圈，更换损坏部件 (6)上紧漏液处螺丝，更换失效部分 (7)清洗或更换管路
2. 泵运行，但无溶剂输出	(1)泵腔内有气泡 (2)气泡从输液入口进入泵头 (3)泵头中有空气 (4)单向阀方向颠倒 (5)单向阀阀球阀座粘连或损坏 (6)溶剂储液器已空	(1)通过放空阀冲出气泡；用注射器通过放空阀抽气泡 (2)上紧泵头入口压帽 (3)在泵头中灌注流动相，打开放空阀并在最大流量下开泵，直到没有气泡出现 (4)按正确方向安装单向阀 (5)清洗或更换单向阀 (6)灌满储液器
3. 压力不上升	(1)放空阀未关紧 (2)管路漏液 (3)密封圈处漏液	(1)旋紧放空阀 (2)上紧漏液处螺丝；更换失效部分 (3)清洗或更换密封圈
4. 压力上升过高	(1)管路阻塞 (2)管路内径太小 (3)在线过滤器阻塞 (4)色谱柱阻塞	(1)找出阻塞部分并处理 (2)换上合适内径管路 (3)清洗或更换在线过滤器的不锈钢筛板 (4)更换色谱柱

故 障 现 象	故 障 原 因	排 除 方 法
5. 运行中停泵	(1)压力超过高压限定 (2)停电	重新设定最高限压,或更换色谱柱,或更换合适内径管路
6. 泵没有压力	(1)两泵头均有气泡 (2)进样阀泄漏 (3)泵连续管路漏	(1)打开放空阀,让泵在高流速下运行,排除气泡 (2)检查排除 (3)用扳手上紧接头或换上新的密封刃环
7. 柱压太高	(1)柱头被杂质堵塞 (2)柱前过滤器堵塞 (3)在线过滤器堵塞	(1)拆开柱头,清洗柱头过滤片,如杂质颗粒已进入柱床堆积,应小心翼翼地挖去沉积物和已被污染的填料,然后用相同的填料填平,切勿使柱头留下空隙;另一方法是在柱前加过滤器 (2)清洗柱前过滤器,清洗后如压力还高可更换上新的滤片,对溶剂和样品溶液的过滤 (3)清洗或更换在线过滤器
8. 泵不吸液	(1)泵头内有气泡聚集 (2)入口单向阀堵塞 (3)出口单向阀堵塞 (4)单向阀方向颠倒	(1)排除气泡 (2)检查更换 (3)检查或更换 (4)按正确方向安装单向阀
9. 开泵后有柱压,但没有流动相从检测器中流出	(1)系统中严重漏液 (2)流路堵塞 (3)柱入口端被微粒堵塞	(1)修理进样阀或泵与检测器之间的管路和紧固体 (2)清除进样器口,进样阀或柱与检测器之间的连接毛细管或检测池的微粒 (3)清洗或更换柱入口过滤片;需要的话另换一根柱子;过滤所有样品和溶剂

表 6-7　检测器的常见故障及对应处理方法

故 障 现 象	故 障 原 因	排 除 方 法
1. 基线噪声	(1)检测池窗口污染 (2)样品池中有气泡 (3)检测器或数据采集系统接地不良 (4)检测器光源故障 (5)液体泄漏 (6)很小的气泡通过检测池 (7)有微粒通过检测池	(1)用 $1mol/L$ 的 HNO_3、水和新溶剂冲洗检测池;卸下检测池,拆开清洗或更换池窗石英片 (2)突然加大流量赶出气泡;在检测池出口端加背压(0.2~0.3MPa)或连一个 $0.3mm\times(1\sim2m)$ 的不锈钢管,以增大池内压 (3)拆去原来的接地线,重新连接 (4)检查氘灯或钨灯设定状态;检查灯使用时间、灯能量、开启次数;更换氘灯或钨灯 (5)拧紧或更换连接件 (6)流动相仔细脱气;加大检测池的背压;系统测漏 (7)清洗检测池;检查色谱柱出口筛板
2. 基线漂移	(1)检测池窗口污染 (2)色谱柱污染或固定相流失 (3)检测器温度变化 (4)检测器光源故障 (5)原先的流动相没有完全除去 (6)溶剂储液器污染 (7)强吸附组分从色谱柱中洗脱	(1)用 $1mol/L$ 的 HNO_3、水和新溶剂冲洗检测池;卸下检测池,拆开清洗或更换池窗石英片 (2)再生或更换色谱柱;使用保护柱 (3)系统恒温 (4)更换氘灯或钨灯 (5)用新流动相彻底冲洗系统置换溶剂,或采用兼容溶剂置换 (6)清洗储液器,用新流动相平衡系统 (7)在下一次分离之前用强洗脱能力的溶剂冲洗色谱柱;使用溶剂梯度
3. 负峰	(1)检测器输出信号的极性不对 (2)进样故障 (3)使用的流动相不纯	(1)颠倒检测器输出信号接线 (2)使用进样阀,确认在进样期间样品环中没有气泡 (3)使用色谱纯的流动相或对溶剂进行提纯
4. 基线随着泵的往复出现噪声	仪器处于强空气中或流动相脉动	改变仪器放置,放在合适的环境中;用一个调节阀或阻尼器以减少泵的脉动
5. 随着泵的往复出现尖刺	检测池中有气泡	卸下检测池的入口管与色谱柱的接头,用注射器将甲醇从出口管端推进,以除去气泡

（3）色谱峰峰型异常　在进行分析测定时，由于操作不当或其他一些原因往往导致色谱峰峰型异常，表 6-8 列出了典型异常色谱峰的原因及排除方法。

表 6-8　典型异常色谱峰的原因及排除方法

故障现象	故障原因	排除方法
保留时间变化	（1）柱温变化 （2）等度与梯度间未能充分平衡 （3）缓冲液容量不够 （4）柱污染 （5）柱内条件变化 （6）柱快达到寿命	（1）柱恒温 （2）至少用 10 倍柱体积的流动相平衡柱 （3）用大于 25mmol/L 的缓冲液 （4）每天冲洗柱 （5）稳定进样条件,调节流动相 （6）用保护柱
保留时间缩短	（1）流速增加 （2）样品超载 （3）键合相流失 （4）流动相组成变化	（1）采检查泵,重新设定流速 （2）降低样品量 （3）流动相 pH 值保持在 3～7.5 检查柱的方向 （4）防止流动相蒸发或沉淀
保留时间延长	（1）流速下降 （2）硅胶柱上活性点变化 （3）键合相流失 （4）流动相组成变化 （5）温度降低	（1）管路泄漏,更换泵密封圈,排除泵内气泡 （2）用流动相改剂,如加三乙胺,或采用碱至钝化柱 （3）流动相 pH 值保持在 3～7.5 检查柱的方向 （4）防止流动相蒸发或沉淀 （5）柱恒温
出现肩峰或分叉	（1）样品体积过大 （2）样品溶剂过强 （3）柱塌陷或形成短路通道 （4）柱内烧结不锈钢失效 （5）进样器损坏	（1）用流动相配样,总的样品体积小于第一峰的 15% （2）采用较弱的样品溶剂 （3）更换色谱柱,采用较弱腐蚀性条件 （4）更换烧结不锈钢,加在线过滤器,过滤样品 （5）更换进样器转子
鬼峰	（1）进样阀残余峰 （2）样品中未知物 （3）柱未平衡 （4）三氟乙酸（TFA）氧化（肽谱） （5）水污染（反相）	（1）每次用后用强溶剂清洗阀,改进阀和样品的清洗 （2）处理样品 （3）重新平衡柱,用流动相作样品溶剂（尤其是离子对色谱） （4）每天新配,用抗氧化剂 （5）通过变化平衡时间检查水质量,用 HPLC 级的水
基线噪声	（1）气泡（尖锐峰）:流动相脱气,加柱后背压 （2）污染（随机噪声）:清洗柱,净化样品,用 HPLC 级试剂 （3）检测器灯连续噪声:更换氘灯 （4）电干扰（偶然噪声）:采用稳压电源,检查干扰的来源（如水浴等） （5）检测器中有气泡:流动相脱气,加柱后背压	（1）流动相脱气,加柱后背压 （2）清洗柱,净化样品,用 HPLC 级试剂 （3）更换氘灯 （4）采用稳压电源,检查干扰的来源（如水浴等） （5）流动相脱气,加柱后背压
峰拖尾	（1）柱超载 （2）峰干扰 （3）硅羟基作用 （4）柱内烧结不锈钢失效 （5）柱塌陷或形成短路通道 （6）死体积或柱外体积过大 （7）柱效下降	（1）降低样品量,增加柱直径采用较高容量的固定相 （2）清洁样品,调整流动相 （3）加三乙胺,用碱致钝化柱增加缓冲溶液或盐的浓度降低流动相 pH,钝化样品 （4）更换烧结不锈钢,加在线过滤器,过滤样品 （5）更换色谱柱,采用较弱腐蚀性条件 （6）连接点降至最低,对所有连接点作合适调整,尽可能采用细内径的连接管 （7）用较低腐蚀条件,更换柱,采用保护柱
峰展宽	（1）进样体积过大 （2）在进样阀中造成峰扩展 （3）数据系统采样速率太慢 （4）检测器时间常数过大 （5）流动相黏度过高 （6）检测池体积过大 （7）保留时间过长 （8）柱外体积过大 （9）样品过载	（1）用流动相配样,总的样品体积小于第一峰的 15% （2）进样前后排出气泡以降低扩散 （3）设定速率应是每峰大于 10 点 （4）设定时间常数为感兴趣第一峰半宽的 10% （5）增加柱温,采用低黏度流动相 （6）用小体积池,卸下热交换器 （7）等度洗脱时增加溶剂含量也可用梯度洗脱 （8）将连接管径和连接管长度降至最小 （9）进小浓度小体积样品

（4）色谱柱　色谱柱使用一段时间或使用不当后，柱效严重下降，也会影响样品的分离。表 6-9 列出了部分由色谱柱引起的故障及解决方法。

表 6-9　由色谱柱引起的故障及解决方法

故　障	现　象	解　决　方　法
过滤片阻塞	压力增高，N 下降，峰形差	倒柱冲洗或换过滤片
柱头塌陷	峰分叉，N 下降	修补柱头，可恢复 80% 以上
键合相流失	保留改变，峰形差，N 下降	换柱
样品阻塞	高压	用能溶解样品的溶剂冲洗柱
强吸附的样品	N 下降，保留减小	强溶剂反冲

（5）梯度洗脱　由于梯度洗脱程序设置不合理，也会导致色谱分离不理想。表 6-10 列出了部分由梯度洗脱引起的分离问题及解决方法。

表 6-10　梯度洗脱引起的分离问题和解决方法

故障原因	现　象	解　决　方　法
开始流动相太强	色谱图前面的峰挤成一团，且分离度较差	在开始的梯度中减少溶剂 B 的比例（%）
条件欠佳	色谱图中间峰分离度差	增加 k、N 和 a，改变梯度时间、流速、柱长
柱平衡差	色谱图前面的峰保留不重要	（1）增加两次梯度之间的再生时间 （2）一定的间隔进样
溶剂 A 和 B 有不同的紫外吸收值	基线漂移	（1）加非保留的紫外吸收以抵消溶剂吸收的波动 （2）用不同波长检测 （3）用不同检测器
试剂或流动相不纯	在空白的梯度中有伪峰	（1）用 HPLC 级试剂 （2）纯化流动相的组分
溶剂分层	部分色谱峰分离度突然变差	用键合相柱代替多孔硅胶柱

（6）样品预处理　样品预处理时所选方法不合适或处理不当，既可能影响色谱分离过程，也可能降低测定准确度与精密度。表 6-11 列出了部分由于样品预处理引起的问题和解决方法。

表 6-11　样品预处理引起的问题和解决方法

问题原因	症　状	解　决　方　法
样品过滤器带来污染	色谱图中出现无关的峰	（1）过滤器浸泡在样品溶剂中并进样试验 （2）改变过滤器类型 （3）采用交替清洗技术
样品过滤器表面吸附下降	一些或全部化合物的峰比预期的小，尤其是低浓度的样品	（1）改变过滤器类型 （2）严格按相同条件处理所有样品 （3）采用交替清洗技术
萃取不完全	回收率太低或差	（1）增加萃取时间，使用热溶剂 （2）修改清洗方法
样品带来的干扰与污染	色谱峰变宽，柱寿命缩短	改进清洗方法
回收不完全	精度差	（1）改进或替换衍生化、分离、萃取或其他条件 （2）用自动化预处理装置提高精度

设计一个测定苯系混合物中甲苯和二甲苯的质量分数的检测方案（下次课进行讨论分析）。

知识应用与技能训练

一、填空题

1. 高效液相色谱仪最基本的组件是＿＿＿＿、＿＿＿＿、＿＿＿＿、＿＿＿＿和＿＿＿＿。

2. 梯度洗脱装置依据溶液混合的方式可分为＿＿＿＿和＿＿＿＿。

3. 高效液相色谱仪中，常用的进样器有＿＿＿＿和＿＿＿＿。

4. PDA 不仅可进行＿＿＿＿检测，还可提供组分＿＿＿＿的信息。

5. 折光指数检测器，又称＿＿＿＿检测器，是一种＿＿＿＿检测器，它是通过连续监测溶液中的＿＿＿＿和＿＿＿＿折射率之差来测定试样浓度的检测器。

二、选择题

1. （　　）在输送流动相时无脉冲。
    A. 气动放大泵　　　B. 单活塞往复泵　　　C. 双活塞往复泵　　　D. 隔膜往复泵

2. 下列检测器中，（　　）属于质量型检测器。
    A. UV-VIS　　　　B. RI　　　　C. FD　　　　D. ELSD

三、应用题

1. 简述 HPLC 对检测器的要求及检测器的选择原则。

2. 简述高效液相色谱仪的日常维护。

任务 2　分离条件的选择与优化

【知识目标】

（1）掌握高效液相色谱分析方法的建立步骤；

（2）了解常用检测器的适用范围，熟悉常用检测器的使用注意事项；

（3）掌握高效液相色谱法的分类及相应的色谱柱柱型、柱长以及固定相的选择方法；

（4）理解高效液相色谱的基本理论——速率理论。

【能力目标】

（1）能够根据分析项目及其要求，正确建立高效液相色谱的分析方法；

（2）能够操作高效液相色谱仪；

（3）初步具备对高效液相色谱条件进行优化的能力。

子任务 1　构建液相分析方法

课堂活动

1. 教师首先提出工作任务：设计一个测定苯系混合物中甲苯和二甲苯的质量分数的检测方案（可在上次课程结束时布置该任务）。

2. 学生分组讨论，然后推荐一名同学到讲台讲解，教师总结归纳高效液相色谱分析方法的建立步骤。

3. 教师通过提出问题引入课程：高效液相色谱分析的首要任务是什么？如何实现？对仪器方面要求如何？如何根据试样的性质和分析要求确定色谱仪器的基本配置？

4. 教师通过图片或动画讲解高效液相色谱分析方法建立的一般步骤，重点讲解分离模式的选择、流动相和固定相以及色谱柱和检测器的选择原则，要求学生根据所学知识选择适用于本次任务的分离模式的选择、检测器、流动相和固定相。

子任务 2　选择和优化分析条件

课堂活动

1. 教师展示几张典型的不同分离效果的色谱图，引导学生进行思考：如何评价色谱分离效果？怎样才能获得理想的分离效果？

2. 将学生分成三组，各组分别进行以下实训操作。

根据子任务 1 的结果确定基本色谱条件如下：流动相为甲醇-水，紫外检测器波长为254nm（问题：如何确定紫外检测波长？）

① 固定其他分析条件，分别测定不同流动相组成，分别将流动相中甲醇-水设定为 90：10，85：15，80：20，75：25，70：30，待基线稳定后，用平头微量注射器注入 10^{-5} g/mL 的苯系物甲醇溶液，从计算机的显示屏上即可看到样品的流出过程和分离状况。待所有的色谱峰流出完毕后，停止分析，记录好各样品对应的文件名及分离度、柱效等信息。

② 接着设置梯度洗脱起始浓度为 70%（也可以是其他浓度，根据实际情况作相应调整），终浓度为 100%，调整不同的梯度洗脱陡度（或梯度洗脱时间），重复上述操作，记录好各样品对应的文件名及分离度、柱效等信息并进行讨论。

③流动相流速的选择：固定其他分析条件，分别测定流动相流速分别为 0.8mL/min、1.0mL/min、1.2mL/min、1.5mL/min，待基线稳定后，记录好各样品对应的文件名及分离度、柱效等信息并进行讨论

3. 结合学生的讨论结果，教师总结流动相组成、流速及梯度洗脱等操作条件的选择原则和方法及其对分离度的影响。

4. 学生讨论、总结，建立苯系混合物分离的分析方法，并进行验证。

子任务 3　构建对祛斑霜中防腐剂进行定性和定量的分析方法

请学生利用课余时间，讨论待测样品的性质，查阅文献资料，根据本次课所讲的分析方法的构建步骤制定本任务的分析方法，下次课请学生代表汇报。

【任务卡】

任　　务		方案(答案)或相关数据、现象记录	点评	相应技能	相应知识点	自我评价
子任务 1 根据分析项目确定检测器类型	建立分析方法的基本步骤					
	确定检测器类型检测参数					
子任务 2 选择和优化色谱分离条件	选择流动相种类					
	选择色谱柱类型和柱长,确定进样方式					
	选择固定相					

续表

任务		方案（答案）或相关数据、现象记录	点评	相应技能	相应知识点	自我评价
子任务2 选择和优化色谱分离条件	确定流动相流速					
	确定流动相配比及梯度洗脱程序					
	建立苯系混合物分离的分析方法					
学会的技能						

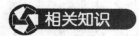相关知识

一、高效液相色谱分析方法建立的一般步骤

通常在确定被分析的样品以后，要建立一种高效液相色谱分析方法必须解决以下问题。

①根据被分析样品的特性选择适用于样品分析的一种高效液相色谱分析方法（或分离模式）；②选择一根适用的色谱柱，确定柱的规格（柱内径及柱长）和选用固定相（粒径及孔径）。③选择适当的或优化的分离操作条件，确定流动相的组成、流速及洗脱方式。④由获得的色谱图进行定性分析和定量分析。上述建立高效液相色谱分离系统的过程如图 6-11。

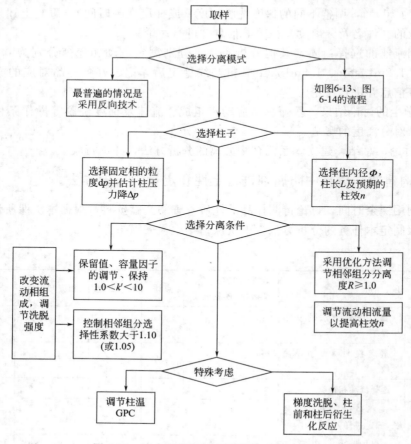

图 6-11　建立高效液相色谱分离系统的过程

1. 了解样品的基本情况

所谓样品的基本情况，主要包括样品所含化合物的数目。种类（官能团）、相对分子质量、pK_a 值、UV 光谱图以及样品基体的性质（溶剂、填充物等）、化合物在有关样品中的浓度范围、样品的溶解度等。

2. 明确分离目的

① 主要目的是分析还是回收样品组分。

② 是否已知样品所有成分的化学特性，或是否需做定性分析？

③ 是否有必要解析出样品中所有成分（比如对映体、非对映体、同系物、痕量杂质）？

④ 如需做定量分析，精密度需多高？

⑤ 本法将适用几种样品分析还是许多种样品分析？

⑥ 将使用最终方法的常规实验室中已有哪些 HPLC 设备和技术？

3. 了解样品的性质和需要的预处理

考察样品的来源形式，可以发现，除非样品是适于直接进样的溶液；否则，高效液相色谱分离前需进行某种形式的预处理。例如，有的样品需加入缓冲溶液以调节 pH；有的样品含有干扰物质或"损柱剂"而必须在进样前将其去除；还有的样品本身是固体，需要用溶剂溶解，为了保证最终的样品溶液与流动相的成分尽量相近，一般最好直接用流动相溶解（或稀释）样品。具体见样品预处理技术。

4. 分离模式的选择

了解被测样品的基本性质，是我们选择柱分离模式的重要基础。因此，我们首先应了解样品的溶解性质、判断样品分子量的大小及可能存在的分子结构和分析特性，最后再选择高效液相色谱的分离模式，并完成对样品的分析。

对样品分子的大小或相对分子质量的范围，可用体积排阻色谱法获得相关信息，无论是水溶性样品还是油溶性样品，均可用体积色谱法进行分析。从相对分子质量大小的角度来考虑分离模式的选择时，一般相对分子质量等于 2000 作为是否需要进一步详细考查样品其他性质并选定分离模式的大致"分界线"。

（1）油溶性样品（参见图 6-12，图 6-14）

① 若相对分子质量大于 2000，则最好采用聚苯乙烯凝胶的凝胶渗透色谱法分析；

② 若相对分子质量小于 2000，还要考查相对分子质量的差别大小。

相对分子质量差别很大，则只能用刚性凝胶的凝胶渗透色谱或键合相色谱法分析。

相对分子质量差别不大，还应进一步判定样品分子的"离子化"属性：若为离子型，则可用离子色谱法进行分析；若为非离子型，可考虑吸附色谱法或键合相色谱法。

（2）水溶性样品（参见图 6-13，图 6-14）

① 若相对分子质量大于 2000，则可采用以聚醚为基体凝胶的凝胶过滤色谱法；

② 若相对分子质量小于 2000，判断相对分子质量的差别大小。

相对分子质量差别不大，可考虑选用吸附色谱法或分配色谱法；

相对分子质量差别较大，只能选用刚性凝胶的凝胶过滤色谱进行分离与分析；

相对分子质量差别较大，且呈离子型，再分析其电离程度（或倾向）的大小：强电离，可使用离子对色谱法；弱电离，可使用离子色谱法。

样品的分子结构和分析特性如下。

① 同系物的分离　同系物都具有相同的官能团，并表现出相同的分析特性，其相对分子质量也呈现有规律的增加。这类物质的分离与分析，可采用吸附色谱法、分配色谱法或键

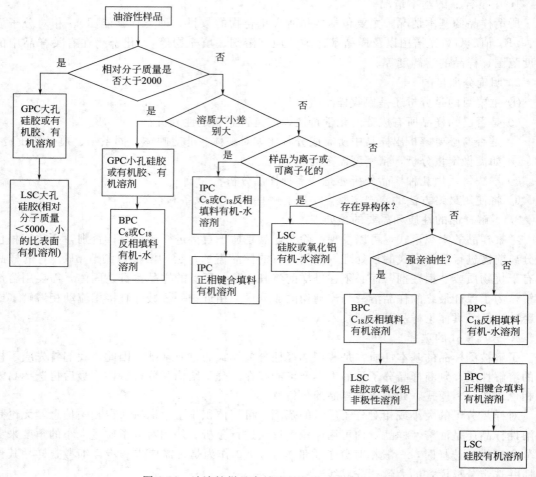

图 6-12 油溶性样品高效液相色谱分离方法选择

合相色谱法进行分析。同系物在色谱图上表现出随相对分子质量的增加，保留时间相应增大的特点。

② 同分异构体的分离　对于双键位置异构体（顺反异构体）或芳香族取代基位置不同的邻、间、对位异构体，由于硅胶吸附剂对它们具有高选择性吸附，因此，这类物质宜选用吸附色谱法。

5. 固定相和流动相的选择

在实际分析过程中，确立了分离模式后，接下来就应该选择合适的固定相与流动相了，这也是十分重要的。不同的色谱分析方法选择流动相和固定相的方法不同。下面结合液相色谱的类型介绍流动相和固定相的选择。

液相色谱法的分离机理是基于混合物中各组分对两相亲和力的差别。根据固定相的不同，液相色谱分为液固色谱、液液色谱和键合相色谱。应用最广的是以硅胶为填料的液固色谱和以微硅胶为基质的键合相色谱。根据固定相的形式，液相色谱法可以分为柱色谱法、纸色谱法及薄层色谱法。按吸附力可分为吸附色谱、分配色谱、离子交换色谱和凝胶渗透色谱。近年来，在液相柱色谱系统中加上高压液流系统，使流动相在高压下快速流动，以提高分离效果，因此出现了高效（又称高压）液相色谱法。

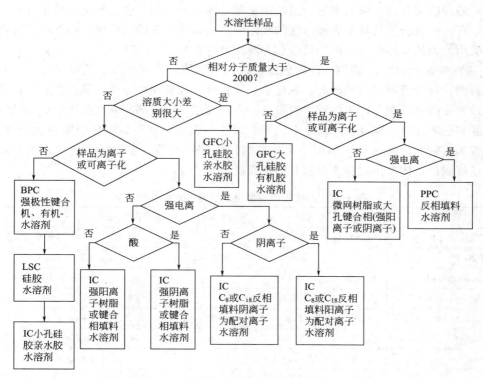

图 6-13　水溶性样品高效液相色谱分离方法选择图

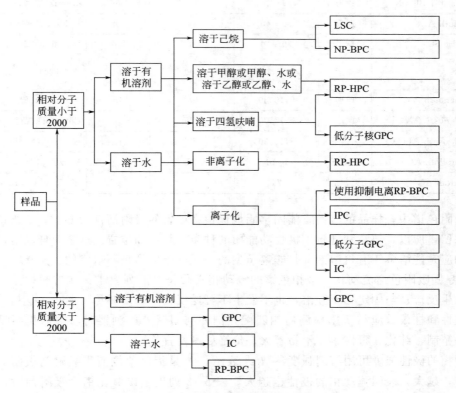

图 6-14　选择高效液相色谱分离模式的指导

（1）液固吸附色谱　液固吸附色谱的固定相是固体吸附剂。吸附剂是一些多孔的固体颗粒物质，存在一些分散的具有表面活性的吸附中心。因此，液固色谱法是根据各组分在固定相上的吸附能力的差异进行分离，故也称为液固吸附色谱。

① 液固吸附色谱法固定相　液固色谱法采用的固体吸附剂按其性质可分为极性和非极性两种类型。极性吸附剂包括硅胶、氧化铝、氧化镁、硅酸镁、分子筛及聚酰胺等。非极性吸附剂最常见的是活性炭。极性吸附剂可进一步分为酸性吸附剂和碱性吸附剂。酸性吸附剂包括硅胶和硅酸镁等，碱性吸附剂有氧化铝、氧化镁和聚酰胺等。酸性吸附剂适于分离碱，如脂肪胺和芳香胺。碱性吸附剂则适于分离酸性溶质，如酚、羧和吡咯衍生物等。表 6-12 中列出了液固色谱法常用的固定相及其物理性质。

表 6-12　液固色谱法常用的固定相的物理性质

类型	商品名称	形状	粒度/μm	比表面积/(m^2/g)	平均孔径/nm	生产厂家
全多孔硅胶	YQG	球形	5~10	300	30	北京化学试剂研究所
	YQG-1	球形	37~55	400~300	10	青岛海洋化工厂
	Chromegasorb	无定形	5,10	500	60	ES Industries
	Chromegaspher	球形	3,5,10	500	60	ES Industries
	Si 60,Si 100	球形	5,10	250	100	Merck
薄壳硅胶	Nucleosil 50	球形	5,7,5,10	500	50	Macherey-Nagel
	YBK	球形	25~37~50	14~7~2	—	上海试剂一厂
	Zipax	球形	37~44	1	80	Du Pont(美国)
	Corasil Ⅰ,Ⅱ	球形	37~50	14~7	5	Waters(美国)
	Periorb A	球形	30~40	14	6	E. Merck(德国)
	Vydac SC	球形	30~40	12	5.7	Separation Group(美国)
堆积硅胶	YDS	球形	3,5,10	300	10	上海试剂一厂
全多孔	Spheriosrb AY	球形	5,10,30	100	15	Chrompak(荷兰)
	Spheriosrb AX	球形	5,10,30	175	8	Chrompak(荷兰)
	Lichrosorb ALOXT	无定形	5,10,30	70	15	E. Merck(美国)
氧化铝	Micro Pak-AL	无定形	5,10	70	—	Varian(美国)
	Bio-Rab AG	无定形	74	200	—	Bio-Rad(美国)

在吸附色谱中，样品的极性官能团牢固地保留在填料的吸附活性中心上，非极性烃基几乎不予保留。所以，要清楚地辨别极性功能团的种类、数量和位置。通常，样品能用吸附色谱分离的应是能溶解于有机溶剂并是非离子型的，强离子样品是不适宜的。

② 液-固吸附色谱流动相　液相色谱的流动相必须符合下列要求：能溶解样品，但不能与样品发生反应；与固定相不互溶，也不发生不可逆反应；黏度要尽可能小，这样才能有较高的渗透性和柱效；应与所用检测器相匹配，例如利用紫外检测器时，溶剂要不吸收紫外光；容易精制、纯化、毒性小，不易着火、价格尽量便宜等。

流动相的极性强度可用溶剂强度参数 ε^0 表示。ε^0 是指每单位面积吸附剂表面的溶剂的吸附能力，越大，表明流动相的极性也越大。表 6-13 列出了以氧化铝为吸附剂时，一些常用流动相洗脱强度的次序。

表 6-13 氧化铝上的洗脱剂序列

溶剂	ε^0	溶剂	ε^0	溶剂	ε^0
正戊烷	0.00	氯仿	0.40	乙腈	0.65
异戊烷	0.01	二氯甲烷	0.42	二甲亚砜	0.75
环己烷	0.04	二氯乙烷	0.44	异丙醇	0.82
四氯化碳	0.18	四氢呋喃	0.45	甲醇	0.95
甲苯	0.29	丙酮	0.56		

③ 流动相和固定相的选择 固定相的选择的基本原则是相似相溶原则：极性物质选择极性吸附剂（但要防止极性过强，不利于解吸附）；非极性物质选择非极性吸附剂，对吸附剂而言，要求其选择性强、较稳定、颗粒小（表面积大）、均匀、成球型、价廉等。

选择流动相的基本原则是极性大的试样用极性较强的流动相，极性小的则用低极性流动相。为了获得合适的溶剂极性，常采用两种、三种或更多种不同极性的溶剂混合起来使用，如果样品组分的分配比 k 值范围很广则使用梯度洗脱。

下面以硅胶吸附色谱法为例具体说明固定相和流动相的选择。在硅胶吸附色谱中，对保留值和选择性起主导作用的是溶质与固定相的作用，流动相的作用主要是调节溶质的保留值在一定范围内。在吸附色谱中流动相的弱组分是正己烷，实际过程中，可根据溶质所包含的官能团信息，选择适当的流动相的强组分。

a. 样品中只含有—OH、—COOH、—NH$_2$、NH 这类质子给予体基团时，可选用异丙醇作为流动相的强组分。

b. 样品的溶质中含有—COO—、—CO—、—NO$_2$ 和—C ═O 这类只接受质子的基团时，可选用乙酸乙酯、丙酮或乙腈作为流动相的强组分。

c. 样品的溶质只含有—O—和苯基这类极性作用较弱的基团时，可选用乙醚作为冲洗剂的强组分。

d. 样品中若含有规则 a.、b. 和 c. 中的两种或两种以上不同类的基团时，可按规则 a.、b. 和 c. 的顺序优先选择冲洗剂的强组分。

e. 样品中的溶质同时含有多个—H$_2$PO$_4$、—COOH、—OH 和—NH$_2$ 等氢键力较强的基团时，则应在规则 a. 选择的流动相中加入适量的乙醇或乙腈，必要时也可加入水。

（2）液液色谱 液液色谱又称液液分配色谱。在液液色谱中，一个液相作为流动相，而另一个液相则涂渍在很细惰性载体或硅胶上作为固定相。流动相与固定相应互不相溶，两者之间应有一明显的分界面。分配色谱过程与两种互不相溶的液体在一个分液漏斗中进行的溶剂萃取相类似。以气液分配色谱法一样，这种分配平衡的总结果导致各组分的差速迁移，从而实现分离。分配系数（K）或分配比（k）小的组分，保留值小，先流出柱。然而与气相色谱法不同的是，流动相的种类对分配系数有较大的影响。

① 主要类型 依据固定相和流动相的相对极性的不同，分配色谱法可分为：正相分配色谱法——固定相的极性大于流动相的极性；反相分配色谱法——固定相的极性小于流动相的极性。

a. 正相分配色谱 在正相分配色谱中，固定相载体上涂布的是极性固定液，流动相是非极性溶剂，它可用来分离极性较强的水溶性样品，洗脱顺序与液固色谱法在极性吸附剂上的洗脱结果相似，即非极性组分先洗脱出来，极性组分后洗脱出来。

b. 反向分配色谱 在反向分配色谱中，固定相载体上涂布极性较弱或非极性的固定液，而用极性较强的溶剂作流动相。它可用来分离油溶性样品，其洗脱顺序与正相液液色谱相反，即极性组分先被洗脱，非极性组分后被洗脱。

② 固定相 液液色谱的固定相由载体和固定液组成。常用的载体有下列几类。

a. 表面多孔型载体（薄壳型微珠载体），由直径为 $30\sim40\mu m$ 的实心玻璃球和厚度约为 $1\sim2\mu m$ 的多孔性外层所组成。

b. 全多孔型载体，由硅胶、硅藻土等材料制成，直径 $30\sim50\mu m$ 的多孔型颗粒。

c. 全多孔型微粒载体，由纳米级的硅胶微粒堆积而成，又称堆积硅珠。这种载体粒度为 $5\sim10\mu m$。由于颗粒小，所以柱效高，是目前使用最广泛的一种载体。

液液分配色谱中固定液的涂渍方法与气液色谱中基本一致。

此外，由于液相色谱中，流动相参与选择作用，流动相极性的微小变化，都会使组分的保留值出现较大的差异。因此，液相色谱中，只需几种不同极性的固定液即可，如一氧二丙腈（ODPN）、聚乙二醇（PEG）、十八烷（ODS）和角鲨烷固定液等。

③ 流动相　在液液色谱中，除一般要求外，还要求流动相对固定相的溶解度尽可能小，因此固定液和流动相的性质往往处于两个极端，例如当选择固定液是极性物质时，所选用的流动相通常是极性很小的溶剂或非极性溶剂。

以极性物质作为固定相，非极性溶剂作流动相的液液色谱，称为正相分配色谱，适合于分离极性化合物；反之，如选用非极性物质为固定相，而极性溶剂为流动相的液液色谱称为反相分配色谱，这种色谱方法适合于分离芳烃、稠环芳烃及烷烃等化合物。

④ 流动相和固定相的选择　下面以反相色谱法为例具体说明固定相和流动相的选择。在反相色谱中，水是常用的流动相弱组分，C_{18} 是常用的填充载体，重要的是选择流动相的强组分常用的强组分有甲醇、乙腈与四氢呋喃。反相色谱流动相的选择规则如下。

a. 若样品溶质中含有两个一下氢键作用基团（如—OH、—COOH、—NH_2 等）的芳香烃邻、对位或邻、间位异构体，可选用甲醇-水为流动相。

b. 若样品溶质中含有两个以上 Cl、I、Br 的邻、间、对位异构体或极性取代基的间、对位异构体以及双键位置不同的异构体，可选用苯基或 C_{18} 键合固定相、乙腈-水为流动相。

c. 当实际过程中获得溶质的 K' 值大于 30（一般要求 $1<K'<20$）时，应在反相色谱系统的甲醇-水流动相中加入适量四氢呋喃、氯仿或丙酮，以使被分离溶质的 K' 值保持在适当范围内。当然，也可以通过减少固定相表面键合碳链浓度或缩短碳链长度来达到减少 K' 值的目的。

d. 若样品溶质中含有—NH_2、—NH—、—N 这一类基团时，应在反相色谱的流动相中加入适量添加剂有机胺来提高样品保留值的重现性和色谱峰的对称性。

⑤ 应用　液液分配色谱发既能分离极性化合物，又能分离非极性化合物，如烷烃、烯烃、芳烃、稠环、染料、甾族化合物。由于不同极性键合固定相的出现，分离的选择性可得到很好的控制。

（3）键合相色谱　键合相色谱法是由液-液色谱法即分配色谱发展起来的。键合相色谱法将固定相共价结合在载体颗粒上，克服了分配色谱中由于固定相在流动中有微量溶解，及流动相通过色谱柱时的机械冲击，固定相不断损失，色谱柱的性质逐渐改变等缺点。根据键合固定相与流动相相对极性的强弱，可将键合相色谱法分为正相键合相色谱法和反相键合相色谱法。

① 主要类型

a. 正相键合相色谱法　在正相键合相色谱法中使用的是极性键合固定相，共价结合到载体上的基团都是极性基团，如氨基（—NH_2）、氰基（—CN）、二醇基、二甲氨基和二氨基等。在正相键合相色谱法中，键合固定相的极性大于流动相的极性，适用于分离油溶性或水溶性的极性与强极性化合物。流动相溶剂是与吸附色谱中的流动相很相似的非极性溶剂，如庚烷、己烷及异辛烷等。由于固定相是极性，因此流动溶剂的极性越强，洗脱能力也越强，即极性大的溶剂是强溶剂。固定相与流动相的这种关系正好与液-固色谱法相同，称这种色谱法为正常相色谱法。

b. 反相键合相色谱　在反相色谱法中使用的是极性较小的键合固定相，共价结合到载体上的固定相是一些直链碳氢化合物，如正辛基等。流动相的极性比固定相的极性强。反相键合相色谱在高效液相色谱法中应用最广泛。

在反相键合相色谱中，使溶质滞留的主要作用是疏水作用，在高效液相色谱中又被称为疏溶剂作用。所谓疏水作用即当水中存在非极性溶质时，溶质分子之间的相互作用、溶质分子与水分子之间的相互作用远小于水分子之间的相互作用，因此溶质分子从水中被"挤"了出去。可见反相色谱中疏水性越强的化合物越容易从流动相中挤出去，在色谱柱中滞留时间也长，所以反相色谱法中不同的化合物根据它们的疏水特性得到分离。

② 固定相　化学键合固定相广泛使用全多孔或薄壳型微粒硅胶作为基体，这是由于硅胶具有机械强度好、表面硅羟基反应活性高、表面积和孔结构易控制的特点。化学键合固定相按极性大小可分为非极性、弱极性、极性化学键合固定相3种，具体类型及其应用范围如表6-14所示。

表 6-14　键合固定相的类型及应用范围

类　型	键合官能团	性质	色谱分离方式	应 用 范 围
烷基 C_8、C_{18}	$-(CH_2)_7-CH_3$	非极性	反相、离子对	中等极性化合物,溶于水的高极性化合物,如:小肽、蛋白质、甾族化合物(类固醇)、核碱、核苷、核苷酸、极性合成药物等
苯基 $-C_6H_5$	$-(CH_2)_3-C_6H_5$	非极性	反相、离子对	非极性至中等极性化合物,如:脂肪酸、甘油酯、多核芳烃、酯类(邻苯二甲酸酯)、脂溶性维生素、甾族化合物(类固醇)、PTH 衍生化氨基酸
酚基 $-C_6H_5OH$	$-(CH_2)_3-C_6H_5OH$	弱极性	反相	中等极性化合物,保留特性相似于 C_8 固定相,但对于多环芳烃、极性芳香族化合物、脂肪酸等具有不同的选择性
醚基 $-CH-CH_2$ 　　O	$-(CH_2)_3-O-CH_2-CH-CH_2$ 　　　　　　　　　　　　O	弱极性	反相或正相	醚基具有斥电子基团,适于分离酚类、芳硝基化合物,其保留行为比 C_{18} 更强(k 增大)
二醇基 $-CH(OH)-CH_2(OH)$	$-(CH_2)_3-O-CH(OH)-CH_2(OH)$	弱极性	反相或正相	二醇基团比未改性的硅胶具有更弱的极性,易用于湿润,适于分离有机酸及其低聚物,还可作为分离肽、蛋白质的凝胶过滤色谱固定相
芳硝基 $-C_6H_5NO_2$	$-(CH_2)_3-C_6H_5NO_2$	弱极性	反相或正相	分离具有双键的化合物,如芳香族化合物、多环芳烃
氰基 $-CN$	$-(CH_2)_3-CN$	极性	正相(反相)	正相似于硅胶吸附剂,为氢键接受体,适于分析极性化合物,溶质保留值比硅胶柱低;反相可提供与 C_8、C_{18}、苯基柱不同的选择性
氨基 $-NH_2$	$-(CH_2)_3-NH_2$	极性	正相(反相、阴离子交换)	正相可分离极性化合物,如芳胺取代物,酯类、甾族化合物、氯代农药;反相分离单糖、双糖和多糖;阴离子交换可分离酚、有机羧酸和核苷酸
二甲基氨基 $-N(CH_3)_2$	$-(CH_2)_3-N(CH_3)_2$	极性	正相、阴离子交换	正相相似于氨基柱的分离性能;阴离子交换可分离弱有机碱
二氨基 $-NH(CH_2)_2NH_2$	$-(CH_2)_3-NH(CH_2)_2NH_2$	极性	正相、阴离子交换	正相相似于氨基柱的分离性能;阴离子交换可分离有机碱

非极性烷基键合相是目前应用最广泛的柱填料，尤其是 C_{18} 反相键合相（简称 ODS），在反相液相色谱中发挥着重要作用，它可完成高效液相色谱分析任务的 $70\%\sim80\%$。

③ 流动相　在键合相色谱中使用的流动相类似于液固吸附色谱、液液分配色谱中的流动相。

a. 正相键合相色谱的流动相　正相键合相色谱中，采用和正相液液分配色谱相似的流动相，流动相的主体成分为己烷（或庚烷）。为改善分离的选择性，常加入的优选溶剂为质子接受体乙醚或甲基叔丁基醚；质子给予体氯仿；偶极溶剂二氯甲烷等。

b. 反相键合相色谱的流动相　反相键合相色谱中，采用和反相液液分配色谱相似的流动相，流动相的主体成分为水。为改善分离的选择性，常加入的优选溶剂为质子接受体甲醇、质子给予体乙腈和偶极溶剂四氢呋喃等。

实际使用中，一般采用甲醇-水体系已能满足多数样品的分离要求。由于乙腈的毒性比甲醇大 5 倍，且价格贵 $6\sim7$ 倍，因此，反相键合相色谱中应用最广泛的流动相是甲醇。

除上述三种流动相外，反相键合相色谱中也经常采用乙醇、丙醇及二氯甲烷等作为流动相，其洗脱强度的强弱顺序依次为：

水（最弱）＜甲醇＜乙腈＜乙醇＜四氢呋喃＜丙醇＜二氯甲烷（最强）

虽然实际上采用适当比例的二元混合溶剂就可以适应不同类型的样品分析，但有时为了获得最佳分离，也可以采用三元甚至四元混合溶剂作流动相。

④ 固定相和流动相的选择　以正相键合色谱为例进行分析。正相键合色谱分离机理与硅胶吸附色谱相似，流动相的选择可引用硅胶吸附色谱中的规则，固定相的选择原则如下。

a. 若样品溶质中含有—COO—、—NO$_2$、—CN 等具有质子接受体的基团，则可选用氨基。二醇基这一类具有质子给予能力的固定相。

b. 若样品溶质中含有—NH$_2$、NH、—OH、—COOH 等具有质子给予能力的基团，则可选用氰基、氨基和醇基键合固定相。

c. 若样品中同时包含有规则 a. 与 b. 中所示的两类基团，则可选用规则①中推荐的键合固定相。

⑤ 应用　正相键合相色谱多用于分离各类极性化合物如染料、炸药、甾体激素、多巴胺、氨基酸和药物等。反相键合相色谱系统由于操作简单，稳定性与重复性好，已成为一种通用型液相色谱分析方法。主要应用领域如下。

a. 在生物化学和生物工程中的应用　在生命科学和生物工程研究中，经常涉及对氨基酸、多肽、蛋白质及核碱、核苷、核苷酸、核酸等生物分子的分离分析。反相键合相色谱法正是这类样品的主要分析手段。

b. 在医药研究中的应用　人工合成药物的纯化及成分的定性、定量测定，中草药有效成分的分离、制备及纯度测定。临床医药研究中人体血液和体液中药物浓度、药物代谢物的测定，新型高效手性药物中手性对映体含量的测定等，都可以用反相键合相色谱予以解决。

磺胺类消炎药是一种常见的药物，主要用于细菌感染疾病的治疗。图 6-15 显示了磺胺类药物的反相色谱分离。色谱柱为 Partisil-ODS（$5\mu m$，$\phi4.6mm\times250mm$）；流动相：A，10%甲醇水溶液；B，1%乙酸的甲醇溶液。线性梯度程序：B 组分以 $1.7\%/min$ 的速率增加。使用紫外检测器（$\lambda=254nm$）检测。

c. 在食品分析中的应用　反相键合相色谱法在食品分析中的应用主要包括三个方面：第一，食品本身组成，尤其是营养成分的分析，如维生素、脂肪酸、香料、有机酸、矿物质等；第二，人工加入的食品添加剂的分析，如甜味剂、防腐剂、人工合成色素、抗氧化剂

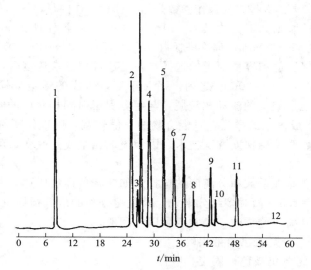

图 6-15　磺胺类药物的反相色谱分析

1—磺胺；2—磺胺嘧啶；3—磺胺吡啶；4—磺胺甲基嘧啶；5—磺胺二甲基嘧啶；

6—磺胺氯哒嗪；7—磺胺二甲基异噁唑；8—磺胺乙氧哒嗪；9—4-磺

胺-2,6-二甲氧嘧啶；10—磺胺喹噁啉；

11—磺胺溴甲吖嗪；12—磺胺呱

等；第三，在食品加工、储运、保存过程中由周围环境引起的污染物的分析，如农药残留、霉菌毒素、病原微生物等。

d. 在环境污染分析中的应用　反相键合相色谱方法可适用于对环境中存在的高沸点有机污染物的分析，如大气、水、土壤和食品中存在的多环芳烃、多氯联苯、有机氯农药、有机磷农药、氨基甲酸酯农药、含氯除草剂、苯氧基酸除草剂、酚类、胺类、黄霉菌素、亚硝胺等。

⑥ 凝胶色谱　凝胶色谱不同于以上 3 种分离方法。凝胶色谱是根据分子大小用分子筛效应来分离样品组分的。这个方法也叫排阻色谱或粒度排阻色谱。具有一定孔径的多孔性合成聚合物经常用作填料。

凝胶色谱依样品的性质又可分为凝胶渗透和凝胶过滤。

a. 凝胶渗透色谱　凝胶渗透色谱（Gel Permeation Chromatography），简称 GPC。此一类的色谱，使用于有机性溶媒的样品中，如 PVC、PS、ABS 等，而所用的洗脱液有 THF，Chloroform 等。

b. 凝胶过滤色谱　凝胶过滤色谱（Gel Filtration Chromatography），简称 GFC。此一种类的层析法，使用于水溶媒的试剂中，如蛋白质、淀粉及水性合成高分子等，而所用的溶液有水、缓冲液等。

凝胶的种类很多，按其原料来源可分为有机胶和无机胶。按其制备的方法又可分为均匀、半均匀和非均匀三种凝胶。而根据凝胶的强度又可分为软胶、半硬胶和硬胶三大类。根据它对溶剂的适用范围又可分为亲水性、亲油性和两性凝胶等。

6. 分离操作条件的选择

确定了样品的色谱分离与分析的方法，就需要进一步确定适当的分离条件（尽量 采用优化的分离操作条件），使样品中的不同组分以最满意的分离度、最短的分析时间、最低的流动相消耗和最大的检测灵敏度获得完全的分离。

（1）色谱柱操作参数的选择　柱操作参数是指：柱长、柱内径、固定相粒度、柱压降及理论塔板数。一般的选择原则如下。柱长 L：$10\sim25cm$；柱内径 ϕ：$4\sim6mm$；固定相粒度 d_p：$5\sim10\mu m$；柱压降 ΔP：$5\sim14MPa$；理论塔板数 n：$(2\sim5)\times10^3\sim(2\sim10)\times10^4$ 块/m。

（2）样品组分的保留值和容量因子的选择　在上述常用参数选定后，对于简单样品，通常的分析时间希望控制在 $10\sim30min$ 之内，而对于复杂组成的多组分样品，分析时间控制在 $60min$ 之内。使用恒定组成的流动相洗脱，与组分保留时间相对应的容量因子 k 应保持在 $1\sim10$ 之间。而对于组成复杂的样品，且混合物的 k 值较宽，则欲使所有组分在所希望的时间内流出色谱柱，就需要使用梯度淋洗技术，因为流动相组成的改变，可以调节保留时间和容量因子。

（3）相邻组分的选择性系数和分离度的选择　如气相色谱法所述，两组分的色谱峰达到完全分离的标志是 $R=1.5$，而对多组分来说，其优化分离的最低指标也应该是 $R=1.0$。

进行未知样品的分离与分析时，经常遇到以下问题。

① 样品中的所有组分是否已全部出峰？

② 是否有强保留组分仍被色谱固定相吸留？

虽然解决这个问题比较困难，但通常用两种不同的 HPLC 分析方法来判断。如：对于确定的试样，先用硅胶吸附色谱法分析，若考虑有强极性组分滞留，可再采用反相键合相法分析，此时，强极性组分应首先流出，从而可判断强极性组分的存在与否。对大部分未知样品而言，至少应有两种完全独立的 HPLC 分析方法配合使用，以对样品的组成和含量能有一个准确的定论。

二、检测器的选择

不同的分离目的对检测的要求不同，如测单一组分，理想的检测器应仅对所测成分响应，而其他任何成分均不出峰。另外，如目的是定性分析或是制备色谱，则最好用通用型检测器，以便能检测到混合物中的各种成分。仅对分析而言，检测器灵敏度越高，最低检出良越小越好；如目的是用作制备分离，则检测器的灵敏度没必要很高。

应尽量使用紫外检测器（UV），因为目前一般 HPLC 都配有这类检测器，它方便且受外界影响小。如被测化合物没有足够的 UV 生色团，则应考虑使用其他检测手段：如示差折光检测器、荧光检测器、电化学检测器等。如果实在找不到合适的检测器，才可以考虑将样品衍生化为有 UV 吸收或有荧光的产物，然后再用 UV 或荧光检测。

三、高效液相色谱基本理论

高效液相色谱法与气相色谱法在许多方面有相似之处，如各种溶剂的分离原理、溶质在固定相上的保留规律、溶质在色谱柱中的峰形扩散过程等。速率理论解释了引起色谱峰扩张的因素，了解它对色谱实验的实际设计和操作都有着很大的指导意义。以下将重点介绍速率理论（又称随机模型理论）。

（1）速率理论方程式　1956 年荷兰学者 Van Deemter 等吸收了塔板理论的概念，并把影响塔板理论高度的动力学因素结合起来，提出了色谱过程的动力学理论——速率理论。它把色谱过程看作一个动态非平衡过程，当样品以柱塞状或点状注入液相色谱后，在液体流动相的带动下实现各个组的分离，并引起色谱峰形的扩展，此过程与气液色谱的分离过程类似，也符合速率理论方程式（也就是范第姆特方程式）：

$$H=H_E+H_L+H_s+H_{MM}+H_{SM}=A+\frac{B}{u}+Cu \qquad (6-1)$$

式中，A 为涡流扩散项 H_E；$\dfrac{B}{u}$ 为分子扩散项（H_L）；Cu 为传质阻力项，包括固定相的传质阻力项（H_s）、移动流动相的传质阻力项（H_{MM}）以及滞留流动相的传质阻力项（H_{SM}）。

（2）影响速率理论方程式的因素

① 涡流扩散项 H_E　由于色谱柱内填充剂的几何结构不同，当样品注入由全多孔微粒固定相填充的色谱柱后，在液体流动相驱动下，样品分支不可能沿直线运动，而是不断改变方向，形成紊乱似涡流的曲线运动。由于样品分子在不同流路中受到的阻力不同，而使其在柱中的运行速度有快有慢，加上运行路径的长短本身就不一致，从而使到达柱出口的时间不同，导致峰形的扩展，涡流扩散仅与固定相的力度和柱填充的均匀程度有关。

涡流扩散项 $A = 2\lambda d_p$，d_p 为填料直径，λ 为填充不规则因子，填充越不均匀 λ 越大。HPLC常用填料粒度一般为 $3 \sim 10 \mu m$，最好 $3 \sim 5 \mu m$，粒度分布 RSD$\leqslant 5\%$。但粒度太小难于填充均匀（λ 大），且会使柱压过高。大而均匀（球形或近球形）的颗粒容易填充规则均匀，λ 越小。总的说来，应采用而均匀的载体，这种有助于提高柱效。毛细管无填料，$A = 0$。

② 分子扩散项 H_L　由于进样后溶质分子在柱内存在浓度梯度，导致轴向扩散而引起色谱峰形的扩散，又称纵向扩散。

分子扩散项 $\dfrac{B}{u} = 2rD_M/u$

式中，u 为流动相线速度，分子在柱内的滞留时间越长（u 小），展宽越严重。在低流速时，它对峰形的影响较大。D_M 为分子在流动相中的扩散系数，由于液相的 D_M 很小，通常仅为气相的 $10^{-5} \sim 10^{-4}$，因此在 HPLC 中，只要流速不太低的话，这一项可以忽略不计，可假设 $H_L \approx 0$。

③ 固定相的传质阻力项 H_S　溶质分子从液体流动相转移进入固定相和从固定相移出重新进入液体流动相的过程，会引起色谱峰形的明显扩散。

当载体上涂布的固定液液膜比较薄，载体无吸附效应或吸附剂固定相表面具有均匀的物理吸附作用时，都可减少由于固定相传质阻力项所带来的峰形扩展。

④ 移动流动相的传质阻力项 H_{MM}　在固定相颗粒间移动的流动相，对处于不同层流的流动相分子具有不同的流速，溶质分子在紧挨颗粒边缘的流动相层流中的移动速度要比在中心层流中的移动速度慢，因而引起峰形扩展。与此同时，也会有些溶质分支从移动快的层流向移动慢的层流扩散（径向扩散），这会使不同层流中的溶质分子的移动速度趋于一致而减少峰形扩散。

⑤ 滞留流动相的传质阻力项 H_{SM}　柱中装填的无定形或球形全多孔固定相，其颗粒内部的孔洞充满了滞留流动相，溶质分子在滞留流动相中的扩散会产生传质阻力。对仅扩散到孔洞中滞留流动相表层的溶质分子，仅需移动很短的距离，就能很快地返回到颗粒间流动的主流路；而扩散到空洞中滞留流动相较深处的溶质分子，就会消耗更多的时间停留在孔洞中，当其返回到主流路时必然伴随谱带的扩展。

由式（6-1）可以看出，将 H 对 u 作图，也可绘制出和气相色谱相似的曲线，曲线的最低点也对应着最低理论塔板高度 H_{min} 和流动相的最佳线速 u_{opt}。但是在 HPLC 中，u_{pot} 的数值比 GC 的要小得多，这表明 HPLC 色谱柱与 GC 的填充柱相比，前者具有更高的柱效。而且，H-u 曲线具有平稳的斜率，这表明采用高的流动相流速时，色谱柱柱效无明显的损失。因此，HPLC 实际应用中可以采用高流速进行快速分析，缩短分析时间。

四、梯度洗脱技术

1. 定义和基本原理

HPLC有等强度和梯度洗脱两种方式。等度洗脱是在同一分析周期内流动相组成保持恒定，适合于组分数目较少，性质差别不大的样品。梯度洗脱是在一个周期内程序控制流动相的组成，如溶剂的极性、离子强度和 pH 等，用于分析组分数目多、性质差异较大的复杂样品。采用梯度洗脱可以缩短分析时间，提高分离度，改善峰形，提高检测灵敏度，但是常常引起基线漂移和降低重现性。梯度洗脱有两种方式：低压梯度（外梯度）和高压梯度（内梯度）。

分离原理：流动相由几种不同极性的溶剂组成，通过改变流动相中各溶剂组成的比例改变流动相的极性，使每个流出的组分都有合适的容量因子 k，并使样品种的所有组分可在最短时间内实现最佳分离。

2. 梯度洗脱的应用

常规的梯度洗脱分离适合于下列样品：（1）具有较宽 k 值范围的样品；（2）大分子样品；（3）样品含有晚流出干扰物，它们会污染色谱柱或在后续运行中流出；（4）溶于弱溶剂的样品称溶液。

在进行多成分的复杂样品的分离时，经常会碰到前面的一些成分分离不完全，而后面的一些成分分离度太大，且出峰很慢和峰形较差，为了使保留值相差很大的多种成分在合理的时间内全部洗脱并达到相互分离，往往要用到梯度洗脱技术。梯度洗脱技术可以改进复杂样品的分离，改善峰形，减少脱尾并缩短分析时间，而且还能降低最小检测量和提高分离精度。

梯度洗脱对复杂混合物、特别是保留值相差较大的混合物的分离是极为重要的手段，因为这些样品的 K' 范围宽，不能用等度方法简单地处理。图 6-16 显示了一个复杂样品采用等

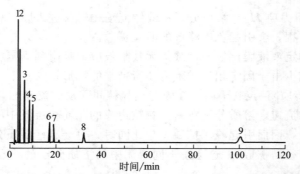

(a) 等度法分析邻苯二甲酸酯类化合物得到的色谱图(流动相为80%乙腈)

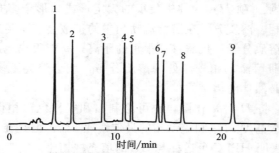

(b) 梯度法分析邻苯二甲酸酯类化合物得到的色谱图

图 6-16　邻苯二甲酸酯类化合物等度分析和梯度分析色谱图对比

（其他条件：色谱柱：Diamonsil C_{18} (2)，$250 \times 4.6mm$，$5\mu m$　流速：1.0mL/min 检测器：UV254nm）

1—邻苯二甲酸二甲酯（DMP）；2—邻苯二甲酸二乙酯（DEP）；3—邻苯二甲酸二正丙酯（DPRP）；4—邻苯二甲酸丁基苄基酯（BBP）；5—邻苯二甲酸二正丁酯（DBP）；6—邻苯二甲酸二戊酯（DPP）；7—邻苯二甲酸二环己酯（DCHP）；8—邻苯二甲酸二己酯（DHP）；9—邻苯二甲酸（2-乙基己基）酯（DEHP）

度洗脱与梯度洗脱时色谱分离谱图的比较。

一般情况下，随着强洗脱溶剂变化速率降低，各组分的分离度逐渐增大，分析时间也逐渐延长。

✦ 拓展任务

1. 苯系混合物分离条件的选择。
2. 高效液相色谱柱的制备及柱效的测定。

知识应用与技能训练

一、选择题

1. 在液相色谱法中，按分离原理分类，液固色谱法属于（　　）。

　A. 分配色谱法　　　　B. 排阻色谱法　　　　C. 离子交换色谱法　　　　D. 吸附色谱法

2. 在高效液相色谱流程中，试样混合物在（　　）中被分离。

　A. 检测器　　　　B. 记录器　　　　C. 色谱柱　　　　D. 进样器

3. 液相色谱流动相过滤必须使用何种粒径的过滤膜（　　）。

　A. $0.5\mu m$　　　　B. $0.45\mu m$　　　　C. $0.6\mu m$　　　　D. $0.55\mu m$

4. 在液相色谱中，为了改变色谱柱的选择性，可以进行如下哪些操作（　　）。

　A. 改变流动相的种类或柱子　　　　B. 改变固定相的种类或柱长

　C. 改变固定相的种类和流动相的种类　　　　D. 改变填料的粒度和柱长

5. 一般评价烷基键合相色谱柱时所用的流动相为（　　）。

　A. 甲醇/水（83/17）　　　　B. 甲醇/水（57/43）

　C. 正庚烷/异丙醇（93/7）　　　　D. 乙腈/水（1.5/98.5）

6. 下列用于高效液相色谱的检测器，（　　）检测器不能使用梯度洗脱。

　A. 紫外检测器　　　　B. 荧光检测器　　　　C. 蒸发光散射检测器　　　　D. 示差折光检测器

二、应用题

1. 构建利用高效液相色谱法测定食品中苏丹红的分析方法。
2. 构建利用高效液相色谱法测定化妆品中激素含量的分析方法。

✦ 实验任务指导书

苯系物HPLC分离条件的选择

1. 实验任务

① 学习 HPLC 仪器的梯度洗脱基本操作。

② 进一步掌握 HPLC 最佳色谱操作条件（含波长的选择与流动相的选择）的选择方法。

2. 主要仪器与用具

PE200 系列高效液相色谱仪或其他型号液相色谱仪（普通配置，带紫外检测器）；TC4 色谱工作站或其他色谱工作站；色谱柱：PE Brownlee C_{18} 反相键合色谱柱［150mm × 4.6mm（i. d.），$5\mu m$］；$100\mu L$ 平头微量注射器；超声波清洗器；流动相过滤器；无油真空泵；容量瓶等。

3. 主要试剂

含苯、甲苯、二甲苯的测试液，甲醇（色谱纯），蒸馏水等。

4. 操作规程

（1）准备工作

① 观察流动相流路，检查流动相是否够用，废液出口是否接好。

② 按仪器操作规程打开高压输液泵、检测器以及色谱工作站，调试仪器至工作状态。

（2）测定波长的确定 以甲醇为溶剂，将所提供的含苯、甲苯、二甲苯的测试液稀释至合适浓度，然后使用紫外分光光度计或紫外检测器的波长扫描功能，确定最佳测定波长。

（3）最佳色谱操作条件的选择

① 基本色谱条件 流动相：甲醇-水，紫外检测器波长：254nm。

② 流动相组成的选择 流动相总流速设定为 1.0mL/min，分别将流动相中甲醇-水设定为 90∶10，85∶15，80∶20，75∶25，70∶30，待基线稳定后，用平头微量注射器注入 10^{-5}g/mL 的苯系物甲醇溶液，从计算机的显示屏上即可看到样品的流出过程和分离状况。待所有的色谱峰流出完毕后，停止分析，记录好各样品对应的文件名及分离度、柱效等信息。

接着设置梯度洗脱起始浓度为 70%（也可以是其他浓度，根据实际情况作相应调整），终浓度为 100%，调整不同的梯度洗脱陡度（或梯度洗脱时间），重复上述操作，记录好各样品对应的文件名及分离度、柱效等信息。

根据最终样品分离色谱图的分离情况，选择最佳流动相组成或梯度洗脱方式。

（4）流动相流速的选择 根据步骤（3）确定的最佳流动相组成设定甲醇与水的比例，固定不变，然后调整流动相流速分别为 0.8mL/min、1.0mL/min、1.2mL/min、1.5mL/min，待基线稳定后，重复步骤（2）的操作，记录好各样品对应的文件名及分离度、柱效等信息。根据最终样品分离色谱图的分离情况，选择最佳流动相流速。

（5）结束工作 所有样品分析完毕后，让流动相继续运行 10～20min，以免样品中的强吸附杂志残留在色谱柱上。

5. 数据记录及处理

（1）最佳检测波长 根据实验确定苯系物样品分析测定最佳检测波长。

波长 λ				
吸光度值 A				

（2）流动相组成的确定 将流动相最佳组成的测试数据填写在下表中，并确定流动相的最佳组成。

甲醇∶水		R（最难分离对）	保留时间（甲苯）	半峰宽（甲苯）	有效理论塔板数（甲苯）
等度洗脱	95∶10				
	85∶15				
	80∶20				
	75∶25				
	70∶30				
梯度洗脱					

（3）流动相流量的确定　将流动相流速的测试数据填写在下表中，并确定流动相的最佳流速。

流动相流速 /（mL/min）	R （最难分离对）	保留时间 （甲苯）	半峰宽 （甲苯）	有效理论塔板数 （甲苯）
0.8				
1.0				
1.2				
1.5				

6．实验原理

液相色谱操作条件主要包括色谱柱、流动相组成与流速、色谱柱温度、检测器波长等。苯系物的分离一般采用反相 HPLC，使用最常见的 C_{18}（ODS）色谱柱，流动相主体是水，在极性溶剂中适当添加少量甲醇可以得到任意所需极性的流动相。通过实验主要了解确定检测波长的方法，以及流动相中甲醇含量对样品的保留和分离的影响，流动相流速对样品的保留和分离的影响，基本目标是将苯系物分离，同时希望在最短的时间内完成分析，获得足够的柱效。

7．注意事项

① 选择最佳色谱操作条件时既要注意分离度又要考虑到分析时间，尽量做到高效、高速、高灵敏度。

② 梯度洗脱程序的设置应根据色谱柱等系统的实际情况做相应调整。

任务 3　对祛斑霜中苯甲酸、山梨酸等 11 种防腐剂进行定性和定量的分析方法

【知识目标】

（1）掌握高效液相色谱分析中样品的预处理技术；

（2）掌握流动相的处理技术；

（3）熟悉衍生化技术；

（4）掌握高效液相色谱定性和定量的方法。

【能力目标】

（1）能够根据分析项目要求及其样品特性正确进行样品处理；

（2）能够对流动相进行正确；

（3）能选择合适的定性和定量方法，能从所得谱图得到正确的信息并进行处理。

子任务 1　确定色谱条件，建立色谱工作站分析方法

课堂活动

1．根据上次课布置的任务汇报情况，师生进行相互点评、归纳总结，最后在教师指导下确定样品的前处理方法和色谱配置，并选择初始操作条件，打开色谱仪，进行色谱操作参

数设置。

2. 对选定的流动相进行预处理（参照相关知识点）。

子任务2　标样和样品的制备

课堂活动

1. 教师提出问题：紫外检测器的检测限是多少？如果将为苯甲酸、山梨酸从化妆品的其他成分中检出，其浓度是否只要达到以上检测限即可？

2. 教师讲解：苯甲酸、山梨酸等防腐剂的主要工业用途、在化妆品上的应用及其毒副作用，我国《化妆品卫生规范》中对有关化妆品中苯酚和氢醌的使用规定。

3. 在教师指导下，请学生选择分析用试剂和标准溶液，并请学生配制标准溶液，对祛斑霜进行样品预处理。参考步骤见实验任务指导书。

子任务3　定性和定量分析

课堂活动

要求学生阅读定性方法的相关知识，并选择合适的定性方法，设计好进样方案，根据学生讨论结果，师生进行相互点评、归纳总结，最后在教师指导下确定定性分析的。

1. 定性和定量方法：利用已知标准样品定性、归一化法进行定量。

2. 将色谱柱安装在色谱仪上，将流动相更换为已处理过的甲醇——水（pH＝8.0，0.02mol/L 磷酸盐缓冲体系）。

3. 高效液相色谱仪的开机

开机，将仪器调试到正常工作状态，设置分析条件。

4. 混合标准样的分析测定：待基线稳定后，用 $100\mu L$ 平头微量注射器分别吸收混取标准样 $100\mu L$（实际进样体积以定量管的体积为准），记录下各样品对应的文件名，并打印出优化处理后的色谱图和分析结果。平行测定 3 次。

5. 待测样品的分析测定：待基线稳定后，用 $100\mu L$ 平头微量注射器吸取含待测溶液 $100\mu L$（实际进样体积以定量管的体积为准），记录下各样品对应的文件名，并打印出优化处理后的色谱图和分析结果。平行测定 3 次。

（注意：如果邻近峰分离不完全，应适当调整流动相配比和流速，然后重新测定！）

6. 数据处理及计算

（1）将待测样品的分离谱图与标准溶液色谱图比较即可确认祛斑霜中所含的防腐剂的种类。

（2）记录色谱操作条件并参照下表记录测定的相关实验数据，计算主成分的相对校正因子。

7. 教师讲解定性和定量方法，指导学生将标准样品和祛斑霜样品的色谱图进行比对，判断样品中含有哪种防腐剂，并按规定编写分析报告。

子任务4　结束工作

课堂活动

教师指导学生正确关闭仪器，并按"5S 管理"要求对实训室进行整理。

【任务卡】

任　　务		方案（答案）或相关数据、现象记录	点评	相应技能	相应知识点	自我评价
子任务 1　确定色谱条件，建立色谱工作站分析方法	确定仪器配置					
	确定初始操作条件					
	对流动相进行预处理					
	建立工作站分析方法项					
	建立标样和样品项					
子任务 2　标样和样品制备	标准溶液配制					
	样品溶液制备					
子任务 3　定性和定量分析	选择定性和定量方法					
	优化分离条件					
	绘制标准样色谱图					
	进待测样，得谱图					
	判断样品中含有哪种防腐剂及含量					
	编写分析报告					
子任务 4　结束工作，编写分析报告	正确关闭色谱仪，整理实训室					
	编制分析报告					
学会的技能						

 **相关知识**

一、实验技术

1. 样品预处理技术

与气相色谱中的样品预处理一样，液相色谱样品预处理的目的是去除机体中干扰样品分析的杂质，提高被测定化合物检测的灵敏度和检测的准确度，改善定性定量分离的重复性。

用于液相色谱样品预处理的方法繁多，如浓缩、稀释、固相萃取、超滤、微渗析等。下面简单介绍目前在液相色谱分析中使用比较广泛的固相萃取、固相微萃取和微渗析技术。

（1）固相萃取　　固相萃取是 20 世纪 70 年代后期发展起来的样品前处理技术。固相萃取（SPE）是一种用途广泛而且越来越受欢迎的样品前处理技术，它建立在传统的液-液萃取（LLE）基础之上，结合物质相互作用的相似相溶机理和目前广泛应用的 HPLC、GC 中的固定相基本知识逐渐发展起来的。它利用固体吸附剂将目标化合物吸附，使之与样品的机体及干扰化合物分离，然后用洗脱液洗脱或加热解脱，从而达到分离和富集目标化合物的目的。SPE 大多数用来处理液体样品，萃取、浓缩和净化其中的半挥发性和不挥发性化合物，也可用于固体样品，但必须先处理成液体。目前国内主要应用在水中多环芳烃（PAHs）和多氯联苯（PCBs）等有机物质分析，水果、蔬菜及食品中农药和除草剂残留分析，抗生素分析，临床药物分析等方面。

最简单的固相萃取装置就是一根直径为数毫米的小柱（SPE 小柱，如图 6-17），一般由柱管、筛板与固定相组成。柱管一般做成注射器状，可以是玻璃的、不锈钢的。也可以是聚丙烯、聚四氟乙烯等塑料的。柱管下端有一个孔径为 $20\mu m$ 的烧结筛板，用以装载固定吸附剂，也能让液体从中流过。聚乙烯是最常见的烧结垫材料，用于特殊要求也可采用聚四氟乙烯或不锈钢材料。固定相是固相萃取中最重要的部分，一般使用键合的硅胶材料。

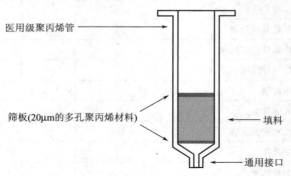

医用级聚丙烯管

筛板(20μm的多孔聚丙烯材料)

填料

通用接口

图 6-17　SPE 小柱的结构

固相萃取的操作程序一般分为如下几步（图 6-18）。

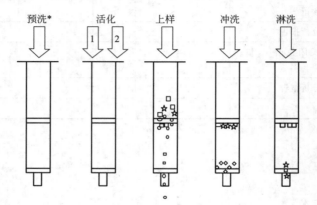

预洗*　活化　上样　冲洗　淋洗

图 6-18　固相萃取的操作程序

① 活化吸附剂　在萃取样品之前，吸附剂必须经过适当的预处理，其目的一是为了润湿和活化固相萃取填料，以使目标萃取物与固相表面紧密接触，易于发生分子间的相互作用；二是为了除去填料中可能存在的杂质，减少污染。活化方法一般是用一定量溶剂冲洗萃取柱。为了使固相萃取小柱中的吸附剂在活化后到样品加入前能保持湿润，活化处理后应在吸附剂上面保持大约 1mL 活化处理用的溶剂

② 上样　将样品倒入活化后的 SPE 小柱，然后利用加压、抽真空或离心的方法使样品进入吸附柱。采取手动。泵以正压推动或负压抽吸的方式，可使液体样品以适当流速通过 SPE 小柱。此时，样品中的目标萃取物被吸附在 SPE 柱填料上。

③ 淋洗　目标萃取物被吸附在 SPE 柱填料后，通常需要淋洗固定相以洗掉不需要的样品组分，所用淋洗剂的洗脱强度是略强于或等于上样溶剂。淋洗溶剂的强度必须尽量地弱，以保证洗掉尽量多的干扰组分，同时又不会洗脱任何一个被测组分。淋洗溶剂的体积一般为 100mg 固定相 0.5～0.8mL。

④ 洗脱　淋洗过后，将分析物从固定相上洗脱。洗脱溶剂用量一般是 100mg 固定相 0.5～0.8mL，其种类必须认真选择。洗脱溶剂太强，一些具有更强保留的不必要组分也将被洗脱出来；洗脱溶剂太弱，就需要更多的洗脱液来洗出分析物，从而削弱 SPE 萃取小柱

的浓缩功能。

收集起来的洗脱液可以直接在色谱仪上进样分析，也可以将其浓缩后溶于另一溶剂中进样或进一步净化。

（2）固相微萃取　固相微萃取属于非溶剂型选择性萃取法。是在固相萃取的基础上发展起来的一种新的萃取分离技术。固相微萃取技术可实现对多种样品的快速分离分析，甚至可实现对痕量被测组分的高重复性、高准确度的测定。

固相微萃取有三种基本的萃取模式：直接萃取（Direct Extraction SPME）、顶空萃取（Headspace SPME）和膜保护萃取（membrane-protected SPME）。

固相微萃取装置类似于一支气相色谱的微量进样器（结构如图 6-19 所示），固相微萃取技术几乎可以用于气体、液体、生物、固体等样品中各类挥发性或半挥发性物质的分析。

固相萃取主要是通过萃取头表面的高分子固相涂层，对样品中的有机分子进行萃取预富集，因此其关键在于选择，一般非极性物质选择非极性吸附剂，极性物质选择极性吸附剂。

固相微萃取操作步骤简单，主要分为萃取过程与解吸过程两个操作步骤，如图 6-20 所示。

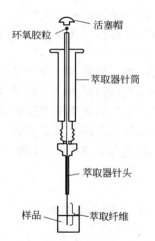

图 6-19　固相微萃取（SPME）萃取器

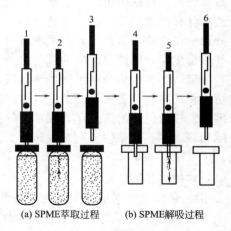

图 6-20　固相微萃取步骤
1—刺穿样品瓶盖；2—暴露出纤维/萃取；3—缩回纤维/拔出萃取器；4—插入 GC 汽化室；5—暴露出纤维/解吸；6—缩回纤维/拔出萃取器

① 萃取过程　将萃取进样针针头插入样品瓶内，压下活塞，使具有吸附涂层的萃取纤维暴露在样品中进行萃取。一段时间后，拉起活塞，让萃取纤维缩回至起保护作用的不锈钢针头内，然后拔出针头完成萃取过程。

② 解吸过程　将已完成萃取过程的萃取器针头插入分析仪器的进样口，当待测物解吸后，可进行分离和分析检测。SPME 与 GC 联用时，可将萃取涂层插入进样口进行热解析；SPME 与 HPLC 联用时，可通过溶剂洗脱，将待测物从萃取头上冲洗出来。

（3）微渗析技术　微渗析技术的基本原理是利用两相中样品浓度的差别使样品通过渗析膜从一相传质到另一相，一般被用于样品溶液中盐和低相对分子质量化合物的去除，也可用于从被测定的低相对分子质量样品中去除高分子的干扰物。

微渗析技术是利用渗析原理动态测定活体中细胞外化学过程的新兴技术，作为液相色谱分析的样品预处理技术，具有简单、快速且可用于微量样品的处理等优点，适于细胞培养液和体外复杂生物样品中小分子目标化合物的预处理。

实际分析过程中，在气相色谱法中适用的样品预处理过程往往也适用于色相色谱中样品的预处理。

2. 衍生化技术

在液相色谱的分析过程中，有的样品不能或难以直接分离和检测。如液相色谱仪的检测器是紫外-可见检测器，而样品的待测组分在紫外-可见区没有吸收，或者吸收很弱，这时应采用衍生化技术，就是在色谱分析过程中使用具有特殊官能团的化学试剂（成为衍生化试剂）与待测样品进行化学反应（称为衍生化反应），将特殊的官能团引入到样品中，使样品转变成相应的衍生物，然后再进行分离和检测。

通过衍生化反应可以改善样品的色谱特性，改善色谱分离效果，提高检测的选择性和灵敏度，有利于样品的定性和定量分析。有时通过衍生化也可以对那些在分离过程中不稳定的化合物起到保护作用。

按衍生化反应的方式可分为色谱柱柱前衍生和柱后衍生两种。

柱前衍生是待测组分先通过衍生化反应，转化成衍生化产物，然后经过色谱柱进行分离，最后测定。柱前衍生的优点是不必严格限制衍生化反应的条件，可以允许较长的反应时间及使用各种形式的反应器。其缺点是一个复杂组分的样品经过衍生化反应后，有时可能产生多种衍生化产物，给色谱分离带来困难。

柱后衍生是针对柱前衍生的某些缺点，加以改进的衍生法，即把多组分样品先注入色谱柱进行分离，当各个组分从色谱柱流出后，分别与衍生化试剂进行反应，生成带有显色官能团的衍生化产物，再进入检测器。这种方法的优点是不会由于增加衍生反应步骤给色谱分离带来困难。柱后衍生的例子，如氨基酸分析仪，氨基酸分别从色谱柱分离流出后，与显色剂茚三酮相遇，在一定条件下，发生显色反应，生成有色的衍生物，在 440nm 和 570nm 处被检测。

（1）对衍生化反应的要求

① 衍生化反应要既迅速又完全，便于计算衍生物的含量及定量计算。

② 衍生反应的生成物在分析过程中性能要稳定。

③ 柱前反应要便于分离待测化合物。

④ 柱后反应不能破坏已分离的样品带。

⑤ 反应产物的谱带扩展要小，并且没有特异的副反应。

（2）对衍生化试剂的要求

① 衍生化试剂的纯度要高，试剂中不能含有杂质，以免带到反应中。必要时将试剂精制。

② 试剂必须能保证生成所要求的衍生物。

③ 试剂必须与流动相相适应。

④ 试剂的性能要稳定。

（3）衍生化反应的类型　常用的衍生化反应有下面几个类型（详见表）。

① 用于紫外-可见检测的紫外衍生化试剂及用紫外-可见检测的金属离子显色反应。

紫外衍生化是指将紫外吸收弱或无紫外吸收的有机化合物与带有紫外吸收基团的衍生化试剂反应，使之生成可用紫外检测的化合物。如胺类化合物容易与卤代烃、羧基，酰基类衍生试剂反应。表 6-15 列出了常见的紫外衍生化试剂。

表 6-15 常见紫外衍生化试剂

化合物类型	衍生化试剂	最大吸收波长/nm	$\varepsilon/[L/(mol \cdot cm)]$
RNH$_2$ 及 RR/NH	2,4-二硝基氟苯	350	>10 4
	对硝基苯甲酰氯	254	>10 4
	对甲基苯磺酰氯	224	10 4
	异硫氰酸苯酯	244	10 4
RCH(COOH)—NH$_2$			
RCOOH	对硝基苄基溴	265	6200
ROH	对溴代苯甲酰甲基溴	260	1.8×10^4
RCOR$'$	萘酰甲基溴	248	1.2×10^4
	对甲氧基苯甲酰氯	262	1.6×10^4
	2,4-二硝基苯肼	254	
	对硝基苯甲氧铵盐酸盐	254	6200

可见光衍生化有两个主要的应用：一是用于过渡金属离子的检测，即将过渡金属离子与显色剂反应，生成有色的配合物、螯合物或离子缔合物后用可见分光光度计检测；二是用于有机离子的检测，即在流动相中加入被测离子的反离子，使之形成有色的离子对化合物后，用可见分光光度计检测。

② 用于荧光检测的衍生化方法　荧光衍生化是指将被测物质与荧光衍生化试剂反应后生成具有荧光的物质进行检测。有的荧光衍生化试剂本身没有荧光，而其衍生物却有着很强的荧光。表 6-16 列出了常见的荧光衍生化试剂。

表 6-16 常见的荧光衍生化试剂

化合物类型	衍生化试剂	激发波长/nm	发射波长/nm
RNH	邻苯二甲醛	340	455
RCH(COOH)—NH	荧光胺	390	475
α-氨基羧酸、伯胺、仲胺、苯酚、醇	丹酰氯	350～370	490～530
RCOOH	吡哆醛	332	400
RR$'$C=O	4-溴甲基-7-甲氧基香豆素	365	420
	丹酰肼		
		340	525

此外还有用于电化学检测的衍生化试剂。

3. 溶剂的处理技术

（1）溶剂的纯化　分析纯和优级纯溶液在很多情况下可以满足色谱分析的要求，但不同的色谱柱和检测方法对溶剂的要求不同，如用紫外检测器时溶剂中就不能含有在检测波长下有吸收的杂质。目前专供色谱分析用的"色谱纯"溶剂除最常用的甲醇外，其余多为分析纯，有时要进行除去杂质、脱水、重蒸等纯化操作。

正相色谱中使用的亲油性有机溶剂通常都含有 $50～2000\mu g/mL$ 的水。水是极性最强的溶剂，特别是对吸附色谱来说，即使有很微量的水也会因其强烈的吸附而占领固定相中很多吸附活性点，致使固定相性能下降。通常可用分子筛床干燥除去有机溶剂中的微量水。

卤代溶剂与干燥的饱和轻混合后性质比较稳定，但卤代溶剂（氯仿，四氯化碳）与醚类溶剂（乙醚，四氢呋喃）混合后会产生化学反应，且生成的产物对不锈钢有腐蚀作用，有的卤代溶剂（如二氯甲烷）与一些反应活性较强的溶剂（如乙腈）混合放置后会析出结晶。因此，应尽可能避免使用卤代溶剂，如一定要用，最好现配现用。

（2）流动相的脱气　流动相溶液中往往因溶解有氧气或混入了空气而形成气泡，气泡进入检测器后会引起检测信号的突然变化，在色谱图上出现尖锐的噪声峰。小气泡聚集后会变成大气泡，大气泡进入流路或色谱柱中会使流动相的流速变慢或不稳定，致使基线起伏。溶解氧常和一些溶剂结合生成有紫外吸收的化合物，在荧光检测中，溶解氧还会使荧光猝灭。溶解气体也有可能引起某些样品的氧化降解和使其溶解从而导致流动相 pH 发生变化，凡此种种，都会给分离带来负面的影响。因此，液相色谱实际分析过程中，必须先对流动相进行脱气处理。

目前，液相色谱流动相脱气使用较多的方法有超声波震荡脱气、惰性气体鼓泡吹扫脱气以及在线（真空）脱气装置 3 种。

（3）流动相的过滤　过滤是为了防止不溶物堵塞流路或色谱柱入口处的微孔垫片。流动相过滤常使用 G4 微孔玻璃漏斗，可除去 $3\sim4\mu m$ 以下的固态杂质。严格地讲，流动相都应该采用特殊的流动相过滤器，用 $0.45\mu m$ 以下微孔滤膜进行过滤后才可使用。滤膜分有机溶剂专用和水溶液专用两种。

二、定性和定量方法

1. 定性方法

由于色相色谱过程中影响溶质迁移的因素较多，同一组分在不同色谱条件下的保留值相差很大，即便在相同的操作条件下，同一组分在不同色谱柱上的保留也可能有很大差别，因此液相色谱与气相色谱相比，定性的难度更大。常用的定性方法有如下几种。

（1）利用已知标准样品定性　利用标准样品对未知化合物定性是最常用的液相色谱定性方法，该方法的原理与气相色谱法的定性方法相同。由于每一种化合物在特定的色谱条件下（流动相组成、色谱柱、柱温等相同），其保留值具有特征性，因此可以利用保留值进行定性。如果在相同的色谱条件下被测化合物与标样的保留值一致，就能进一步正式被测化合物与标样为同一化合物。

（2）利用检测器的选择定性　同一种检测器对不同种类的化合物的响应值是不同的，而不同的检测器对同一种化合物的响应也是不同的。所以当某一被测化合物同时被两种或两种以上检测器检测时，两检测器或几个检测器对被测化合物检测灵敏度比值是与被测化合物的性质密切相关的。可以用来对被测化合物进行定性分析，这就是双检测器定性体系的基本原理。

双检测器体系的连接一般有串联连接和并联连接两种方式。当两种检测器中的一种是非破坏型的，则可采用简单的串联连接方式，方法是将非破坏型检测器串接在破坏型检测器之前。若两种检测器都是破坏型的，则需采用并联方式连接，方法是在色谱柱的出口端连接一个三通，分别连接到两个检测器上。

在液相色谱中最常用于定性鉴定工作的双检测体系是紫外检测器（UV）和荧光检测器（FL）。图 6-21 是 UV 和 FL 串联检测食物

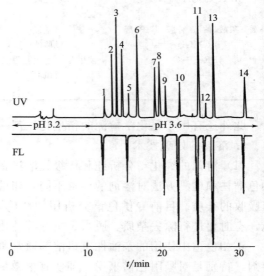

图 6-21　UV 和 FL 串联检测食物中的有毒胺

柱：TSK gel ODS 80，250mm×4.6mm，$5\mu m$；流动相：0.01mol/L 三乙胺水溶液（pH 为 3.2 或 pH 为 3.6）和乙腈；1,5,12—吡啶并咪唑；2,4—咪唑并喹啉；3,6,7,8—咪唑氧杂喹啉；9～11,13,14—吡啶并吲哚

中有毒胺类化合物的色谱图。

2. 定量方法

高效液相色谱的定量方法与气相色谱定量方法类似，主要有面积归一化法、外标法和内标法，简述如下。

（1）归一化法　归一化法要求所有组分都能分离并有响应，其基本方法与气相色谱中的归一化法类似。

由于液相色谱所用检测器一般为选择性检测器，对很多组分没有响应，因此液相色谱法较少使用归一化法进行定量分析。

（2）外标法　外标法是以待测组分纯品配制标准试样和待测试样同时作色谱分析来进行比较而定量的，可分为标准曲线法和直接比较法。具体方法可参阅本教材 5.4.3。

（3）内标法　内标法是比较精确的一种定量方法。它是将已知量的参比物（称内标物）加到已知量的试样中，那么试样中参比物的浓度为已知；在进行色谱测定之后，待测组分峰面积和参比物峰面积之比应该等于待测组分的质量与参比物质量之比，求出待测组分的质量，进而求出待测组分的含量。具体方法可参阅本教材 5.4.3。

知识应用与技能训练

一、填空题

1. 在高效液相色谱分析中，影响峰扩张的因素主要有 ＿＿＿＿＿＿＿＿＿＿＿＿＿＿＿。

2. 试写出检查四氢呋喃溶剂中有无过氧化物的方法 ＿＿＿＿＿＿＿＿＿＿＿＿＿＿＿＿。

3. 分离下列物质，宜用何种液相色谱方法？

① CH_3CH_2OH 和 $CH_3CH_2CH_2OH$ ＿＿＿＿＿＿＿＿＿＿＿＿＿＿。

② C_4H_9COOH 和 $C_5H_{11}COOH$ ＿＿＿＿＿＿＿＿＿＿＿＿。

③ 相对分子质量高的葡萄苷 ＿＿＿＿＿＿＿＿＿＿＿＿＿。

二、应用题

在某反相液相色谱柱上，测得以下数据：

组　　分	t/min	组　　分	t/min
香草醛苯羟基酸	3.23	3-甲氧基酪胺	7.31
去甲变肾上腺素	3.87	高香草酸	11.70
变肾上腺素	5.81		

如果不被保留组分的 t_M33s，计算每一组分对 3-甲氧基酪胺的相对保留值。

⚙ 实验任务指导书

一、利用高效液相色谱法对祛斑霜中苯甲酸、山梨酸等 11 种防腐剂进行分析

1. 实验任务

利用高效液相色谱法对市场上至少两个品牌的美白祛斑霜进行分析检测，判断产品中是否含有苯甲酸、山梨酸等防腐剂，如果有其含量是否超标。

2. 主要仪器与用具

PE200 型高效液相色谱仪或其他型号液相色谱仪（普通配置，带紫外检测器）、微型混合器、Anke GL 220G2E 高速冷冻离心机。

3. 主要试剂

苯甲酸，山梨酸，水杨酸，尼泊金甲酯，尼泊金乙酯，尼泊金丙酯，尼泊金异丁酯，尼泊金丁酯，三氯生，邻苯基苯酚，苯甲醇。以上均为基准试剂。

甲醇（色谱纯），NaH_2PO_4，Na_2HPO_4（优级纯）。实验用水为超纯水。

4. 操作规程

（1）样品预处理　准确称取化妆品样品 1.0000g 于具塞试管中，加入 10mL 甲醇振荡混匀后超声提取 15min，5000r/min 离心 10min，上清液经 $0.45\mu m$ 滤膜过滤，滤液即为待测液。

（2）标准储备液的配制　精确称取各标准物质一定量于 10mL 棕色容量瓶，甲醇溶解并定容，使浓度均为 $500\mu g/mL$，再取各标准母液用超纯水定容到 $1\sim200\mu g/mL$ 的混标。配制好的标准混合溶液不使用时需放到 4℃ 冰箱中冷藏。

（3）对选定的流动相进行预处理（参照本任务相关知识点流动相的处理技术）　参考步骤如下。

① 准确称取磷酸氢二钾 5.59g 和磷酸二氢钾 0.41g，用蒸馏水稀释定容至 1000mL 得 pH=8.0 的磷酸盐缓冲溶液，用 $0.45\mu m$ 有机相滤膜减压过滤，脱气。

② 取甲醇 1000mL 按上述方法进行处理。

（4）开机、设置分析条件　设置色谱条件。

色谱柱：ZORBAX Extend XDB2C$_{18}$柱 [150mm×4.6mm（i. d.）5mL，Agilent]

流动相：甲醇-水（pH=8.0，0.02mol/L 磷酸盐缓冲体系），梯度洗脱、流动相变化见表 6-17，流速：1.0mL/min。

表 6-17　梯度变化表

序　号	时间/min	流速/(mL/min)	水(pH=8.0)	甲醇	曲线
1	0	1.00	95.0	5.00	6
2	6.00	1.00	95.0	5.00	6
3	20.00	1.00	5.0	95.0	6
4	22.00	1.00	95.0	5.00	6
5	30.00	1.00	95.0	5.00	1

注：曲线是梯度混合的变化方式，6 表示是按线性变化。

初始波长：230nm，11min 后检测波长变为 254nm。

柱温：30℃　　进样量：$10\mu L$

（5）将色谱柱安装在色谱仪上，将流动相更换为已处理过的甲醇-水（pH=8.0，0.02mol/L 磷酸盐缓冲体系）。

（6）混合标准样的分析测定　待基线稳定后，用 $100\mu L$ 平头微量注射器分别吸收混取标准样 $100\mu L$（实际进样体积以定量管的体积为准），记录下各样品对应的文件名，并打印出优化处理后的色谱图和分析结果。平行测定 3 次。

（7）待测样品的分析测定　待基线稳定后，用 $100\mu L$ 平头微量注射器吸取含待测溶液 100uL（实际进样体积以定量管的体积为准），记录下各样品对应的文件名，并打印出优化处理后的色谱图和分析结果。平行测定 3 次。

（注意：如果邻近峰分离不完全，应适当调整流动相配比和流速，然后重新测定！）

5. 数据处理及计算

（1）将待测样品的分离谱图与标准溶液色谱图比较即可确认祛斑霜中所含的防腐剂的种类。

（2）记录色谱操作条件并参照下表记录测定的相关实验数据，计算主成分的相对校正因子（计算方法参照气相色谱部分相关内容），计算主要成分百分含量或质量浓度。

主 成 分	绝对校正因子 f	相对校正因子 f'

成分	测定次数	保留时间/min	峰面积	平均值	c/(mg/L)（或质量分数/%）
对照品	1				
	2				
	3				
试样	1				
	2				
	3				

6. 相关原理

苯甲酸等防腐剂易溶于甲醇，所以试样可用甲醇进行提取，经阳离子交换固相萃取柱净化后，用高效液相色谱测定，采用归一化法定量。

二、布洛芬胶囊中主要成分含量的测定

1. 实验任务

（1）学会胶囊类样品预处理的方法；

（2）掌握流动相 pH 值的调节方法；

（3）能用外标法对样品中主要成分进行定性定量检测；

（4）掌握 HPLC 在药物分析中的应用。

2. 主要仪器与用具

仪器 PE200 型高效液相色谱仪或其他型号液相色谱仪（普通配置，带紫外检测器）；TC4 色谱工作站或其他色谱工作站；色谱柱；PE Brownlee C_{18} 反相键合色谱柱 [150mm×4.6mm（i.d.），5μm]；100μL 平头微量注射器；超声波清洗器；流动相过滤器；无油真空泵。

3. 主要试剂

布洛芬对照品，布洛芬胶囊，醋酸钠缓冲溶液，蒸馏水，乙腈。

4. 操作规程

（1）流动相的预处理 配置醋酸钠缓冲溶液（取醋酸钠 6.13g，加水 750mL，振摇使溶解，用冰醋酸调节 pH＝2.5），1 流动相为醋酸钠缓冲液-乙腈（40∶60），用 0.45μm 有机相滤膜减压过滤，脱气。

（2）对照品溶液的配制 准确称取 0.1g 布洛芬（精确至 0.1mg），置 200mL 容量瓶中，加甲醇 100mL 溶解，振摇 30min，加水稀释至刻度，摇匀，过滤。

（3）试样的处理与制备 取一定量市售布洛芬胶囊，打开胶囊，倒出里面的粉末，用研钵研细并混合均匀后，准确称取适量样品粉末（约相当于布洛芬 0.1g）置于 200mL 容量瓶中，加甲醇 100mL 溶解，振摇 30min，加水稀释至刻度，摇匀，过滤。

（4）标样分析

① 将色谱柱安装在色谱仪上，将流动相更换成已处理过的醋酸钠-乙腈（40∶60）。

② 按规范步骤开机，并将仪器调试至正常工作状态，流动相流速设置为 1.0mL/min；柱温 30～40℃；紫外检测器检测波长 263nm。

③布洛芬对照品溶液的分析测定。待仪器基线稳定后，用 $100\mu L$ 平头微量注射器分别注射布洛芬对照品溶液 $100\mu L$（实际进样量以定量管体积计），记录下各样品对应的文件名。平行测定 3 次。

（5）试样分析　用 $100\mu L$ 平头微量注射器分别注射布洛芬胶囊样品溶液 $100\mu L$（实际进样量以定量管体积计），记录下各样品对应的文件名。平行测定 3 次。

（6）定性鉴定　将布洛芬胶囊样品溶液的分离色谱图与布洛芬对照品溶液的分离色谱图进行保留时间的比较即可确认布洛芬胶囊样品的主要成分色谱峰的位置。

（7）结束工作

① 所有样品分析完毕后，先用蒸馏水清洗色谱系统 30min 以上，然后用 100％的乙腈溶液清洗色谱系统 20～30min，再按正常的步骤关机。

② 清理台面，填写仪器使用记录。

5. 数据记录及处理

记录色谱操作条件并参照下表记录布洛芬胶囊测定的相关实验数据，计算布洛芬胶囊中主要成分的百分含量或质量浓度。

成分	测定次数	保留时间/min	峰面积	平均值	$c/(mg/L)$（或质量分数/%）
对照品	1				
	2				
	3				
试样	1				
	2				
	3				

6. 实验原理

高效液相色谱法是目前应用较广的药物检测技术。其基本方法是将具一定极性的单一溶剂或不同比例的混合溶液，作为流动相，用泵将流动相注入装有填充剂的色谱柱，注入的供试品被流动相带入柱内进行分离后，各成分先后进入检测器，用记录仪或数据处理装置记录色谱图或进行数据处理，得到测定结果。由于应用了各种特性的微粒填料和加压的液体流动相，本法具有分离性能高、分析速度快的特点。

7. 注意事项

①由于流动相为含缓冲盐的流动相，所以在运行前应先用蒸馏水平衡色谱柱，然后再走流动相，且流速应逐步升到 1.0mL/min。实验完毕后，应再用纯水冲洗色谱柱 30min 以上，然后用甲醇-水（85：15）或其他合适的流动相冲洗色谱柱。

②色谱柱的个体差异很大，即使是同一厂家的同种型号的色谱柱，性能也会有差异。因此，色谱条件（主要是指流动相的配比）应根据所用色谱柱的实际情况作适当的调整。

三、婴幼儿奶粉中三聚氰胺的检测

1. 实验任务

利用高效液相色谱法检测市场上至少三个品牌的婴幼儿奶粉中是否含有三聚氰胺，如果有检测器含量（参照国标 GB/T 22388—2008）。

2. 主要仪器与用具

高效液相色谱（HPLC）仪（配有紫外检测器或二极管阵列检测器）、分析天平（感量为 0.0001g 和 0.01g）、离心机（转速不低于 4000r/min）、超声波水浴、固相萃取装置、氮气吹干仪、涡旋混合器、具塞塑料离心管 50mL、研钵。

3. 主要试剂

（1）甲醇（色谱纯），乙腈（色谱纯），氨水（含量为 25%～28%），三氯乙酸，柠檬酸，辛烷磺酸钠（色谱纯），定性滤纸。

（2）甲醇水溶液　准确量取 50mL 甲醇和 50mL 水，混匀后备用。

（3）1‰三氯乙酸溶液　准确称取 10g 三氯乙酸于 1L 容量瓶中，用水溶解并定容至刻度，混匀后备用。

氨化甲醇溶液（5%）：准确量取 5mL 氨水和 95mL 甲醇，混匀后备用。

离子对试剂缓冲液：准确称取 2.10g 柠檬酸和 2.16g 辛烷磺酸钠，加入约 980mL 水溶解，调节 pH 至 3.0 后，定容至 1L 备用。

三聚氰胺标准品：CAS 108-78-01，纯度大于 99.0%。

三聚氰胺标准储备液：准确称取 100mg（精确到 0.1mg）三聚氰胺标准品于 100mL 容量瓶中，用甲醇水溶液（3.2.7）溶解并定容至刻度，配制成浓度为 1mg/mL 的标准储备液，于 4℃避光保存。

阳离子交换固相萃取柱：混合型阳离子交换固相萃取柱，基质为苯磺酸化的聚苯乙烯-二乙烯基苯高聚物，60mg，3mL，或相当者。使用前依次用 3mL 甲醇、5mL 水活化。

海砂：化学纯，粒度 0.65～0.85mm，二氧化硅（SiO_2）含量为 99%。

微孔滤膜：$0.2\mu m$，有机相。

氮气：纯度大于等于 99.999%。

（注：除非另有说明，所有试剂均为分析纯，水为 GB/T 6682 规定的一级水。）

4. 操作规程

（1）样品处理

① 提取　分别称取 2g（精确至 0.01g）试样于 50mL 具塞塑料离心管中，加入 15mL 三氯乙酸溶液和 5mL 乙腈，超声提取 10 min，再振荡提取 10 min 后，以不低于 4000r/min 离心 10min。上清液经三氯乙酸溶液润湿的滤纸过滤后，用三氯乙酸溶液定容至 25mL，移取 5mL 滤液，加入 5mL 水混匀后做待净化液。

② 净化　将上述步骤中的待净化液转移至固相萃取柱中。依次用 3mL 水和 3mL 甲醇洗涤，抽至近干后，用 6mL 氨化甲醇溶液洗脱。整个固相萃取过程流速不超过 1mL/min。洗脱液于 50℃下用氮气吹干，残留物（相当于 0.4g 样品）用 1mL 流动相定容，涡旋混合 1min，过微孔滤膜后，供 HPLC 测定。

（2）设置色谱条件　HPLC 参考条件如下。

① 色谱柱　C_8 柱，250mm×4.6mm（i.d.），$5\mu m$，或相当者；

C_{18} 柱，250mm×4.6mm（i.d.），$5\mu m$，或相当者。

② 流动相　C_8 柱，离子对试剂缓冲液-乙腈（85+15，体积比），混匀。

C_{18} 柱，离子对试剂缓冲液-乙腈（90+10，体积比），混匀。

③ 流速　1.0mL/min。

④ 柱温　40℃。

⑤ 波长　240nm。

⑥ 进样量　20μL。

（3）标准曲线的绘制　用流动相将三聚氰胺标准储备液逐级稀释得到的浓度为 0.8μg/mL、2μg/mL、20μg/mL、40μg/mL、80μg/mL 的标准工作液，浓度由低到高进样检测，以峰面积-浓度作图，得到标准曲线回归方程。基质匹配加标三聚氰胺的样品 HPLC。

（4）定量测定　待测样液中三聚氰胺的响应值应在标准曲线线性范围内，超过线性范围则应稀释后再进样分析。独立测定两次。

（5）空白实验　除不称取样品外，均按上述测定条件和步骤进行。

5. 数据记录及处理

（1）数据记录表

样　品		样品 A	样品 B	样品 C	空　白
取样量/g	第一次				
	第二次				
三聚氰胺的峰面积	第一次				
	第二次				
三聚氰胺的含量/(mg/kg)	第一次				
	第二次				
两次独立测定结果的绝对差					

注：在重复性条件下获得的两次独立测定结果的绝对差值不得超过算术平均值的 10%。

（2）计算方法　试样中三聚氰胺的含量由色谱数据处理软件或按下式计算获得：

$$X = \frac{AcV \times 1000}{A_s m \times 1000} \times f$$

式中，X 为试样中三聚氰胺的含量，mg/kg；A 为样液中三聚氰胺的峰面积；c 为标准溶液中三聚氰胺的浓度，μg/mL；V 为样液最终定容体积，mL；A_s 为标准溶液中三聚氰胺的峰面积；m 为试样的质量，g；f 为稀释倍数。

6. 相关原理

三聚氰胺易溶于三氯乙酸溶液-乙腈混合溶液，所以试样可用三氯乙酸溶液-乙腈提取，经阳离子交换固相萃取柱净化后，用高效液相色谱测定，采用外标法定量。

7. 注意事项

本方法的定量限为 2mg/kg。

项目七　其他仪器分析方法

任务1　原子发射光谱法

【知识目标】

（1）熟悉原子发射光谱的基本原理、装置；

（2）熟悉原子发射光谱仪的基本构造；

（3）掌握常用的光源和光谱仪的种类、用途、使用方法。

【能力目标】

（1）能够参照说明操作原子发射光谱仪器；

（2）能够正确选择光源和光谱仪。

子任务1　认识原子发射光谱法

课堂活动

1. 带领学生参观相关实验室或观看相关视频。期间提出以下问题：

（1）原子发射光谱法和原子吸收光谱法的区别和联系有哪些？

（2）原子发射光谱法有哪些用途？

（3）原子吸收光谱是如何产生的？

2. 根据学生讨论回答情况，老师点评、讲解，学生主动性学习原子发射光谱法的基本概念和原理。

子任务2　仪器结构和操作

课堂活动

结合原子发射光谱仪掌握仪器结构和操作。

对照原子发射光谱仪，老师讲解仪器结构，演示操作，学生知识应用与技能训练，学生主动性学习原子发射光谱仪的结构和操作。

子任务3　用原子发射光谱法测定水中的钙、镁离子分析方案的制定

课堂活动

1. 首先提出问题：有哪些方法可以测定水中的钙、镁离子含量？

2. 请学生选择合适的仪器和其他辅助工具以及所需要的试剂。

3. 学生根据给定的任务要求初步制定检测方案（包括：分析条件的设置、定性和定量的方法、数据处理等内容），并以小组为单位进行展示。

4. 根据学生方案的制定情况，教师重点讲解原子发射光谱法的分析条件的设置、定性和定量的方法、数据处理等内容。

5. 请学生根据所讲内容，对方案进一步优化，并最终确定方案，参考方案见实验任务指导书。

子任务 4　测定及数据处理

课堂活动

请学生参照说明书的要求操作仪器和已制定的分析方案，测定水样中钙镁离子的含量；正确的记录数据，规范填写检测报告。

水样的谱线的波长/nm			
Ca 标准溶液的浓度/(μg/mL)			
Mg 标准溶液的浓度/(μg/mL)			
Ca 系列标准溶液的 I 值			
Mg 系列标准溶液的 I 值			
待测水样的 I 值			

子任务 5　关机

课堂活动

正确关机、填写相关记录、清理实验室。

【任务卡】

任　　　务		方案(答案)或相关数据、现象记录	点评	相应技能	相应知识点	自我评价
子任务 1　认识原子发射光谱法	原子发射光谱法和原子吸收光谱法的区别和联系有哪些					
	原子发射光谱法有哪些用途					
	原子发射光谱产生的原理					
子任务 2　仪器结构和操作	原子发射光谱仪的基本构造					
	原子发射光谱仪的基本操作					
子任务 3　用原子发射光谱法测定水中的钙、镁离子分析方案的制定	定性方法					
	定量方法					
	分析条件					
子任务 4　测定及数据处理	测定步骤					
	测定结果					
子任务 5　关机	关机的顺序					
学会的技能						

相关知识

一、原子发射光谱的定义

原子发射光谱法，是利用物质在热激发或电激发下，每种元素的原子或离子发射特征光谱来对待测元素进行分析的方法。

二、原子发射光谱的基本原理

1. 原子发射光谱的产生

原子发射光谱分析是根据原子所发射的光谱来测定物质的化学组分的。不同的物质由不同元素的原子所组成，而原子都包含着一个结构紧密的原子核，核外围绕着不断运动的电子，原子核外的电子在不同状态下所具有的能量，可用能级来表示。离核较远的称为高能级，离核较近的又称为低能级。在通常情况下，原子处于最低能量状态，称为基态（即最低能级）。但当原子受到外界能量（如热能、电能）的作用下，原子获得足够的能量后，就会使外层电子从低能级跃迁至高能级。这种状态称为激发态。

原子外层的电子处于激发态是十分不稳定的，它的寿命小于 10^{-8} s。当它从激发态回到基态时，就要释放出多余的能量。若此能量以光的形式出现，即得到发射光谱。原子发射光谱是线状光谱。

谱线波长与能量的关系为：　　　$\Delta E = E_2 - E_1 = h\nu = \dfrac{h_c}{\lambda}$ （7-1）

式中，E_1、E_2 各自为高能级与低能级的能量；ν 及 λ 分别为发射电磁的频率及波长；h 为 Planck 常数（6.626×10^{-34} J·s）；c 是光速。

原子的外层电子由低能级激发到高能级时所需要的能量又称为激发电位，以电子伏特（eV）表示。

不同的元素其原子结构不同，原子的能级状态不同，原子发射光谱的谱线也不同，每种元素都有其特征光谱，这就是光谱定性分析的基本依据。

原子的光谱线各有其相应的激发电位。具有最低激发电位的谱线称为共振线，通常共振线是该元素的最强谱线。

在激发光源的作用下，原子获得足够的能量就发生电离。离子也可能被激发，其外层电子跃迁也发射光谱。

2. 发射光谱分析的过程

(1) 蒸发、原子化和激发　待测元素在能量（激发光源）的作用下蒸发、原子化（转变成气态原子），并使气态原子的外层电子激发至高能态。当从较高的能级跃至较低的能级时，原子将释放出多余的能量而发射出特征谱线。这一过程称为蒸发、原子化和激发。

(2) 获得光谱图　借助于摄谱仪器的分光和检测装置，可把原子所产生的辐射进行色散分光，按波长顺序记录在感光板上，即可呈现出有规则的光谱线条，即光谱图。

(3) 依据光谱图进行定量分析或定性鉴定　根据元素的特征光谱可鉴别元素是否存在（定性分析）。光谱线的强度与待测溶液中该元素的含量有关，故可利用这些谱线的强度来测定元素的含量（定量分析）。

三、原子发射光谱分析的特点

1. 原子发射光谱分析的优点

(1) 可同时检测多种元素　每一样品经激发后，不同元素都发射特征光谱。故可同时测定一个样品中的多种元素。

(2) 分析速度快　分析试样不需要经过化学处理，固体、液体样品都可直接测定。

(3) 选择性好　每种元素因原子结构不同，可发射不同的特征光谱。这对于分析一些化学性质极相似的元素具有特别重要的意义。例如，铌和钽、锆和铪用其他方法分析都很困难，而发射光谱分析可以逐个地将它们区分开来。

(4) 试样用量少

（5）准确度较高　一般光源相对误差约为 $5\% \sim 10\%$，ICP 相对误差可达 1% 以下。

（6）检出限低　一般光源可达 $10 \sim 0.1 \mu g/g$，绝对可达 $1 \sim 0.01 \mu g$。电感耦合高频等离子体（ICP）检出限可达 ng/g 级。

2. 原子发射光谱分析的缺点

（1）高含量分析的准确度较差。

（2）常见的非金属元素如氧、硫、氮、卤素等谱线在远紫外区，目前一般的光谱仪尚无法检测。

（3）还有一些金属元素，如 P、Se、Te 等，由于其激发电位高，灵敏度较低。

四、谱线的自吸和自蚀

原子发射光谱的激发光源都有一定的体积，温度分布并不均匀，中心部位的温度高，边缘部位温度低。中心区域激发态原子多，边缘区域基态原子、低能态原子比较多。元素的原子或离子从光源中心部位辐射被光源边缘处于较低温度状态的同类原子吸收，使发射光谱强度减弱，此过程称为元素的自吸过程。谱线的自吸不仅影响谱线强度，而且影响谱线形状（图 7-1）。一般当元素含量高，原子密度增大时，产生自吸。当原子密度增大到一定程度时，自吸现象严重，谱线的峰值强度完全被吸收，此时现象称为谱线的自蚀。在元素谱线表中，用 r 表示自吸线，用 R 表示自蚀线。

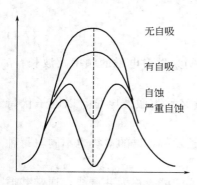

图 7-1　谱线的自吸和自蚀

自吸与原子蒸气的厚度关系很密切。不同类型的激发光源，激发温度不一样，原子蒸气的厚度不同，谱线的自吸情况也不一样。

在一定的实验条件下，谱线强度 I 和元素浓度 c 的关系为：

$$I = Ac^b \tag{7-2}$$

式中，A 为与测定条件有关的系数；b 为自吸系数，当浓度很低时，原子蒸气的厚度很小；当 $b=1$，即没有自吸。式(7-2) 为原子发射光谱定量分析的基本公式。

在光谱定量分析中，谱线强度与被测元素浓度成正比。因为自吸严重影响谱线强度，所以在定量分析时必须注意自吸现象。

五、原子发射光谱分析仪器

原子发射光谱仪器的基本结构由三部分组成，即激发光源、分光系统（光谱仪）和观测系统。

1. 光源

光源的作用：首先，把试样中的组分蒸发离解为气态原子，然后使这些气态原子激发，使之产生特征光谱。光谱分析用的光源常常是决定光谱分析灵敏度、准确度的重要因素，因此了解光源的种类、特点及应用范围非常重要。常用光源类型：直流电弧、交流电弧、电火花及电感耦合高频等离子体（ICP）。

（1）直流电弧　直接电弧发生器的基本电路如图 7-2 所示。

① 原理　利用直流电作为激发能源。常用电压为

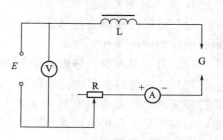

图 7-2　直接电弧发生器

150～380V，电流为 5～30A。可变电阻（称作镇流电阻）用来稳定和调节电流的大小，电感（有铁芯）用来减小电流的波动。G 为放电间隙（分析间隙）。点弧时，先将 G 的两个电极接触使之通电，由于通电时接触点的电阻很大而发热，点燃电弧。然后将两电极拉开，使其两电极相距 4～6mm。此时，炽热阴极尖端就会发射出热的电子流，热电子流在电场的作用下，以很大的速度从分析间隙奔向 G 的阳极，当阳极受到高速电子的轰击时，产生高热，使试样物质从电极表面蒸发出来，变成蒸气，蒸发的原子因与电子碰撞，电离成正离子，并以高速运动冲击阴极。于是，电子、原子、离子在分析间隙互相碰撞、互相接触，产生能量交换，引起试样原子激发，发射出光谱线。

② 特点　蒸发能力比较强，分析的绝对灵敏度高，适用于难挥发试样的分析；电弧温度（激发温度），一般可达 4000～7000K，适用矿物、岩石等难熔样品及稀土等难熔元素定量分析。

③ 缺点　弧层较厚，自吸现象严重；放电不稳定，弧光游移不定，再现性差，电极头温度高，故这种光源不宜用于低熔点元素的分析及定量分析。

（2）交流电弧　交流电弧有高压电弧和低压电弧两大类。高压电弧工作电压达 2000～4000V，可以利用高电压把弧隙击穿而燃烧，较少使用。低压交流电弧工作电压一般为 110～220V（应用较多，设备简单安全），必须采用高频引燃装置引燃，使其在每一交流半周时引燃一次，以维持电弧不灭。

特点：交流电弧是介于直流电弧和电火花之间的一种光源，与直流相比，交流电弧的电极头温度稍低一些，蒸发温度稍低一些（灵敏度稍差一些），但此光源的最大优点是稳定性比直流电弧高，操作简便安全。因而广泛应用于光谱定性、定量分析，但灵敏度较差些。

用途：这种电源常用于金属、合金中低含量元素的定量分析。

（3）高压火花　高压火花发生器的线路如图 7-3 所示。

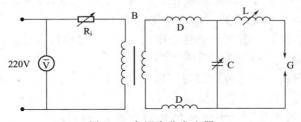

图 7-3　高压火花发生器

·　① 原理　电源经调节电阻 R 适当调压后，经变压器 B 升压至 10～25kV，向 C 充电，当电容器 C 两端的电压升高至分析间隙 G 的击穿电压时，产生具有振荡特性的火花放电。放电完毕后，又重新充电、放电，如此反复。

② 特点　放电的稳定性好，分析重现性好；激发温度高（电弧放电的瞬间温度），可高达 10000K 以上，可激发电位高的元素，适用于难激发元素的测定；电极头温度较低，因而试样的蒸发能力较差，适用于高含量元素的测定及分析易熔金属、合金样品。

③ 缺点　灵敏度较差，背景大，不宜作痕量元素分析。

（4）电感耦合高频等离子体光源（ICP）

① ICP 的形成和结构　ICP 形成的原理如图 7-4 所示。

ICP 装置由三部分组成：高频发生器和高频感应线圈；炬管和供气系统；雾化器及试样

引入系统。

炬管由三层同轴石英管组成，最外层石英管通冷却气（Ar 气），沿切线方向引入，并螺旋上升，其目的：维持 ICP 的工作气流，将等离子体吹离外层石英管的内壁，以避免它烧毁石英管；中层石英管通入 Ar 气（辅助气体），起维持等离子体的作用。内层石英管内径约为 1～2mm，以 Ar 为载气，把经过雾化器的试样溶液以气溶胶形式由内管注入等离子体中。

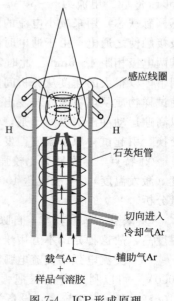

图 7-4　ICP 形成原理

② 工作原理　当感应线圈与高频发生器接通时，产生轴向磁场。若此时用电火花引燃，管内气体就会有少量电离，电离出来的正离子和电子因受高频磁场的作用而被加速，当其运动途中，与其他原子碰撞时，产生碰撞电离，形成更多的载流子。此时，在气体中形成能量很大的环形涡流（垂直于管轴方向），这个几百安培的环形涡流瞬间就使气体加热到最高温度可达 10000K，形成稳定的等离子炬。然后由载气携带式样气溶胶由喷嘴喷通过等离子体中进行蒸发、原子化和激发产生发射光谱。

③ ICP 光源特点

a. 工作温度高　在等离子体焰核处，可高达 10000K，中央通道的温度 6000～8000K，而且又在惰性气体氛围条件下，有利于难激发元素的激发和难溶化合物的分解，因此对大多数元素有很高的灵敏度。

b. 电感耦合高频等离子炬具有环状的结构　这种环状的结构造成一个电学屏蔽的中心通道。等离子体外层电流密度大，温度高，中心电流密度最小，温度最低，这样，有利样品进入中心通道，且不影响等离子体的稳定性。同时不会产生因外部冷原子蒸气造成的谱线自吸现象。所以 ICP-AES 线性范围宽（4～5 个数量级）。

c. ICP 的载气流速很低，有利于试样在中央通道中充分激发，而且耗样量也比较少。

d. 样品原子化充分，有效地消除了化学的干扰。

e. 由于电子密度很高，测定碱金属时，电离干扰很小。

f. ICP 是无极放电，没有电极污染。

g. ICP 以 Ar 为工作气体，由此产生的光谱背景干扰较少。

由此可见，ICP-AES 具有灵敏度高、检测限低、精密度高（相对标准偏差一般为 0.5%～2%）、工作曲线线性范围宽等优点。同一份试液可用于从常量至痕量元素的分析，且试样中基体和共存元素的干扰小，甚至可以用同一条工作曲线测定不同基体试样的同一元素。这就为光电直读式光谱仪了提供了一个理想的光源。ICP 是当前发射光谱分析中发展最迅速的一种新型光源。

2. 分光系统（光谱仪）

利用色散元件及其他光学系统将光源发射的电磁辐射按波长顺序展开，并以适当的接收器接收不同波长辐射光的仪器称为光谱仪。

光谱仪按照使用色散元件的不同，分为光栅光谱仪和棱镜光谱仪。按照接收光谱辐射方式的不同，分为 3 种方法，即看谱法、摄谱法和光电法。

（1）看谱法　用眼睛来观测谱线强度的方法称为看谱法，常用的仪器为看谱镜，这种方法仅适用于可见光波段，可用于钢铁及有色金属的半定量分析。

（2）摄谱法　用照相的方法把光谱记录在感光板上，即将光谱感光板置于摄谱仪焦面上，接受被分析试样的光谱作用而感光，然后经过显影、定影等过程后，制得光谱底片，其上有许多黑度不同的光谱线，再用映谱仪观察谱线位置及大致强度，进行光谱定性及半定量分析。用测微光度计测量谱线的黑度，进行光谱定量分析。

（3）光电法　用光电倍增管将光信号转换为电信号来检测谱线强度的光谱仪，此仪器称为光电直读光谱仪。该法发展最快。

3. 观测系统

以摄谱法进行光谱分析时，必须有一些观测设备。如测微光度计（黑度计）、光谱投影仪（或称映谱仪）、比长仪（测量谱线间距）等。

（1）光谱投影仪（映谱仪）　在进行光谱定性分析及观察谱片时需用此设备，将摄得的谱片进行放大投影在屏上以便观察，一般放大倍数为 20 倍左右。

（2）测微光度计（黑度计）　用在测量感光板上记录的谱线黑度，主要用于光谱定量分析。

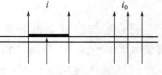

图 7-5　黑度的原理

在光谱分析时，照射至感光板上的光线越强，照射时间越长，则感光板上的谱线越黑。常用黑度来表示谱线在感光板上的变黑程度。若将一束光强度为 a 的光束投射在谱片时，其中未受光处透过的光线强度为 I_0（黑度的原理如图7-5），在谱片变黑部分透过的光线强度为 I，则谱片变黑处的透光度为 $T = I/I_0$，而黑度 S 则定义为：

$$S = \lg \frac{1}{T} = \lg \frac{I_0}{I} \tag{7-3}$$

可见在光谱分析中的黑度，实际上相当于分光光度法中的吸光度 A。

六、原子发射光谱分析仪器的操作

以 IRIS Intrepid Ⅱ XSP 型等离子体光谱仪操作规程为例。

1. 开机前准备操作

（1）检查仪器室电源、温度和湿度等环境条件，室内恒温（25±2）℃，湿度小于 70%。

（2）确认足够的氩气用于连续工作。

（3）确认废液收集瓶有足够的空间容纳废液。

（4）打开氩气并调节压力在 0.5～0.8MPa 之间。

2. 开机操作

（1）若仪器处于停机状态，通氩气 30min 后，开启仪器稳压电源，打开主机电源，注意仪器自检。

（2）开启电脑并打开 TEVA 软件，检查联机通信情况。

（3）稳定 1h 左右（视光室温度而定）。

3. 点火操作

（1）检查并确认进样系统（炬管、雾化室、雾化器、泵管等）是否正确安装。

（2）上好蠕动泵夹子，进样管放入水中。

（3）开启排风。

（4）打开 TEVA 软件的 Plasma Status 对话框进行点火操作。

4. 样品测定操作

　　（1）调用或新建分析方法。

　　（2）在光室温度稳定在（92±0.5)℉；CID 温度低于－40℃情况下等离子体稳定 30min。

　　（3）进行标准化。

　　（4）分析待测样。

　　（5）数据处理和报告打印，关闭电脑。

　　5. 关机操作

　　（1）分析完毕后，用去离子水冲洗进样系统 10min。

　　（2）在 Plasma Status 对话框点击"shut down"进行熄火操作。

　　（3）松开蠕动泵夹子

　　（4）待 CID 温度升至 15℃以上后，关闭氩气。

　　（5）关闭排风、主机电源和稳压电源。

　　6. 注意事项操作

　　（1）要保证开主机前氩气吹扫的时间充足以及熄火后 CID 温度必须在 15℃以上方能关闭氩气，以免 CID 表面结霜。

　　（2）氩气纯度要求 99.99％以上。

七、光谱定性分析

　　由于所有元素的原子结构都是不一样的，在光源的激发作用下，被检元素总能得到与其他元素不同的一些灵敏谱线或特征谱线。因此我们可以根据试样光谱中有没有出现元素特征谱线来判断试样中有没有被检元素来进行定性分析。

　　寻找和辨认谱线是光谱定性分析的关键技术。为了寻找和辨认谱线，需要了解元素的分析线与最后线。

　　1. 元素的分析线与最后线

　　各种元素发射的特征谱线有多有少，多的可达几千条。当进行定性分析时，不须要将所有的谱线全部检出。进行分析时所使用的谱线称为分析线。如果只见到某元素的一条谱线，不能断定该元素确实存在于试样中，因为有可能是其他元素谱线的干扰。检出某元素是否存在，必须有 2 条以上不受干扰的最后线与灵敏线，灵敏线是指各种元素谱线中强度比较大的谱线。最后线是指当样品中某元素的含量逐渐减少时，即光谱线的数目减少，最后消失的谱线，它也是该元素的最灵敏线。

　　2. 分析方法

　　（1）铁光谱比较法（标准光谱图比较法）　这是目前最通用的方法，它采用铁的光谱作为波长的标尺来判断其他元素的谱线。铁光谱作标尺特点如下：谱线多，在 210～660nm 范围内有几千条谱线；谱线间相距都很近；在上述波长范围内均匀分布。对每一条铁谱线波长，人们都已进行了精确的测量。

　　元素标准光谱图就是将各元素的分析线按波长位置标插在放大 20 倍的铁光谱图的相应位置上制成。铁光谱比较法实际上是与标准光谱图进行比较，故又称为标准光谱图比较法。

　　在进行定性分析时，将试样和纯铁在完全相同条件下并列摄谱。只要在映谱仪上观察所得谱片，使元素标准光谱图上的铁光谱谱线与谱片上摄取的铁谱线相比较，如果试样中未知元素的谱线与标准光谱图中已标明的某元素谱出现的位置相重合，则刻元素就有存在可能。

　　一般可以在光谱图中选择多条欲测元素的特征灵敏线或线组进行比较，从而判断此未知试样中存在的元素。

（2）标准试样光谱比较法　将要检出元素的纯物质或纯化合物与试样并列摄谱于同一感光板上，在映谱仪上检查试样光谱与纯物质光谱。若两者在同一波长位置上出现谱线，即可说明某一元素的某条谱线存在。此法多用于不经常遇到的元素分析，而且只适用于试样中指定元素的定性分析，不适用于光谱分析。

八、光谱定量分析

发射光谱定量分析一般包括半定量分析和定量分析。光谱定量分析主要是根据谱线强度与被测元素浓度的关系来进行的。现代发射光谱分析多采用光电倍增管检测发射光谱信号，该信号在一定条件下与浓度呈线性关系。

1. 内标法

在被测元素的谱线中选一条线作为分析线，在基体元素（或定量加入的其他元素）的谱线中选一条与分析线相近的谱线作为内标线（或称比较线），内标法是利用分析线和比较线强度比对元素含量的关系来进行光谱定量分析的方法。内标法可在很大程度上消除光源放电不稳定等因素带来的影响，这就是内标法的优点。

设分析线强度 I，内标线强度 I_0，被测元素浓度与内标元素浓度分别为 c 和 c_0，b 和 b_0 分别为分析线和内标线的自吸系数，根据式(7-2)，对分析线和内标线分别有：

$$I = A_1 c^b \tag{7-4}$$

$$I_0 = A_0 c_0^{b_0} \tag{7-5}$$

分析线与内标线强度之比 R 称为相对强度。

式中内标元素 c_0 为常数，当条件一定时，为常数，则：

$$R = \frac{I}{I_0} = A c^b \tag{7-6}$$

对式(7-6) 取对数：

$$\lg R = b \lg c + \lg A \tag{7-7}$$

此式为内标法光谱定量分析的基本关系式。以 $\lg R$ 对 $\lg c$ 所作的曲线即为相应的工作曲线，只要测出谱线的相对强度 R，便可从相应的工作曲线上求得试样中欲测元素的含量。

对内标元素和分析线对的选择应考虑以下几点。

（1）原来试样应不含或仅含有极少量（可忽略）的所加内标元素。

（2）要选择激发电位相同或接近的分析线对。

（3）所选用的谱线应不受其他元素谱线的干扰，且无自吸收或自吸收很少。

（4）内标元素与分析元素的挥发率应相近。

（5）两条谱线的波长应尽量接近。

（6）所选线对的强度不应相差过大。

2. 工作曲线法

在选定的分析条件下，用 3 个或 3 个以上的含有不同浓度被测元素的标准样品与待测试样在相同条件下激发光谱，以分析线强度 I 对元素含量 c 建立校正曲线。在同样的分析条件下，测量未知试样光谱的 I，由校正曲线求得待测试样中被测元素含量 c_0。分析成批样品时用该法很方便。

3. 标准加入法

当测定低含量元素，找不到合适的基体来配制标准试样时，采用标准加入法进行定量分析，可以得到比较好的分析结果。

如图 7-6，设试样中被测元素浓度为 c_x，在几份试样中分别加入不同浓度 c_1、c_2、c_3、…的被测元素。在同一条件下激发光谱，测量不同加入量时的分析线对强度比 R。在被测元素含量低时，自吸收系数 b 为 1，谱线强度比 R 正比于元素含量 c，将 R-c 图中直线反向延长交于横坐标，交点至坐标原点的距离所对应的含量，即为未知试样中被测元素的含量 c_x。

检查基体纯度、估计系统误差、提高测定灵敏度等可用标准加入法。

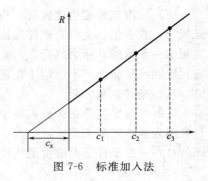

图 7-6　标准加入法

知识应用与技能训练

一、选择题

1. 原子发射光谱是由下列 （　　） 跃迁产生的。
   A. 辐射能使气态原子外层电子激发　　　　　B. 辐射能使气态原子内层电子激发
   C. 电热能使气态原子内层电子激发　　　　　D. 电热能使气态原子外层电子激发

2. 光子能量 E 与波长 λ、频率 ν 和速度 c 及 h 为普朗克常数之间的关系为 （　　）。
   A. $E=h/\nu$　　　B. $E=h/\nu=h\lambda/c$　　　C. $E=h_0\nu=hc/\lambda$　　　D. $E=c\lambda/h$

3. 在下列几种常用的原子发射光谱激发光源中，分析灵敏度最高，稳定性能最好的是 （　　）。
   A. 直流电弧　　　　　　　　　　　　　　B. 电火花
   C. 交流电弧　　　　　　　　　　　　　　D. 高频电感耦合等离子体。

4. 在 AES 分析中，谱线自吸（自蚀）的原因是 （　　）。
   A. 激发源的温度不够高　　　　　　　　　B. 基体效应严重
   C. 激发源弧焰中心的温度比边缘高　　　　D. 试样中存在较大量的干扰组分

5. 用内标法进行定量分析时，应选择波长相近的分析线对，其原因是 （　　）。
   A. 使线对所处的干板反衬度基本一样，以减少误差
   B. 使线对的自吸收效应基本一样，以减少误差
   C. 使线对所处的激发性能基本一样，以减少误差
   D. 使线对所处的激发性能基本一样，以减少误差

二、思考题

1. 试比较原子发射光谱中几种常用激发光源的工作原理、特性及适用范围。
2. 简述 ICP 光源的工作原理及其优缺点？
3. 为什么 ICP 特别适合作无机质谱的离子源？
4. 光谱仪的主要部件可分为几个部分？各部件的作用如何？
5. 何谓分析线、共振线、灵敏线、最后线，它们有何联系？

♻ 实验任务指导书

原子发射光谱法测定水中的钙、镁离子

1. 实验任务

（1）掌握微波等离子体（MPT）原子发射光谱法的操作技术；

（2）了解原子发射光谱仪的主要组成部分及其功能；

（3）加深对微波等离子体（MPT）光源特性的理解，熟悉该仪器的特点和应用范围。

2. 主要仪器与用具

1020 微波等离子体炬原子发射光谱仪。

HX-1050 型恒温循环水泵。

万用电炉 1000W。

容量瓶 100mL 8 个；移液管 5mL 2 个；烧杯 200mL 2 个；洗瓶及表面皿。

3. 主要试剂

钙、镁元素标准溶液：由浓度为 1mg/mL 的储备液配得。

等离子体维持气（Ar）：纯度为 99.99％的 Ar 气。

浓 HNO_3（分析纯）；二次水。

4. 操作规程

（1）系列标准溶液的配制　取 6 个 100mL 容量瓶，依次加入 1.00mL、2.00mL 和 5.00mL 100μg/mL 钙和镁的工作标准溶液，用去离子水稀释至刻度，摇匀。

（2）试样处理　将采集的水样混匀，量取适量水样（50～100mL）放入烧杯。加入 5mL 浓 HNO_3，在电炉上使水样保持微沸状态，蒸发体积尽可能小（15～20mL），但不得出现沉淀和析出盐分。再加入 5mL 浓 HNO_3，盖上玻璃表面皿，加热，使之发生缓慢回流，必要时加入浓 HNO_3 直到消解完全。此时溶液清澈而呈浅色。加入 1～2mL HNO_3，微微加热以溶解剩余的残渣。用水冲洗烧杯壁和玻璃表皿，再过滤。将滤液转移到 100mL 容量瓶中，用水洗涤烧杯两次，每次 5mL，洗涤液加到同一容量瓶中。冷却，稀释至刻度，摇匀贴上标签待测。

（3）开启仪器、设置分析条件

① 把各个电源线插好。打开电脑主机，启动 MPT 操作软件。然后开 MPT 主机。打开循环水，同时启动制冷开关（10℃）。

② 待预热灯亮后打开钢瓶主阀（不小于 2.0MPa）及分压阀（0.35MPa）。设置工作气流速（0.60L/min）和载气流速（0.80L/min），2.0min 后点火。

③ 设置工作参数　运行 MPT 操作软件程序，设置下列工作参数：工作气 0.60L/min；载气 0.80L/min；功率 80W；微波功率 60～120W；分析线波长，Ca 393.366nm、Mg 279.55nm。

④ 选定待测元素后，由仪器自动进行上述水样的定性和定量分析。

定性分析：水样中钙、镁是否存在。

定量分析：绘制钙、镁的标准曲线；水样中钙、镁含量的测定。

5. 数据记录及处理

（1）数据记录

水样的谱线的波长/nm				
Ca 标准溶液的浓度/(μg/mL)				
Mg 标准溶液的浓度/(μg/mL)				
Ca 系列标准溶液的 I 值				
Mg 系列标准溶液的 I 值				
待测水样的 I 值				

（2）根据所测得的结果，计算出水样中钙、镁的百分含量。

6. 实验原理

微波等离子体（MPT）焰炬是为原子发射光谱分析法中的一种激发光源。由于焰炬温度高且具有中央通道，由载气引入该通道的待测液体试样经脱溶剂、熔融、蒸发、解离等过程，形成气态原子，各组成原子再吸收能量后发生激发，由基态跃迁到激发态，处于激发态上的原子不稳定，以发射特征辐射（谱线）的形式重新释放能量后回到基态。根据各元素气态原子所发射的特征辐射的波长和强度即可进行物质组成的定性和定量分析。

谱线强度（I）与被测元素浓度（c）有如下关系：

$$I = Ac^b$$

式中，A 是与激发源种类、工作条件及试样组成等有关的常数；b 是自吸系数。当元素含量较低时，b 等于 1，元素的含量与其谱线强度成正比。故在一定工作条件下，测量谱线强度即可进行物质组成的定量分析。

在波长扫描工作方式下，可测出标准溶液中各元素的强度值，以及待测试样中相应元素的同一谱线的强度值。把两者进行比较，可大致算出样品中各元素含量。依此可进行物质组成的半定量分析。

任务 2　毛细管电泳法

【知识目标】

（1）熟悉毛细管电泳法的基本原理；

（2）熟悉毛细管电泳法的基本构造；

（3）掌握常用的毛细管的种类、用途，使用方法。

【能力目标】

（1）能够参照说明操作毛细管电泳仪；

（2）能够根据指定任务通过查找资料利用毛细管电泳仪进行分析。

子任务 1　基本概念和原理

课堂活动

带领学生参观相关实验室或观看相关视频。

课前分组查找资料，课堂分组讨论、展示、对照毛细管电泳仪器，老师点评、讲解，学生主动性学习毛细管电泳法的基本概念和原理。

子任务 2　仪器结构和操作

课堂活动

结合毛细管电泳仪掌握仪器结构和操作。

对照毛细管电泳仪，老师讲解仪器结构，演示操作，学生知识应用与技能训练，学生主动性学习毛细管电泳法仪的结构和操作。

子任务 3　利用毛细管电泳分离核酸

课堂活动

1. 学生根据给定的任务要求初步制定检测方案，并以小组为单位进行展示。

2. 根据学生方案的制定情况，教师讲解毛细管电泳的分析步骤及条件的设置等内容。

3. 请学生根据所讲内容，对方案进一步优化，并最终确定方案。

4. 请学生参照说明书的要求操作仪器和已制定的分析方案，进样分离。

5. 正确的记录数据，规范填写检测报告。

6. 关机。

【任务卡】

任　　　务		方案（答案）或相关数据、现象记录	点评	相应技能	相应知识点	自我评价
子任务 1　基本概念和原理	基本概念和相关知识					
	基本工作原理					
子任务 2　仪器结构和操作	毛细管电泳仪的基本构造					
	毛细管电泳仪的基本操作					
子任务 3　利用毛细管电泳分离核酸	检测方案					
	分析过程中的现象记录					
学会的技能						

 **相关知识**

一、毛细管电泳法的定义及特点

电泳是指电解质中带电粒子在电场力作用下，以不同的速度向电荷相反方向迁移的现象。高效毛细管电泳（HPCE），是指离子或带电粒子以毛细管为分离室，以高压直流电场为驱动力，依据样品中各组分之间迁移速度和分配行为上的差异而实现分离的液相分离分析技术。由于毛细管内径小，表面积和体积的比值大，易于散热，因此毛细管电泳可以减少焦耳热的产生，这是与传统电泳技术的根本区别。

HPCE 实际上包含电泳、色谱及其相互交叉的内容，是分析科学中继高效液相色谱之后的又一重大进展，它使得分离分析科学从微升级水平进入到纳升级水平，并使得细胞的分析，乃至单分子的分析成为可能。尤其是对样品珍贵、取样极少的生物大分子，毛细管电泳具有绝对的优势。其突出特点是：所需样品量少；分析速度快，分离效率高，分辨率高，灵敏度高；分离模式多，开发分析方法容易；溶剂用量少，经济、环保；应用范围极广。

二、毛细管电泳的基本原理

1. 电泳和电渗

（1）电泳、淌度、绝对淌度和有效淌度　带电粒子在电场作用下于一定介质（如缓冲溶液）中的定向移动就是电泳。单位电场强度下带电粒子的平均电泳速度，简称淌度或电迁移率，表示为：

$$\mu_{ep} = \frac{u_{ep}}{E} \tag{7-8}$$

式中，u_{ep} 为带电粒子的电泳速度；E 为电场强度；μ_{ep} 为粒子的电泳淌度。

淌度与带电粒子的有效电荷、大小、形状以及介质黏度有关，对于给定介质，溶质粒子的淌度是该物质的特征常数。

在无限稀释溶液中（稀溶液数据外推）测得的淌度称为绝对淌度，用 u_{ab} 表示。电泳淌度与物质所处周围环境有关。在实际工作中，人们不可能使用无限稀释溶液进行电泳，某种离子在溶液中不是孤立的，必然会受到其他离子的影响，使其大小、形状、所带电荷、离解度等发生变化，所表现的淌度会小 u_{ab}，这时的淌度称为有效淌度，用 u_{ef} 表示。

（2）电渗和电渗流 电渗是推动样品迁移的另一种重要动力。所谓电渗是指毛细管中的溶剂因轴向直流电场作用而发生的定向流动，如图 7-7。电渗是由定域电荷引起。定域电荷是指牢固结合在管壁上、在电场作用下不能迁移的离子或带电基团。在定域电荷对溶液中的反号离子吸引下形成了所谓的双电层（图 7-8），致使溶剂在电场作用（以及碰撞作用）下整体定向移动而形成电渗流。

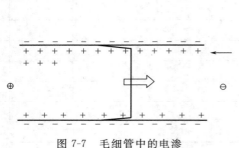

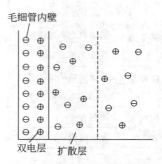

毛细管内壁

双电层 扩散层

图 7-7 毛细管中的电渗   图 7-8 毛细管内壁的双电层

电渗流受双电层厚度、管壁的 Zeta 电位、介质黏度的影响。一般情况下，双电层越薄，Zeta 电位越大；黏度越小，电渗流速度越大；双电层越厚，Zeta 电位越小；黏度越大，电渗流速度越小。通常情况下，电渗流速度是一般离子电泳速度的 5～7 倍。

电渗流的方向决定于毛细管内壁表面电荷的性质。一般条件下，毛细管内壁表面带负电荷，电渗流从阳极流向阴极；反之，如毛细管内壁表面带正电荷，则产生的电渗流的方向变为由阴极流向阳极。

电渗流的类型：由图 7-9 可知，HPLC 流动相的流型是抛物线形的层流，各点速度相差较大，引起的谱带展宽显著；而 HPCE 中的电渗流是塞状的平流，几乎不引起谱带展宽。塞状的平流流型是 HPCE 的最理想状态，也是导致 HPCE 能获得高效的重要原因。

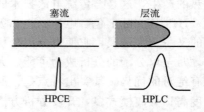

图 7-9 HPCE 电渗流与 HPLC 流动相流型以及它们引起的谱带展宽

电渗在电泳分离中扮演着重要角色，电渗流在HPCE 的分离中起着非常重要的作用，改变电渗流的大小或方向，可改变分离效率和选择性，这是 HPCE 中优化分离的重要因素。电渗流的细小变化将严重影响分离的重现性（迁移时间和峰面积）。所以，电渗流的控制是 HPCE 中的一项重要任务。用来控制电渗流的方法主要有改变缓冲溶液的成分和浓度；改变缓冲溶液的 pH；加入添加剂；毛细管内壁改性-物理或化学方法涂层及动态去活；外加径向电场；改变温度等。

2. HPCE 的分析参数

毛细管电泳的分析参数借鉴和引用了色谱法中的一些概念和参数。

（1）迁移时间 迁移时间是从加电压开始电泳到溶质到达检测器所需的时间，用 t_R 表示，表达式如下：

$$t_R = \frac{L_{ef}}{u_{ap}} = \frac{L_{ef}}{\mu_{ap} E} = \frac{L_{ef} L}{\mu_{ap} V}$$

式中，L_{ef} 为毛细管的有效长度；L 为毛细管的总长度；V 为外加电压。

$$t_R = \frac{L_{ef}}{u_{eo}} = \frac{L_{ef}}{\mu_{eo} E} = \frac{L_{ef} L}{\mu_{eo} V}$$

可利用上式测定电渗流速度。

（2）分离效率　HPCE 的分离效率用理论塔板数 n 或理论塔板高度 H 表示，可由电泳图求出，即：

$$n=5.54\left(\frac{t_R}{W_{1/2}}\right)^2$$

或者：

$$n=16\left(\frac{t_R}{W_b}\right)^2$$

$$H=\frac{L_{ef}}{n}$$

式中，t_R 为溶质迁移时间；W_b 为溶质基线宽度；$W_{1/2}$ 为溶质半峰宽。

（3）分离度　分离度是指淌度相近的两组分分开的程度，用 R 表示：

$$R=\frac{t_{R_2}-t_{R_1}}{\frac{1}{2}(W_{b_1}+W_{b_2})}$$

式中，下标 1 和 2 分别表示相邻两个组分；W_b 为基线宽度；t_R 为其迁移时间。

3. 谱带展宽及其影响因素

在毛细管电泳分离过程中同样存在谱带展宽现象，谱带展宽的程度直接影响分离效率。研究表明，引起谱带展宽的因素是多方面的，包括纵向扩散、焦耳热、溶质与毛细管壁间的吸附作用、进样等。

三、毛细管电泳的仪器结构

毛细管电泳仪的基本组成为：进样、毛细管柱、缓冲液池、检测器、记录/数据处理等部分，如图 7-10。

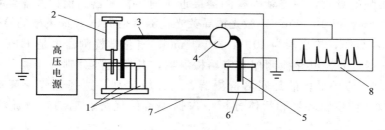

图 7-10　毛细管电泳仪的结构

1—高压电极槽与进样机构；2—填灌清洗机构；3—毛细管；4—检测器；5—铂丝电极；
6—低压电极槽；7—恒温机构；8—记录/数据处理

1. 进样系统

常用的让样品直接进入毛细管的 3 种进样方法为：电动进样法、压力进样法和扩散进样法。

（1）电动进样法　电动进样是将毛细管柱的进样端直接插入样品溶液并加上电场 E 时，样品就会迁移进入管内的进样方法。可通过控制电场强度 E 和进样时间来控制进样量。

电动进样属普适性进样方法，对毛细管的填充介质没有特殊要求，是商品仪器必备的进样方式，能完全自动化操作。该方法的缺点：在同样条件下，迁移速度大的组分比迁移速度小的组分进样量大，即存在进样偏向。这将降低分析结果的可靠性和准确性。

（2）压力进样法　压力进样法要求毛细管中的填充介质具有流动性，比如溶液等。当将毛细管的两端置于不同的压力环境中时，在压差的作用下，管中溶液流动，将样品带入。使毛细管两端产生压差的方法有：抬高进样端液面（重力）、在进样端加气压（正压）、毛细管尾抽吸（负压）。压力进样无进样偏向问题，但选择比较差，样品及其背景同时被引进管中，对后续分离可能产生影响。

（3）扩散进样法　利用浓度扩散原理将样品引入毛细管中的进样方法为扩散进样法。当把毛细管插入试样溶液时，样品分子因管口界面存在浓度差因而向管内扩散。进样量由扩散时间控制，一般在 $10\sim60s$ 之间。

扩散进样具有双向性，即样品分子进入毛细管的同时，管中的背景物质也向管外扩散，故可以抑制背景干扰，提高分离效离。扩散与电迁移速度和方向无关，可抑制进样偏向，提高定性定量的可靠性。该方法为普适性方法。

2. 毛细管柱

现想的毛细管柱应是电绝缘、能透过紫处光和可见光，富有弹性。

目前可以使用的有石英管、玻璃管和塑料管等，其中弹性熔融石英毛细管通过在柱外涂覆一层聚酰亚胺而富有柔韧性，备受市场欢迎。

3. 缓冲液池

缓冲液池中储存缓冲溶液，为电泳提供工作介质。要求缓冲液池机械稳定性好且化学惰性好。

4. 检测器

因为 HPCE 进样量很小，所以对检测器灵敏度提出了很高的要求。为实现既能对溶质作灵敏检测，又不致使谱带展宽，通常采用柱上检测。目前，毛细管仪配备的几种主要检测器有：激光诱导荧光检测器、紫外检测器、电化学检测器等。

紫外检测器是目前应用最广泛的一种 HPCE 检测器。因大多数有机分子和生物分子在 210nm 附近有很强的吸收，使得紫外检测器接近于通用检测器。该检测器结构简单，操作方便，检出限为 $10^{-15}\sim10^{-13}$ mol。激光诱导荧光检测器是 HPCE 最灵敏的检测器之一，可以检出单个 DNA 分子，检出限为 $10^{-20}\sim10^{-18}$ mol。电化学检测器也是 HPCE 中一类灵敏度比较高的检测器，分为电导检测器和安培检测器，其检出限分别为 $10^{-16}\sim10^{-15}$ mol 和 $10^{-19}\sim10^{-18}$ mol。应用最多的是安培检测器，它灵敏度高、选择性好，可实现对单个活细胞的检测，故在微生物环境和活体分析中占据独特的优势。毛细管电泳检测器及特点见表 7-1。

表 7-1　毛细管电泳检测器及特点

检　测　器	特　　点	检　测　器	特　　点
UV-可见吸收检测器	近似通用，常规应用	电化学检测器：	
荧光检测器：		电导	通用性
非相干光诱导	灵敏，但试样通常要衍生	安培	选择性好，灵敏度高，微量
激光诱导	高灵敏度，价格昂贵，样品要衍生化	质谱检测器	仪器复杂，可获结构信息，质量灵敏度高

5. 数据记录及处理

毛细管电泳的数据记录、数据处理和谱图显示方法，与色谱类似。定性定量的数据测定和运用方法，也与色谱没什么不同。但需注意以下 3 点。

（1）基线　毛细管电泳中的紫外谱图，其基线的噪声往往比色谱图要大许多倍，这对峰面积和峰高的测算准确度有很大的影响，有条件时应该采用滤波措施，比如傅里叶变换、小波变换等。如果没有对应的程序，可以将基线进行简单的平均或取中线。

（2）峰数据　毛细管电泳谱图的峰几乎都比较窄，手工测定峰面积误差比较大，所以在定量工作中，应该采用积分仪或计算机来记录谱图并进行数据处理。

（3）定性　毛细管电泳谱图中的峰间距有的很窄，在利用标准比较进行定性时，比较容易出错。这时可采取添加法或内标法来提高峰鉴定的可靠性。

四、毛细管电泳分析仪器的操作

以 Waters Quanta 4000 型毛细管电泳仪操作规程为例。

1. 开机前准备操作

（1）实验室温度应保持在 $10\sim30℃$ 之间，一天内室温变化不超过 $\pm2℃$，湿度小于 80%。

（2）打开仪器主机门，检查仪器各部分是否正常，更换合适的电源、毛细管和检测器。检查仪器和记录仪连线是否正确。

（3）更换清洗毛细管用的超纯水和酸、碱溶液。

2. 开机操作

打开毛细管电泳仪开关，打开记录仪开关。

3. 操作过程及数据输出操作

（1）设置记录仪参数：输入当前日期和时间，对 WIDTH、SLOPE、MIN AREA、DRIFT、LOCK、STOP TIME 等峰处理参数和 SPEED 等记录控制参数进行设置，最后确定样品分析方法。

（2）设置主机参数：确定样品分析次数，进样时间或进样电压，样品运行时间和电压。

（3）先用超纯水清洗毛细管 5min，并检查毛细管是否畅通。然后根据所分析样品情况，用酸或碱溶液清洗毛细管 5min，再用超纯水清洗毛细管 5min。

（4）样品测试

① 按要求配制好所需电解质溶液，倒入电极瓶中。在样品管内配制好欲分析样品溶液。

② 用分析用电解质溶液清洗毛细管 10min。

③ 将各个样品管放入对应的样品槽内，关好主机门，按主机上开始键进行样品测试，记录仪自动开始采集并输出数据。

4. 关机操作

（1）实验完毕后，取出样品管和电极瓶。

（2）用酸碱溶液和超纯水清洗毛细管各 5min，两端电极浸于超纯水中。

（3）关记录仪，关主机。

（4）在记录本上记录使用情况。

五、毛细管电泳分类

1. 按操作方式分类

毛细管电泳可以按操作方式重新分为手动、半自动及全自动型毛细管电泳。

2. 按分离通道形状分类

按分离通道形状分为圆形、扁形、方形毛细管电泳等。

3. 按分离模式分类

毛细管电泳根据分离模式不同可以归结出多种不同类型的毛细管电泳，见表7-2。毛细管电泳的多种分离模式，给样品分离提供了不同的选择机会，这对复杂样品的分离分析是非常重要的。

表 7-2　毛细管电泳类型

类　　　型	缩写	说　　　明
单根毛细管		
1. 空管(自由溶液)		
毛细管区带电泳	CZE	毛细管和电极槽灌有相同的缓冲液
毛细管等速电泳	CITP	使用两种不同的 CZE 缓冲液
毛细管等电聚焦	CIEF	管内装 pH 梯度介质,相当于 pH 梯度 CZE
胶束电动毛细管色谱	MECC	在 CZE 缓冲液中加入一种或多种胶束
微乳液毛细管电动色谱	MEEKC	在 CZE 缓冲液加入水包油乳液高分子离子交换
毛细管电动色谱	PICEC	在 CZE 缓冲液中加入可微观分相的高分子离子
开管毛细管电色谱	OTCEC	使用固定相涂层毛细管,分正、反相于离子交换
亲和毛细管电泳	ACE	在 CZE 缓冲液或管内加入亲和作用试剂
非胶毛细管电泳	NGCE	在 CZE 缓冲液中加入高分子构成筛分网络
2. 填充管		
毛细管凝胶电泳	CGE	管内填充凝胶介质,用 CZE 缓冲液
聚丙烯酰胺毛细管凝胶电泳	PA-CGE	管内填充聚丙烯酰胺凝胶
琼脂糖毛细管凝胶电泳	Agar-CGE	管内填充琼脂糖凝胶
填充毛细管电色谱	PCCEC	毛细管内填充色谱填料,分正、反相于离子交换等
阵列毛细管电泳	CAE	利用一根以上的毛细管进行 CE 操作
芯片式毛细管电泳	CCE	利用刻制在载玻片上的毛细管通道进行电泳
联用		
毛细管电泳/质谱	CE/MS	常用电喷雾接口,需挥发性缓冲液
毛细管电泳/核磁共振	CE/NMR	需采用停顿式扫描样品峰的测定方法
毛细管电泳/激光诱导荧光	CE/LIF	具单细胞、单分子分析潜力

其中,毛细管区带电泳(CZE)是毛细管电泳中最简单且应用最广泛的一种操作模式,其特征是整个系统都充满同一种电泳缓冲溶液。通电后,溶质在毛细管中按各自特定的速度迁移,形成一个一个独立的溶质带,溶质离子间根据其淌度的差异而得到分离。CZE 不仅可以分离小分子,而且能够分离那些生物大分子,如蛋白质、肽、糖、纤维等,但不能分离中性物质。胶束电动毛细管色谱(MECC)是以胶束为假固定相的一种电动色谱,是电泳技术与色谱技术相结合的产物,其突出特点是将只能分离离子型化合物的电泳变成不仅可分离离子型化合物,而且也能分离中性分子,从而使电泳技术的应用范围更广。毛细管凝胶电泳(CGE)是指毛细管内充有凝胶或其他筛分介质,样品按照各组分其相对质量大小进行分离的电泳方法。CGE 综合了毛细管电泳和平板凝胶电泳的优点,成为当今分离度极高的一种电泳技术。常用于蛋白质、核糖核酸、寡聚核苷酸、DNA 片断的分离和测序及聚合酶链反应产物的分析。毛细管电色谱(CEC)是 HPCE 与 HPLC 的有机结合,它包括了电泳和色谱两种机制,CEC 兼备了 HPCE 的高效和 HPLC 的高选择性,既能分离离子型化合物,又能分离电中性物质,也对复杂的混合物试样具有强大的分离能力。根据毛细管柱的类型,CEC 可分为开管柱毛细管电色谱和填充柱毛细管电色谱。

六、实验技术

毛细管电泳法的基本操作包括毛细管的清洗、平衡、进样及操作调件的选择优化等。

1. 毛细管的清洗:为保证分析结果的重现性,必须保证每次分析时毛细管内壁的状态一致,所以在每次分析之前都必须要清洗毛细管,清洗液一般可选用 0.1mol/L 的氢氧化钠溶液、0.1mol/L 的盐酸溶液或去离子水,随后再用缓冲溶液平衡毛细管 1~5min。

2. 操作条件的选择:需要优化的参数有电压、缓冲溶液的组成、浓度及 pH 等。对于缓冲液的选择可先用磷酸缓冲体系为搜寻基础,初步确定(最佳)pH 范围后,再进一步细选出更好 pH 和缓冲试剂。磷酸盐是毛细管电泳中最常用的缓冲体系之一,它的紫外吸收低，pH 缓冲范围比较宽（pH＝1.5～13），但电导也比较大。常用的 CE 缓冲体系主要有：磷酸钠体系（宽缓冲范围）、硼酸钠体系（高 pH 范围）、Tris-HCl 体系（低 pH 范围）、醋酸-醋酸铵体系（CE/MS 常用体系）。

知识应用与技能训练

一、选择题

1. 在毛细管电泳中，移动速度最快的粒子是（　　）。
   A. 阴离子　　　　　　B. 阳离子　　　　　　C. 中性粒子　　　　　D. 离子对
2. 下列哪一个可作为毛细管电泳的检测器（　　）。
   A. 热导池检测器　　　　　　　　　　B. FID
   C. 火焰光度检测器　　　　　　　　　D. 紫外可见吸收检测器
3. 毛细管电泳是在（　　）的推动下发生电泳现象的。
   A. 重力　　　　　　B. 溶液表面张力　　　C. 电场力　　　　　D. 磁场力
4. 电渗流的流动方向取决于（　　）。
   A. 电场　　　　　　B. 溶液　　　　　　　C. 毛细管　　　　　D. 试样
5. 毛细管电泳最重要的应用领域是（　　）。
   A. 无机离子分析　　　　　　　　　　B. 有机离子分析
   C. 生物大分子分析　　　　　　　　　D. 有机化合物结构分析

二、思考题

1. 提高毛细管电泳柱效的措施有哪些？
2. 有什么办法可以测得电渗流迁移率和准固定相迁移率？
3. 采用什么方法可以使中性分子分离？为什么？
4. 用色谱基本理论来解释毛细管电泳能实现高效和高速分离的原因？

⚙ 实验任务指导书

毛细管电泳分离核酸

1. 实验任务

了解毛细管电泳仪的基本结构及工作原理，并熟悉操作；熟悉毛细管电泳法分离核酸的基本原理。

2. 主要仪器与用具

毛细管电泳仪、石英毛细管柱：长 37cm、内径 $75\mu m$。

3. 主要试剂

羟丙基甲基纤维素（HPMC 25℃时 20g/L 的水溶液黏度约为 4Pa·s）。

过硫酸铵，丙烯酰胺，四甲基乙二胺，γ-甲基丙烯基氧丙基三甲氧基硅烷。

核酸标准片段：pBR322/M sp I（0.7g/L），参照物相对分子质量：622，527，404，309，242，238，217，201，190，180，160。

6×凝胶加样缓冲液 [2.5g/L 溴酚蓝、2.5g/L 二甲苯青 FF、400g/L 蔗糖水溶液]。

1×TBE [90mmol/L 三羟甲基氨基甲烷（Tris）-硼酸，2mmol/L 乙二胺四乙酸（EDTA）]。

4. 操作规程

（1）线性聚丙烯酰胺的制备　用 1×TBE 配制 60g/L 的丙烯酰胺，脱气后再加入 1mol/L 的 TEMED 和 10mg/L 过硫酸铵聚合，然后用 1×TBE 将聚合物稀释成所需浓度，经超声波脱气处理。

（2）毛细管涂壁方法　毛细管用 0.1mol/L 氢氧化钠冲洗 30min，水冲洗 30min，甲醇冲洗 20min，氮气吹干；冲入 $V(\gamma\text{-MAPS}):V(\text{甲醇})=9:1$，室温反应 5h；再用甲醇冲洗 10min，氮气吹干；冲入 30g/L 丙烯酰胺（冲入前先加入 1mL/L 的 TEMED 和 1g/L 的 APS），室温反应过夜；用水冲洗 10min，氮气吹干，即可直接使用，若要留作备用，需经干燥处理。

（3）毛细管电泳分离核酸　用 $1\times$ TBE 配制 8g/L HPMC，再用 $0.45\mu m$ 滤膜过滤，并经超声处理至气泡排尽；聚丙烯酰胺涂壁毛细管，用水冲 8min，8g/L HPMC 溶液冲 8min，于 12kV 预电泳 15min；压力进样，用 12kV 分离；260nm 紫外检测。

5. 相关原理

毛细管电泳仪是以高压电场为驱动力，以毛细管为分离通道，根据试样中各组成之间电泳淌度和分配行为上的差异，而实现分离的一类液相分离技术。当试样引入毛细管后，带电粒子在电场的作用下，各向电性相反的电极作泳动。若电渗淌度在数值上大于缓冲液中所有向阳极泳动的阴离子的电泳淌度，那么，所有的离子性和非离子性溶液都被电渗流携带而向阴极运动，可使所有的溶质从毛细管的一端逐个洗脱出来，各种溶质因移动速度不同而实现分离，这就是毛细管电泳的分离原理。

任务3　质　谱　法

【知识目标】

（1）熟悉质谱法的基本原理、装置；

（2）熟悉质谱法的基本构造；

（3）掌握常用的质谱仪的种类、用途，使用方法。

【能力目标】

（1）能够参照说明操作质谱法；

（2）能够正确选择质谱仪。

子任务1　基本概念和原理

课堂活动

带领学生参观相关实验室或观看相关视频。

课前分组查找资料，课堂分组讨论、展示、对照质谱仪，老师点评、讲解，学生主动性学习质谱法的基本概念和原理。

子任务2　仪器结构和操作

课堂活动

结合质谱仪掌握仪器结构和操作。

对照质谱仪，老师讲解仪器结构，演示操作，学生知识应用与技能训练，学生主动性学习质谱仪的结构和操作。

子任务3　谱图解析

课堂活动

结合学习的知识了解谱图解析。

　　根据质谱图，老师讲解谱图解析方法，学生知识应用与技能训练，学生主动性学习质谱图的解析方法。

【任务卡】

任　　务		方案（答案）或相关数据、现象记录	点评	相应技能	相应知识点	自我评价
子任务 1　基本概念和原理	基本概念和相关知识					
	基本工作原理					
子任务 2　仪器结构和操作	质谱仪的基本构造					
	质谱仪的基本操作					
子任务 3　谱图解析	质谱图的了解					
	谱图解析的方法					
学会的技能						

⚙ 相关知识

一、质谱法的定义

　　质谱分析法是在高真空系统中测定样品的分子离子及碎片离子质量，以确定样品相对分子质量及分子结构的方法。

　　质谱法是有机化合物分子结构分析的重要方法，它不仅能测定有机化合物的相对分子质量，还能提供碎片结构信息，对气体、液体和固体样品都可以进行分析。该方法既可用于定性分析，又可用于定量分析。

二、质谱分析的优缺点

优点

（1）分析速度快，并可对多组分同时测定。

（2）灵敏度高，样品用量少。如目前有机质谱仪的绝对灵敏度可达 50pg（1pg 为 10^{-12} g）。

（3）应用范围较广。可以测定无机物，也可以测定有机物。被分析的试样可以是气体或液体、也可以是固体。应用上可作化合物的结构分析、测定原子量与相对分子质量、生产过程监测、同位素分析、环境监测、热力学与反应动力学研究、空间探测等。

缺点

（1）仪器结构较复杂，价格昂贵，使用比较麻烦。

（2）对试样具有破坏性。

三、质谱仪的基本结构

　　有机质谱仪主要由六个部分组成：进样系统、离子源、质量分析器、检测器、数据处理系统以及真空系统。如图 7-11。整个工作流程为：待测样品由进样系统以不同方式导入离子源，在离子源中样品分子电离成各种质荷比的离子，再经过质量分析器分离，检测器检测并经计算机数据处理得到化合物的质谱数据并获到谱图。整个仪器可由计算机系统自动控制。

　　1. 进样系统

　　进样系统的作用就是把被测样品导入离子源。在室温和常压下，气态或液态样品可通过一个可调喷口装置以中性流的方式导入离子源。吸附在固体上或溶解在液体中的挥发性物质可通过顶空分析器进行富集，利用吸附柱捕集，再采用程序升温的形式使之解吸，经毛细管

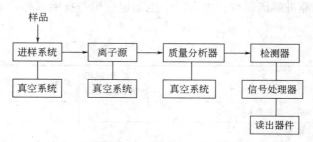

图 7-11　质谱仪构造示意

导入质谱仪。

　　对于固体样品，通常由进样杆直接导入。将样品置于进样杆顶部的小坩埚中，通过在离子源附近的真空环境中加热的方式导入试样，或者可通过在离子化室中将样品从入口迅速加热的金属丝上解吸，又或者使用激光辅助解吸的方式进行。这种方法可与电子轰击电离、化学电离以及场电离结合，适用于热稳定性差和难挥发物的分析。

　　对复杂样品如有机化合物的分析，可采用色谱-质谱联用技术，试样经色谱柱分离，再经分子分离器进入质谱离子源。

　　2. 离子源

　　离子源的作用是使样品分子电离成离子。离子源的性能决定了离子化效率，很大程度上决定了质谱仪的灵敏度。下面介绍几种主要的电离方式及对应的离子源。

　　（1）电子轰击电离（EI）　电子轰击电离是质谱中应用最广泛、发展最成熟的一种离子化方式。其原理为：汽化后的样品分子进入离子化室后，受到由钨或铼制成的灯丝发射并加速的电子流的轰击产生正离子。轰击电子的能量大于样品分子的电离能，使样品分子电离或碎裂。电子轰击质谱能提供有机化合物最丰富的结构信息，质谱图具有较好的重现性，其裂解规律的研究也最为完善，已经建立了数万种有机化合物的标准谱图库可供检索。其缺点在于不适用于不能汽化和遇热分解的样品。

　　（2）化学电离（CI）　一些化学物稳定性差，用电子轰击电离方式不易得到分子、离子，化学电离正式解决这个问题的软电离方式。化学电离源的结构与 EI 基本相似，不同的是引入一定压力的反应气进入离子化室，反应气在具有一定能量的电子流的作用下电离或者裂解。生成的离子和反应气分子进一步反应或与试样分子发生离子分子反应，通过质子交换使样品分子电离。常用的反应气有甲烷、氨气、异丁烷。在化学电离中反应气体离子与样品分子发生的离子分子反应主要是质子转移，生成 $[M+H]^+$；少数情况发生电荷转移，则生成 $[M-H]^+$。

　　（3）场电离（FI）和场解吸（FD）　FI 离子源是利用强电场诱发样品分子电离，由距离相近的两个尖细的电极组成，在相距很近的两极间加上高电压后，在阳极的尖端附近产生高达 $10^7 \sim 10^8$ V/cm 的强电场。接近阳极的气态试样分子产生电离形成正分子离子，再加速进入质量分析器。在 FI 的质谱图上，分子离子峰很清楚，碎片峰却很弱，这对相对分子质量测定是很有利的。

　　对于液体样品（固体样品先溶于溶剂）可用 FD 来实现离子化。将金属丝浸入样品液，待溶剂挥发后用金属丝作为发射体送入离子源，通过弱电流提供样品解吸附所需能量并解吸，样品分子即向高场强的发射区扩散并实现离子化。FD 适用于难汽化，热稳定性比较差的化合物。FI 和 FD 均易可得到分子离子峰。

3. 质量分析器

质量分析器由非磁性材料制造而成，它的作用是将离子源内得到的离子按质荷比分离并送入检测器。它是质谱仪的核心部分。如单聚焦质量分析器，它所使用的磁场是扇形磁场，当被加速的离子流进入质量分析器后，在磁场作用下，各种阳离子被偏转。质量小的偏转大，而质量大的偏转小，因此互相分开。当连续改变磁场强度或加速电压时，各种阳离子将按 m/z 大小顺序依次到达离子检测器，产生的电流经放大，由记录装置记录数据制成质谱图。

4. 检测与记录

质谱仪常用的检测器有法拉第杯、闪烁计数器、电子倍增器、照相底片等。现代质谱仪一般都采用较高性能的计算机对产生的信号进行快速接收与处理，同时通过计算机可以对仪器条件等进行严格的监控，因此使精密度和灵敏度都有一定程度的提高。

四、质谱仪的工作过程及原理

（1）将试样由储存器送入电离室。

（2）试样被高能量（70～100eV）的电子流冲击。一般情况，首先被打掉一个电子形成分子离子，然后若干分子离子在电子流的冲击下，可进一步裂解成更小的正离子及中性碎片，其中的正离子被安装在电离室的正电压装置排斥进入加速室。

（3）正离子在高压电场的作用下进行加速进入分离管。在加速室里，正离子所获得的动能等于加速电压和离子电荷的乘积。因此：

$$\frac{1}{2}mv^2 = zU \tag{7-9}$$

式中，U 为加速电压；z 为离子电荷数。显然，在一定的加速电压下，离子的速离 v 与质量 m 有关。m 大则 v 小。

（4）分离管为一定半径的圆形管道，在分离管的四周存在均匀磁场。在磁场的作用下，离子由做直线运动变为做匀速圆周运动。此时，圆周上任何一点的向心力和离心力相等。因此：

$$mv^2/R = Hzv \tag{7-10}$$

式中，R 为圆周半径；H 为磁场强度。

由式(7-9) 和式(7-10) 消去 v，可得：

$$m/z = H^2R^2/2U \tag{7-11}$$

式(7-11) 称为磁分析器质谱方程，是设计质谱仪的主要根据。式中 R 为一定值（因仪器条件限制），如再固定加速电压 U，则 m/z 仅与 H 相关。在实际工作中，可通过由小到大调节 H 值，使 m/z 不同的正离子也依次由小到大通过分离管进入离子检测器，产生的信号经放大后，记录下来获得质谱图。

五、质谱分析仪器的操作

以基质辅助激光解吸电离飞行时间质谱仪操作规程为例

1. 开机操作

（1）开主机总电源至 ON（此时分子泵启动）。

（2）开机诚泵电源至 ON，必要时振气 30min。

（3）开主机正面有钥匙的开关至 ON（顺时针）。

（4）开计算机及显示器，启动 FLEXcontrol 软件。

（5）等待源高真空达到 $3×10^{-6}$ mbar，如达不到该数值，检查是否有漏气发生。

（6）打开高纯氮气（纯度 99.999％以上）钢瓶，使激光器内氮气压力为 1700mbar 左右并保持稳定。

（7）进入日常操作。

2. 日常操作

（1）打开 FLEXcontrol 进入仪器控制界面。

（2）确认真空度为 10^{-7} mbar 或稍低。

（3）通过界面 Carrier▲或主机正面的 Load EJECT 开关，将样品靶放入仪器，等待约 2min，调整好靶位。在此过程中不应操作软件或硬件，以确保仪器通讯畅通。

（4）根据测量目的选择测量方法

① 相对分子质量测定：根据相对分子质量大小选择相应的线性测量方法和仪器校正方法。

② 肽质量指纹谱测量：根据所需测量的肽谱范围选择相应的反射测量方法和仪器校正方法。

③ 根据需要选择正离子或负离子测量方法和仪器校正方法。

④ 酌情选择 FAST 方法。

（5）选择适当的仪器参数

（6）测量

① 手动测量

a. 选择好待测样品的靶位及相应参数后，按 Start 开始测量；

b. 根据图谱的质量按 Add 添加或按 Clear Sum 删除图谱；

c. 按 Save As 保存图谱。

注：在测量过程中可随时调整激光能量和靶位置以获得最佳信噪比和分辨率。

② 自动测量

a. 按菜单 Auto Execute，再按 Select 选择一个 Sequence 文件名；b. 按 Edit 编辑待测样品，用 Sample position 的 Sample 依次选定靶位后按 Add 添加到 Edit Auto Execute Sequence 中；c. 按 Auto Execute Method 选择 Calibration 或样品测量方法；d. 按 Edit 设定激光能量、靶位移动、累加方法等参数并保存该参数；e. 按 Start Automatic Run 开始自动测试。

（7）处理图谱

① 进入图谱处理界面。

② open 菜单选择待处理的图谱。

③ 标峰：反射模式标单同位素峰；蛋白质线型测量模式时标平均峰。

④ 打印图谱。

3. 关机操作

（1）将靶退出。

（2）在 FLEXcontrol 界面的 Spectrometer 关掉高压 HV（按 "OFF"）。

（3）关闭所使用的软件，关闭计算机。

（4）关主机正面有钥匙的开关至 OFF（逆时针）。

（5）关机诚泵电源至 OFF。

（6）关主机总电源至 OFF。

4. 注意事项操作

（1）关机时氮气可不关，可将压力适当调低，以免仪器受潮。

（2）手动测量过程中随时注意仪器的漂移，若有漂移需用标肽或标准蛋白校正仪器。

（3）一定注意氮气的纯度不低于 99.999％。

（4）换氮气钢瓶时应先将激光器的电源关闭，将气管吹干净后方可接入激光器。

（5）要得到一张满意的图谱，必须调整合适的激光能量。

（6）关机时应先关高压后再退出 FLEXControl。

（7）须等待样品靶点完全干燥后才能将靶放入仪器，且不宜过夜。

六、质谱图

不同质荷比的离子经质量分析器分开后，到检测器被检测并记录数据，经计算机处理后以质谱图的形式表示出来。

在质谱图（如图 7-12）中，横坐标表示离子的质荷比（m/z）值，从左到右质荷比的值逐渐增大，对于带有单电荷的离子，横坐标表示的数值即为离子的质量；纵坐标表示离子流的强度，一般用相对强度来表示，即把最强的离子流强度定为 100％，其他离子流的强度以其百分数表示，有时也用所有被记录离子的总离子流强度作为 100％，各种离子以其所占的百分数来表示。

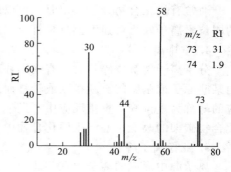

图 7-12　质谱图

七、质谱中主要离子峰

从有机化合物的质谱图中可以看到很多离子峰。这些峰的 m/z 和相对强度取决于分子结构，并与仪器类型，实验条件有关。质谱中主要的离子峰有分子离子峰、同位素离子峰、碎片离子峰、重排离子峰及亚稳离子峰等。正是这些离子峰给出了丰富的质谱信息，为质谱分析法提供依据。下面对主要离子峰进行介绍。

1. 分子离子峰

分子受电子束轰击后失去一个电子而生成的离子 M^+ 称为分子离子，所产生的峰称为分子离峰或称母峰，如：

$$M + e^{\cdot\cdot} \rightarrow M^+ + 2e \tag{7-12}$$

故，分子离子峰的 m/z 值就是中性分子的相对分子质量 M_r，而 M_r 是有机化合物的重要质谱数据。

分子离子峰的强弱与结构的关系如下：碳链越长，分子离子峰越弱；饱和醇类及胺类化合物的分子离子峰弱；存在支链有利于分子离的裂解，则分子离子峰很弱；有共振系统的分子离子稳定，故分子离子峰强；环状分子通常有较强的分子离子峰。

一般有机合物在质谱中的分子离子峰的强度有如下规律：

芳香环＞共轭烯＞烯＞环状化合物＞羰基化合物＞醚＞酯＞胺＞酸＞醇＞高度分支的烃类。

2. 碎片离子峰

分子离子在离子源中进一步碎裂生成的离子为碎片离子。在质谱图上出现相应的峰，称为碎片离子峰。一般可根据几种主要的碎片离子来推测原化合物的结构。

3. 同位素离子峰

质谱中还常有同位素离子。自然界中，组成有机化合物的常见元素中很多都有非单一的具有一定丰度的同位素存在，如元素 C、H、O、Cl、N、Br、S、Si 等均存在同位素，有机化合物中常见同位素及天然丰度见表 7-3。由这些同位素形成的离子峰称为同位素离子峰。

表 7-3　　有机化合物常见元素同位素丰度表

同位素	相对丰度/%	峰类型	同位素	相对丰度/%	峰类型
^1H	99.985	M	^{18}O	0.204	M+2
^2H	0.015	M+1	^{32}S	95	M
^{12}C	98.893	M	^{33}S	0.76	M+1
^{13}C	1.107	M+1	^{34}S	4.22	M+2
^{14}N	99.634	M	^{35}Cl	75.77	M
^{15}N	0.366	M+1	^{37}Cl	24.23	M+2
^{16}O	99.759	M	^{79}Br	50.537	M
^{17}O	0.037	M+1	^{81}Br	49.463	M+2

通常有机化合物分子鉴定时，可以通过同位素的统计分布来确定其元素组成，分子离子的同位素离子峰相对强度比总是符合规律的。

4. 重排离子峰

分子离子裂解成碎片时，有些碎片离子不是仅仅通过键的简单断裂，有时还会通过分子内某些原子或基团的重新排列或转移而形成离子，这种碎片离子称为重排离子。质谱图上相应的峰称为重排峰。重排反应中，发生变化的化学键至少有两个或更多。重排反应可导致原化合物碳架的改变，并产生原化合物中并不存在的结构单元离子。

5. 亚稳离子峰

离子源中形成的离子，在到达检测器过程中不发生进一步的碎裂，这些离子称为稳定离子。但有些离子在这个过程中会发生进一步的碎裂，这样的离子则成为亚稳离子。

正常的裂解都是在电离室中进行的，如质量为 m_1 的母离子在电离室中裂解：

$$m_1^+ \longrightarrow m_2^+ + 中性碎片$$

生成的碎片离子就会在质荷比为 m_2 的地方被检测出来。但如上述的裂解是在 m_1^+ 离开了加速电场，进入磁场中才发生，则生发的碎片离子的能量要小于正常 m_2^+。它将不在 m_2 处被检出，而是出现在质荷比小于 m_2 的地方，这就是产生亚稳离子的原因。一般亚稳离子用 m^* 来表示。

m_1、m_2 和 m^* 之间存在下列关系，如式(7-13)：

$$m^* = m_2^2/m_1 \tag{7-13}$$

亚稳离子的识别：通常的碎片离子峰都很尖锐，但亚稳离子峰钝又小；亚稳离子的质荷比一般都不是整数；亚稳离子峰一般要跨 2～5 个质量单位。

八、质谱图的解析

可按下述步骤解析未知物的图谱。

第一步：对分子离子区进行解析，推断分子式。

(1) 确认分子离子峰，并观察分子离子峰对基峰的相对强度比。

(2) 注意 $M^{\cdot}$ 是偶数还是奇数，若 $M^{\cdot}$ 为奇数，且元素分析证明含有氮时，可推断出分子中含有奇数个氮原子。

(3) 观察同位素峰中 $(M+1)/M$ 和 $(M+2)/M$ 数值的大小，根据数值大小可以判断分子中是否含有 Cl、S、Br，并初步推断分子式。

(4) 用高分辨质谱测得的分子离子的 m/z 值推断其分子式。

第二步：对碎片离子区进行解析，推断碎片结构。

(1) 找出主要碎片离子峰。并根据碎片离子的质荷比，确定碎片离子的组成。常见的碎片离子的组成见表 7-4。

表 7-4　常见碎片离子

离子	失去的碎片	可能存在的结构	离子	失去的碎片	可能存在的结构
$M-1$	H	醛、某些醚及胺	$M-35$	Cl	氯化物
$M-15$	CH_3	甲基	$M-36$	HCl	氯化物
$M-18$	H_2O	醇类,包括糖类	$M-43$	$H_3CO、C_3H_7$	甲基酮,丙基
$M-28$	$C_2H_4、CO、N_2$	C_2H_4、麦氏重排、CO	$M-45$	COOH	羧酸类
$M-29$	$CHO、C_2H_5$	醛类、乙基	$M-60$	CH_3COOH	醋酸酯
$M-34$	H_2S	硫醇			

（2）观察分子离子有何重要碎片脱去,分子离子可能脱去的碎片见表 7-5。

表 7-5　分子离子可能脱去的碎片

m/z	离子	可能的结构类型	m/z	离子	可能的结构类型
29	$CHO、C_2H_5$	醛类,乙基	39、50、51、52、65、77 等	芳香化合物开裂产物	芳香化合物
30	CH_2NH_2	伯胺			
43	CH_3CO	CH_3CO	60	CH_3COOH	羧酸类、醋酸酯
	C_3H_7	丙基	91	$C_6H_5CH_2$	苄基
29、43、57、71 等	$C_2H_5、C_3H_7$	直链烃类	105	C_6H_5CO	苯甲酰基

（3）找出亚稳离子峰,用 $m^* = m_2^2/m_1$ 公式确定 m_1 与 m_2 的关系,可确定开裂类型。

第三步：推出可能的结构式。

根据上面的分析,列出可能存在的结构单元和剩余碎片,并进行连接,组成可能的结构式。

知识应用与技能训练

一、选择题

1. 指出下列哪种说法是正确的（　　）。

A. 质量数量最大的峰为分子离子峰　　B. 强度最大的峰为分子离子峰

C. 质量数第二大的峰为分子离子峰　　D. 降低电离室的轰击能量,强度增加的峰为分子离子峰

2. 某化合物 $C_6H_{12}O_2$ 可能为下列四种酯,而质谱图上在 $\frac{m}{e}$ 为 57（100%）、29（27%）及 43（27%）处有离子峰,则该化合物应是（　　）。

A. $(CH_3)_2CHCOOC_2H_5$　　B. $CH_3(CH_2)_3COOCH_3$

C. $CH_3CH_2COOCH_2CH_2CH_3$　　D. $CH_3COO(CH_2)_3CH_3$

3. 质谱中分子离子峰能被进一步分解为多种碎片离子,其原因是（　　）。

A. 加速电场的作用　　B. 碎片离子比分子离子更加稳定

C. 电子流的能量大　　D. 分子之间相互碰撞

4. 分子离子峰弱的化合物是（　　）。

A. 共轭烯烃及硝基化合物　　B. 硝基化合物及芳香族

C. 脂肪族及硝基化合物　　D. 芳香族及共轭烯烃

二、思考题

1. 质谱仪由哪几部分组成？各部分的作用是什么？

2. 离子源的作用是什么？试述几种常见离子源的原理及优缺点。

3. 在化合物 $CHCl_3$ 的质谱图中,分子离子峰和同位素峰的相对强度比为多少？

4. 在一可能含 C、H、N 的化合物的质谱图上,$M:M+1$ 峰为 100:24,试计算该化合物的碳原子数。

任务 4 气相色谱-质谱联用

【知识目标】
  (1) 熟悉气质联用仪的组成;
  (2) 掌握气质联用仪的原理;
  (3) 掌握利用气相色谱-质谱联用仪进行定性分析的基本方法。

【能力目标】
  (1) 理解掌握气质联用仪的关键技术;
  (2) 能够按说明操作气质联用仪。

子任务 1 认识气相色谱法-质谱联用系统

课堂活动

带领学生参观相关实验室或到相关的企业实验室参观,并观看相关视频。

课前分组查找资料,课堂分组讨论、展示、对照气质联用仪,老师点评、讲解,或者企业的操作人员讲解和演示;学生主动性学习气质联用的基本概念和原理。

子任务 2 气质联用仪的接口

课堂活动

结合气质联用仪掌握仪器接口的关键技术。

课前学生上网查找资料,并结合书本自学,课堂上对照气质联用仪,老师讲解,学生主动性了解气质联用仪的接口技术。

子任务 3 仪器操作和数据处理

课堂活动

对照气质联用仪掌握仪器操作和数据处理;老师讲解,演示操作,学生知识应用与技能训练,学生主动性学习气质联用仪的操作;课前分组查找资料,课堂分组讨论数据处理的方法。

【任务卡】

任　　　务		方案(答案)或相关数据、现象记录	点评	相应技能	相应知识点	自我评价
子任务 1 认识气相色谱法-质谱联用系统	气质联用仪的组成					
	气质联用仪工作原理					
子任务 2 气质联用仪的接口	接口的关键技术					
子任务 3 仪器操作和数据处理	相色谱法-质谱联用仪的基本操作					
	气相色谱法-质谱联用仪的数据处理					
学会的技能						

 **相关知识**

一、气质联用（GC-MS）系统的工作原理和构成

气质联用是气相色谱-质谱联用（GC-MS）技术的简称。是将气相色谱仪器（GC）与质谱仪（MS）通过适合的接口相结合，通过借助计算机技术进行联用分析的技术。气质联用（GC/MS）被广泛应用于复杂组分的分离与鉴定，其即具有 GC 的高分辨率又具有质谱的高灵敏度。

气质联用仪是分析仪器中较早实现联用技术的仪器。气质联用仪系统一般由如下部分组成：气相色谱仪、接口、质谱仪、计算机系统。气相色谱仪分离样品中各组分，起着样品制备的作用；接口把从气相色谱流出的各组分送入质谱仪进行检测，起着气相色谱和质谱之间适配器的连接作用，由于接口技术的不断发展，接口不仅在形式上越来越小，也越来越简单；质谱仪对从接口依次引入的各组分进行分析，成为气相色谱仪的检测器；计算机系统则交互式地控制着气相色谱、接口和质谱仪，并进行数据采集和处理，是 GC-MS 的中央控制单元。

二、气质联用法和其他气相色谱法的区别

1. 灵敏度高

GC-MS 方法是一种通用的色谱检测方法，但灵敏度却远高于 GC 方法中的任何一种通用检测器。一般 GC-MS 的总离子流色谱的灵敏度比普通 GC 的 FID 检测器高 $1 \sim 2$ 个数量级。

2. GC-MS 方法定性参数增加，定性可靠

GC-MS 方法不仅与 GC 方法一样能提供保留时间定性，而且还能提供质谱图等，使 GC-MS 方法远比 GC 定性可靠。

3. 可以用于定量分析

从气相色谱和色质联用的一般经验来说，质谱仪定量似乎总不如气相色谱仪，但由于色质联用可用内标技术和同位素稀释，以及色谱技术的不断改进，GC-MS 联用仪的定量分析精度得到很大改善。在一些低浓度的定量分析中，当待测物质浓度接近多数气相色谱仪检测器的检测下限时，GC-MS 联用仪的定量精度优于气相色谱仪。

4. 抗干扰能力强

虽然用气相色谱仪的选择性检测器能对一些特殊的化合物进行检测，不受复杂基质的干扰，但是难以用同一检测器同时检测多类不同的化合物而不受基质的干扰。而采用色质联用中的提取离子色谱技术、选择离子检测技术等可以降低化学噪声的影响，分离出总离子图上尚未分离的色谱峰。

5. 仪器维护方便

气相色谱法中，经过一段时间的使用，某些检测器需要经常清洗。在 GC-MS 联用中检测器不用经常清洗，最常需要清洗的是离子源或离子盒。离子源或离子盒是否清洁，是影响仪器工作状态的重要因素。色谱柱老化时不连接质谱仪、减少注入高浓度样品、防止引入高沸点组分、尽量减少进样量、防止真空泄漏和反油等是防止离子源污染的方法。气相色谱工作时的合适温度参数虽然均可以移植到 GC-MS 联用仪上，但是对其他各部件的温度设置要防止出现冷点；否则，GC-MS 的色谱分辨率将会恶化。

6. 方法容易实现套用

气相色谱方法中的大多数样品处理方法、分离条件、仪器维护等，都易移植到 GC-MS

联用方法中。但是，在 GC-MS 联用中选择衍生化试剂时，要求衍生化物在一般的离子化条件下能产生合适的、稳定的质量碎片。

三、GC-MS 联用中主要的技术问题

脱机、非在线的联用只是将色谱分离作为一种样品纯化的手段和方法，操作很烦琐，在收集和再处理色谱分离后的待测组分时也很容易发生样品的污染和损失。因此，实现联机、在线的色谱联用是众多分析化学工作者努力的目标。气相色谱仪和质谱仪联用技术中主要着重要解决两个技术问题。

1. 仪器接口

气相色谱仪的入口端压力高于大气压，在高于大气压的状态下，样品混合物的气态分子在载气的带动下，因在流动相和固定相的分配系数不同而产生的各组分在色谱柱内的流速不同，使各组分分离，最后和载气一起流出色谱柱。通常情况下色谱柱的出口端为大气压力。质谱仪中样品气态分子在具有一定真空度的离子源中转化为样品气态离子。这些离子包括分子离子和其他各种碎片离子在高真空的条件下进入质量分析器运动。在质量扫描部件的作用下，检测器记录各种按荷质比分离不同的离子其离子流强度以及随时间的变化。

因此，接口技术中要解决的问题是气相色谱仪的大气压的工作条件和质谱仪的真空工作条件的联接以及匹配。接口要把气相色谱柱流出物中的载气尽可能多地除去，保留或浓缩待测物，使近似大气压的气流转变成适合离子化装置的粗真空，并协调色谱仪和质谱仪的工作流量。

2. 扫描速度

没有与色谱仪联用的质谱仪一般对扫描速度要求不高。由于气相色谱峰很窄，有的仅几秒钟时间，而一个完整的色谱峰通常需要至少 6 个以上数据点。因而就要求和气相色谱仪连接的质谱仪，有较高的扫描速度，才能在很短的时间内完成多次全质量范围的质量扫描。另外，要求质谱仪能很快地在不同的质量数之间来回切换，以满足选择离子检测的需要。

四、气质联用仪的接口技术

GC-MS 联用仪的接口是解决气相色谱和质谱仪联用的关键组件。理想的接口是能除去全部载气，但却能把待测物毫无损失地从气相色谱仪传输到质谱仪。

常见的 GC-MS 联用接口见表 7-6。在色谱联用技术的发展过程中，还出现许多其他接口方式，如有机薄膜分离器，利用对有机气体选择性溶解，使作为载气的无机气体和样品分离；如分子流式分离器，利用相对分子质量小、流导大容易除去的原理，分离载气和样品；又如钯-银管分离器，利用钯管对氢的选择反应传输而达到分离的目的等。

表 7-6 常见的仪器接口

接口方式	Y/%	N	t/s	H	分离原理	适用性
直接导入型	100	1	0	1	无分离	小孔径毛细管柱
开口分流型	约 30	1	1	1~2	无分离	毛细管柱
喷射式分离器	约 50	100	1	1~2	喷射分离	填充柱/毛细管柱

1. 直接导入型接口

内径在 0.25~0.32mm 的毛细管色谱柱的载气流量在 1~2mL/min。这些柱通过一根金属毛细管直接引入质谱仪的离子源。载气和待测物一起从气相色谱柱流出立即进入离子源的作用场。由于载气氦气是惰性气体很难发生电离，而待测物却容易形成带电粒子。待测物带电粒子在电场作用下加速向质量分析器运动，而载气却由于不受电场影响，被真空泵直接抽

走。接口的实际作用是支撑插入端毛细管，使其准确地定位。另一个作用是保持温度，使色谱柱流出物由始至终不产生冷凝。

使用于这种接口的载气仅限于氦气或氢气。当气相色谱出口的载气流量高于 2mL/min 时质谱仪的检测灵敏度下降。一般使用这种接口，色谱柱的最大流速受质谱仪真空泵流量的限制，气相色谱仪的流量在 $0.7\sim1.0$mL/min。最高工作温度和最高柱温相近。接口组件结构简单，容易维护。且传输率达 100%，这种连接方法一般都使质谱仪接口紧靠气相色谱仪的侧面。这种接口方式应用比较广泛，是最常用的一种接口技术（图 7-14）。

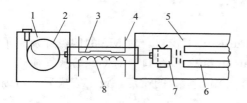

图 7-13　直接导入型接口

1—气相色谱仪；2—毛细管色谱柱；3—直接
导入接口；4—温度传感器；5—质谱仪；
6—四极滤质器；7—离子源；8—加热器

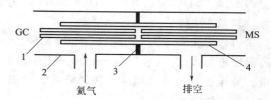

图 7-14　开口分流型接口的工作原理

1—限流毛细管；2—外套管；
3—中隔机构；4—内套管

2. 开口分流型接口

色谱柱洗脱物的一部分被送入质谱仪，这样的接口称为分流型接口。在多种分流型接口中开口分流型接口应用最广泛。

气相色谱柱的一段插入接口，其出口正对着另一个毛细管，该毛细管称为限流毛细管。限流毛细管承受接近 0.1MPa 的压降，与质谱仪的真空泵相匹配，把色谱柱洗脱物的一部分定量地引入质谱仪的离子源。内套管固定插色谱柱的毛细管和限流毛细管，从而保证这两根毛细管的出口和人口对准。内套管置于一个外套管中，外套管充满氦气。当色谱柱的流量小于质谱仪的工作流量时，外套管中的氦气提供补充；当色谱柱的流量大于质谱仪的工作流量时，过多的色谱流出物和载气随氦气流出接。因此，更换色谱柱时不会影响质谱仪工作，质谱仪也不会影响色谱仪的分离性能。此接口结构也很简单，但色谱仪流量较大时，分流比较大，产率较低，不适用于填充柱的条件。

3. 喷射式分子分离器接口

常用的喷射式分子分离器接口工作原理是根据气体在喷射过程中不同质量的分子都以超音速的同样速度运动，不同质量的分子具有不同的动量。动量大的分子，易保持沿喷射方向运动，而动量小的分子易偏离喷射方向而被真空泵抽走。相对分子质量较小的载气在喷射过程中易偏离接受口，而相对分子质量较大的待测物得到浓缩后进入接受口（图 7-15）。喷射

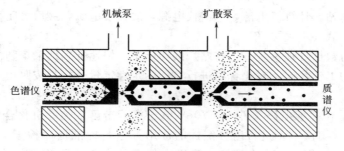

图 7-15　喷射式分子分离器接口

式分子分离器接口具有热解和记忆效应较小、待测物在分离器中停留时间短、体积小等优点。

五、气质联用仪操作规程及数据处理

1. 开机

① 开载气，调节减压阀使压力指示为 0.5MPa，开稳压器电源。

② 根据待测样品选择合适的毛细管柱，并将其两端分别连接进样口及质谱检测器。

③ 依次开启色谱仪，质谱仪及工作电源，打开电脑并进入 NT 界面，然后打开 GC 开关并使仪器完成自检，再打开 MSD 开关。在 MSD 的油泵连续抽真空 3～4h 后，双击桌面上的图标"SHGCMS♯1"，打开 MSD 的化学工作站。

2. 方法编辑

（1）由主菜单上"Instrument→MS Temperatures…."窗口，对 MS 的四极杆及离子源的温度进行设定。由"Instrument→GC Edit Parameters…."窗口，对 GC 的载气模式，流量，分流比，进样口温度，进样模式，柱温，程序升温等参数的设定。设定完毕后，给编辑的分析方法命名并保存。

由"Instrument→MS SIM/Scan Parameters…"窗口分别设定溶剂延长时间，EM 电压，扫描方式的参数。

（2）待仪器运行达到各项设定的参数后，由"Instrument→tune MSD→OK"，进行 MS 的自动调谐。

（3）待 MS 调谐通过后，点击主菜单上"Sequence→Edit Sequence…"进入样品信息窗口，输入样品的各项信息。

（4）输完样品信息后，由主菜单"Sequence→Run Sequence"进入样品自动运行并检测阶段。

3. 分析

（1）待仪器运行完所有的样品后进入离线色谱工作站界面。

（2）以 5 个标准点（1ppm，5ppm，10ppm，20ppm，30ppm）作一条标准曲线（内标法），其各个标准化合物的相关系数均要求大于 99.5%。

（3）在离线色谱的主菜单上选择"File→Load Date File"调出每个样品的总离子图，检查试样的谱图中各个化合物出峰的时间与标准品中的各个化合物出峰时间是否一致，从而达到定性定量分析的目的。

4. 关机操作

（1）在"SH GCMS♯1"窗口下，由"View→Tune and Vacuum Control"进入"SH GCMS♯1 Tune→EI mode→atune. u"窗口。在该窗口下由"Vacuum→Went→OK"，仪器在一定的时间内降低真空度，使四极杆和离子源的温度降低，同时也会降低色谱仪的柱温，进样口温度至室温。

（2）关闭工作站，计算机电源，色谱仪电源，质谱仪电源，最后关闭稳压器电源，关闭气瓶（条件允许，载气不关更好）。

计算机控制与数据处理系统（工作站）的功能是：快速准确地采集和处理数据；监控质谱及色谱各单元的工作状态；对化合物进行自动的定性定量分析；按照用户要求自动生成分析报告。

标准质谱图是在标准电离条件——70eV 电子束轰击已知纯有机化合物得到的质谱图。在气相色谱-质谱联用仪中，进行组分定性的常用方法是标准谱库检索。即利用计算机将待分析组分（纯化合物）的质谱图与计算机内保存的已知化合物的标准质谱图按一定程序进行比较，将匹配度最高的若干个化合物的名称、分子式、相对分子质量、识别代号及匹配率等数据列出供用户参考。值得注意的是，匹配率最高的并不一定是最终确定的分析结果。

知识应用与技能训练

1. 气质联用仪是由哪几部分组成的？
2. 气质联用仪的关键技术是什么？分别有什么作用？
3. 气质联用仪用的是什么载气？起到什么作用？
4. 在 GC-MS 联用法进行定量分析时，除了可以使用总离子流色谱图的峰面积定量外，可否利用选择离子色谱图定量？为什么？

实验任务指导书

气质联用仪检测烟用香精香料

1. 实验任务

(1) 学习 GC-MS 的使用。

(2) 熟悉 GC-MS 的操作步骤。

(3) 掌握 GC-MS 的定量、定性分析方法。

2. 主要仪器与用具

HP-GC/MS 气质联用仪（6890GC/5973N MSD，带自动进样装置），手动 SPME 进样器，烘箱，超声波清洗仪，旋转蒸发仪，分液漏斗。

3. 主要试剂

$100\mu m$ 聚二甲基硅氧烷，SPME 纤维，二氯甲烷，无水硫酸钠。

4. 操作规程

(1) 设定参数及选用相关的部件　毛细管柱：HP-5MS 弹性石英毛细管柱（$30m\times0.25mm\times0.25\mu m$）；柱流速：1.0mL/min；进样口温度：250℃；GC/MS 传输线温度：280℃；质谱扫描范围：$35\sim450$a.m.u；EI 离子源温度：230℃；阈值：120；谱图检索：NIST98，WEILEY 两个谱库进行检索。

(2) 样品处理　对牌号为 981021 的香精分别进行如下处理。

方法一：样品不做任何前处理，直接进样进行 GC/MS 分析。

柱温：采取程序升温 60(2min)～250℃(8℃/min)，升温速率：8℃/min

进样方式：分流进样。

溶剂延迟：3min。

方法二：称取 30.0518g 981021 号香精于三角瓶中，加入 40mL 的二氯甲烷，于超声波仪器中超声 30min，进行液-液萃取分离，在萃取液里加入适量的无水硫酸钠静置过夜后，次日于旋转蒸发仪上浓缩至 2mL。

柱温：程序升温 60(2min)～8℃/min～200℃(1min)～20℃/min～250℃。

进样方式：分流进样。

溶剂延迟：3min。

方法三：称取 0.4516g 981021 号香精样品于 15mL SPME 专用采样瓶中，采样温度 45℃，插入装有 $100\mu m$ 聚二甲基硅氧烷的 SPME 纤维头的手动 SPME 进样器进行采样，采样吸附时间 30min，采样完毕立即进行气质联用仪分析，纤维头脱附温度及时间：250℃，脱附 6min。

柱温：程序升温 60(2min)～260℃(10min) 升温速度：4℃/min。

进样方式：不分流进样。

5. 数据处理

对三种实验方法的图进行解析：确定待测香精中所含物质组分，并计算其含量。

6. 相关原理

气质联用是将气相色谱仪器（GC）与质谱仪（MS）通过适合的接口相结合，通过借助计算机技术进行联用分析的技术。其即具有 GC 的高分辨率又具有质谱的高灵敏度，作为一种高效、高灵敏的分析分离方法，气质联用（GC/MS）被广泛应用于复杂组分的分离与鉴定。

气相色谱-质谱联用方法是目前烟用香精分析的最好方法，该方法能比较容易、快速、准确地分离测定出香精中的内在成分，从而为人们分析与开发烟草配方提供有力的参考依据。

任务5　液相色谱-质谱联用

【知识目标】

（1）熟悉液质联用仪的基本构造；

（2）掌握液质联用仪的原理；

（3）掌握常用液质联用仪的种类、用途。

【能力目标】

（1）掌握液质联用仪的关键技术；

（2）掌握利用液质联用仪进行定性分析的基本方法；

（3）能够按说明操作液质联用仪。

子任务1　液相色谱法-质谱联用系统

课堂活动

带领学生到相关实验室参观液质联用仪或者到相关的企业参观或观看相关视频。

课前分组查找资料，课堂分组讨论、展示、对照液质联用仪讲解，学生主动性学习液质联用的基本概念、原理等。

子任务2　液质联用仪的接口

课堂活动

结合液质联用仪及说明书掌握仪器接口的关键技术和参数。

结合液质联用仪，学生阅读说明书并分组讨论仪器接口的关键技术。

子任务3　应用和能解决的问题

课堂活动

学生课前查阅图书或上网查阅资料，结合图片和事件，课堂分组讨论、展示讨论结果，要求学生熟悉液相色谱法-质谱联用的应用范围及可以解决的问题。

【任务卡】

任　　　务		方案(答案)或相关数据、现象记录	点评	相应技能	相应知识点	自我评价
子任务 1　液相色谱法-质谱联用系统	液质联用仪的原理					
	液质联用仪的组成					
子任务 2　液质联用仪的接口	液质联用仪的接口					
子任务 3　应用和能解决的问题	液质联用仪的应用范围					
	液质联用仪能解决的问题					
学会的技能						

相关知识

一、液质联用仪的原理及构成

液相色谱质谱联用（LC-MS）又叫液相色谱-质谱联用技术，它以液相色谱作为分离系统，质谱为检测系统。样品在质谱部分和流动相分离，被离子化后，经质谱的质量分析器将离子碎片按质量数分开，经检测器得到质谱图，从而达到分离并分析的目的。

液相色谱的优势在于分离，其应用不受沸点的限制并能对热稳定性差的样品进行分离分析。但其难以得到物质的结构信息，主要依靠与标准物对比来判断未知物。质谱能够提供物质的结构信息，用样量也非常少，但其分析的样品需要进行纯化，具有一定的纯度之后才可以直接进行分析。而液质联用体现了色谱和质谱优势的互补，将高效液相色谱对复杂样品的高分离能力，与质谱具有高选择性、高灵敏度及能够提供相对分子质量与结构信息的优点结合起来。两者的联用更有实际的价值。

液质联用由液相色谱、接口和质谱仪三部分组成。液质联用可以分析气相色谱-质谱（GC-MS）所不能分析的强极性、难挥发、热不稳定性的化合物。近年来，液相色谱-质谱联用技术在应用方面取得了很大进展，在环境、医药研究的各领域应用越来越广泛。

二、液质联用仪的接口

在实现液质联用时所遇到的困难比 GM-MS 大得多。按联用的要求，LC-MS 的在线使用首先要解决的问题是真空的匹配。实际过程中一般是选用合适的接口来解决的。

自 20 世纪 70 年代初，人们开始致力于液-质联用接口技术的研究。在开始的 20 年中处于缓慢的发展阶段，研制出了许多种联用接口，但均没有应用于商业化生产。直到大气压离子化 API 接口技术的问世，液-质联用才得到迅猛发展，广泛应用于实验室内分析和应用领域。主要接口介绍如下。

1. 液体直接导入（DLI）接口

1972 年，Tal'roze 等人提出了直接将色谱柱出口导入质谱的思想，当时称之为毛细管入口界面。相继有许多研究组开展这方面的研究，在 1980 年这种液质接口已经用于商业化生产。该接口是在真空泵的承载范围内，以细小的液流直接导入质谱。实际操作中，LC 的柱后流出物经分流，在负压的驱动下经喷射作用进入脱溶剂室形成细小的液滴并在加热作用下脱去溶剂。脱溶剂的同时没有离子产生，其离子化过程出现在离子源内，是被分析物分子和溶剂作用的结果，因此它应归于化学电离一类技术。其碎片依然是靠 EI 源的电子轰击产生。

　　液体直接导入接口的优点是：接口简单，造价低廉，可将非挥发性和热不稳定性的化合物温和地转化成气态，样品以溶液状态进入质谱形成了 EI 条件，可得到相对分子质量信息。缺点是：分流过程中需要减少大量的流动相，使用的隔膜经常堵塞。

　　2. "传送带式"接口

　　1977 年，世界上第一台商业化生产的液-质联用接口就是使用传送带式（MB）技术。该接口是液相的流动相不停地由传送带送入质谱离子源，传送带可根据流动相的组成进行调整。在传送过程中，样品经红外线加热除去大部分的溶剂后进入真空室，传送带的调整依据流动相的组成进行，流量大，含水多时带的移动速度要相应地慢一些。在真空中溶剂被进一步脱去，同时出现分析物分子的挥发，闪蒸解离进入离子源。

　　离子化是以 EI、CI 或 FAB 进行。在分析未知化合物时，可连接 EI 分析，获得的谱图可以在质谱数据库检索。分析大分子生物样品时，多选用 FAB。在 CI 条件下，当样品与 CI 等离子体完全接触的状态下才可获得最佳结果。

　　MB 技术分离溶剂和被分析物是基于两者沸点上的差别，从这个意义上讲它可以被用于大部分有机化合物的质谱分析，但沸点很高即便是在源内真空下仍无法显著挥发的化合物则无法分析。

　　传送带式接口对挥发性溶剂的传送能力高达 1.5mL/min，对纯水会减少至 0.5mL/min；喷射装置与传送带表面呈 45°夹角时，可以改善色谱积分曲线；非挥发性缓冲液可以从传送带上除去，可以使用非挥发性缓冲溶液；对样品的收集率和富集率都较高。但 MB 技术的主要问题在于它的低离子化效率及相应的低灵敏度，在许多场合下，不能满足日益提高的质谱分析要求。此外，传送带的记忆效应不易消除，检测信号的背景值较高，只能分析热稳定性的化合物。

　　3. 热喷雾接口

　　热喷雾（TS）接口是从 20 世纪 70 年代中期开始在美国休斯敦大学实验室立项研究，旨在解决在液相和质谱之间传送 1mL/min 流速水溶液流动相的难题，可使用 EI 和 CI 两种离子化源。热喷雾（TS）接口是一个能够与液相色谱在线联机使用的 LC-TS-MS "软"离子化接口，得到了比较广泛的应用。

　　热喷雾接口设计中喷雾探针取代了直接进样杆的位置，该接口是将液相色谱的流动相通过一根电阻式加热毛细管进入一个加热的离子室，毛细管内径约 0.1mm，比液体直接导入接口的取样孔大很多。毛细管的温度调节到溶剂部分蒸发的程度，产生的蒸汽超声速度喷射，在含有水溶剂的情况下，喷射探针形成夹带荷电小液滴的雾状混合物。由于离子室是加热的，并由前级真空泵预抽真空，当液滴经过离子源时继续蒸发变小，有效地增加了荷电液滴的电场梯度。最终使其成为自由离子而从液滴表面释放出去，通过取样锥内的小孔离开热喷雾离子源。热喷雾接口可以减少进入质谱的溶剂量，对不挥发的分析物分子也可电离，可以接受比较大的溶剂流量，大致范围为 0.5～2.5mL/min；较强的加热蒸发作用可以适应含水较多的流动相，但不允许有不挥发性缓冲溶液。这是其他 LC-MS 接口，甚至包括某些新近研发的接口也不具备的特点。

　　4. 粒子束接口

　　粒子束接口（PB）是 20 世纪 80 年代出现的另一种应用比较广泛的 LC-MS 接口，又称动量分离器。PB 接口研制成功后，很快地由仪器厂商开发成为商品仪器并在很大程度上取代了 MB 技术。

　　粒子束接口（PB）是从单分散气溶胶界面（MAGIC）发展来的。该接口将液相色谱的流动相在常压下借助气动雾化产生气溶胶,气溶胶扩展进入加热的去溶剂室,此时待测分子通过一个动量分离器与溶剂分离,然后经一根加热的传送管进入质谱。在此过程中分析物形成直径为微米或小于微米级的中性粒子或粒子集合体。由喷嘴喷出的溶剂和分析物可以获得超声膨胀并迅速降低为亚声速。由于溶剂和分析物的分子质量有较大的区别,两者之间会出现动量差;动量较大的分析物进入动量分离器,动量较小的溶剂和喷射气体则被气泵抽走。动量分离器一般由两个反向安置的锥形分离器构成,可以重复进行上述过程,以保证分离效率。分析物粒子在离子源与热源室的内壁碰撞而分解,溶剂蒸发后释放出气态待测分子即可进行离子化。PB的离子化仍由质谱的EI或CI方式进行,可以获得经典的质谱图,并可以使用谱库检索,分析工作获得很大便利。

离子束接口分析范围比热喷雾接口更宽,将电离过程与溶剂分离过程分开,更适合于使用不同的流动相,不同的分析物质;主要用于分析非极性或中等极性的,相对分子质量小于1000的化合物,在药残、药物代谢分析、化工方面曾有许多成功的应用案例。但离子束接口灵敏度变化范围大,线性响应的浓度范围较窄,两种化合物的协同洗脱会对响应产生不可预测的效应,使用高速氦气造价太高,离子化手段仍然是电子轰击,不是"软"离子化方式,不适于分析热不稳定的化合物。

5. 快原子轰击

1985和1986年,快原子轰击(FAB)和连续流动快原子轰击(CFFAB)接口技术相继问世,并随后投入了商业化生产。快原子轰击是用加速的中性原子(快原子)撞击以甘油调和后涂在金属表面的有机物("靶面"),导致这些有机化合物的电离。FAB是在最初用于无机化合物表面分析的离子轰击源(FIB)的基础上发展起来的,是20世纪80年代中发展的一种新型电离源。

以电子轰击气压约为100Pa的中性气体(氩或氙),产生的惰性气体离子经聚焦和加速后撞击靶面导致分析物的离子化是所谓离子轰击作用。在此基础上将氩离子还原为中性原子,再以加速的中性原子撞击"靶面"。分析物经中性原子的撞击获取足够的动能以离子或中性分子的形式由靶面逸出,进入气相,产生的离子一般是准分子离子。

无论是FAB或是FIB都是"冷"离子源,对热不稳定、难以汽化的化合物分析有独到的长处。尤其是它对肽类和蛋白质分析的有效性,在电喷雾接口出现前是其他接口无法相比的。

在此基础上发展的连续流动快原子轰击技术(CFFAB)及动态FAB、Frit-FAB、动态LSIMS至今作为LC-MS接口有着较为广泛的使用。其甘油的浓度在2%~5%之间,比静态的FAB使用的甘油量少,且测定过程中"靶面"得到不断更新,其化学物理性质变化很小,同时经色谱分离后的共存物质不会同时出现在"靶面"上,因而干扰因素被大大地减少。噪声和灵敏度同时定量分析的重现性也得到改善。

连续流动快原子轰击接口是一种"软"离子化技术,是一种特殊的制样方法,适用于分析热不稳定、难以汽化的化合物,尤其是对肽类和蛋白质的分析在当时是最有效的。但只能在较低的流量下工作,一般小于 $5\mu L/min$,大大限制了液相柱的分离效果,流动相中使用的甘油会使离子源很快变脏,同时容易堵塞毛细管,混合物样品中共存物质的干扰也会抑制分析物的离子化,降低灵敏度。所以也称FAB和LC-CFFAB-MS为"脏"技术。

6. 大气压化学离子化技术

大气压化学离子化(APCI)技术应用于液-质联用仪是于20世纪70年代初发明的,直到20世纪80年代末才真正得到突飞猛进的发展,与ESI源的发展基本上是同步的。但是

APCI 技术不同于传统的化学电离接口，并不采用诸如甲烷一类的反应气体，是借助于电晕放电启动一系列气相反应以完成离子化过程，因此也称为放电电离或等离子电离。

APCI 不会发生 ESI 过程中因形成多电荷离子而发生信号重叠、降低图谱清晰度的问题；适应高流量的梯度洗脱的流动相；采用电晕放电使流动相离子化，能大大增加离子与样品分子的碰撞频率，比化学电离的灵敏度高 3 个数量级。

7. 电喷雾离子化技术

电喷雾（ESI）技术作为质谱的一种进样方法起源于 20 世纪 60 年代末 Dole 等的研究，直到 1984 年 Fenn 实验组对这一技术的研究取得了突破性进展，这一开创性的工作引起了质谱界极大的重视。

ESI 的大发展主要源自于使用电喷雾离子化蛋白质的多电荷离子在四极杆仪器上分析大分子蛋白质。ESI 源主要由五部分组成：①流动相导入装置；②真正的大气压离子化区域，通过大气压离子化产生离子；③离子取样孔；④大气压到真空的界面；⑤离子光学系统是该区域的离子随后进入质量分析器。

电喷雾中，离子的形成是分析物分子在带电液滴的不断收缩过程中喷射出来的，即离子化过程是在液态下完成的。液相色谱的流动相流入离子源，在氮气流下汽化后进入强电场区域，强电场形成的库仑力使小液滴样品离子化，离子表面的液体借助于逆流加热的氮气分子进一步蒸发，使分子离子相互排斥形成微小分子离子颗粒。这些离子可能是单电荷或多电荷，取决于分子中酸性或碱性基团的体积和数量。

其主要优点如下：离子化效率高，对蛋白质而言接近 100%；离子化模式多，正负离子模式均可以分析，如 ESI（＋）、ESI（－）、APCI（＋）、APCI（－）；对蛋白质的分析相对分子质量测定范围高达几十万甚至上百万；可与大流量的高效液相联机使用；"软"离子化方式使其对热不稳定化合物能够产生高丰度的分子离子峰；通过调节离子源电压可以控制离子的断裂，给出结构信息等。电喷雾离子化技术在蛋白质和肽类的相对分子质量的测定、分子生物学研究等诸多方面得到广泛的应用并得到广泛的认可。

三、液质联用仪的应用领域及能解决的问题

近年来，随着联用技术的日趋完善、各种离子化技术的不断出现，HPLC-MS 逐渐成为很受欢迎的分析手段之一。HPLC-MS 作为已经比较成熟的技术，目前已在生化分析、天然产物分析、药物和保健食品分析以及环境污染物分析等许多领域得到了广泛的应用。解决了许多在此之前难以解决的问题。

1. 药物和保健食品分析中的应用

质谱作为液相色谱的检测器兼有鉴定功能和灵敏度高的特点。所以近些年来 HPLC-MS 已经成为药物分析方面的有利工具。近几年用 HPLC-MS 对各种药物尤其是违禁药物及其代谢产物做了大量的研究，如尿中的河豚毒素、抗生素等痕量残留的分析。可以预测，随着对 HPLC-MS 研究的深入和该技术应用的普及，HPLC-MS 技术将成为药物和保健食品中违禁成分分析中发挥更大的作用。

液质联用仪因其高选择性、高灵敏性、高准确性、分析检测范围宽以及其定性、定量方面的强大功能等特点，在食品分析检测领域得到了广泛的应用，为确保食品质量安全起到了非常重要的作用。

目前食品及饲料中三聚氰胺的检测方法有多种，比较成熟的方法有高效液相色谱法（HPLC）、高效液相色谱-质谱法（HPLC-MS）、气相色谱-质谱法（GC/MS）。其中 HPLC-MS 法由于具有检测灵敏度高、前处理相对简单等优点，越来越多地被应用于对"三聚氰胺"的检测中。

2．天然产物分析中的应用

利用 HPLC-MS 分析混合样品，和其他方法相比具有高效快速，灵敏度高，只需进行简单预处理或衍生化，尤其适用于含量少、不易分离得到的组分。因此 HPLC-MS 技术为天然产物研究提供了一个高效、切实可行的分析技术，国内利用该技术在天然产物研究中已经有很多报道。

3．生化方面的分析中的应用

生物体内的蛋白质、肽和核酸，都以混合物状态出现，具有强极性，难挥发性，又具有明显的热不稳定性，如用 GC-MS 来分析生物大分子存在困难，需要经过深度降解，并需对降解生物作各种复杂的衍生化处理。而 HPLC 能分析强极性、不易挥发、高相对分子质量及对热不稳定的化合物；MS 具有高灵敏度，能在复杂基质中进行准确分析化合物的优点，所以 HPLC-MS 作为生化分析的一个有力工具，正在得到日益的重视。

4．环境分析中的应用

近些年，农药残留问题越来越受到重视。由于农药正向高效和低毒方向发展，使农药的环境影响和残留农药的检测技术发生了变化。发展高灵敏度的多残留可靠分析方法越来越重要。高效液相色谱法弥补了气相色谱法不宜分析难挥发、热稳定性差的物质的缺陷，可以直接测定那些难以用 GC 分析的农药。自从 20 世纪 80 年代末大气压电离质谱（APIMS）成功地与 HPLC 联用以来，HPLC-MS 已经在农药残留分析中占了很重要的地位，成为农药残留分析最有力的工具。HPLC-MS 已经在环境分析中有很多的应用，如环境样品中的抗生素、多环芳烃、多氯联苯、酚类化合物、农药残留等。

四、液质联用仪常见故障排除（表 7-7）

表 7-7　液质联用仪常见故障排除

症状类型	解决方案
无峰	雾化器喷雾 保证毛细管电压设置正确 保证 LC/MSD 调谐正确 保证 LC/MSD 检测器压力在正常范围 检查干燥气流量和温度 确保碰撞诱导解离电压设置正确
质量准确度差	重新校正质量轴 确定调谐用离子，估计样品离子的质量范围并显示强稳定的信号
信号低	检查溶液化学性质，确定样品溶剂是合适的 保证用新样品，并且正确存储样品 保证 LC/MSD 调谐正确 检查雾化器条件 清洁毛细管入口 检查毛细管有无损坏和污染
信号不稳定	保证干燥用气流和温度对溶剂流动是正确的 保证溶剂彻底脱气 保证 LC 反压稳定；指示溶剂流动稳定
高质谱噪声	采用合适的质量过滤器值 检查喷雾形状；雾化器可能损坏或放置不当 保证干燥用气流和温度对溶剂流动是正确的 保证溶剂彻底脱气 保证 LC 反压稳定；指示溶剂流动稳定 如果用水作流动相的组分，确保是去离子水（>18MW）

续表

症状类型	解决方案
雾化器出口是小液滴而不喷雾	确保雾化气压设定足够高以利液相色谱流动相汽化 检查雾化器中针头的位置 停止溶剂流动,卸下雾化装置 检查雾化器末端是否损坏
无液流	确保 LC 在工作,在正确的瓶中有足够溶剂 检查 LC 故障提示 检查阻塞情况 修理或更换任何阻塞部件 检查是否存在渗漏 保证 MS 气流选择器设定在与液相色谱仪联通的位置
不需要的裂解现象	(APCI 相对于电喷雾) APCI 温度过高 裂解电压设置过高

知识应用与技能训练

1. 为什么气质联用有谱库而液质联用没有谱库?
2. 与 LC 相比,LC-MS 有哪些主要的优势?
3. LC-MS 联用中要解决哪些问题,如何解决?
4. 举例说明 LC-MS 在医药中的应用。

◆ 实验任务指导书

检测蔬菜中虫酰肼和甲氧虫酰肼

1. 实验任务

利用液质联用对若干种蔬菜中虫酰肼和甲氧虫酰肼的定量与定性分析。

2. 主要仪器与用具

Surveyor 液相色谱系统、三重四极杆串联质谱、真空氮气吹干仪、Milliq 去离子水发生器、12 通道半自动固相萃取装置。虫酰肼和甲氧虫酰肼标准品,纯度为大于 95%、甲醇、色谱纯、活性炭小柱、250mg/3 mL、实验用水为去离子水。

3. 主要试剂

虫酰肼和甲氧虫酰肼标准品(纯度为大于 95%),甲醇(色谱纯),250mg/3mL 活性炭小柱,去离子水。

4. 操作规程

(1)标准溶液配制　准确称取虫酰肼和甲氧虫酰肼标准品各 10.0mg(精确到 0.01mg),至 10mL 容量瓶,用甲醇稀释至刻度,得 1.0g/L 储备溶液,于 $-18℃$ 避光存放。再用甲醇逐级稀释至 1.0mg/L(于 4℃保存 4 星期),绘制校准曲线时用流动相逐级稀释至 $5.0\mu g/L$、$10.0\mu g/L$、$20.0\mu g/L$、$50.0\mu g/L$、$100.0\mu g/L$ 和 $200.0\mu g/L$ 工作溶液。

(2)样品提取和净化　准确称取 5.00g 新鲜蔬菜样品置于离心管中,加入 4mL 0.1mol/L NaOH 溶液,15mL 正己烷饱和过的乙腈,混匀后超声 10min,离心后取上层清液过滤至干净离心管。再加 8mL 正己烷饱和过的乙腈于蔬菜样品中同前再提一次,上清液仍过滤至离心管。过滤结束后,加 4mL 乙腈淋洗滤纸。往离心管中加适量的 NaCl 固体,使用离心机把乙腈与水分层。吸出上层有机相至平底烧瓶,40℃旋转蒸发至干加入 3mL 正己烷溶解样品,待过柱。用 3mL 丙酮洗活性炭小柱,流完后抽干。再加 3mL 正己烷平衡小柱,在正己烷流尽之前上样，同时接收上样液。再次抽干后加 5mL V（丙酮）：V（正己烷）＝8：2 的混合溶液洗脱，控制液体流速不超过 1mL/min，并接收洗脱液。将含有对应上样液及洗脱液的接收瓶置于氮吹仪上 50℃ 水浴吹干。残渣用 1.00mL 50％甲醇水溶液溶解，经 0.45μm 水相和有机相滤膜过滤，滤液待测。

脱水蔬菜样品，粉碎后称样，然后加乙腈提取两次，旋转蒸发，其余步骤同上。样品加标实验：称取样品后加入适量虫酰肼和甲氧虫酰肼混合标准溶液混匀，室温下放置 10min，加入提取溶液，其他步骤同上。

（3）查询色谱质谱条件及相关参数 Sunfire 系列 C_{18} 反相色谱柱（150mm×2.1mm×3.5μm），柱温：室温，流动相：0.1％甲酸溶液（a）和甲醇（b），梯度洗脱程序：0min 时 20％的甲醇；0～3.0min 线性增加至 90％的甲醇；3～8.2min 90％的甲醇；8.2～8.5min 降至 20％的甲醇，之后进行系统平衡。流速：0.25mL/min，进样量：20μL。

ESI 电离源：正离子检测模式；离子源温度 360℃；电离电压 4.8kV；雾化气和气帘气：N_2；流量：1.6L/min；辅助气：N_2；流量：17L/min。监测模式：采用 srm 模式。

（4）液质联用对样品的测定 将虫酰肼和甲氧虫酰肼的混合标准工作溶液用流动相逐级稀释为系列标准溶液，与处理过的样品溶液依次等体积进样。虫酰肼和甲氧虫酰肼分别以碎片离子 m/z 为 297 和 149 进行外标法定量分析。

5. 数据处理

利用所得质谱图的信息，计算出虫酰肼和甲氧虫酰肼的含量。

6. 相关原理

根据欧盟相关规定，利用质谱分析方法对药物残留进行确证，必须满足 4 个识别点的要求，同时特征离子的丰度比要和标准物基本一致。对于串联质谱一个母离子（1 点）加两个特征子离子（1.5 点×2）可以满足质谱确证的需要。虫酰肼和甲氧虫酰肼的特征离子对分别为 369/313、369/149 和 353/297、353/133，加标样品中残留物的特征子离子的丰度比与标准物基本一致，满足质谱方法对药物残留的确证要求。

虫酰肼和甲氧虫酰肼在 5.0～200μg/L 内线性良好，线性方程分别为 $y=928601x-563640$ 和 $y=1439740x-575171$，相关系数分别为 0.9962 和 0.9991；根据信噪比（$s/n=3$）计算，检出限为 1.0μg/kg。通过阴性蔬菜加标测定，分析方法的定量限为 4.0μg/kg。

7. 注意事项

像菠菜等绿叶蔬菜常常含有大量色素，溶剂提取完以后颜色很深。如果在进行旋转蒸发后直接定容进样，色素很容易残留在仪器内从而造成污染，并且，杂质含量会降低信噪比，影响定量的准确性，样品需要过活性炭小柱净化。固相萃取净化时，在用正己烷溶解样品上样时，有部分样品会随上样液流出。在洗脱步骤中，比较了 V（正己烷）：V（丙酮）＝8：2、6：4 和 4：6 三种的混合液作为洗脱液，发现在正己烷比例较高时有较好的回收率，并且信噪比较高。实验中选择用 V（正己烷）：V（丙酮）＝8：2 混合液洗脱，同时收集上样液和洗脱液。

任务6 核磁共振波谱法

【知识目标】

（1）熟悉核磁共振波谱仪的基本构造；

（2）了解核磁共振波谱法的应用范围及能解决的问题。

【能力目标】

　　(1) 掌握核磁共振波谱法的原理；

　　(2) 理解核磁共振的进行定性分析的基本方法；

　　(3) 能够按操作规程使用核磁共振波谱仪。

子任务1　认识核磁共振

课堂活动

　　带领学生到相关实验室参核磁共振波谱仪或者观看相关视频。

　　课前分组查找资料，课堂分组讨论、展示、对核磁共振波谱仪讲解，学生主动学习核磁共振波谱仪的基本概念、原理和构造等。

子任务2　核磁共振仪的结构和操作

课堂活动

　　对照核磁共振波谱仪进行深入的了解和掌握仪器操作。

　　老师讲解，演示操作，学生分组熟悉操作规程，学生主动学习核磁共振波谱仪操作及进行实操演练；课前查找资料，课堂分组讨论数据处理的方法。

子任务3　应用和能解决的问题

课堂活动

　　学生课前查阅图书或上网查阅资料，结合图片和事件，课堂分组讨论、展示讨论结果，要求学生熟悉核磁共振波谱仪的应用范围及其可以解决的问题。

【任务卡】

任　　务		方案(答案)或相关数据、现象记录	点评	相应技能	相应知识点	自我评价
子任务1　认识核磁共振	核磁共振波谱仪的工作原理					
	核磁共振波谱仪的发展历程					
子任务2　核磁共振仪的结构和操作	核磁共振波谱仪的结构					
	核磁共振波谱仪的基本操作					
子任务3　应用和能解决的问题	核磁共振波谱仪的应用范围					
	核磁共振波谱仪能解决的问题					
学会的技能						

 相关知识

一、认识核磁共振

　　1946年美国斯坦福大学布洛赫 (F. Bloch) 和哈佛大学珀赛尔 (E. M. Purcell) 各自领导的小组独立地发现了核磁共振现象，两人因此获得1952年诺贝尔奖。50多年来，核磁共振已形成为一门有完整理论的新学科。

　　核磁共振 (nuclear magnetic resonance，NMR) 是指自旋磁矩不为零的原子核，在外磁场中，其核能级将发生分裂。若再有一定频率的电磁波作用于它，分裂后的核能级之间将发生共振跃迁的现象。核磁共振的方法与技术作为分析物质的手段，由于其可深入物质内部

而不破坏样品，并具有迅速、准确、分辨率高等优点而得以迅速发展和广泛应用，已经从物理学渗透到化学、生物、地质、医疗以及材料等学科，在科研和生产中发挥了巨大作用。

而核磁共振波谱是通过测量电磁波与外磁场中原子核之间的相互作用来研究物质结构特性的。核磁共振波谱分析法是化合物结构分析的重要方法之一，广泛应用于化学、生命科学、临床医学等领域。

1. 核磁共振的产生

（1）原子核的磁矩　核磁共振现象产生的基本条件之一是外磁场中存在着具有磁矩的原子核。原子核由中子和质子所组成，因此具有相应的质量数和电荷数。原子核还具有自旋运动，其自旋运动将产生磁矩，但并非所有的原子核都具有磁矩。原子核的自旋现象可用自旋量子数 I 表示，它与原子核中的质子数和中子数有关。只有 $I \neq 0$ 的原子核，才具有磁矩。很多种同位素的原子核都具有磁矩，这样的原子核可称为磁性核，是核磁共振的研究对象。原子核的磁矩取决于原子核的自旋角动量 P，其大小为：

$$P = \sqrt{I(I+1)}\frac{h}{2\pi} = \sqrt{I(I+1)}\hbar \tag{7-14}$$

式中，I 为原子核的自旋量子数；h 为普朗克常数，等于 $6.624 \times 10^{-34} \text{J} \cdot \text{s}$；$\hbar = h/2\pi$。根据量子力学原则，$P$ 是空间量子化的，假设外磁场的方向与 z 轴相同，则 P 在直角坐标系 z 轴上的分量 p_z 由以下式决定：

$$p_z = \frac{h}{2\pi}m = \hbar m$$

式中，m 是原子核的磁量子数，表示原子核的自旋状态；m 的值取决于自旋量子数 I，可取 I，$I-1$，$I-2$，$\cdots$，$-I$，共 $2I+1$ 个不连续的值。

原子核可按 I 的数值分为以下三类。

① 中子数、质子数均为偶数的原子核，在这类核中由于质子数和中子数均为偶数，即 $I = 0$，如 ^{12}C、^{16}O、^{32}S 等。此类原子核不能用核磁共振法进行测定。

② I 为半整数（质子数和中子数互为奇偶的原子核），这类核中有偶数个成对的质子自旋数和奇数个未成对的中子自旋数或反之，因此核的表现自旋不为零（净的核自旋为非零的半整数），此时 I 为非零整数，即 $I = n/2$，n 为奇数，如下。

$I = 1/2$：^{1}H、^{13}C、^{15}N、^{19}F、^{31}P 等；$I = 3/2$：^{7}Li、^{9}Be、^{11}B、^{33}S、^{35}Cl 等；$I = 5/2$：^{17}O、^{25}Mg、^{27}Al 等；以及 $I = 7/2$、$9/2$ 等。

③ 中子数、质子数均为奇数，则 I 为整数，如 $^{2}\text{H(D)}$、^{6}Li、^{14}N 等 $I = 1$；^{58}Co，$I = 2$；^{10}B，$I = 3$。

②、③类原子核是核磁共振研究的对象。其中，$I = 1/2$ 的原子核，这类核的电荷均匀分布于原子核表面，这样的原子核不具有四极矩，其核磁共振的谱线窄，容易得到高分辨率图谱，最宜于核磁共振检测。

凡 I 值非零的原子核即具有自旋角动量 P，也就具有磁矩 μ，μ 与 P 之间的关系为：

$$\mu = \gamma P \tag{7-15}$$

γ 称为磁旋比，是原子核的重要属性，不同的原子核具有不同的磁旋比，其值可正可负，是原子核的基本属性之一。核磁矩 μ 与自旋角动量 P 一样也是空间量子化的，当它置于沿 z 轴方向的外磁场中时，它在 z 轴上的分量 μ_z 为一些不连续的数值：

$$\mu_z = \gamma P_z = \gamma m \hbar \tag{7-16}$$

式中，m 为原子核的磁量子数，$m = I$，$I-1$，$\cdots$，$-I$，即核磁矩共有 $2I+1$ 个取向。

对于 $I=1/2$ 的核来说，μ_z 有 $+1/2$ 和 $-1/2$ 两种取向。可知，原子核自旋角动量 P 和磁矩 μ 均与核的自旋量子有关，当 $I=0$ 时，$P=0$，$\mu=0$。即自旋量子数 $I=0$ 的原子核不具有自旋角动量和磁矩，不会产生核磁共振现象。

（2）核磁共振的产生　在静磁场中，具有磁矩的原子核存在着不同能级。核磁共振现象的产生通常可从拉莫尔进动和能级跃迁的角度来描述。

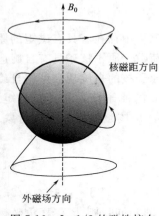

① 拉莫尔进动　当 $I\neq0$ 的原子核处于外磁场 B_0 中时，因为原子核的自旋运动，使得核磁矩不再向外磁场 B_0 方向倾倒，而是与外磁场保持着某一夹角 θ，绕外磁场进动，这种运动方式也称为拉莫尔进动，如图 7-16；类似于陀螺在地球重力场中的进动。

核磁矩 μ 在外磁场 B_0 中的进动频率由 $\nu_0=\dfrac{\gamma B_0}{2\pi}$ 决定。γ 为核的磁旋比；B_0 为外磁场强度；ν 为核的进动频率。可看出核的进动频率 ν_0 与 B_0 及 γ 成正比例关系，此时若在垂直于外磁场 B_0 的平面上加上一个与磁矩 μ 的旋转方向相同的偏振磁场 B_1，磁矩 μ 将与 B_1 产生相互作用，且当 B_1 的旋转频率为 ν（$\nu=\nu_0$）时，则磁矩 μ 将同时受到外磁场 B_0 与 B_1 的影响，其与外磁场之间的夹角将发生大幅振荡，使得磁矩 μ 的方向发生

图 7-16　$I=1/2$ 的磁性核在外磁场中进动示意

了翻转（改变了进动夹角 θ），即原子核吸收了能量，使其磁矩 μ 在外磁场中从一种取向变到另一种取向，这种当 $\nu=\nu_0$ 时产生的能量吸收的现象叫核磁共振现象。

② 能级的跃迁　当 $I\neq0$ 的原子核处于沿 z 轴方向的外磁场 B_0 中时，其磁矩 μ 与外磁场 B_0 发生相互作用，原子核的能量为：

$$E=-\mu B_0 \tag{7-17}$$

将磁矩 μ 在 z 轴上的分量 $\mu_z=\gamma p_z=\gamma m\hbar$ 代入

$$E=-\mu B_0=-\gamma m\hbar B_0 \tag{7-18}$$

式中，B_0 为外磁场强度。

则原子核不同能级之间的能量差为：

$$\Delta E=-\gamma\Delta m\hbar B_0 \tag{7-19}$$

由量子力学的规律可知，只有 $\Delta m=\pm1$ 时的跃迁才是允许的，所以相邻能级之间发生跃迁所对应的能量差为：

$$\Delta E=\gamma\hbar B_0 \tag{7-20}$$

式中，原子核 E 的能量以及相邻能级之间的能量差 ΔE 除了与核本身的性质（磁旋比 γ）有关，还与外磁场 B_0 的大小有关。当 $B_0=0$ 时，$\Delta E=0$；$B_0\neq0$ 时，$\Delta E\neq0$；即外磁场不存在的时候，原子核不产生能级裂分，只有在外磁场存在的时候，原子核才会产生能级裂分，并根据其核磁矩的取向可裂分成 $(2I+1)$ 个不同能级。此时，如运用某一特定频率的电磁波来照射样品，并使该电磁波满足式 $\Delta E=\gamma\hbar B_0$，原子核即可进行能级之间的跃迁，这就是核磁共振，如图 7-17。当然，跃迁时必须满足选律（$\Delta m=\pm1$）。所以产生核磁共振的条件为：

$$h\nu=\gamma\hbar B_0$$
$$\nu=\frac{\gamma B_0}{2\pi} \tag{7-21}$$

式中，ν 为该电磁波频率。

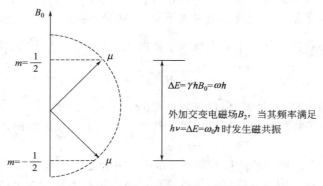

图 7-17　核磁共振示意

当发生核磁共振现象时，原子核在能级跃迁的过程中吸收了电磁波的能量，由此可检测到相应的信号。

2. 弛豫过程

如前所述，外磁场中具有磁矩的原子核会裂分成 $2I+1$ 个不同能级，不同能级上的原子核的数目不等。从 $\Delta E = \gamma h B_0$ 可知，对磁旋比为 γ 的原子核外加一外磁场 B_0 时，原子核的能级会发生分裂。处于低能级的质子数 n_1 将多于高能级的质子数 n_2，这个比值可用玻尔兹曼定律计算。由于能级差很小，n_1 和 n_2 很接近。设温度为 300K，外磁场强度为 1.4092T（即 14092G，相应于 60MHz 射频仪器的磁场强度），可算出处于低能态上的质子数目与高能态的质子数目之比为：

$$\frac{n_1}{n_2} = e^{\Delta Et/(kT)} = e^{\gamma h B_0/(2\pi kT)} = 1.0000099 \qquad (7\text{-}22)$$

式中，k 为玻尔兹曼常数。

在符合 $\nu = \dfrac{\gamma B_0}{2\pi}$ 的电磁波的作用下，n_1 减少，n_2 增加，因两者相差不多，当 $n_1 = n_2$ 时，能量的净吸收为零，此时核磁共振信号消失，这种状态称作饱和状态。

由此看出，为能连续存在核磁共振信号，必须有从高能级返回低能级的过程，这个过程即称为弛豫过程。

弛豫过程有两类。其一为自旋-晶格弛豫，亦称为纵向弛豫。其结果是处于高能态的原子核将能量传递给周围环境（晶格）回到低能态。该能量被转移至分子（固体的晶格，液体则为周围的同类分子或溶剂分子）而转变成热运动，即纵向弛豫反映了体系和环境的能量交换；第二种为核与核之间进行能量传递的过程，也称自旋-自旋弛豫，亦称为横向弛豫。这种弛豫并不改变 n_1，n_2 的数值，但影响具体的（任一选定的）核在高能级停留的时间。这个过程是样品分子的核之间的作用。

纵向弛豫、横向弛豫过程的快慢分别用 $1/T_1$、$1/T_2$ 来描述。T_1 叫纵向弛豫时间，T_2 叫横向弛豫时间。弛豫时间和所讨论的核在分子中的环境有关。弛豫时间的测定有助于谱线归属的标识，也可用来研究分子的大小，分子（或离子）与溶剂的缔合，分子内的旋转，链节运动，分子运动的各向异性等，其中 T_1 较 T_2 更能提供信息。

3. 化学位移

化学位移在 NMR 中是鉴定分子结构的一种重要数据。对于某一磁性核种（同一种同位素）来说，不同官能团中的核，其共振频率会稍有变化，即在谱图中的位置有所不同，因此由不同的谱峰的位置可以确定样品分子中存在着哪些官能团。核外的电子对原子核有一定的屏蔽作用，实际作用于原子核的外磁场强度不是 B_0 而是 $B_0(1-\sigma)$。σ 称为屏蔽常数。它反映核外电子对核的屏蔽作用的大小，也反映了核的化学环境，$\nu=\dfrac{\gamma B_0}{2\pi}$ 式应写为：

$$\nu=\frac{\gamma}{2\pi}B_0(1-\sigma) \tag{7-23}$$

不同的同位素的 γ 相差很大，但任何同位素的 σ 均远远小于 1。

屏蔽常数 σ 与原子核所处化学环境有关，其中包括以下几项影响因素：

$$\sigma=\sigma_d+\sigma_p+\sigma_a+\sigma_s \tag{7-24}$$

σ_d 反映抗磁屏蔽的大小。指核外球形对称的 s 电子在外加磁场的感应下产生对抗磁场，它使原子核实际所受磁场的作用稍有降低，所以这种屏蔽作用称为抗磁性屏蔽。σ_p 反映顺磁屏蔽的大小。是指核外非球形对称的电子云产生的磁场所起的屏蔽作用。它与抗磁性屏蔽产生的磁场方向相反，所以起到增强外磁场的作用。s 电子是球形对称的，所以它对顺磁屏蔽项无贡献，而 p、d 电子则对顺磁屏蔽有贡献。σ_a 表示相邻核的各向异性的影响。σ_s 表示溶剂、介质等其他因素的影响。

对于所有的同位素 σ_d、σ_p 的作用大于 σ_a、σ_s。对于 ^1H，σ_d 起主要作用，但对所有其他的同位素，σ_p 起主要作用。

按式(7-24)，不同的官能团的原子核 σ 是不同的，故其共振频率 ν 不同，若选用某一固定的电磁波频率扫描磁感强度而作图。σ 大的原子核，$(1-\sigma)$ 小，B_0 需有相当的增加方能满足共振的条件，这样的原子核将在右方出峰。因 σ 总是远远小于 1，峰的位置不能精确测定，故在实验中采用某一标准物质作为基准，以其峰位作为核磁谱图的坐标原点。不同官能团的原子核谱峰位置相对于原点的距离，反映了它们所处的化学环境，称为化学位移 δ：

$$\delta=\frac{B_{标准}-B_{样品}}{B_{标准}}\times10^6 \tag{7-25}$$

式中，$B_{样品}$、$B_{标准}$ 分别为在固定电磁波频率时，样品和标准物质满足共振条件时的磁场强度。δ 的单位是 ppm，是无量纲的。

如作图时 B_0 保持不变，扫描电磁波频率，一般谱图左方为高频方向，于是式(7-25)成为：

$$\delta=\frac{\nu_{样品}-\nu_{标准}}{\nu_{标准}}\times10^6$$

$$\cdot\frac{\nu_{样品}-\nu_{标准}}{\nu_0}\times10^6 \tag{7-26}$$

上式分子比分母小几个数量级，因而基准物质的共振频率可用仪器的共振频率 ν_0 代替。

在测定 ^1H 及 ^{13}C 的核磁共振谱时，最常采用四甲基硅烷（TMS）作为测量化学位移的基准。在氢谱及碳谱中都规定 $\delta_{TMS}=0$。按"左正右负"的规定，一般化合物各基团的 δ 值均为正值。

4. 耦合常数

耦合常数和化学位移一样，在 NMR 中也是鉴定分子结构的一种重要数据。由于它起源于自旋核之间的相互作用，所以其大小与外加磁场强度无关，仅由分子结构决定。

一般情况下，核磁共振谱都呈现谱峰的分裂，称之为峰的裂分。产生峰的裂分的原因在于核磁矩之间的相互作用，这种作用称为自旋-自旋耦合作用。

　　在自旋体系之内，自旋耦合是始终存在的，但由它引起的峰的分裂则只有当相互耦合的核的化学位移值不等时才能表现出来。谱线裂分所产生的裂距是相等的，它反映了核之间耦合作用的强弱，称为耦合常数 J，以 Hz 为单位。

　　自旋核间的互相干扰作用是通过它们之间的成键电子传递的，所以耦合常数的大小主要与连接 ^{1}H 核之间的键的数目和键的性质有关，也与成键电子的杂化状态、取代基的电负性、分子的立体结构等因素有关。因此，可以根据耦合常数的大小及其变化规律，推断分子结构。

　　耦合常数的大小和和两个核在分子中相隔化学键的数目密切相关，故在 J 的左上方标以两核相距的化学键数目。如 ^{13}C—^{1}H 之间的耦合常数标为 ^1J，而 ^{1}H—^{12}C—^{12}C—^{1}H 中两个 ^{1}H 之间的耦合常数标为 ^3J。

　　耦合常数随化学键数目的增加而迅速下降，因自旋耦合是通过成键电子传递的。两个氢核相距四根键以上即难以存在耦合作用，若此时 $J \neq 0$，则称为远程耦合或长程耦合。碳谱中 ^2J 以上即称为长程耦合。

二、核磁共振波谱仪的结构

　　核磁共振波谱仪在空间上由两部分：磁铁或磁体（内含探头）和谱仪主体。谱仪主体主要包括前置放大器、射频振荡器、射频接收器。核磁共振波谱仪结构如图 7-18 所示：

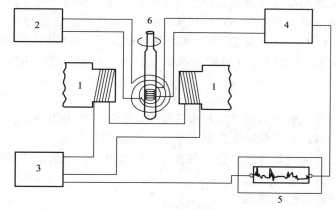

图 7-18　核磁共振波谱仪结构示意

1—磁铁；2—射频振荡器；3—扫描发生器；4—检测器；5—记录器；6—样品管

1. 磁体

　　磁铁或磁体产生强的静磁场，以满足产生核磁共振的要求。100MHz（以氢核计）的谱仪所需磁感强度为 2.35T（特斯拉）。100MHz 以下的低频谱仪可采用电磁铁或永久磁铁。由于电磁铁不可避免地会消耗大量电能，维护成本大大高于永久磁铁，故不再使用。200MHz 以上高频谱仪需采用超导磁体，它利用含铌合金在液氦温度（4K）下的超导性质。一次通电后，电流始终保持原来的大小，从而形成稳定的永久磁场。这种磁体可产生很高的磁场强度，可满足制造高分辨率谱仪的需要，是目前使用最多的一种磁体，以用于制造射频频率从 100～1000MHz 的仪器。

　　无论是用磁铁或磁体，核磁共振谱仪均要求磁场高度均匀，若样品中各处磁场不均匀，各处的原子核共振频率不同，这将导致谱峰加宽，即分辨率下降。

2. 探头

　　探头放在磁体的中心，是核磁谱仪的核心部件，为圆柱形，用来放置被测样品以及产生和接受 NMR 信号。

探头的中心放置装载样品溶液的样品管。探头对样品发射产生核磁共振的射频波脉冲并检测核磁共振的信号。这两个功能常可由一个线圈来完成。在此线圈之外有去耦线圈，以测得去耦的谱图。

为改善磁场的均匀性，在样品管座还连接有压缩空气管，压缩空气驱动样品管快速旋转，使其中的样品分子感受到的磁场更为均匀。

探头分为两类：一种是产生固定频率的探头，一种为频率连续可调的探头。前者如检测 ^1H 和 ^{13}C 的双核探头，检测 ^1H、^{31}P、^{13}C 和 ^{15}N 的四核探头。后者产生的射频则连续可调，高频起于 ^{31}P 的共振频率。低频限有不同的产品，如终止于 ^{15}N 或 ^{109}Ag 的共振频率。

3. 谱仪主体

除磁体和探头之外，核磁共振谱仪还包括多个部件，如前置放大器、射频振荡器、射频接收器等，下面加以介绍。

（1）前置放大器　由于在高、低能级上的磁核数目的差距非常小，因此所产生的共振吸收信号很弱。前置放大器的作用是将信号在进入射频接收器之前预先放大，并作为射频输出。

（2）射频振荡器　射频振荡器就是用于产生射频，NMR 仪通常采用恒温下石英晶体振荡器。射频振荡器的线圈垂直于磁场，产生与磁场强度相适应的射频振荡。一般情况下，射频频率是固定的，振荡器发生 60V 或 100MHz 的电磁波只对氢核进行核磁共振测定。要测定其他的核，如 ^{19}F、^{11}B、^{13}C，则要用其他频率的振荡器。通常使用的频率综合器，由石英晶振荡产生基频，经倍频调谐得到所需的射频频率，以便在需要时可发射不同的射频频率。

（3）射频接收器

射频接收器线圈在试管的周围，并与振荡器线圈和扫描线圈相垂直。用于接收携带样品核磁共振信号的射频输出。当射频振荡器发生的频率 ν_0 与磁场强度 B_0 达到特定组合时，放置在磁场和射频线圈中间的试样就要发生共振而吸收能量，这个能量的吸收情况为射频接收器所检出，通过放大后记录下来。

三、核磁共振波谱仪的基本操作

1. 样品的制备

在测试样品时，选择合适的溶剂配制样品溶液，样品的溶液应有较低的黏度，否则会降低谱峰的分辨率。若溶液黏度过大，应减少样品的用量或升高测试样品的温度（通常是在室温下测试）。当样品需作变温测试时，应根据低温的需要选择凝固点低的溶剂或按高温的需要选择沸点高的溶剂。

对于液体样品，可以直接进行测定。对低、中极性的固体样品，常采用氘代氯仿作溶剂。极性大的化合物可采用氘代丙酮、重水等。

针对一些特殊的固体样品，可采用相应的氘代试剂：如氘代苯（用于芳香化合物、芳香高聚物）、氘代二甲基亚砜（用于某些在一般溶剂中难溶的物质）、氘代吡啶（用于难溶的酸性或芳香化合物）等。

为测定化学位移值，需加入一定的基准物质。采用的方法有内标法和外标法。

对碳谱和氢谱，基准物质最常用四甲基硅烷。

2. 基本操作

（1）开机前准备

① 实验室温度应保持在 $15\sim30℃$ 之间，相对湿度小于 70%。

② 根据测试样品的性质，用不同的氘代试剂，配制好溶液。

（2）开机

① 打开制冷机电源，检查制冷机组的运行情况，保持使正常时的水压大于 1.5bar。

② 打开主机电源，电源正常时能自动调节各相电压至 220V。

③ 打开磁体前面的开关，检查磁铁控制单元 BNS-16 盒各指示灯，只有当各指示灯正常且循环水温小于 14℃时，才能启动磁体开关，以免损害仪器。

④ 等磁体稳定后，打开空气压缩机，调节好气流。

⑤ 打开控制台电源，然后打开计算机。

⑥ 输入 DISB88 进入工作站系统。

（3）编辑分析方法

① 按 Chrl R 和 Chrl D 进入工作主界面。

② 根据测试要求编辑所有对样品相关的参数。

③ 保存所编辑的方法。

（4）样品分析与采集数据

① 用标准样品进行匀场，使仪器分辨率达到正常范围。

② 放入待测样品，调节好 D 锁信号。输入 ZG，进行采样累加。

③ 等采样结束后，将 FID 信号进行 FT 处理。

④ 点击进入 EP 体系，对图谱进行位相和基线的调整。

（5）绘制图谱

① 输入 DPO，设置各种绘图参数。

② 输入 PEN，设置绘图笔。

③ 输入 M、X 进行绘图。

④ 击 I，调节好积分基线，用 X 进行积分。

（6）关机

① 输入 MO 退出工作系统、再关掉计算机。

② 然后依次关闭控制台、磁体、制冷机组电源。

③ 关闭总电源。

四、图谱及解析

NMR 谱仪就像高级的外差式收音机一样可接收到被测核的共振频率与其相应强度的信号，并绘制成以化学位移为横坐标、以峰的相对强度为纵坐标的 NMR 图谱。乙醚核磁共振波谱如图 7-19 所示。

从核磁共振谱图上可以获取 3 种信息：从峰的裂分个数及耦合常数鉴别谱图中相邻的核，以说明分子中基团间的关系；从化学位移判断核所处的化学环境；积分线的高度代表了各组峰面积，而峰面积与分子中相应的各种核的数目成正比，通过比较积分线高度可以确定各组核的相对数目。综合应用这些信息就可以对所测定样品进行结构分析鉴定。但有时仅依据其本身的信息来对试样结构进行准确的判断是不够的，还要与其他方法配合。

^{1}H-NMR 谱图解析的一般步骤为：根据各组峰的积分值（面积或高度），确定各峰组对应的质子数目；参照化学位移范围，根据每一个峰组的化学位移值、质子数目以及峰组裂分的情况，找出特征峰，以此推测出其他对应的结构单元；将结构单元组合成可能的结构式；排除不合理的结构，对所有可能结构进行指认；如果依然不能得出明确的结论，则需借助于

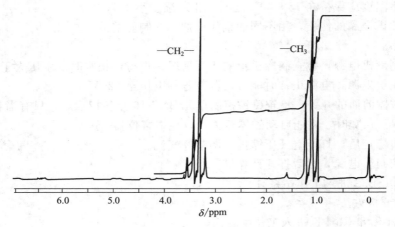

图 7-19　乙醚核磁共振波谱

其他波谱分析方法。

^{1}H-NMR 谱图解析时要注意以下几点。

① 区分杂质峰、溶剂峰和旋转边带等非样品峰。

一般情况，被测样品的纯度不会达到 100%，其谱图中都会含有杂质峰，但其积分值通常与样品峰的积分值之间无比例关系，比较容易判别。

② 注意分子中活泼氢产生的信号。

NH、OH、SH 等活泼氢的核磁共振信号比较特殊，大多数活泼氢会形成氢键，其化学位移随测定条件在一定区域内变动，且在溶液中会发生交换反应，在核磁共振谱图上一般表现为宽峰。

③ 注意不符合一级谱图的情况。

若谱图不符合一级谱图，则相应峰组的裂分情况就不符合"$n+1$"规律，这种谱图比较复杂，这时不可以仅根据某一峰组的峰形来推断与该核相耦合的氢原子个数，也不能简单地根据裂分峰的峰间距来确定耦合常数。

为了便于解析，可采用一些特殊的实验技术来简化图谱，常用的有同核去耦法，又称为双照射技术，即通过照射某一核，使之达到饱和，从而消除该核与其他核之间的耦合，使与之耦合核的共振峰变为一单峰，由此可推出两核之间的耦合关系。

五、核磁共振波谱仪的应用及能解决的问题

核磁共振技术早期仅限于原子核的磁矩、电四极矩和自旋的测量，随后则被广泛地用于确定分子结构。其应用领域涵盖化学、生命科学、临床医学等。

1. **核磁共振用于鉴定有机化合物结构**

自从 20 世纪 70 年代后期以来，核磁共振成为鉴定有机化合物结构的最重要工具。

（1）基于常规（一维）核磁共振谱推导有机化合物结构　对于结构相当简单的有机化合物，只利用氢谱和其分子式，便可能推出其结构。对于结构较简单的有机化合物，利用其氢谱、碳谱、再结合其分子式（甚至仅知低分辨的相对分子质量）便可推导出结构。

（2）基于二维核磁共振谱推导有机化合物结构　利用二维核磁共振谱，可以得到比氢谱、碳谱远为丰富的结构信息，因而可解决更复杂的结构问题。采用二维核磁共振谱也包括常规的氢谱、碳谱，因它们总附于二维谱上方及侧面。

2. **核磁共振用于有机物定量分析**

核磁共振还可以对有机物进行定量分析，主要是在一个混合物体系中确定各组分之间的相互比例。核磁共振用于混合物中各组分的定量往往优于其他方法。对比常用的定量方法 HPLC 和 GC，核磁共振的定量可用于一些平衡体系中各组分的定量，如体系内共存酮式和烯醇式，顺式和反式。核磁共振也能在难持平衡体系的条件下进行各组分的定量。

在核磁共振氢谱中，峰组面积和其对应的氢原子成正比。虽然通常在高场的峰面积比在低场的峰面积（相同氢原子数）稍大一点点，但仍不失为一种很好的定量方法。

在核磁共振碳谱中，如采用特定的脉冲序列，减少脉冲倾倒角，增长脉冲之间的间隔，也可以达到较好的定量关系。

如果混合物体系其中的每一个组分的氢谱峰组都相重叠，就可以用氢谱来进行定量工作，因氢谱的灵敏度高，定量性好。或者采用高分辨率的碳谱来定量，这样不容易发生谱线的重叠。

3. 核磁谱在蛋白质研究上的应用

利用核磁谱研究蛋白质，已经成为结构生物学领域的一项重要技术手段。随着技术的进步，稍大的蛋白质结构也可以被核磁解析出来。另外，获得本质上非结构化的蛋白质的高分辨率信息，通常只有核磁谱能够做到。

知识应用与技能训练

一、判断题

1. 核磁共振波谱法与红外吸收光谱法一样，都是电磁辐射分析法。

2. 核磁共振波谱法的磁场越强，其分辨率越高。

3. 核磁共振波谱法测量的是质荷比。

二、选择题

1. 核磁共振波谱法在广义上说是一种吸收光谱法，但是它与紫外-可见光谱法的本质区别是（　　　）。

　　A. 吸收电磁辐射的频率区域不同　　　　B. 检测信号的方式不同

　　C. 记录谱图的方式不同　　　　　　　　D. 样品必须在磁场中测定

2、核磁共振波谱（氢谱）中，不能直接提供化合物结构信息的是（　　　）。

　　A. 不同质子种类数　　　　　　　　　　B. 同类质子个数

　　C. 化合物中双键的个数与位置　　　　　D. 相邻碳原子上的个数

三、简答题

1. 在原子核 ^{12}C、^{13}C、^{14}N、^{15}N、^{16}O、^{17}O、^{19}F、^{31}P 以及 ^{32}S 中，哪些核具有核磁共振现象？哪些核没有核磁共振现象？为什么？

2. 什么叫做化学位移？它们有什么重要性，在 ^{1}H-NMR 中影响化学位移的因素有哪些？

附　　录

附录1　国际相对原子质量表

按元素符号的字母顺序排列（不包括人造元素）

元素 符号	元素 名称	原子序数	相对原子质量	元素 符号	元素 名称	原子序数	相对原子质量
Ac	锕	89	227.0278	He	氦	2	4.00260
Ag	银	47	107.868	Hf	铪	72	178.49*
Al	铝	13	26.98154	Hg	汞	80	200.59
Ar	氩	18	39.948	Ho	钬	67	169.9304
As	砷	33	74.9216	I	碘	53	126.9045
Au	金	79	196.9665	In	铟	49	114.82
B	硼	5	10.81	Ir	铱	77	192.22*
Ba	钡	56	137.33	K	钾	19	39.0983
Be	铍	4	9.01218	Kr	氪	36	83.80
Bi	铋	83	208.9804	La	镧	57	138.9055*
Br	溴	35	79.904	Li	锂	3	6.941*
C	碳	6	12.011	Lu	镥	71	174.967*
Ca	钙	20	40.08	Mg	镁	12	24.305
Cd	镉	48	112.41	Mn	锰	25	54.9380
Ce	铈	58	140.12	Mo	钼	42	95.94
Cl	氯	17	35.453	N	氮	7	14.0067
Co	钴	27	58.9332	Na	钠	11	22.98977
Cr	铬	24	51.996	Nb	铌	41	92.90644
Cs	铯	55	132.9054	Nd	钕	60	144.24*
Cu	铜	29	63.546*	Ne	氖	10	20.179
Dy	镝	66	162.50*	Ni	镍	28	58.69
Er	铒	68	167.26*	Np	镎	93	237.0482
Eu	铕	63	151.96	O	氧	8	15.9994*
F	氟	9	18.998403	Os	锇	76	190.2
Fe	铁	26	55.847*	P	磷	15	30.97376
Ga	镓	31	69.72	Pa	镤	91	231.0359
Gd	钆	64	157.25*	Pb	铅	82	207.2
Ge	锗	32	72.59*	Pd	钯	46	106.42
H	氢	1	1.0079	Pr	镨	59	140.9077
Pt	铂	78	195.08*	Tb	铽	65	158.9254
Ra	镭	88	226.0254	Te	碲	52	127.60*
Rb	铷	37	85.4678*	Th	钍	90	232.0381
Re	铼	75	186.207	Ti	钛	22	47.88*
Rh	铑	45	102.9055	Tl	铊	81	204.383
Ru	钌	44	101.07*	Tm	铥	69	168.9342
S	硫	16	32.06	U	铀	92	238.0289
Sb	锑	51	121.75*	V	钒	23	50.9415
Sc	钪	21	44.9559	W	钨	74	183.85*
Se	硒	34	78.96*	Xe	氙	54	131.29*
Si	硅	14	28.0855*	Y	钇	39	88.9059
Sm	钐	62	150.36*	Yb	镱	70	173.04*
Sn	锡	50	118.69*	Zn	锌	30	65.38
Sr	锶	38	87.62	Zr	锆	40	91.22
Ta	钽	73	180.9479				

注：1. 各相对原子质量数值最后一位数字准至±1，带星号＊的准至±3。

2. 附表主要引自王明德主编《分析化学》（1986，高等教育出版社）。

附录 2　标准电极电位表

半反应	$E^{\ominus}$(V)	半反应	$E^{\ominus}$(V)
$F_2(气)+2H^++2e \Longrightarrow 2HF$	3.06	$2HgCl_2+2e \Longrightarrow Hg_2Cl_2(固)+2Cl^-$	0.63
$O_3+2H^++2e \Longrightarrow O_2+2H_2O$	2.07	$Hg_2SO_4(固)+2e \Longrightarrow 2Hg+SO_4^{2-}$	0.6151
$S_2O_8^{2-}+2e \Longrightarrow 2SO_4^{2-}$	2.01	$MnO_4^-+2H_2O+3e \Longrightarrow MnO_2+4OH^-$	0.588
$H_2O_2+2H^++2e \Longrightarrow 2H_2O$	1.77	$MnO_4^-+e \Longrightarrow MnO_4^{2-}$	0.564
$MnO_4^-+4H^++3e \Longrightarrow MnO_2(固)+2H_2O$	1.695	$H_3AsO_4+2H^++2e \Longrightarrow HAsO_2+2H_2O$	0.559
$PbO_2(固)+SO_4^{2-}+4H^++2e \Longrightarrow PbSO_4(固)+2H_2O$	1.685	$I_3^-+2e \Longrightarrow 3I^-$	0.545
$HClO_2+H^++e \Longrightarrow HClO+H_2O$	1.64	$I_2(固)+2e \Longrightarrow 2I^-$	0.5345
$HClO+H^++e \Longrightarrow 1/2\ Cl_2+H_2O$	1.63	$Mo(Ⅵ)+e \Longrightarrow Mo(Ⅴ)$	0.53
$Ce^{4+}+e \Longrightarrow Ce^{3+}$	1.61	$Cu^++e \Longrightarrow Cu$	0.52
$H_5IO_6+H^++2e \Longrightarrow IO_3^-+3H_2O$	1.60	$4SO_2(水)+4H^++6e \Longrightarrow S_4O_6^{2-}+2H_2O$	0.51
$HBrO+H^++e \Longrightarrow 1/2\ Br_2+H_2O$	1.59	$HgCl_4^{2-}+2e \Longrightarrow Hg+4Cl^-$	0.48
$BrO_3^-+6H^++5e \Longrightarrow 1/2\ Br_2+3H_2O$	1.52	$2SO_2(水)+2H^++4e \Longrightarrow S_2O_3^{2-}+H_2O$	0.40
$MnO_4^-+8H^++5e \Longrightarrow Mn^{2+}+4H_2O$	1.51	$Fe(CN)_6^{3-}+e \Longrightarrow Fe(CN)_6^{4-}$	0.36
$Au(Ⅲ)+3e \Longrightarrow Au$	1.50	$Cu^{2+}+2e \Longrightarrow Cu$	0.337
$HClO+H^++2e \Longrightarrow Cl^-+H_2O$	1.49	$VO^{2+}+2H^++2e \Longrightarrow V^{3+}+H_2O$	0.337
$ClO_3^-+6H^++5e \Longrightarrow 1/2\ Cl_2+3H_2O$	1.47	$BiO^++2H^++3e \Longrightarrow Bi+H_2O$	0.32
$PbO_2(固)+4H^++2e \Longrightarrow Pb^{2+}+2H_2O$	1.455	$Hg_2Cl_2(固)+2e \Longrightarrow 2Hg+2Cl^-$	0.2676
$HIO+H^++e \Longrightarrow 1/2\ I_2+H_2O$	1.45	$HAsO_2+3H^++3e \Longrightarrow As+2H_2O$	0.248
$ClO_3^-+6H^++6e \Longrightarrow Cl^-+3H_2O$	1.45	$AgCl(固)+e \Longrightarrow Ag+Cl^-$	0.2223
$BrO_3^-+6H^++6e \Longrightarrow Br^-+3H_2O$	1.44	$SbO^++2H^++3e \Longrightarrow Sb+H_2O$	0.212
$Au(Ⅲ)+2e \Longrightarrow Au(Ⅰ)$	1.41	$SO_4^{2-}+4H^++2e \Longrightarrow SO_2(水)+H_2O$	0.17
$Cl_2(气)+2e \Longrightarrow 2Cl$	1.3595	$Cu^{2+}+e \Longrightarrow Cu^-$	0.519
$ClO_4^-+8H^++7e \Longrightarrow 1/2\ Cl_2+4H_2O$	1.34	$Sn^{4+}+2e \Longrightarrow Sn^{2+}$	0.154
$Cr_2O_7^{2-}+14H^++6e \Longrightarrow 2Cr^{3+}+7H_2O$	1.33	$S+2H^++2e \Longrightarrow H_2S(气)$	0.141
$MnO_2(固)+4H^++2e \Longrightarrow Mn^{2+}+2H_2O$	1.23	$Hg_2Br_2+2e \Longrightarrow 2Hg+2Br^-$	0.1395
$O_2(气)+4H^++4e \Longrightarrow 2H_2O$	1.229	$TiO^{2+}+2H^++e \Longrightarrow Ti^{3+}+H_2O$	0.1
$IO_3^-+6H^++5e \Longrightarrow 1/2\ I_2+3H_2O$	1.20	$S_4O_6^{2-}+2e \Longrightarrow 2S_2O_3^{2-}$	0.08
$ClO_4^-+2H^++2e \Longrightarrow ClO_3^-+H_2O$	1.19	$AgBr(固)+e \Longrightarrow Ag+Br^-$	0.071
$Br_2(水)+2e \Longrightarrow 2Br^-$	1.087	$2H^++2e \Longrightarrow H_2$	0.000
$NO_2+H^++e \Longrightarrow HNO_2$	1.07	$O_2+H_2O+2e \Longrightarrow HO_2^-+OH^-$	-0.067
$Br_3^-+2e \Longrightarrow 3Br^-$	1.05	$TiOCl^++2H^++3Cl^-+e \Longrightarrow TiCl_4^-+H_2O$	-0.09
$HNO_2+H^++e \Longrightarrow NO(气)+H_2O$	1.00	$Pb^{2+}+2e \Longrightarrow Pb$	-0.126
$VO_2^++2H^++e \Longrightarrow VO^{2+}+H_2O$	1.00	$Sn^{2+}+2e \Longrightarrow Sn$	-0.136
$HIO+H^++2e \Longrightarrow I^-+H_2O$	0.99	$AgI(固)+e \Longrightarrow Ag+I^-$	-0.152
$NO_3^-+3H^++2e \Longrightarrow HNO_2+H_2O$	0.94	$Ni^{2+}+2e \Longrightarrow Ni$	-0.246
$ClO^-+H_2O+2e \Longrightarrow Cl^-+2OH^-$	0.89	$H_3PO_4+2H^++2e \Longrightarrow H_3PO_3+H_2O$	-0.276
$H_2O_2+2e \Longrightarrow 2OH^-$	0.88	$Co^{2+}+2e \Longrightarrow Co$	-0.277
$Cu^{2+}+I^-+e \Longrightarrow CuI(固)$	0.86	$Tl^++e \Longrightarrow Tl$	-0.3360
$Hg^{2+}+2e \Longrightarrow Hg$	0.845	$In^{3+}+3e \Longrightarrow In$	-0.345
$NO_3^-+2H^++e \Longrightarrow NO_2+H_2O$	0.80	$PbSO_4(固)+2e \Longrightarrow Pb+SO_4^{2-}$	0.3553
$Ag^++e \Longrightarrow Ag$	0.7995	$SeO_3^{2-}+3H_2O+4e \Longrightarrow Se+6OH^-$	-0.366
$Hg_2^{2+}+2e \Longrightarrow 2Hg$	0.793	$As+3H^++3e \Longrightarrow AsH_3$	-0.38
$Fe^{3+}+e \Longrightarrow Fe^{2+}$	0.771	$Se+2H^++2e \Longrightarrow H_2Se$	-0.40
$BrO^-+H_2O+2e \Longrightarrow Br^-+2OH^-$	0.76	$Cd^{2+}+2e \Longrightarrow Cd$	-0.403
$O_2(气)+2H^++2e \Longrightarrow H_2O_2$	0.682	$Cr^{3+}+e \Longrightarrow Cr^{2+}$	$->0.41$
$AsO_8^-+2H_2O+3e \Longrightarrow As+4OH^-$	0.68	$Fe^{2+}+2e \Longrightarrow Fe$	-0.440

附录 3　用于原子吸收分光光度分析的标准溶液

这里所示的标准溶液浓度为 1mg/mL，将其适当稀释即可制成测定用标准溶液。稀溶液不能长期保存，使用时再配制。所列标准溶液大部分是氯化物。

金属	基准物	标 准 溶 液 的 配 制 方 法
Ag	AgNO₃	将 1.5750g 已在 110℃ 干燥过的硝酸银溶解于 $c(HNO_3)$ 为 0.1mol/L 的硝酸溶液中，并用该硝酸溶液稀释至 1000mL，储于棕色瓶中
As	As₂O₃	将 1.3200g As₂O₃ 溶解于尽量少的 $c(NaOH)$ 为 1mol/L 的氢氧化钠溶液中，用水稀释，用盐酸调至弱酸性，用水稀释至 1000mL
Au	金属金	将 0.1000g 高纯金溶解于数毫升王水中，水浴蒸干后，加 1mL 盐酸，蒸干，用盐酸和水溶解，再用水稀释至 100mL，盐酸浓度约为 $c(HCl)$1mol/L
Ba	BaCl₂·2H₂O	将 1.7790g BaCl₂·2H₂O 溶解于水中，用水稀释至 1000mL
Bi	金属铋	将 1.0000g 高纯金属铋溶解于硝酸溶液（1+1）中，用水稀释至 1000mL，$c(HNO_3)$ 约为 1mol/L
Ca	CaCO₃	将 2.5000g 已在 110℃ 干燥过的碳酸钙溶解于盐酸溶液（1+1）中，驱除二氧化碳后，用水稀释至 1000mL，$c(HCl)$ 约为 1mol/L
Cd	金属镉	将 1.0000g 高纯金属镉溶解于少量盐酸溶液（1+1）中，用盐酸溶液（1+99）稀释至 1000mL
Co	金属钴	将 1.0000g 高纯金属钴溶解于少量盐酸溶液（1+1）中，用盐酸溶液（1+99）稀释至 1000mL
Cr	K₂Cr₂O₇ 金属铬	将 2.8330g 已在 150℃ 干燥过的重铬酸钾溶解于水中，用水稀释至 1000mL　将 1.0000g 纯金属铬溶解于盐酸中，用水稀释至 1000mL
Cu	金属铜	将 1.0000g 高纯金属铜溶解于少量硝酸溶液（1+1）中，用硝酸溶液（1+99）稀释至 1000mL
Fe	金属铁	将 1.0000g 高纯金属铁溶解于 30mL 盐酸中，加数毫升硝酸氧化后，用水稀释至 1000mL，$c(HCl)$ 约为 1mol/L
K	KCl	将 1.9070g 氯化钾溶解于水，用水稀释至 1000mL
Mg	金属镁	将 1.0000g 高纯金属镁溶解于少量盐酸溶液（1+1）中，用水稀释至 1000mL
Mn	金属锰	将 1.0000g 高纯金属锰溶解于少量硝酸溶液（1+1）中，用盐酸溶液（1+99）稀释至 1000mL
Mo	MoO₃	将 1.5000g 精制的 MoO₃ 溶解于少量氢氧化钠溶液或氨水中，用水稀释至 1000mL
Na	NaCl	将 2.5450g 氯化钠溶解于水中，用水稀释至 1000mL
Ni	金属镍	将 1.0000g 高纯金属镍溶解于少量硝酸溶液（1+1）中，用硝酸溶液（1+99）稀释至 1000mL
Pb	金属铅	将 1.0000g 高纯金属铅溶解于少量硝酸溶液（1+1）中，用水稀释至 1000mL
Sb	金属锑	将 1.0000g 高纯金属锑溶解于少量盐酸和过氧化氢溶液中，用水稀释至 1000mL
Sn	金属锡	将 1.0000g 高纯金属锡加热溶解于适量的盐酸溶液（1+1）中，用盐酸溶液（1+1）稀释至 1000mL
Sr	SrCO₃	将 1.6850g 碳酸锶溶解于盐酸中，驱除二氧化碳后，用水稀释至 1000mL，$c(HCl)$ 约为 1mol/L
Zn	金属锌	将 1.0000g 高纯金属锌溶解于稍过量的盐酸中，用水稀释至 1000mL，$c(HCl)$ 约为 0.1mol/L
Zr	ZrOCl₂·8H₂O	将 3.5310g 氯氧化锆（ZrOCl₂·8H₂O）溶解于盐酸溶液（1+2）中，用该盐酸溶液稀释至 1000mL

附录 4　常用分析仪器中英文名称及英文缩写和色谱术语

原子发射光谱仪 Atomic Emission Spectrometer, AES

电感碰巧等离子体发射光谱仪 Inductive Coupled Plasma Emission Spectrometer, ICP

直流等离子体发射光谱仪 Direct Current Plasma Emission Spectrometer, DCP

紫外-可见光分光光度计 UV-Visible SpectropHotometer, UV-VIS

微波等离子体光谱仪 Microwave Inductive Plasma Emission Spectrometer, MIP

原子吸取光谱仪 Atomic Absorption Spectroscopy, AAS

原子荧光光谱仪 Atomic Fluorescence Spectroscopy, AFS

傅里叶变换红外光谱仪 FT-IR Spectrometer, FTIR

傅里叶变换拉曼光谱仪 FT-Raman Spectrometer, FTIR-Raman

气相色谱仪 Gas Chromatograph, GC

高压/效液相色谱仪 High Pressure/Performance Liquid Chromatograp, HyHPLC

离子色谱仪 Ion Chromatograph, IC

凝胶渗入色谱仪 Gel Permeation Chromatograph, GPC

体积排阻色谱 Size Exclusion Chromatograph, SEC

X 射线荧光光谱仪 X-Ray Fluorescence Spectrometer, XRF

X 射线衍射仪 X-Ray Diffractomer, XRD

同位素 X 荧光光谱仪 Isotope X-Ray Fluorescence Spectrometer

电子能谱仪 Electron Energy Disperse Spectroscopy

能谱仪 Energy Disperse Spectroscopy, EDS

质谱仪 Mass Spectrometer, MS

核磁共振波谱仪 Nuclear Magnetic Resonance Spectrometer, NMR

电子顺磁共振波谱仪 Electron Paramagnetic Resonance Spectrometer, ESR

极谱仪 Polarograph

伏安仪 Voltammerter

动滴定仪 Automatic Titrator

电导仪 Conductivity Meter

水质分析仪 Water Test Kits

电泳仪 Electrophoresis System

外表科学 Surface Science

电子显微镜 Electro Microscopy

光学显微镜 Optical Microscopy

金相显微镜 Metallurgical Microscopy

扫描探针显微镜 Scanning Probe Microscopy

外表分析仪 Surface Analyzer

无损检测仪 Instrument for Nondestructive Testing

物性分析 Physical Property Analysis

热分析仪 Thermal Analyzer

黏度计 Viscometer

流变仪 Rheometer

粒度分析仪 Particle Size Analyzer

热物理机能测定仪 Thermal Physical Property Tester

电机能测定仪 Electrical Property Tester

光学机能测定仪 Optical Property Tester

机器机能测定仪 Mechanical Property Tester

燃烧机能测定仪 Combustion Property Tester

老化机能测定仪 Aging Property Tester

生物技能分析 Biochemical analysis

PCR 仪 Instrument for Polymerase Chain Reaction, PCR

DNA 及蛋白质的测序和合成仪 Sequencers and Synthesizers for DNA and Protein

传感器 Sensors

其他 Other/Miscellaneous

流动分析与过程分析 Flow Analytical and Process Analytical Chemistry

气体分析 Gas Analysis

根基物理量测定 Basic Physics

样品处理 Sample Handling

金属/材质元素分析仪 Metal/Material Elemental Analysis

环境成分分析仪 CHN Analysis

发酵罐 Fermenter

生物反响器 Bio-reactor

摇床 Shaker

离心机 Centrifuge

超声破裂仪 Ultrasonic Cell Disruptor

超低温冰箱 Ultra-low Temperature Freezer

恒温轮回泵 Constant Temperature Circulator

超滤器 Ultrahigh Purity Filter

冻干机 Freeze Drying Equipment

部分汇集器 Fraction Collector

氨基酸测序仪 Protein Sequencer

氨基酸构成分析仪 Amino Acid Analyzer

多肽合成仪 Peptide synthesizer

DNA 测序仪 DNA Sequencers

DNA 合成仪 DNA synthesizer

紫外观察灯 Ultraviolet Lamp

分子杂交仪 Hybridization Oven

PCR 仪 PCR Amplifier

化学发光仪 Chemiluminescence Apparatus

紫外检测仪 Ultraviolet Detector

电泳 ElectropHoresis

酶标仪 ELIASA

CO_2 培养箱 CO_2 Incubators

倒置显微镜 Inverted Microscope

超净工作台 Bechtop

工作站 work station

固定相 stationary phase

固定液 stationary liquid

载体 support

柱填充剂 column packing

化学键合相填充剂 chemically bonded phase packing

薄壳型填充剂 pellicular packing

多孔型填充剂 porous packing

吸附剂 adsorbent

离子交换剂 ion exchanger

基体 matrix

载板 support plate

胶黏剂 binder

流动相 mobile phase

洗脱（淋洗）剂 eluant，eluent

展开剂 developer

等水容剂 isohydric solvent

改性剂 modifier

显色剂 color [developing] agent

死时间 t_0，dead time

保留时间 t_R，retention time

调整保留时间 t'_R，adjusted retention time

死体积 V_0，dead volume

保留体积 V_R，retention volume

调整保留体积 V'_R，adjusted retention volume

柱外体积 V_{ext}，extra-column volune

粒间体积 V_0，interstitial volume

（多孔填充剂的）孔体积 V_P，pore volume of porous packing

液相总体积 V_{tol}，total liquid volume

洗脱体积 V_e，elution volume

流体力学体积 V_h，hydrodynamic volume

相对保留值 $r_{i.s}$，relative retention value

分离因子 α，separation factor

流动相迁移距离 d_m，mobile phase migration distance

流动相前沿 mobile phase front

溶质迁移距离 d_s，solute migration distance

比移值 R_f，R_f value

高比移值 hR_f，high R_f value

相对比移值 $R_{i.s}$，relative R_f value

保留常数值 R_m，R_m value

板效能 plate efficiency

折合板高 h_r，reduced plate height

分离度 R，resolution

液相载荷量 liquid phase loading

离子交换容量 ion exchange capacity

负载容量 loading capacity

渗透极限 permeability limit

排除极限 $V_{h,max}$，exclusion limit

拖尾因子 T，tailing factor

柱外效应 extra-column effect

管壁效应 wall effect

间隔臂效应 spacer arm effect

边缘效应 edge effect

斑点定位法 localization of spot

放射自显影法 autoradiography

原位定量 in situ quantitation

生物自显影法 bioautography

归一法 normalization method

内标法 internal standard method

外标法 external standard method

叠加法 addition method

普适校准（曲线、函数）calibration function or curve [function]

谱带扩展（加宽）band broadening

（分离作用的）校准函数或校准曲线 universal calibration function or curve [of separation]

加宽校正 broadening correction

加宽校正因子 broadening correction factor

溶剂强度参数 ε_0，solvent strength parameter

洗脱序列 eluotropic series

洗脱（淋洗）elution

等度洗脱 gradient elution

梯度洗脱 gradient elution

（再）循环洗脱 recycling elution

线性溶剂强度洗脱 linear solvent strength gradient

程序溶剂 programmed solvent

程序压力 programmed pressure

程序流速 programmed flow

展开 development

上行展开 ascending development

下行展开 descending development

双向展开 two dimensional development

环形展开 circular development

离心展开 centrifugal development

向心展开 centripetal development

径向展开 radial development

多次展开 multiple development

分步展开 stepwise development

连续展开 continuous development

梯度展开 gradient development

匀浆填充 slurry packing

停流进样 stop-flow injection

阀进样 valve injection

柱上富集 on-column enrichment

流出液 eluate

柱上检测 on-column detection

柱寿命 column life

柱流失 column bleeding

显谱 visualization

活化 activation

反冲 back flushing

脱气 degassing

沟流 channeling

过载 overloading

参 考 文 献

[1] 魏培海，曹国庆．仪器分析．北京：高等教育出版社，2007.
[2] 曹国庆，钟彤．仪器分析技术．北京：化学工业出版社，2009.
[3] 丁明洁．仪器分析．北京：化学工业出版社，2008.
[4] 刘志广．仪器分析学习指导与综合知识应用与技能训练．北京：高等教育出版社，2005.
[5] 黄一石．仪器分析．第2版．北京：化学工业出版社，2007.
[6] 吴性良，朱万森．仪器分析实验．第2版．上海：复旦大学出版社，2008.
[7] 孙汉文．原子吸收光谱分析技术．北京：中国科学技术出版社，1992.
[8] B·威尔茨．原子吸收光谱法．北京：地质出版社，1989.
[9] 郑星泉，周淑玉，周世伟．化妆品卫生检验手册．北京：化学工业出版社，2003.
[10] 王英健，杨永红．环境监测．第2版．北京：化学工业出版社，2009
[11] 张必成，陈沛智主编．仪器分析．武汉：武汉出版社，1997.
[12] 赵藻藩等编．仪器分析．北京：高等教育出版社，1990.
[13] 奚旦立，孙裕生，刘秀英．环境监测．北京：高等教育出版社，1996.
[14] 许君辉，赵京辉，王洪玮．氟电极法测定牙膏中总氟含量及其方法评价．中国卫生检验杂志，2001，
    4（2）：165-166.
[15] 夏玉宇主编．化验员实用手册．北京：化学工业出版社，1999：1050-1056.
[16] 王素卿．高效液相色谱仪维护与常见故障排除．河北化工，2008：9
[17] 李明，杨涛，张煌涛，靳智．高效液相色谱法同时测定化妆品中11种防腐剂．光谱实验室，2009
    （26）6.
[18] 杜一平主编．现代仪器分析方法．上海：华东理工大学出版社，2008.
[19] 魏福详主编．仪器分析及应用．北京：中国石化出版社，2007.
[20] 陈义主编．毛细管电泳技术及应用．第2版．北京：化学工业出版社，2006.
[21] 汪正范等主编．色谱联用技术．第2版．北京：化学工业出版社，2007.
[22] 周梅村主编．仪器分析．武汉：华中科技大学出版社，2008.